“十二五”职业教育国家规划教材
经全国职业教育教材审定委员会审定

石油高职高专规划教材

采油工程

（第三版·富媒体）

主　编　金潮苏　张鉴益　高书香
副主编　李海燕　周晓丽　刘礼亚

石油工业出版社

内容提要

本书主要介绍了采油准备、油气开采、油层改造、油气集输等方面的基本知识、基础理论和基本技能。全书突出职业技术教育的特点，理论与实践相结合，注重培养学生的实际操作能力。本书用富媒体形式提供技能操作的相关内容，便于学生学习。

本书可作为高职高专院校采油专业的教学用书，也可作为采油工程技术人员及高级技工培训的参考用书。

图书在版编目(CIP)数据

采油工程：富媒体 / 金潮苏，张鉴益，高书香主编．
3版．-- 北京：石油工业出版社，2024．8．--（石油高职高专规划教材）．-- ISBN 978-7-5183-6867-9

Ⅰ．TE35

中国国家版本馆CIP数据核字第2024ES6121号

出版发行：石油工业出版社
（北京市朝阳区安华里二区1号楼　100011）
网　址：www．petropub．com
编辑部：(010)64251362　图书营销中心：(010)64523633
经　销：全国新华书店
排　版：北京乘设伟业科技有限公司
印　刷：北京中石油彩色印刷有限责任公司

2024年8月第3版　2024年8月第1次印刷
787毫米×1092毫米　开本：1/16　印张：23
字数：574千字

定价：58．00元
（如出现印装质量问题，我社图书营销中心负责调换）

《采油工程(第三版·富媒体)》编写人员

主　　编：金潮苏　　山东胜利职业学院
张鉴益　　天津工程职业技术学院
高书香　　河北石油职业技术大学
副 主 编：李海燕　　中国石油化工股份有限公司胜利油田分公司党校(培训中心)
周晓丽　　巴音郭楞职业技术学院
刘礼亚　　中国石油化工股份有限公司胜利油田分公司党校(培训中心)
参编人员：(按姓氏拼音排序)
宫艳红　　中国石油天然气总公司大港油田公司第三采油厂
郝海彦　　延安职业技术学院
郝洪峰　　中国石油化工股份有限公司胜利油田分公司孤东采油厂
黄兴鸿　　中国石油天然气总公司大港油田公司第三采油厂
李学忠　　中国石油化工股份有限公司胜利油田分公司集输总厂
刘东章　　中国石油化工股份有限公司海洋钻井公司
刘同玲　　中国石油化工股份有限公司胜利油田分公司河口采油厂
宋贤哲　　山东胜利职业学院
孙晓燕　　中国石油化工股份有限公司胜利油田分公司东辛采油厂
王　泽　　阿克苏职业技术学院
闫方平　　河北石油职业技术大学
于洪庆　　山东胜利职业学院
张　滨　　中国石油天然气总公司大港油田公司第二采油厂

第三版前言

近年来，在习近平总书记殷切关怀和重点关注下，职业教育进入高速发展期。2023 年 7 月 11 日，教育部办公厅发布了《教育部办公厅关于加快推进现代职业教育体系建设改革重点任务的通知》，明确了职业院校下步发展的 11 项重点任务（简称“11 项重点任务”）。

通过毕业生就业大数据可知：“高职院校培养的理论实践相结合、毕业即能适应岗位需求的技能操作人员供不应求”。因此在学生培养过程中，核心专业课程教材的选用是否合适，起到了至关重要的作用，新形势下，迫切需要内容贴合现场、呈现形式利于教学的核心专业课教材来支撑人才培养。

“11 项重点任务”中第 8 条任务“开展职业教育优质教材建设”指出：“职业教育教材要‘鼓励行业牵头或行业、企业、学校等共同开发’”。

在这一大背景下，2023 年 11 月，石油工业出版社在山东胜利职业学院组织召开多本教材修订的启动会议，在会上确定修订《采油工程（第三版）》。会后，山东胜利职业学院经过筹划，组建了由行业、企业专家及高职院校专业教师组成的编写团队。分别于 2023 年 12 月、2024 年 1 月，由石油工业出版社组织召开一次主编会、两次线上教材会，经过深入研讨，达成修订共识。

本书编写秉持“为党育人、为国育才”的育人理念，融入思政元素，德技共修，培育工匠精神，培养学生爱岗敬业的从业精神。在内容上，力求科学性与实用性相结合，着重现场工作能力的培养。在呈现形式上，采用专题化、模块化、项目化形式，以油气开采的前期准备、开采过程、油层改造和油气集输这一链条，对第二版内容进行改版。第三版由综述和四个专题组成，在专题下包含模块，模块下包含项目。部分专题新增技能操作内容，提供操作视频，完善学习体验。现场内容佐以实物彩图，达到好学易懂的目的。

（1）综述讲述了采油工程在开发工程中的地位、目标、发展情况；对目前信息化采油井场使用的自动化采集和远传系统进行了简单介绍。

（2）专题一采油准备包含两个模块，讲述了石油勘探中两个重要环节——完井和试油。

（3）专题二油气开采是本书的重点专题，包含五个模块，分别为自喷采油、有杆泵采油、无杆泵采油、天然气开采、采油新技术。各模块按照工作实际，又细分为不同项目。有杆泵采油去掉了理论性很强的部分内容；无杆泵采油增加了电动潜油螺杆泵的内容；天然气开采为新增内容；采油新技术融入了目前现场的一些新工艺、新技术。整个专题增加了大量的技能操作内容。

（4）专题三油层改造包括六个模块，分别为注水、水力压裂、酸化、防砂、堵水、稠油及高凝油开采技术。其中注水模块为重点模块，重新整合了内容，新增技能操作内容。

(5)专题四油气集输为新增内容,完整了产业链。该专题包括三个模块,分别为油气集输概述、油气集输流程、油气集输过程计量。专题融入了大量富媒体资源,帮助学生了解采油工程的后续环节。

本书由金潮苏、张鉴益、高书香担任主编,由李海燕、周晓丽、刘礼亚担任副主编。全书共五部分,具体编写分工如下:

综述由高书香编写第一部分;于洪庆编写第二、三部分。

专题一由闫方平、刘东章编写。

专题二由王泽编写模块一项目一、二,闫方平编写模块一项目三,郝洪峰编写模块一项目三“技能操作二”;金潮苏编写模块二理论部分,李海燕编写模块二项目一、二、三技能操作,宋贤哲编写模块二项目四技能操作;张鉴益、张斌编写模块三项目一;张鉴益、宫艳红编写模块三项目二、三;张鉴益、黄兴鸿、张滨编写模块四;郝洪峰编写模块五。

专题三由高书香编写模块一理论和项目二、三技能操作,刘礼亚编写模块一项目一技能操作;周晓丽编写模块二、三;郝海彦编写模块四、五;王泽编写模块六。

专题四由孙晓燕编写模块一;孙晓燕、刘同玲编写模块二;孙晓燕、李学忠、金潮苏编写模块三。

综述思政由周晓丽、金潮苏制作、整理。专题二模块五视频由郝洪峰提供,专题四彩图由孙晓燕提供,全书富媒体资料由金潮苏整理。全书由金潮苏统稿。

由于编者水平有限,书中难免存在不足之处,敬请读者批评指正。

编者

2024 年 5 月

第二版前言

2013 年 11 月，石油工业出版社在北京组织召开了石油高职高专“十二五”规划教材修订大纲研讨会，确定了《采油工程》第二版的修订原则和编写大纲。其修订原则是：

(1)保持原教材面向高等专科学校/高等职业学校的层次，以区别于中等职业教育。

(2)保持原教材培养目标是高等技术应用型人才的原则，在原有基础上，将教材中超过三分之一的内容进行删减和更新，与目前现场工作更为贴近。

(3)为了学生以后的继续学习，高职高专教材与本科教材继续保持可衔接性。

本书根据该编写原则进行撰写，力求科学性与实用性相结合，着重现场工作能力的培养，使学生真正掌握本专业的理论知识和操作技能。

根据第一版教材在各高职院校使用的情况以及目前采油工程技术的现状，对原教材内容进行了较大的改动，增加了绪论，将第一版的九章改为七章。

绪论主要讲述了采油工程在开发工程中的地位、目标、发展情况。

第一章油井完井与试油，丰富了水平井完井技术的内容，增加了目前出现并使用的新的完井技术。

第二章自喷与气举采油，减弱了理论性很强的部分内容，删除了目前不再使用的井场流程，增加了油气计量的内容。

第三章有杆泵采油，将链条式抽油机相关内容替换为皮带式抽油机，与现场抽油机使用更为贴近；在示功图分析中，增加了故障出现后的解决措施，将理论与实践更好地进行了融合。

第四章无杆泵采油，进行了大幅调整，增强了电动潜油离心泵采油的内容，增加了实践操作内容，如电潜泵井的启动操作，将螺杆泵采油单列一节，重点讲述；水力活塞泵采油目前使用很少，与其他的无杆泵采油作为一节，内容弱化。

第五章油水井增产增注技术，由第一版第五章水力压裂技术、第六章酸化合并而成，将其中理论部分内容大幅度删减，增加了措施后油水井的管理内容。

第六章注水，对内容进行了去旧加新，相近的内容进行了合并。

第七章复杂条件下的开采技术，精简了理论部分。在管理技术上进行了更新，和现在的采油工程现场更加贴近。

教材改版后，理论知识部分减少了，实践部分增加了，同时在技术上进行了更新，更加突出了职业技术教育的特点，理论与实践相结合，注重培训学生的实际操作能力，更加适合高职院校的学生学习。

同时，为了有利于学生课后的复习和加强对知识点的掌握，每章后都增加了练习题，题型有填空题、判断题、简答题和计算题几种形式。

本书具体分工如下：承德石油高等专科学校闫方平编写第一章；渤海石油职业学院范昆仑编写第二章；山东胜利职业学院金潮苏编写绪论和第三章；天津工程职业技术学院张鉴益编写第四章；大庆职业学院芮阁编写第五章第一节；延安职业技术学院宋文编写第五章第二节；承德石油高等专科学校高书香编写第六章；辽河石油职业技术学院李明云编写第七章。

本书由金潮苏、范昆仑、高书香任主编，张鉴益、李明云任副主编。全书由第一版主编、山东胜利职业学院于云琦担任主审，提出了宝贵的修改意见。

由于编者水平有限，书中难免存在缺点、错误和不足之处，敬请读者批评指正。

编者

2015 年 1 月 24 日

第一版前言

2005 年 8 月，中国石油教育学会和石油工业出版社在山东胜利职业学院组织召开石油高职高专教学教材规划研讨会，确定编写适用于石油高职高专层次的系列教材。在此次会议中讨论并通过了石油高职高专教材的编写原则和编写大纲。其编写原则是：

(1)高职高专教育属于高等教育，教材应突出高层次性而区别于中等职业教育；

(2)根据高职高专教育培养目标是高等技术应用型人才的原则，教材应突出应用性，从高等应用性职业的实际需要出发，理论教学要以应用为目的，加强操作训练，提高学生的动手能力；

(3)为了学生以后的继续深造，高职高专教材与本科教材应具有可衔接性。

本书根据该编写原则撰写，力求科学性与实用性相结合，着重提高现场工作能力的培养，使学生真正掌握本职的理论知识和操作技能。

本书共分九章，由山东胜利职业学院负责组织编写。重庆科技学院吴国云编写第一章和第六章；渤海石油职业学院杨娟芳和范昆仑编写第二章；山东胜利职业学院于云琦编写第三章；辽河石油职业技术学院王丽梅编写第四章；天津石油职业技术学院谢洪顺和鲁改欣、刘红兵、吕凤滨编写第五章；承德石油高等专科学校高书香编写第七章；天津工程职业技术学院孟士杰编写第八章；大庆职业学院王佼科编写第九章。

本书由于云琦任主编，吴国云、孟士杰、杨娟芳任副主编。全书由山东胜利职业学院孙树强担任主审，提出了宝贵的修改意见。

由于编者水平有限，时间短促，书中难免存在缺点、错误和不足之处，敬请读者批评指正。

编者

2006 年 5 月

目　录

专题三　油层改造

专题四　油气集输

富媒体资源目录

综　　述

一、采油工程概述

（一）采油工程的主要任务

采油工程的任务是根据国民经济发展对石油增长的需要，遵循开采石油的客观规律，采用先进技术，确保较高的采油速度、最高的采收率和较长时期高产稳产，最大限度利用石油资源，做到少投入多产出，经济效益高。

采油工程的工作对象为两个系统，一个是以含油气区为主的系统，即油层系统，是一个完整的水力学体系；另一个是油井系统，即在含油面积内布置一定数量的油水井。由这两个系统引出了点、面、体的相互关系。油井对油层是点和面的关系，油层有一定面积和厚度，这样又构成一个复杂的地下空间油砂体，因此，可以说采油的过程也就是认识油层的过程。

视频 1
能源的饭碗必须端在自己手里

由于油层深埋地下，这就决定了采油工作的复杂性和间接性。复杂性是指影响因素多；间接性是指依靠资料去分析判断，说明油水产出情况和问题。

（二）采油工程的地位

采油工程是石油勘探开发中的最后一个环节，处于石油天然气工业的上游产业，上承“开发”中的“油气藏工程”，下接储运工程，是石油产出过程中最直观的一个环节。

石油的开采必须经历两个过程，即地层中的渗流、井筒中的多相管流，这两个过程互相联系、互相影响、不可分割。第一个过程研究的是如何合理开发油田；第二个过程，也就是采油工程，研究的是如何管好油井，使流入井底的油气能沿井筒高效地举升到地面。

油井是油层中油的出口，是人们用以控制油藏生产的一种手段，油井管理得不好，最直观的影响就是产量降低，更深远的是影响整个油藏的开发，采油工程的重要性可想而知。

（三）我国采油技术发展历程

1. 古代石油开采状况

我国是世界上发现、开采和利用石油及天然气最早的国家之一。早在东汉时代，班固就在《汉书·地理志》中记载了在陕北延长一带发现石油的事实。在1600多年前，四川地区居民钻凿盐井时遇到了天然气，这是世界上第一口天然气井，即所谓的“邛州火井”的记载，此后就开始利用天然气熬盐。在明朝时代，钻凿盐井时又遇到了石油。到1840年，我国采气规模达到日产几万立方米，相关采气和制盐的手工业作坊已有几十万人的规模，而且有严密的组织和细致分工。

2. 近代石油开采状况

由于我国长期处于封建社会，再加上近百年来来自世界上多个国家的侵略和掠夺，致使我国在1840—1949年期间，仅有油田4处、气田2处，最高年产量（1943年）连同人造石油在内仅 32.1×10^4t。在1904—1948年期间，我国累积产油量仅为 278×10^4t，但是总共进口“洋油”

$2800 \times 10^4 t$。甘肃省的玉门油矿是旧中国最大的油矿，培育了一大批石油人才，他们在创建新中国石油工业中发挥了重要作用。

3. 建国初期采油技术状况

我国现代石油工业是与新中国一起成长起来的年轻工业。

新中国成立后，我国石油工业开始了新的发展历程，采油技术也迅速提高，1959 年的石油年产量比 1949 年增加了 30 倍以上。1954 年，石油工作者对老君庙油田编制了我国第一个注水方案；1967 年，我国海上第一口油井喜喷油流，海上石油工业开始起步。

20 世纪 50 年代到 70 年代，我国做了多方面的试验和技术突破，其中包括油田堵水试验、油层水力压裂试验、人工举升试验、火烧油层试验、防砂试验、注蒸汽吞吐开采试验等。期间，随着大庆油田的开发，研究开发出了一整套采油工艺技术，包括分层采油、分层测试、分层管理和分层研究。

4. 改革开放以来采油技术状况

20 世纪 70 年代到 90 年代，我国采油工程技术的主要突出点是研究并形成了适合多种类型油气藏的采油工程技术，推动了采油工程技术的多样化，满足了对不同场地的应用要求。主要包括复杂断块采油工艺技术、潜山油藏开采技术、稠油热力开采技术和气顶砂岩油藏开采技术。

20 世纪 90 年代后期，随着其他方面的技术的发展，我国采油的系统工程在原有的基础上实现了进一步的完善和改进，主要体现在以下几个方面：

（1）采油过程中要有中长期发展的规划，要处理好近期应用技术和基础研究的关系，在采油过程中攻克一批技术难题，完善对以后油田开采的技术储备。

（2）对低渗透油田采用小井距、加强注水、简化举升方式和简化地面流程，进一步提高单井产量，实现经济有效开采。

（3）发展蒸汽吞吐接替技术，扭转稠油开采被动局面。

视频 2
歌曲《采油姑娘》

5. 采油新技术发展现状

进入 21 世纪以来，信息技术、生物技术、新材料技术、新能源技术逐步应用到采油工程当中，在人工举升、油水井增产改造、深部调驱、分层注水等技术方面都有了新发展，甚至在采油工程新材料、石油工程仿生技术、工程技术一体化管理等多方面有了新突破。

在人工举升方面，发展了电动潜油柱塞泵、电动潜油螺杆泵、大排量气举等技术，使中低产井的高效举升成为可能。

在油水井增产改造方面，水平井压裂、体积压裂等大型压裂技术得到充分发展和推广，多段压裂、全通径压裂逐渐成为新一代压裂技术，进而推动了致密油气、非常规油气的有效开发。

在深部调驱提高采收率方面，提出了“同步调驱”技术理论，建立了油藏整体治理的“分类分级调驱”技术方法，形成了一套化学剂（材料）性能评价和物理模拟指标方法。深部调驱技术已发展成为一项常规的提高采收率的方式方法，正在由生产措施（单一技术）向开发方式（提高采收率）转变。

在分层注水方面，先后发展形成了“桥式偏心 + 电缆测调”分注技术、“桥式同心 + 电缆测调”分注技术、分层注水全过程监测与自动控制技术、井下油水分离与注采技术等。随着这些技术的不断成熟，分层注水、井下油水分离等技术将进一步向自动化、智能化方向发展。

在采油工程新材料方面，用于封隔器的遇油遇水膨胀橡胶、可溶金属、可降解高分子材料等，都能显著提高作业效率，降低施工成本。

在石油仿生新技术方面，仿生钻头和钻井液、仿生防砂技术、仿生膨胀锥技术、井下通信技术等，解决了油气田开发的很多技术难题。这些技术和理念创新将对采油工程技术的发展产生日益重要的影响。

目前，信息化技术在油水井及场站管理上的推广应用，实现了油田的提质、降本、增效。同时，扎根油田基层一线的技能操作人员，通过长期实践、学习和提升，涌现了一大批领军人才，他们在工作岗位上持续创新，也为油田降本、增效贡献了力量。

视频3
扎根油田基层一线的技能操作领军人才

下面以胜利油田采油信息化为例，介绍两个常用信息化系统。

二、SCADA 系统

（一）SCADA 系统的概念

SCADA 系统（Supervisory Control And Data Acquisition System），即数据采集与监控系统。严格意义上讲，SCADA 系统就是综合应用计算机技术、自动控制技术、通信与网络技术等现代信息技术，实现对油田井场、站库等工艺过程和生产设备的实时数据采集、本地或远程自动控制以及生产过程的全面实时感知，同时为安全生产、调度指挥、应急管理和故障诊断提供数据支持。

彩图1
SCADA 系统结构图

SCADA 系统由于技术成熟，功能强大，具有遥测、遥信、遥控和遥调等“四遥”功能，因完全满足油田生产点多面广、分布散、规模大、环境差等特点要求而得以广泛的应用。

SCADA 系统在国外早先也是在电力系统先使用的，主要指对远程设备的监控。我国电力系统的“远动”系统就是 SCADA 系统的一种。目前 SCADA 系统已经在油田、水井、燃气、油气和供水管网，以及大型厂区和库区的监控系统中获得广泛的应用。

（二）SCADA 系统的架构组成

SCADA 系统主要由测控仪表、智能仪表、RTU、PLC、通信网络、工控机和服务器等组成，如图1所示。

1. 仪表

SCADA 系统中监控的参数，按照数据类型可以分为模拟量、数字量、脉冲量和通信智能型等。模拟量包括温度、压力、物位、流量等典型过程参数和其他各种参数；数字量包括设备的启/停状态等。这些信号均通过各种型式的仪表采集到系统中。

2. 执行设备

执行设备接受下位机（控制器）的输出，改变操纵变量，使生产过程按照预定要求正常运行。在不同的行业中，执行器类别不一样，如在生产过程监控中，各种气动执行器得到广泛应用，典型的就是调节阀，还有各种开关阀门。

3. 远程终端单元 RTU

远程终端单元（Remote Terminal Unit，RTU）是安装在远程现场的电子设备，用来监视和测量安装在远程现场的传感器和设备。RTU 将测得的状态或信号转换成可在通信媒体上发送的数据格式。它还将从中央计算机发送来的数据转换成命令，实现对设备的远程监控。

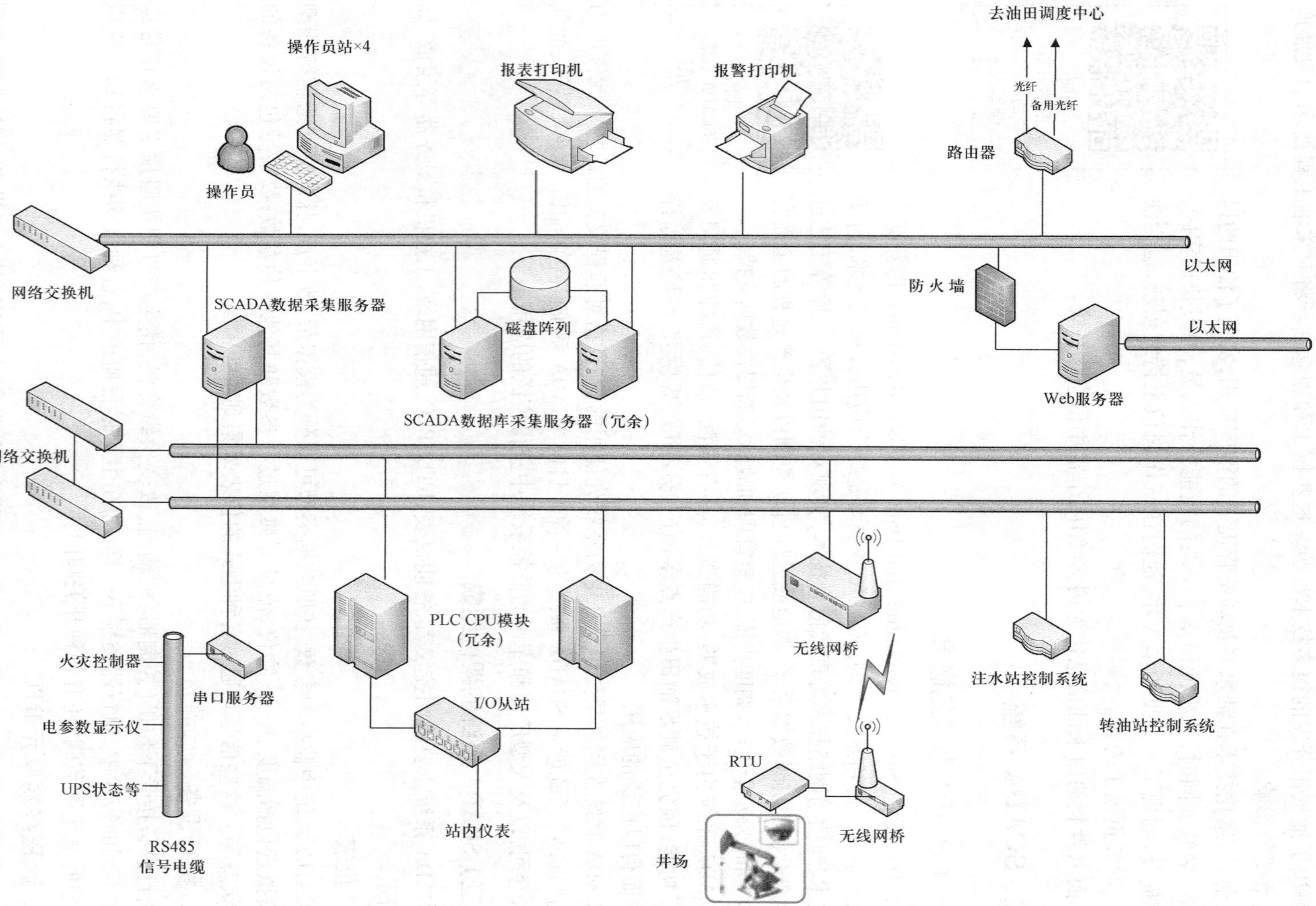

图1　SCADA 系统结构图

4. 其他控制单元

由于PLC(Programmable Logic Controlle,可编程逻辑控制器)产品性价比高、可靠性高、编程方便,因此,在各种SCADA系统中得到广泛的应用。专用的DCS产品也遵循着开放的原则,逐步融入SCADA系统中。

5. 上位机系统(监控中心)

上位机系统通常包括SCADA服务器、工程师站、操作员站、Web服务器等,这些设备通常采用以太网联网。上位机通过网络,与在测控现场的下位机通信,以各种形式,如声音、图形、报表等方式显示给用户,以达到监视的目的。上位机还可以接受操作人员的指示,将控制信号发送到下位机中,以达到远程控制的目的。

6. 通信网络

通信网络实现SCADA系统的数据通信,是SCADA系统的重要组成部分。与一般的过程监控相比,通信网络在SCADA系统中扮演的作用更为重要,这主要因为SCADA系统监控的过程大多具有地理分散的特点,如无线通信机站系统的监控。在一个大型的SCADA系统,包含多种层次的网络,如设备层总线、现场总线;在控制中心有以太网;而连接上、下位机的通信形式更是多样,既有有线通信,也有无线通信,有些系统还有微波、卫星等通信方式。

(三)SCADA系统的应用

SCADA系统通过对远端的数据采集,可以了解到有关的工艺实时数据。对于油田,可以分析油井工艺情况,了解井口的参数,以便于油井增产;对于管网,可以了解远端的加压站、泵站或调压站,了解油气水的输送质量和安全隐患;对于电力SCADA,可对保障电力运行和设备的安全起到重要的保证作用。

除了在油田、油气水管网、输配电等传统能源工业外,SCADA系统还将越来越广泛地应用在城市供水、城市排水、城市燃气输配、城市轨道交通、城市道路安全交通、环保设施、物流系统以及林业监测和大型厂区和库区的监测系统中。目前工厂里的MES系统和EMS的能源和物料监测系统,都要用到SCADA的技术,才能在整个企业内部建立起来的一个全厂监控网络。

三、油气生产信息管理(PCS)系统

(一)SCADA与PCS的关系

PCS(Production Control System)是指胜利油田在管理区、厂级以及局级建立的生产指挥中心。它是由web服务器取得SCADA实时数据并进行数据分析后统一发布的界面。通过PCS统一协调发布web网页克服了SCADA系统本身数据分析功能弱、界面单一、数据分散的弊病。所以虽然SCADA可以对外进行web发布,但胜利油田依然采用了自主开发的PCS系统。SCADA与PCS的关系如图2所示。

彩图3
PCS系统
示意图

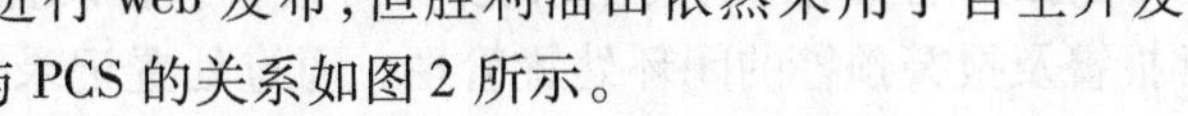

图2 SCADA与PCS的关系

（二）PCS 系统应用场景

胜利油田建设的油气生产信息化管理系统（PCS）是生产信息化建设的核心内容，是集过程监控、运行指挥、专业分析为一体的综合管理系统。利用 SCADA 工业采集和控制技术，将实时采集的生产动态数据、图像数据和相关动静态数据存储到数据库，并进行关联分析，实现油气生产全过程的自动监控、远程管控、异常报警，覆盖分公司、采油（气）厂、管理区三个层级，如图 3 所示。

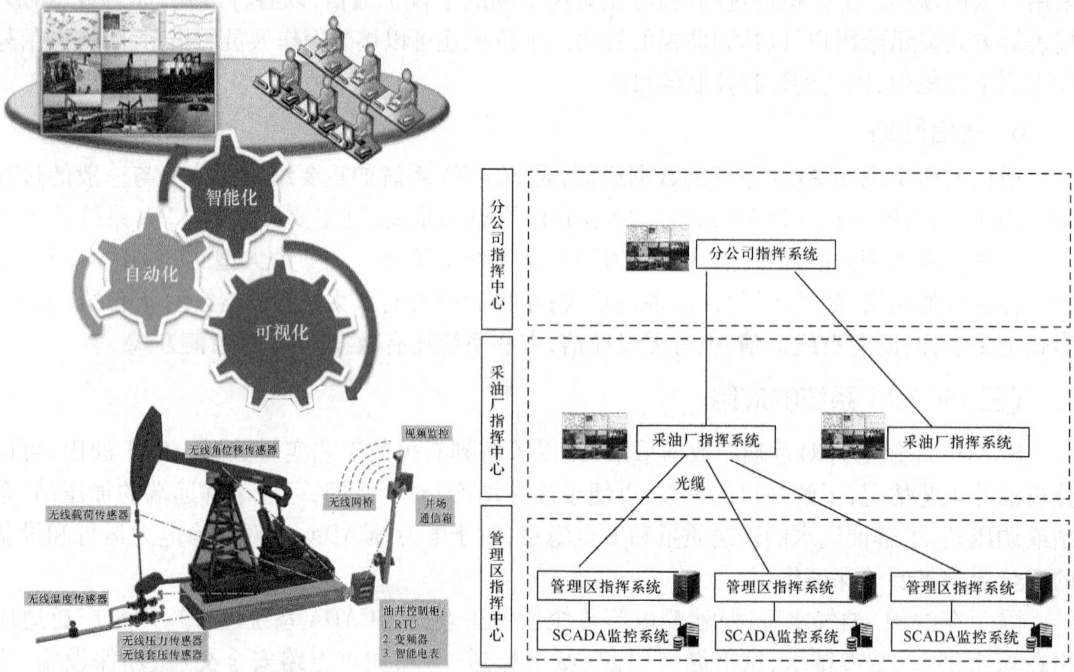

(a) 基于物联网的PCS系统　　(b) PCS局厂区三级应用模式

图 3　PCS 系统示意图

（三）PCS 系统的功能架构

PCS 系统根据中国石化生产信息化建设的整体推广工作安排，当前系统版本以满足分公司、采油厂、管理区三级应用进行规划建设，如图 4 所示。

在管理区级系统分专业、分系统、按岗位进行功能设计和应用，包括生产监控、报警预警、生产动态、调度运行、生产管理、应急处置六大功能，功能设计上与上级指挥中心相对应。

（1）生产监控：分采油系统、注水系统、集输系统进行功能设置，按照业务对象分类，以实时数据为基础，通过集中状态监控—分别实时数据监控的方式，集成视频、实时数据、报警数据和组态监控页面，实现井、站、设备的实时监控。

（2）报警预警：分采油系统、注水系统、集输系统，支持报警预警设置的“一井一策”，实现参数波动的预警、异常报警及报警预警的闭环处置管理。通过处置记录分析和预警的灵活设置，逐步实现由事后处置向事前预防转变。

（3）生产动态：基于前端实时数据，处理形成分时、日度动态生产数据，以图表、曲线等形式真实反映生产实际动态，包括采油、注水、集输、生产用电以及钻井、作业等，实现主要生产指标及主要变化、力量分布、进度情况的全面掌握。

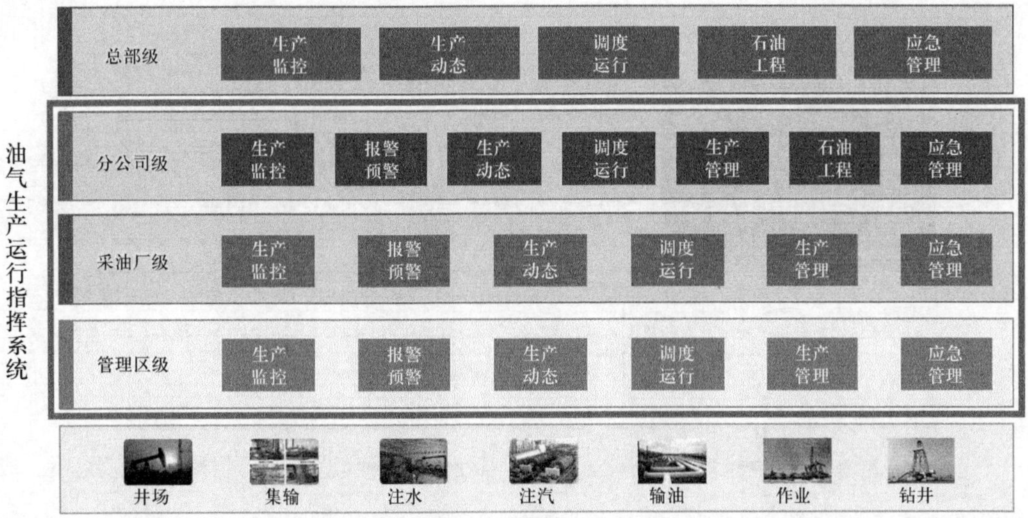

图 4　PCS 系统功能架构图

(4)调度运行:实现管理区内部、管理区对外的运行组织协调、指挥督导,生产指挥人员通过岗位人员动态、调度日志、生产会议、重点工作等功能,掌握人员动态、合理安排工作,实现业务运行的跟踪管理。

(5)生产管理:实现管理区技术指标的统计分析和技术运行管理。分采油、注水、集输、开发实现工艺、地质等专业技术管理岗位的指标自动汇集和辅助分析,以及基层日常技术管理的运行、工作量及效果统计分析。

(6)应急处置:实现应急资源的管理和查询,支持应急处置的需要,包括应急预案管理、应急资源管理、事故案例等功能。

(四)PCS 油井监控功能介绍

PCS 系统具有六大功能模块,45 个二级模块,280 多个业务功能点,基本上满足了当前生产信息化建设后的管理区指挥中心日常应用,并且随着信息化建设的全面普及与深入,PCS 系统功能也将不断地完善扩充。现将油井监控功能介绍如下。

从图 5 和图 6 可看出总体监控管理区各单井整体运行情况和具体单井综合监控信息,全面展示了单井的现场状况、工况信息及参数变化趋势。辅助监控人员掌控和分析单井生产情况。

油井监控　管理一区

监控总井数238□　开井数 194□　关井数 44□　通讯中断 0□

计量站	油井井号					
河104-23计量站(14)	XHH146-X48	XHH148-X58	XHHCNX48	XHH148-X57	XHH148-56	XHH104-CX27	XHH148-X75
	XHH148-X77	XHH148-76	XHH148-X74	XHH104-C23	XHH104-C22	XHH104-14	XHH104-18
河104-5计量站(12)	XHH104-X32	XHH148-X21	XHH148-20	XHH148-X23	XHH148-X46	XHH104-C12	XHH148-22
	XHH104-C5	XHH151	XHH146-46	XHH148-X45	XHH104-CX26		
河11-31计量站3(9)	HJH11-19	HJH11-NC5	HJH11-32	HJH40	HJH11-X36	HJH4-X110	HJH11-34
	HJH11-CX33	HJH11-X37					
河148-18计量站(6)	XHH148-X24	XHH148-X28	XHH148-X54	XHH104-C4	XHH148-X18	XHH104-16	
河148-42计量站(9)	HJH4-X78	XHH148-X51	XHH148-X62	XHH148-61	XHH148-60	HJH4-X76	XHH148-X37
	HJH4-X23	HJH4-X102					
河148-平1计量站(6)	XHH148-X31	XHH148-X13	HJH148-P2	HJH148	HJH148-P1	HJH4-XN100	
河148-斜15计量站(3)	XHH148-X49	XHH148-X43	XHH148-X15				

图 5　油井监控列表

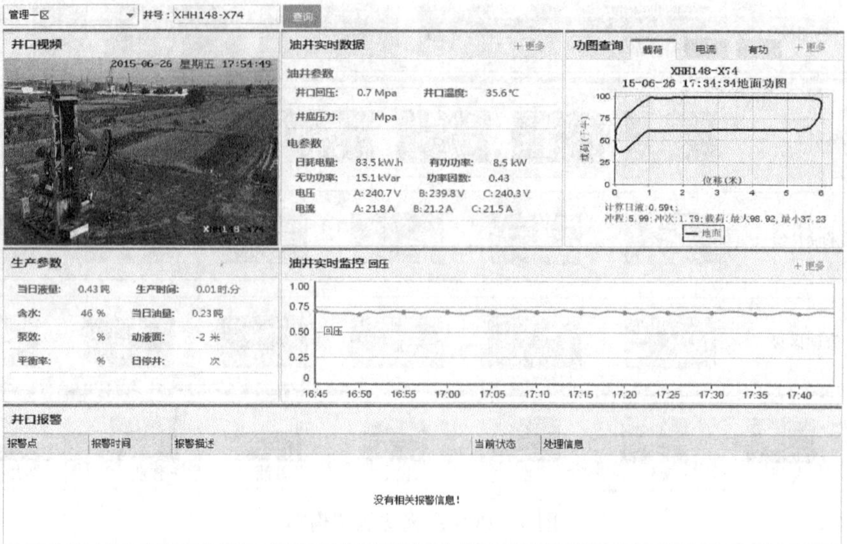

图 6　单井综合监控

视频 4　生产指挥平台功能演示 1

视频 5　生产指挥平台功能演示 2

练　习　题

简答题

1. SCADA 的中文名称及组成是什么？
2. PCS 的中文名称及功能是什么？

专题一

采油准备

石油行业产业链是一个庞大而复杂的系统，涵盖了石油勘探、开采、加工、运输和销售等多个环节。在这个产业链中，石油勘探与开采是最为关键的环节之一。在石油勘探环节，借助多种技术手段，找到潜在的石油资源，才能进行后续的开采工作。而完井和试油则是石油勘探开发过程中的重要环节。

模块一　油井完井

完井是指裸眼井钻达设计井深后，使井底和油层以一定结构连通起来的工艺。它是钻井工程的最后一个重要环节，又是采油工程的开端，与以后采油、注水及整个油气田的开发是紧密联系的。而油井完成质量的好坏直接影响到油井的生产能力与经济寿命，甚至关系到整个油田能否得到合理的开发。因此，了解有关完井的知识，对采油技术人员来说显得十分重要。

完井是衔接钻井和采油工程而又相对独立的工程，是从钻开油层开始，到下套管注水泥固井、射孔、下生产管柱、排液，直至投产的一项系统工程。

【知识目标】

(1)掌握井身结构；

(2)掌握完井方式；

(3)了解完井方式的选择原则。

【所需知识】

一、井身结构

井身结构是指油井钻完后，所下入套管的层次、直径、下入深度及相应的钻头直径和各层套管外水泥浆上返高度等，如图 1－1－1 所示。

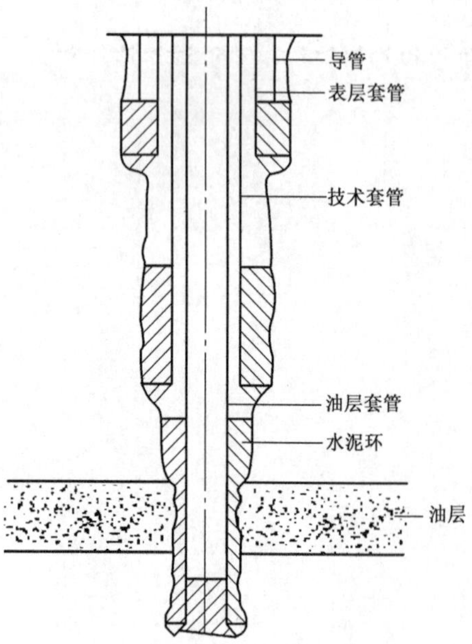

图 1－1－1　井身结构示意图

(一)导管

导管使钻井一开始就建立起钻井液循环，保护井口附近的地层，引导钻头正常钻进。下入深度取决于第一层较坚硬岩层所在的位置，通常为 2～40m。导管下部要用混凝土稳固地固定于坚硬的岩层上。所用导管的直径一般为 450mm 和 375mm。

(二)表层套管

表层套管又称地面套管、隔水层套管，它的作用是用来封隔地下水层，加固上部疏松岩层的井壁，保护井眼和安装封隔器。下入深度取决于上部疏松岩层的位置，一般在 30～1500m 之间。它的直径一般为 400mm ($15\frac{3}{4}$in) 和 324mm ($12\frac{3}{4}$in)。表层套管外的水泥返至地面。

(三)技术套管

技术套管又称中间套管，用来保护和封隔油层上部难以控制的复杂地层。下入深度根据复杂层位置而定。但是,下技术套管会使完井成本大幅度增加,因此,实践中很少采用。

(四)油层套管

油层套管也被称为生产套管,其作用是保护井壁,形成油气通道,隔绝油、气、水层,下入深度是根据目的层的位置和不同完井方法来决定的。常见的国产油层套管技术参数见表1-1-1。

表1-1-1 常见国产套管技术参数表

公称直径	in	5½					6⅝			
	mm	140					168			
壁厚,mm		7	8	9	10	11	8	9	10	11
内径,mm		125.7	123.7	121.7	119.7	117.7	152.3	150.3	148.3	146.3

二、钻开油气层

钻开油气层是完井的首要工序,是钻井工程的关键一步。这一工作的好坏直接影响到一口井的生产能力,关系到是否能够正确迅速地取得油层的各项资料。

当油层被打开时,油层内的油气压力与井筒内钻井液柱的压力出现相互制约的关系。若钻井液柱的压力小于油层的压力,且井口又控制不当时,地层中的油气流就会流入井中,造成井涌、井喷等事故;若钻井液柱压力大于地层压力时,则钻井液中的水、黏土颗粒以及其他有害物质,会侵入油层造成伤害,使井筒附近的渗透率降低,影响油井产量,有时甚至不出油。因而钻开油层时,应根据油层压力的高低和岩石性能严格选择钻井液,以保证安全生产,不伤害或尽可能少伤害油层。通常钻高压油层采用密度较大的钻井液(性能指标依地层而异),而对于压力较低的油层,应当减小钻井液的密度,以免伤害油层。

三、垂直井完井方式

完井方式是指油层与井底的连通方式、井底结构及完井工艺。对于不同地层性质、不同类型的井所采取的完井方式是不同的。不论采用哪种方法,都需要满足以下几个方面的要求:

(1)油层和井筒之间应保持最佳的连通条件,油层所受的伤害最小;

(2)油层和井筒之间应具有尽可能大的渗流面积,油气流入井筒阻力最小;

(3)能有效地封隔油、气、水层,防止气窜或水窜,防止层间的相互干扰;

(4)能有效地防止油层出砂,防止井壁坍塌,确保油井长期生产;

(5)应具备便于实施人工举升和井下作业等条件;

(6)工艺简便、先进、安全可靠,成本低。

油气层与井底连通方式不同,其井底结构和完井工艺也不同。而一口井完成之后,其井底结构就不易改变,所以应根据油气层的具体情况及各地实际经验来选定合理而有效的完井方法。下面介绍几种常见的垂直井完井方式。水平井完井方式单独介绍。

(一)裸眼完井方式

裸眼完井是指在钻开的生产层位不下入套管的完井方式。裸眼完井有先期裸眼完井、复合型完井和后期裸眼完井三种。

先期裸眼完井是指钻头钻至油层顶界附近后，下套管注水泥固井。水泥浆上返至设计高度后，再从套管中下入直径较小的钻头，钻穿水泥塞，钻开油层至设计井深完井，如图1-1-2所示。

有的厚油层适合于裸眼完成，但上部有气顶或顶界附近又有水层时，也可以将套管下过油气界面，使其封隔油层的上部，然后裸眼完井，必要时再射开其中的含油段，此类完井称为复合型完井方式，如图1-1-3所示。

后期裸眼完井是不更换钻头，先钻开油层至设计井深，再将套管下至油层顶部，注水泥固井。固井时，为防止水泥浆伤害套管鞋以下的油层，通常在油层段垫砂或者替入低失水、高黏度的钻井液，以防止水泥浆下沉，如图1-1-4所示。

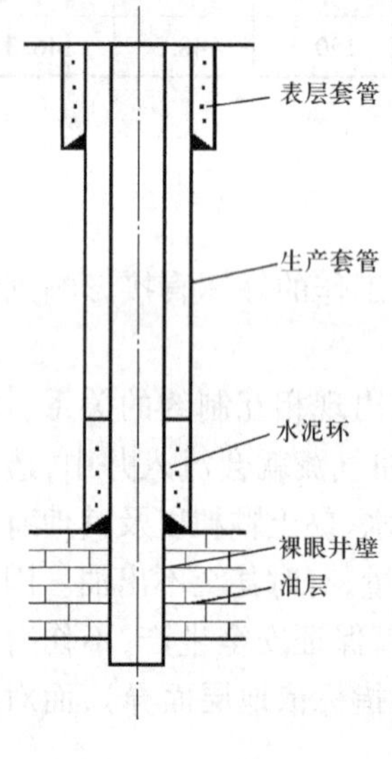

图1-1-2　先期裸眼完井示意图

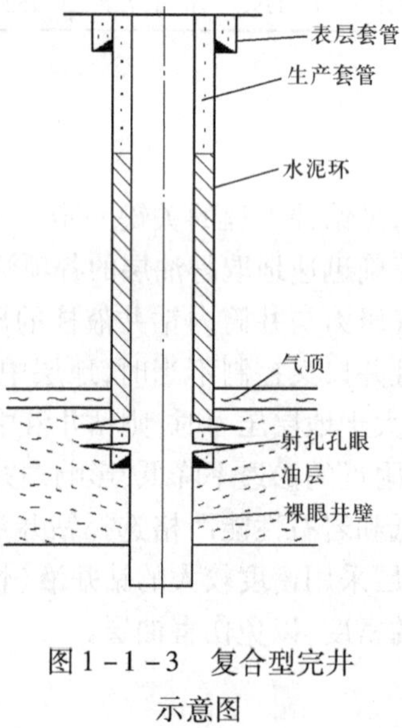

图1-1-3　复合型完井示意图

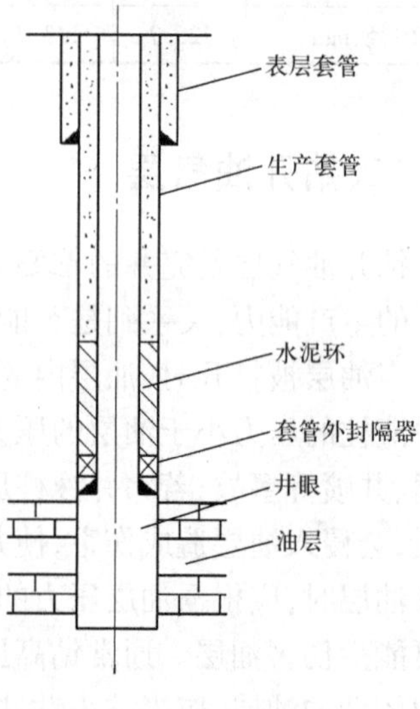

图1-1-4　后期裸眼完井示意图

裸眼完井的最大特点是油气层与井底直接连通，整个油层完全裸露，油层与井底没有任何障碍，所以油气流入井内的阻力很小，其产能较高。

裸眼完井的适用范围很小，仅适用于岩层非常坚固稳定，又无油、气、水夹层的单一油层或油层性质相同的多油层井。砂岩油气层的中、低渗透层大多数需要压裂改造，裸眼完井无法进行压裂施工；同时，砂岩中大多有泥页岩夹层，遇水多易坍塌而堵塞井筒，有油、气、水的井无法进行分层开采和分层改造。因此，中、低渗透的砂岩油层，具有泥页岩夹层的砂岩油层和有油、气、水的井的油层都不适合裸眼完井。碳酸盐岩油气层（包括裂缝性油气层，如20世纪70年代中东的不少油田），以及我国的华北任丘油田古潜山油藏、四川气田等大多适用裸眼完井。因为裸眼完井无法进行增产措施、控制底水锥进和堵水，以及射孔技术的改进，所以多转变为套管射孔完井。

（二）射孔完井方式

射孔完井是国内外使用最为广泛的一种完井方式。射孔完井包括套管射孔完井和尾管射孔完井。

套管射孔完井是钻穿油层直至设计井深，然后下套管到油层底部注水泥固井，最后射孔。

射孔弹射穿套管、水泥环并射开油层至某一深度，建立起油流通道，如图 1 – 1 – 5 所示。套管射孔完井既可以选择性地射开不同压力、不同物性的油层，以避免层间干扰，还可以避开夹层水、底水和气顶，避开夹层的坍塌，具备实施分层注采和选择性压裂或酸化等分层作业的条件。其缺点是出油面积小，完善程度较差，对井深和射孔深度要求严格，固井质量要求高，水泥浆可能伤害油气层。

尾管射孔完井是在钻头钻至油层顶界后，下套管注水泥固井，然后用小一级的钻头钻穿油层至设计井深，用钻具将尾管送下并悬挂在套管上，再对尾管注水泥固井，然后射孔，如图 1 – 1 –6所示。由于尾管射孔完井在钻开油层以前上部地层已被套管封固，因此，可以采用与油层相配伍的钻井液，以平衡压力或欠平衡压力的方法钻开油层，有利于保护油层。此外，这种完井方式可以降低对套管和油井水泥的质量要求，从而降低完井成本。目前较深的油井大多采用此方法完井。

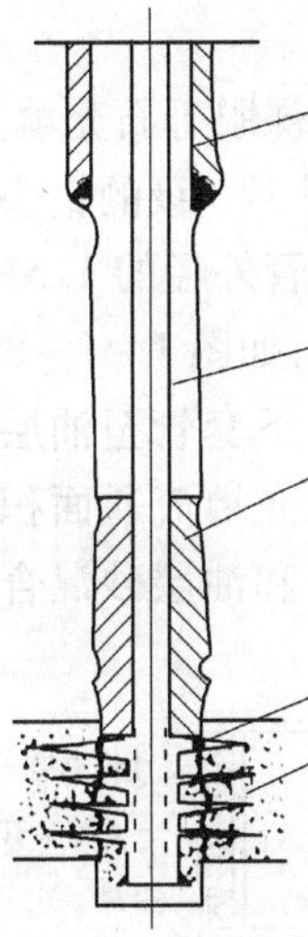

图 1 – 1 – 5　套管射孔完井示意图

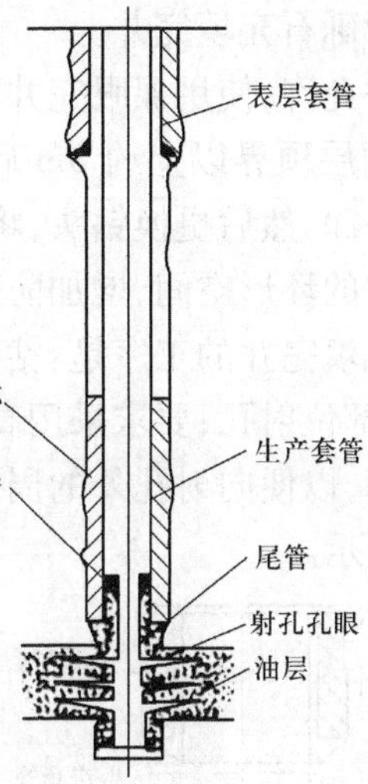

图 1 – 1 –6　尾管射孔完井示意图

（三）割缝衬管完井方式

目前常用的割缝衬管完井方式是钻头钻至油层顶界后，先下套管注水泥固井，再从套管中下入直径小一级的钻头钻穿油层至设计井深，最后在油层部位下入预选割缝的衬管，依靠衬管顶部的衬管悬挂器（卡瓦封隔器）将衬管挂在套管上，并密封衬管和套管之间的环形空间，使油气通过衬管的割缝流入井筒，如图 1 – 1 – 7 所示。

采用割缝衬管完井方式，油层不会遭受固井水泥浆的伤害，可以使用与油层相配伍的钻井液或其他保护油层的钻井技术钻开油层，当割缝衬管发生磨损或失效时也可以起出进行修理或更换。

割缝衬管完井方式既起到裸眼完井的作用，又防止了裸眼井壁坍塌堵塞井筒，同时在一定程度上起到防砂的作用。

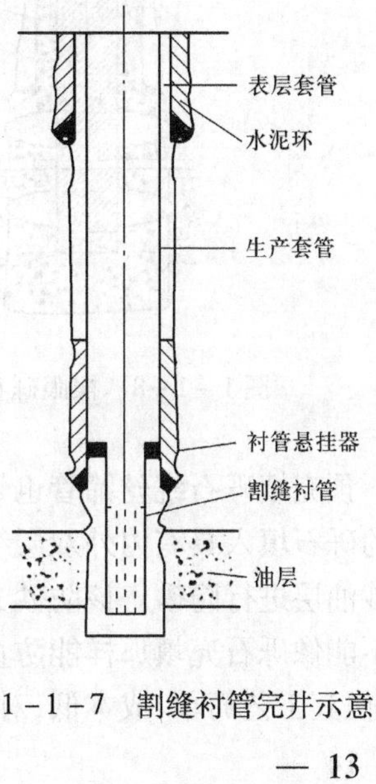

图 1 – 1 – 7　割缝衬管完井示意图

由于这种完井方式的工艺简单、操作方便、成本低，故而在一些出砂不严重的中、粗砂油层中时常使用，特别在水平井中使用较普遍。

割缝衬管完井方式在胶结程度差的砂岩油层中，具有防砂和防止井底坍塌的作用，但防砂主要是依靠油层自然形成砂拱来实现的，不易人工控制，因此在此基础上发展了砾石充填完井方式。

（四）砾石充填完井方式

对于胶结疏松、出砂严重的地层，一般应采用砾石充填完井方式，即先将绕丝筛管下入井内油层部位，然后用充填液把在地面上预先选好的砾石泵送至绕丝筛管与井眼或绕丝筛管与套管之间的环形空间内，构成一个砾石填充层，以阻挡油层砂流入井筒，达到保护井壁、防砂的目的。

为了适应不同油层特性的需要，裸眼完井和射孔完井都可以充填砾石，分别称为裸眼砾石充填完井和套管砾石充填完井。

在地质条件允许，使用裸眼完井而又需要防砂时，就应采用裸眼砾石充填完井方式。其工序是钻头钻达油层顶界以上约 3m 后，下套管注水泥固井，再用小一级的钻头钻穿水泥塞，钻开油层至设计井深，然后更换钻头，将油层部位的井径扩大到套管外径的 1.5～2 倍，以确保充填砾石时有较大的环形空间，增加防砂层的厚度，提高防砂效果，如图 1－1－8 所示。

套管砾石充填完井的工序是：钻头钻穿油层至设计井深后，下套管至油层底部，注水泥固井，然后对油层部位射孔；要求采用高孔密、大孔径射孔，以增加充填流通面积，有时还把套管外的油层砂冲掉，以便向射孔外的周围油层填入砾石，避免砾石和油层砂混合增大渗流阻力，如图 1－1－9 所示。

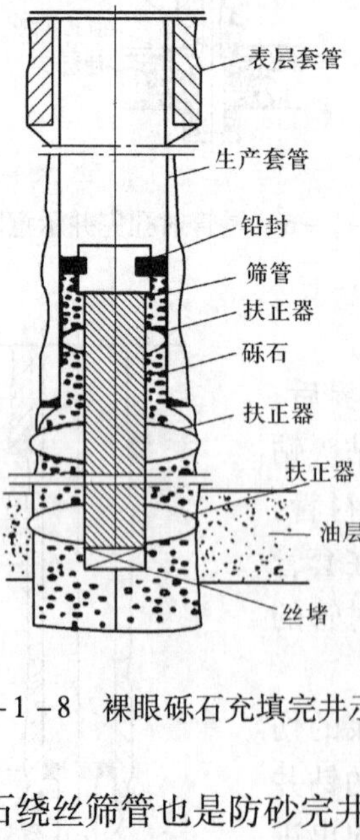

图 1－1－8　裸眼砾石充填完井示意图

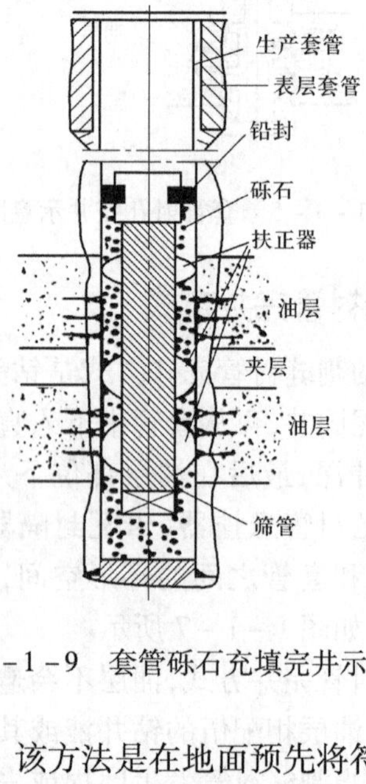

图 1－1－9　套管砾石充填完井示意图

预充填砾石绕丝筛管也是防砂完井的一种方法。该方法是在地面预先将符合油层特性要求的砾石填入具有内外双层绕丝筛管的环形空间而制成的防砂管，将此种筛管下入井内，对准出砂油层进行防砂。该防砂方法的油井产能低于井下砾石充填，防砂有效期不如砾石充填长，它不能像砾石充填那样能防止油层砂进入井筒，只能在油层砂进入井筒后防止其不再进入油管，但其工艺简单、成本低，对一些不具备砾石充填的防砂井，是一种有效的防砂完井方法，如

图 1－1－10 所示。

为解决油层出砂问题，还可采用金属纤维防砂筛管、陶瓷防砂滤管（图 1－1－11）、多孔冶金粉末防砂滤管、多层充填井下滤砂器以及化学固砂等方法完井。

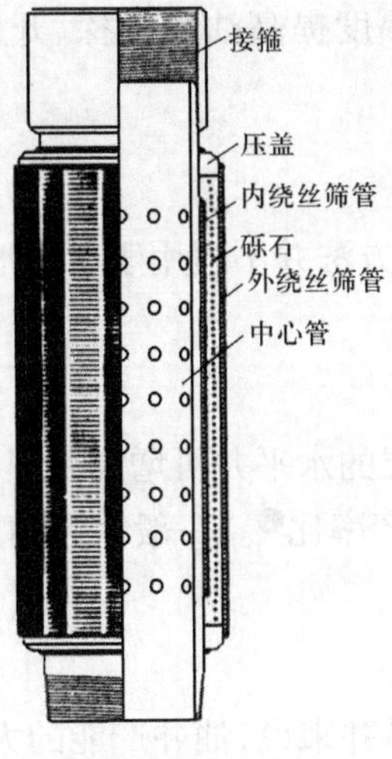

图 1－1－10　预充填砾石绕丝筛管示意图

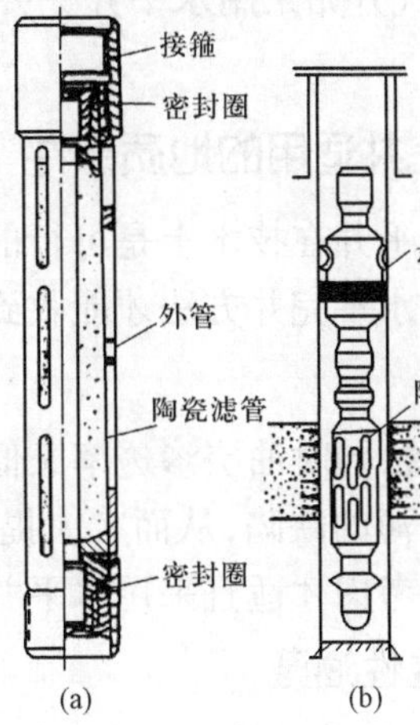

图 1－1－11　陶瓷防砂滤管结构示意图

各种垂直井完井方式适用的地质条件如表 1－1－2 所示。

表 1－1－2　各种完井方式适用的地质条件

完井方式		适用的地质条件
裸眼完井		(1)岩性坚硬致密，天然裂隙发育井壁稳定不坍塌的碳酸盐岩或砂岩储层； (2)无气顶、无底水、无含水夹层及易塌夹层的储层； (3)单一厚储层，或压力、岩性基本一致的多层储层； (4)不准备实施分隔层段、选择性处理的储层
射孔完井		(1)有气顶、或有底水、或有含水夹层及易塌夹层等复杂地质条件，因而要求实施分隔层段的储层； (2)各分层之间存在压力、岩性等差异，因而要求实施分层测试、分层采油、分层注水、分层处理的油层； (3)要求实施大规模水力压裂作业的低渗透储层； (4)含油层段长、夹层厚度大不适于裸眼完井构造复杂的油气藏
割缝衬管完井		(1)无气顶、无底水、无含水夹层及易塌夹层的储层； (2)单一厚储层，或压力、岩性基本一致的多层储层； (3)不准备实施分隔层段、选择性处理的储层； (4)岩性较为疏松的中、粗砂粒储层
砾石充填完井	裸眼砾石充填完井	(1)无气顶、无底水、无含水夹层的储层； (2)单一厚储层，或压力、岩性基本一致的多层储层； (3)不准备实施分隔层段、选择性处理的储层； (4)岩性疏松出砂严重的中、粗、细砂粒储层
	套管砾石充填完井	(1)有气顶、或有底水、或有含水夹层及易塌夹层等复杂地质条件，因而要求实施分隔层段的储层； (2)各分层之间存在压力、岩性等差异，因而要求实施选择性处理的储层； (3)岩性疏松出砂严重的中、粗、细砂粒储层

四、水平井完井方式

水平井被认为是20世纪80年代石油工业勘探开发技术重要的发展之一。国内大部分油田20世纪90年代开始采用水平井完井技术，从而大幅度提高油气勘探、开发的社会效益和经济效益。

（一）水平井完井适用的地质条件

实践表明，钻水平井在技术上是可行的。但水平完井方法并不适用于所有地质条件，只有在下述情况下，采用水平完井方法才能收到经济效益。

1. 薄层油藏

如果油层厚度薄，同时油层渗透率又低，通过横贯油层的水平井可增加井眼和油藏的渗流接触面积，补偿油层薄的缺陷，从而大大提高薄层油藏的产率比❶。一般认为油层厚度应不超过20m，从经济方面考虑才适宜采用水平井完井。

2. 高垂向渗透性油藏

多数油层的垂向渗透率低于水平向渗透率。对于水平井来说，油井产能的大小，部分取决于垂向渗透率的高低。油层垂向渗透率越大，流体垂向渗流阻力越小，产量越大。一般认为，垂向渗透率接近水平向渗透率时，从经济方面考虑才适宜采用水平井完井。

3. 纵向裂缝油藏

水平井提供了连通天然垂直裂缝的手段。即使油层的裂缝发育连通性较差，只要水平井眼与这些裂缝相交，也能显著提高油井的产能。

4. 非均质油藏

当油层在水平方向上存在非均质性时，横贯非均质油层的水平井为钻遇孤立的富油区提供了手段。

5. 有气顶或底水接触面问题的油藏

和垂直井相比，水平井与油层的接触面积大得多。水平井眼附近的压降梯度比垂直井眼附件的压降梯度小得多，其压力降落近似为一条直线。由于水平井眼附近油层的压力降落缓慢，有利于延长无水采收期，可望提高油井采收率。

横贯油层的水平井可以为评价油层提供更多的资料，对认识油藏有极大的价值。水平井可以钻达城市下的遥远部分，能减少开发海上油田所需的平台数。近年来，随着定向钻井技术和智能完井系统的进步，即使是厚油层或低垂向渗透率油层也可能通过优化设计找到合适的完井方案，例如利用多分支水平井结合智能完井设备实现有效开采。

（二）水平井完井的特点

水平井按其造斜和曲率半径可分为短、中、长三类，如表1－1－3所示。

目前常见的水平井完井方式有裸眼完井、割缝衬管完井、尾管射孔完井、管外封隔器（ECP）完井和砾石充填完井五类。由于水平井的各种完井方式有其各自的适用条件，故应根据油藏的具体条件选用。

---

❶ 产率比是指当水平井和垂直井具有相同的泄油面积时，水平井的产能与同层垂直井的产能之比

表1-1-3　水平井类型

参数	短	中	长
曲率半径,ft❶	20~40	165~700	1000~3000
造斜率,(°)/100ft	15~30	8~30	2~6

❶ 1ft=0.3048m。

1. 裸眼完井方式

裸眼完井是一种最简单的水平井完井方式,即技术套管下至预计的水平段顶部,注水泥固井封隔,然后换小一级钻头钻水平井段至设计长度完井,如图1-1-12所示。

水平井裸眼完井不需要用套管封堵产层,也不准备采取强化增产措施,因此主要用于碳酸盐岩等坚硬不坍塌地层,特别是一些垂直裂缝地层,如美国奥斯汀白垩系。对于岩石疏松的储层、存在明显的泥页岩夹层储层、钻遇断层的储层、水平裂缝储层、需要后期改造的中低渗透油气层等情况,从防止井眼坍塌和提高产液量两方面考虑,不宜采用裸眼完井。

2. 割缝衬管完井方式

割缝衬管完井的完井工序是将割缝衬管悬挂在技术套管上,在衬管以上装设套管封隔器,封堵环空,以便完井套管注水泥时,水泥浆不会进入衬管外的环形空间,固井后将油管下过直井段并进入产层部位。割缝衬管要加扶正器,以保证衬管在水平井眼中居中,如图1-1-13所示。目前水平井发展到分支井及多底井,其完井方式也多采用割缝衬管完井,如图1-1-14所示。

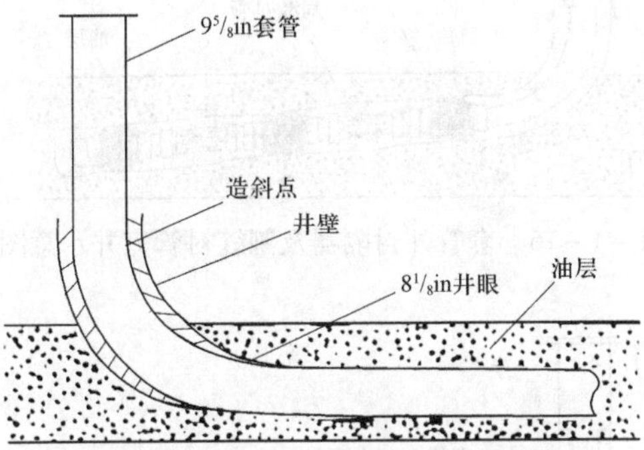

图1-1-12　水平井裸眼完井示意图

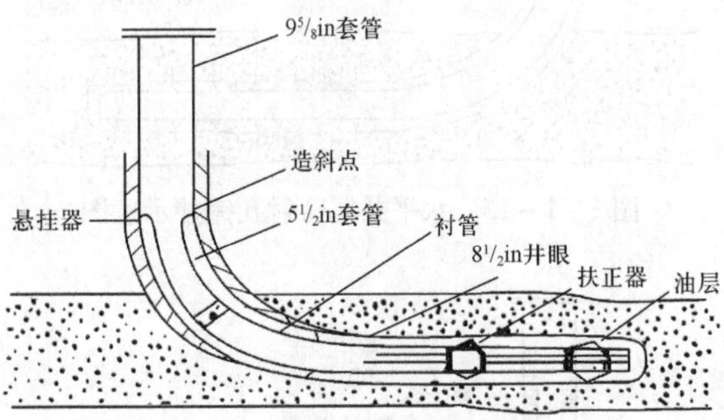

图1-1-13　水平井割缝衬管完井示意图

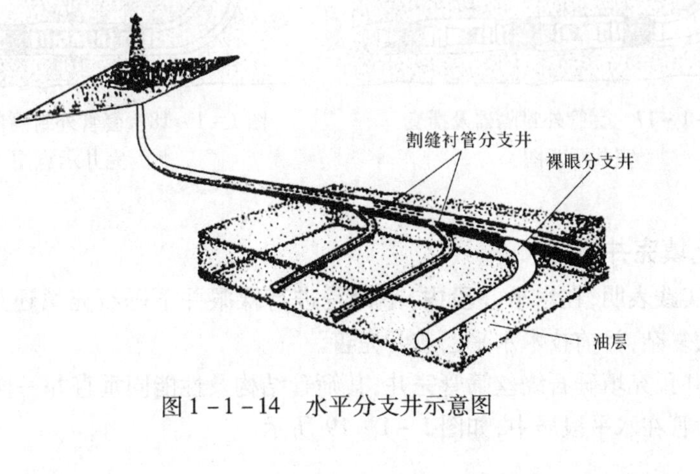

图1-1-14　水平分支井示意图

割缝衬管完井主要用于不适合套管射孔完井，又要防止裸眼完井时地层坍塌的井。由于其完井方式简单，可防止井塌，还可将水平井段分成若干段进行施工，因此当前水平井多采用此方式完井。

3. 尾管射孔完井方式

技术套管下过直井段注水泥固井后，在水平井段内下入完井尾管、注水泥固井。完井尾管和技术套管宜重合 100m 左右，最后在水平井段射孔，如图 1－1－15 所示。

这种完井方式可将层段分隔开，可以进行分层增产及注水作业，可在稀油层和稠油层中使用，是一种非常实用的方法。

4. 管外封隔器(ECP)完井方式

管外封隔器(ECP)完井方式是依靠管外封隔器实施层段的封隔，可以按层段进行作业和生产控制，这对于注水开发的油田尤为重要。管外封隔器完井可以分为三种形式，如图 1－1－16、图 1－1－17、图 1－1－18 所示。

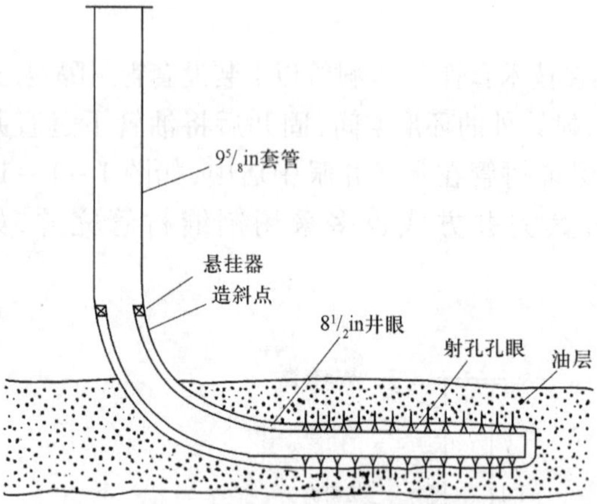

图 1－1－15　水平井尾管射孔完井示意图

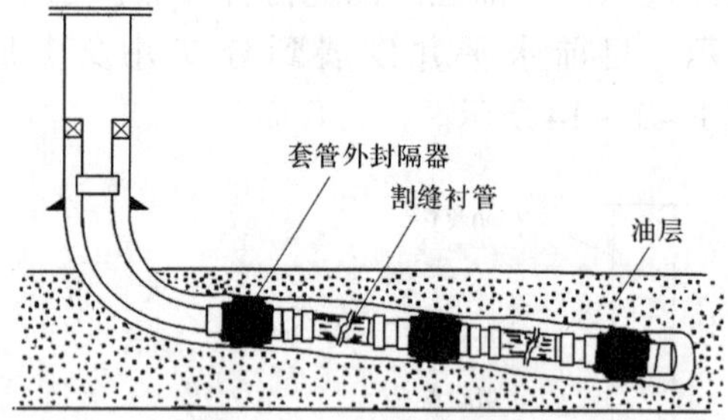

图 1－1－16　套管外封隔器及割缝衬管完井示意图

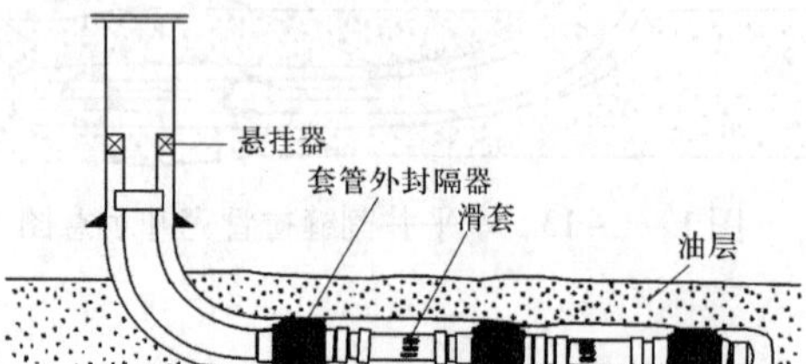

图 1－1－17　套管外封隔器及滑套完井示意图

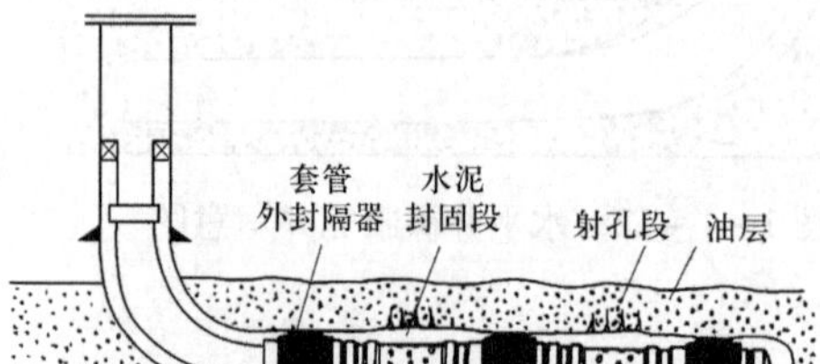

图 1－1－18　套管外封隔器及衬管射孔完井示意图

5. 砾石充填完井方式

国内外的实践表明，在水平井段内，不论是进行裸眼井下砾石充填还是套管井下砾石充填，其工艺都较复杂，目前技术水平已非常完善。

裸眼水平井预充填砾石绕丝筛管完井，其筛管结构及性能同垂直井一样，但使用时应加扶正器，以便使筛管在水平段居中，如图 1－1－19 所示。

套管射孔水平井预充填砾石绕丝筛管完井如图1－1－20所示。

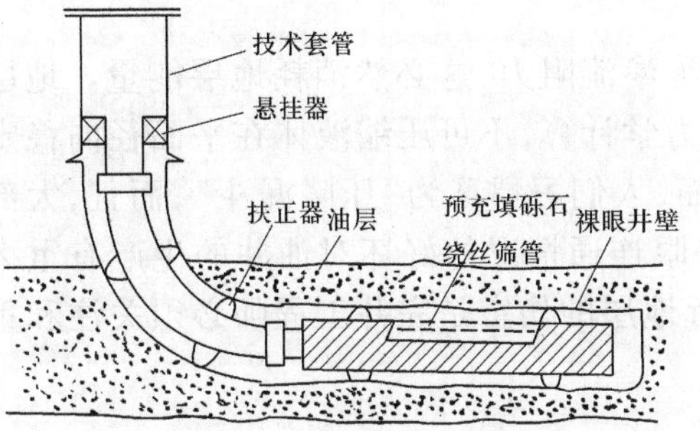

图1－1－19　裸眼水平井预充填砾石绕丝筛管完井示意图

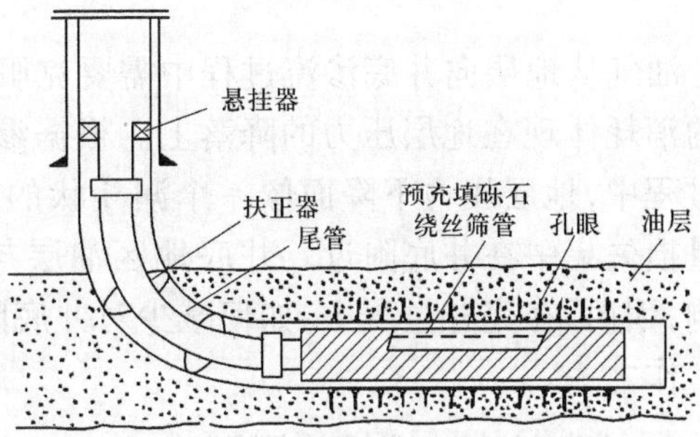

图1－1－20　套管射孔水平井预充填砾石绕丝筛管完井示意图

水平井的防砂完井目前仍多采用预充填砾石筛管、金属纤维筛管或割缝衬管等方法完成。各种水平井完井方式的优缺点见表1－1－4。

表1－1－4　各种水平井完井方式的优缺点

完井方式		优点	缺点
裸眼完井		(1)成本最低； (2)储层不受水泥的伤害； (3)使用可膨胀式双封隔器，可实施生产控制和分隔层段的增产作业； (4)使用转子流量计可实施生产检测	(1)疏松储层，井眼可能坍塌； (2)难以避免层段之间的窜通； (3)可选择的增产作业有限，如不能进行大型水力压裂作业； (4)生产检测资料不可靠
割缝衬管完井		(1)成本相对较低； (2)储层不受水泥的伤害； (3)可防止井眼坍塌	(1)不能实施层段的分隔，因而不可避免层段之间的窜通； (2)无法进行选择性增产增注作业； (3)无法进行生产控制，不能获得可靠的生产测试资料
管外封隔器(ECP)		(1)相对中等强度的完井成本； (2)储层不受水泥浆的伤害； (3)依靠管外封隔器实施层段分隔，可以在一定程度上避免层段之间的窜通； (4)可以进行生产控制、生产检测和选择性增产增注作业	管外封隔器分隔层段的有效厚度，取决于水平井眼的规则程度，以及封隔器的坐封和密封件的耐压、耐温等因素
尾管射孔完井		(1)最有效的层段分隔，可以完全避免层段之间的窜通； (2)可以进行有效的生产控制、生产检测和包括水力压裂在内的任何选择性增产增注作业	(1)相对较高的完井成本； (2)储层受水泥浆的伤害； (3)水平井的固井质量目前尚难保证； (4)要求较高的射孔操作技术
砾石充填完井	裸眼水平井预充填砾石绕丝筛管完井	(1)储层不受水泥浆的伤害； (2)可防止疏松储层出砂及井眼坍塌； (3)特别适宜于热采稠油油藏	(1)不能实施层段分隔，因而不可避免层段之间的窜通； (2)无法进行选择性增产增注作业； (3)无法进行生产控制等
	套管射孔水平井预充填砾石绕丝筛管完井	(1)可防止疏松储层出砂及井眼坍塌； (2)特别适宜于热采稠油油藏； (3)可以实施选择性的射孔层段	(1)储层受水泥浆的伤害； (2)必须起出井下预充填砾石筛管后才能实施选择性增产增注作业

五、完井方式的选择

油气从地层向井底渗流过程中需要克服各种渗流阻力，这必然消耗地层能量。地层能量的消耗体现在地层压力的降落上。根据渗流力学计算，不可压缩液体在平面径向稳定渗流过程中，地层压力下降面像一个漏斗状的曲面，人们习惯称为“压降漏斗”，而且，大部分能量损失集中在井底附近。井底地区油层与井眼连通情况的好坏对油井的生产有重大的影响，因而，在完井过程中，如何减少对井底附近地层的伤害是完井工程师必须关注和重视的工作之一。

（一）完井方式选择的原则

选择完井方式是完井工程的核心。目前虽然有多种类型的完井方式，但它们都有其各自的适用条件和局限性。只有根据油气层的地质条件选择最适宜的完井方式，才能有效地开发油气田，达到延长油气井寿命、提高经济效益的目的。优选完井方式时，应考虑油气藏类型、油气层特性、工程技术及措施要求三方面的因素。

1. 油气藏类型

选择完井方式时，应区分块状、层状、断块和透镜体等不同的油藏的几何类型。层状油藏和断块油藏通常都存在层间差异，一般都采用分层注水开发，因而多数选择射孔完井方式。块状油藏不存在层间差异的问题，主要考虑是否钻遇气顶及底水、边水，从而选择不同的完井方式。

选择完井方式时，应区分孔隙型油气藏、裂缝型油气藏等不同的渗流特性，易于发生气、水窜的裂缝型油气藏不宜采用裸眼完井方式。在现代完井设计中，对于裂缝性油气藏，可以考虑使用先进的封隔器系统或者多级完井系统来隔离不同的生产层级，从而实现更加精准的控制。

选择完井方式时，应区分稀油油藏、稠油油藏等不同的原油性质。稠油油藏通常胶结疏松，大多采用砾石充填完井、注蒸汽热采。

2. 油气层特性

油气藏类型并不是选择完井方式的唯一依据，还必须综合考虑油气层的特性，包括油气层的坚固程度、油气层的稳定性、油气层渗透率及层间渗透率的差异、油气层压力及层间压力的差异、原油性质及层间原油性质的差异等，这些都是选择完井方式的重要依据。

3. 工程技术及措施要求

选择完井方式时，除了需要考虑油气藏类型和油气层特性以外，还应根据开采方式和油气田开发全过程的工艺技术及措施要求综合确定，包括是否采用分层注水开发、是否采用压裂等改造油气层措施、是否采用注蒸汽吞吐热力开采方式等。

由此可见，选择完井方式需要综合考虑地质、开发和工程等多方面的因素。综合这些因素才能选择出既能适应油气层地质条件，又能满足在长期生产过程中对油气井的各种工程措施要求的完井方式。

（二）完井方式选择需考虑的因素

完井方式选择主要是针对单井而言。属于同一油藏类型的单井，其所处地理位置不同，所选定的完井方式也不尽相同。如油藏有气顶、底水，若采用裸眼完井，技术套管则应将气顶封隔住，再钻开油层，而不钻开底水层；若采用套管射孔完井，则应避射气顶和底水。又如有边水油藏，采用套管射孔完井时，油田开发要充分利用边水驱动作用，避免射开油水过渡带。完井方式选择需考虑的主要因素如图 1－1－21 所示。

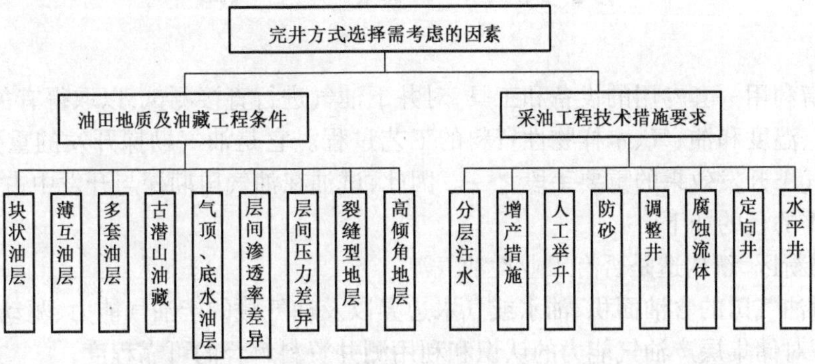

图 1－1－21　完井方式选择需要考虑的主要因素

模块二 试 油

试油是指利用一套专用的设备和工具，对井下油气进行直接测试，以取得有关目的层的油气产能、压力、温度和油、气、水样物性资料的工艺过程。它是油气勘探开发的重要组成部分，也是检查油气田开发效果的重要手段之一。因此，试油在油气田勘探与开发中占有重要地位。

试油工作的目的如下：

(1)探明新区、新构造是否有工业性油气流；

(2)查明油气田的含油面积、油水或气水边界以及油气藏的产油气能力、驱动类型；

(3)验证对储集层产油气能力的认识和利用测井资料解释的可靠程度；

(4)通过分层试油、试气取得各分层的测试资料及流体的性质，确定单井(层)的合理工作制度，为制定油田开发方案提供重要依据；

(5)评价油气藏，对油、气、水层做出正确结论。

【知识目标】

(1) 掌握试油施工的基本工序；

(2)了解各工序分类；

(3)掌握诱喷排液的原理。

【所需知识】

一、试油施工的工序

(一)通井、洗井、冲砂

通井、洗井、冲砂的目的是检查井筒内是否畅通无阻，清除井筒内的杂质，为射孔扫清井下障碍。

(二)井筒试压

井筒试压的目的是检验固井质量；检查套管密封情况；检查升高短节、井口和环形铁板的密封情况。根据井身条件可进行增压试压或负压试压。

(三)射孔

射孔就是利用专门的设备和工艺来射穿井下封闭油气层的套管、水泥环并深入油气层，形成沟通井筒与油气层的流体通道。

(四)诱导油气流

诱导油气流的目的是诱导出油气流，进行测试；清除井底砂粒和钻井液等污物，降低井底及其周围地层对油流的阻力。诱导油气流的方法是降低压井液液柱高度或压井液密度。

(五)求产、测试

求产、测试所录取的资料是试油施工的主要目的。施工设计要求录取的资料必须取全、取准。

（六）选择完井管柱和井口装置，完井交井

井内油气层位全部测试完成后，有生产能力的井应按设计要求下入生产管柱，安装井口，交井投产。

二、射孔

油气田的射孔工作是完井工程的重要组成部分，是采用将套管下过生产层的完井方法的一道基本工序。射孔是在油气井固完井后，根据油田开发方案的设计要求，重新打开目的层，沟通油气层与套管内腔的一项工程技术，因此射孔是油田开发的重要步骤。为了能使油气井获得高产和稳产，就要采用合适的射孔工艺来实现。

（一）射孔工艺

要根据油藏和流体特性、地层伤害状况、套管程序和油田生产条件，选择恰当的射孔工艺。射孔按井筒压力与地层压力的压差分为正压射孔和负压射孔。用高密度射孔液使液柱压力高于地层压力的射孔为正压射孔；将井筒液面降低到一定深度，形成低于地层压力并建立适当负压的射孔为负压射孔。射孔按传输方式不同又分为电缆输送射孔和油管输送射孔，其中电缆输送射孔包括电缆输送套管枪射孔和电缆输送过油管射孔。

1. 电缆输送套管枪射孔工艺

电缆输送套管枪射孔按采用的射孔压差可分为套管枪正压射孔和套管枪负压射孔。

1）套管枪正压射孔工艺

射孔前用高密度射孔液压井，造成井底压力高于地层压力。在井口敞开的情况下，利用电缆下入射孔枪，通过接在电缆上的磁性定位器测出定位套管接箍对比曲线，调整下枪深度，对准层位，在正压差下对油气层部位射孔。起出射孔枪后，下油管并装好井口，进行替喷、抽汲或气举等诱喷方式，以使油气井投产。套管枪正压射孔工艺如图 1－2－1 所示。

正压射孔具有施工简单、成本低和高孔密、深穿透的优点，但正压会使射孔液的固相和液相侵入储层而导致较严重的储层伤害。为了减少正压对地层的伤害，要求使用优质的射孔液。

2）套管枪负压射孔工艺

套管枪负压射孔工艺基本上与套管枪正压射孔工艺相同，只是将井筒掏空至一定深度，在负压差下对油气层射孔。这种方法主要用于中、低压油藏，具有负压清洗和深穿透的特点。

2. 电缆输送过油管射孔工艺

1）常规过油管射孔工艺

常规过油管射孔工艺是最早使用的负压射孔工艺。首先将油管下至油层顶部，装好采油树和防喷管，电缆接头连接射孔枪一并装入防喷管内，打开清蜡阀门下入电缆，射孔枪通过油管下出油管鞋，用电缆接头的磁定位器测出短套管位置，调整深度使射孔枪对准储层，点火射孔。常规过油管射孔工艺如图 1－2－2 所示。

过油管射孔可以降低油管内液面，使之达到负压射孔，减少储层伤害，尤其适合于生产井不停产补孔和射开新层位，减少了压井和起下油管作业。

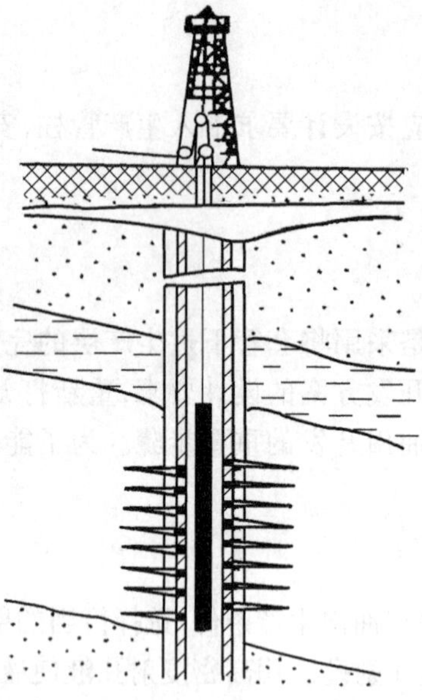

图 1－2－1　套管枪正压射孔工艺示意图

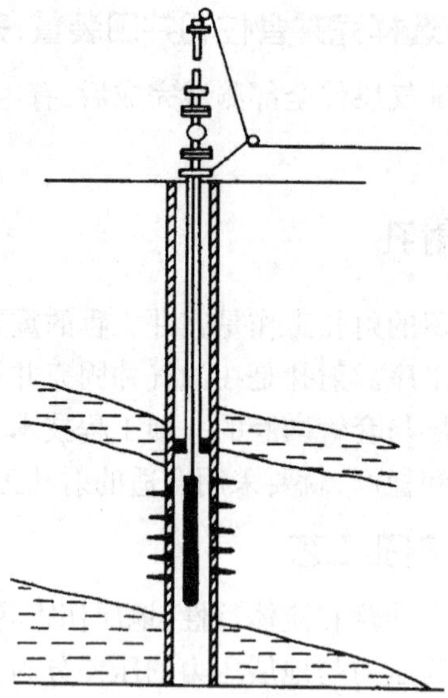

图 1－2－2　常规过油管射孔工艺示意图

2）过油管张开式射孔工艺

工艺的张开式射孔枪包括控制头和射孔弹。射孔前控制头上提拉杆，使射孔弹绕框轴旋转 90°，张开与套管垂直，点火射孔，这样射孔弹可以加大（增加药量），并与套管的间隙减小，射孔后弹壳和弹架炸成碎片落入井底，只把枪头回收。目前该射孔方式只能在 180°相位射孔，如图 1－2－3 所示。

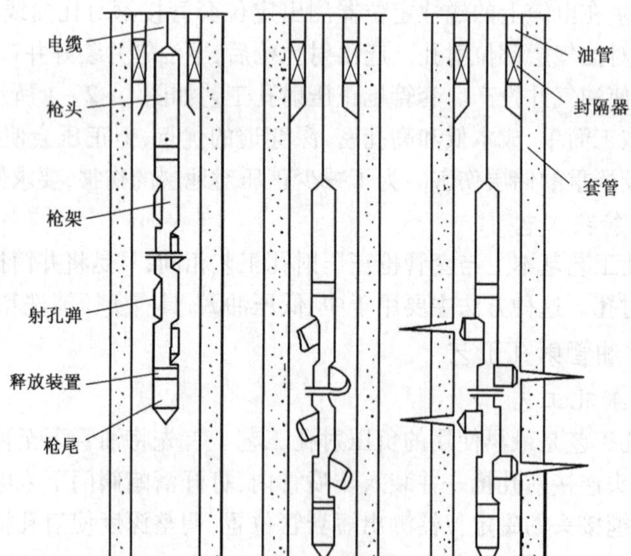

图 1－2－3　过油管张开式射孔工艺示意图

3. 油管输送射孔(TCP)工艺

油管输送射孔(TCP)工艺是利用油管将射孔枪按井下层位顺序,全部串联到油管的尾端,并下到油层部位射孔,油管下部连有压差式封隔器、定位短节和引爆系统,油管内只有部分液柱,造成射孔负压,通过地面投棒引爆、压力或压差式引爆等各种方式使射孔弹爆炸而一次全部射开油气层,如图1-2-4所示。

油管输送射孔工艺具有高孔密、深穿透、负压值高的特点,易于解除射孔对储层的伤害。

4. 油管与电缆输送射孔系统

该系统综合了电缆输送套管枪射孔和油管输送射孔的优点,既能实现高孔密、深穿透负压射孔,又满足了一些高温深井的特殊需求。

油管与电缆输送射孔系统的高性能射孔枪是通过油管传输到设计油管深度,当井准备投产时,下入电缆,将连接在油管下端的射孔枪系统解锁,然后通过电缆将射孔枪系统传送到欲射层位,利用坐封工具将射孔枪锚定在尾管上,然后取出电缆和坐封工具,通过油管加压延迟引爆射孔,自动丢枪后即转入正常生产,如图1-2-5所示。

油管与电缆输送射孔系统的主要优点在于大大缩短了射孔枪暴露于高温高压环境的时间,具有油管传输射孔的深穿透、高孔密和负压射孔等优点,安全可靠;其不足之处在于施工较复杂。

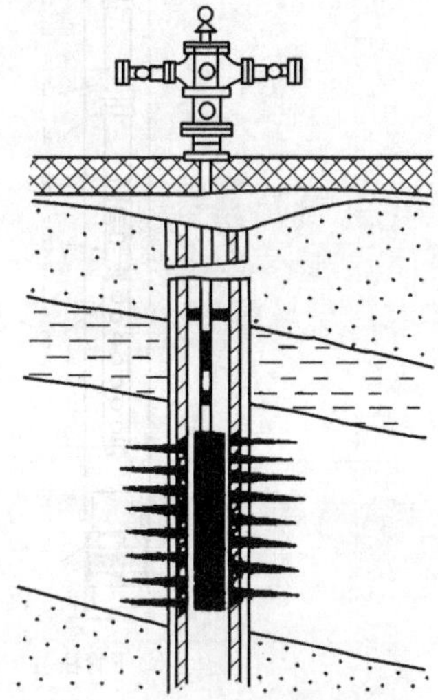

图1-2-4 油管输送射孔工艺示意图

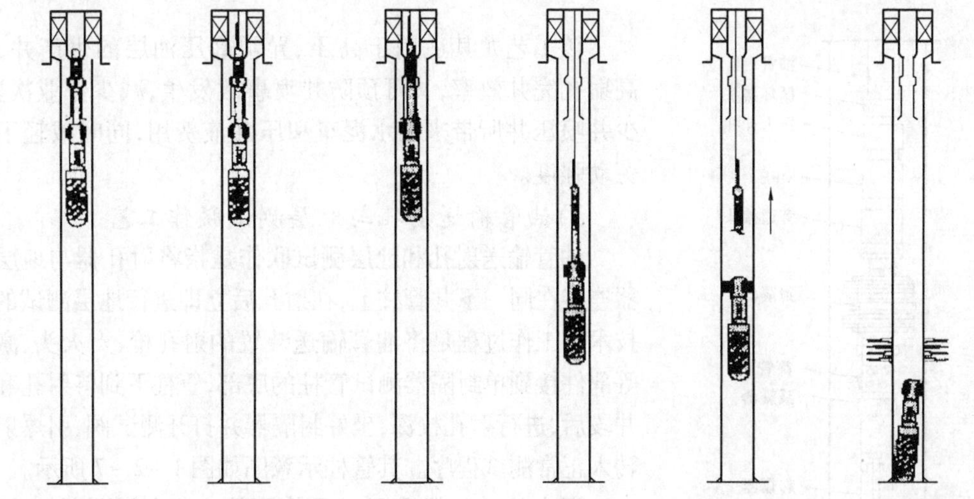

(a)下TWC射孔枪 (b)下电缆连接TWC系统 (c)解锁 (d)下至射孔位置 (e)TWC锚定并起出工具 (f)引爆射孔

图1-2-5 油管和电缆输送射孔过程示意图

5. 油管输送射孔联作工艺

1)油管输送射孔与投产联作工艺

国外对自喷井普遍采用这种工艺,既安全又经济,射孔与投产只下一次管柱就可完成。管柱的结构和使用的封隔器因井而异,一般都采用丢枪的方式。图1-2-6为美国贝克休斯公司油管输送射孔与投产联作系统示意图。该工艺先用电缆将生产封隔器坐封在油层套管上；然后下入带射孔枪的管柱，管柱的导向接头下到封隔器位置时，循环冲洗管柱，将管柱内的积渣和污物冲洗干净；然后继续下管柱，当管柱总成坐封后，井口投棒撞击枪头的起爆器，使之射孔；射孔后射孔枪及其残渣被释放至井底，随后转入投产。

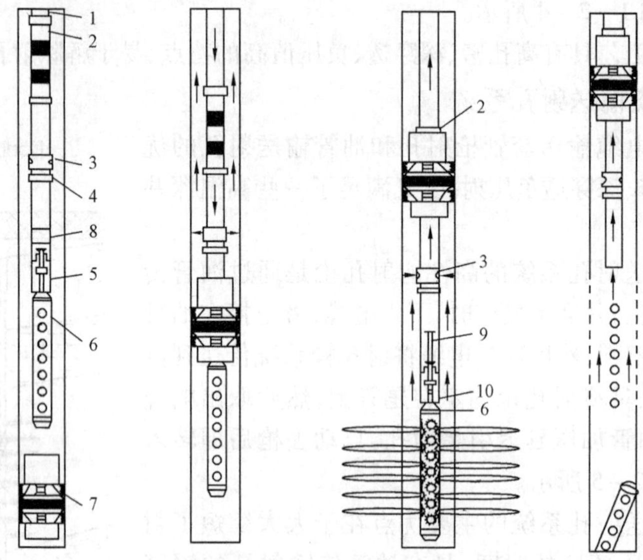

(a)下管柱　(b)循环洗井　(c)射孔　(d)投产

图 1-2-6　油管输送射孔与投产联作系统示意图

1—生产油管；2—生产密封总成；3—盘式循环接头；4—油管接箍；5—重力引爆头与射孔释放装置；6—射孔枪；7—生产封隔器；8—导向接头；9—投棒；10—引爆器

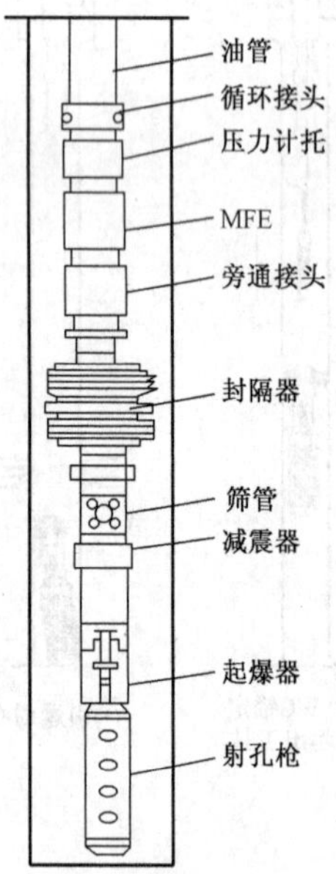

图 1-2-7　油管输送射孔与地层测试联作管柱示意图

该工艺尤其适用于高压、异常高压油层的生产井，可提高射孔完井效率，又可预防井喷事故发生，减少作业次数，减少井喷压井所带来的水泥车和压井液费用，同时减轻了工人劳动强度。

2）油管输送射孔与地层测试联作工艺

油管输送射孔和地层测试联作是指将射孔器与地层测试器连接在同一下井管柱上，在射孔后立即进行地层测试的工艺技术。工作过程是将油管输送装置的射孔枪、点火头、激发器等部件接到单封隔器测试管柱的底部，管柱下到待射孔和测试井段后，进行射孔校深，坐好封隔器并打开测试阀，引爆射孔后转入正常测试程序。其管柱示意图如图 1-2-7 所示。

国内基本上都采用旁通传压技术进行油管输送射孔与地层测试联作，这种工艺尤其适合于自喷井，可缩短试油周期，降低成本，保护储层。

3）油管输送射孔与压裂酸化联作工艺

油管输送射孔与压裂酸化联作工艺在我国四川气田、长庆油田获得了成功的应用。完井时下一次管柱，能完成射孔、测试、酸化、压裂、试井等工序，如图 1-2-8 所示。

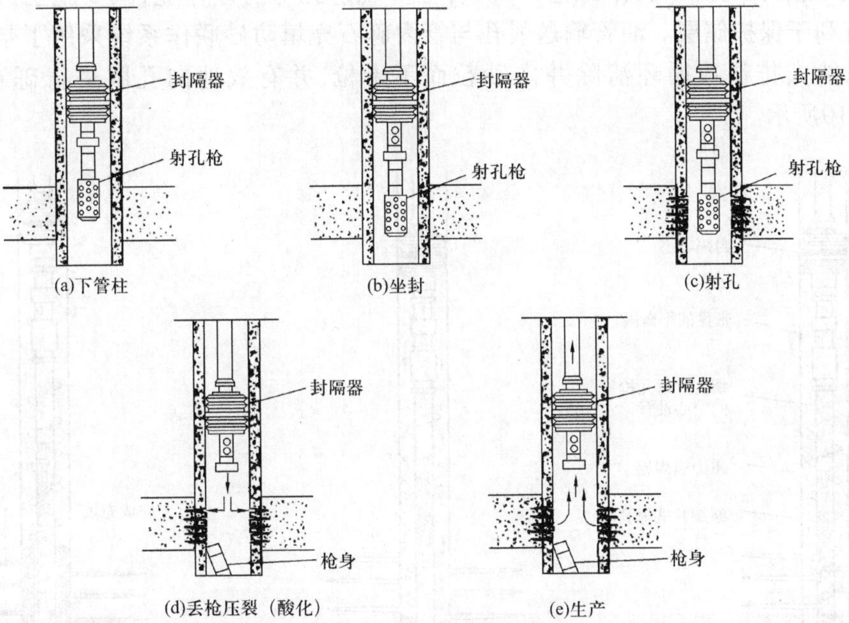

图1－2－8　油管输送射孔与压裂酸化联作系统示意图

4)油管输送射孔与高能气体压裂联作工艺

油管输送射孔与高能气体压裂联作工艺是利用爆速与燃速的时间差,实现先射孔后压裂。射孔弹炸药将套管射穿,并穿透油层至一定深度,紧接着高能气体压裂火药燃烧产生的高压高温气体,通过射孔孔眼延伸,超过岩石的破裂压力,在近井地区产生多条径向裂缝,从而起到解除油层堵塞的作用。该技术可一次下井同时完成射孔和高能气体压裂两项作业,如图1－2－9所示。

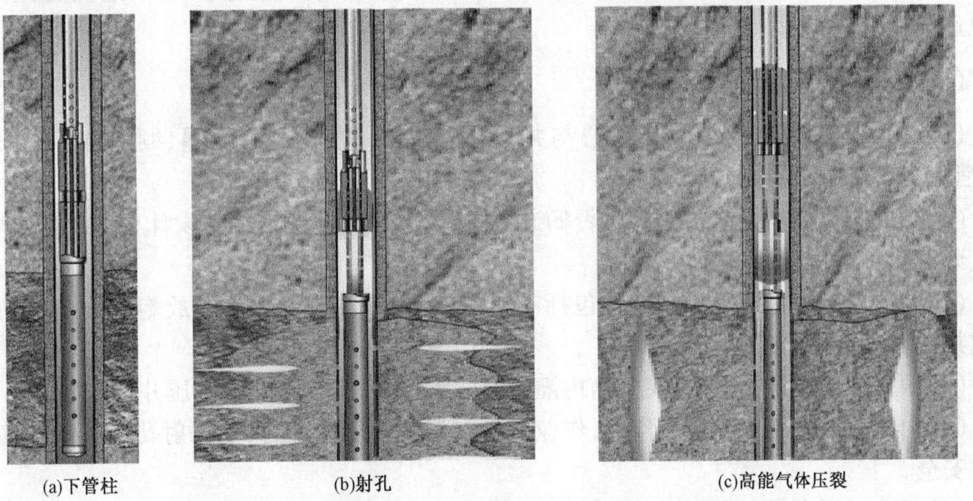

图1－2－9　油管输送射孔与高能气体压裂联作系统示意图

5)油管输送射孔与防砂联作工艺

对于弱胶结、非胶结地层而言,地层极不稳定,易受外界扰动因素影响而出砂,此时可采用油管输送射孔与防砂联作工艺，一次管柱实现射孔与防砂作业，减少施工成本和作业时间，并有利于保护储层。油管输送射孔与管内砾石充填防砂联作系统采用了带螺旋片的施工管柱，能大排量地循环清除井内砂粒而不卡枪，并有效地向孔眼进行砾石充填，如图1－2－10所示。

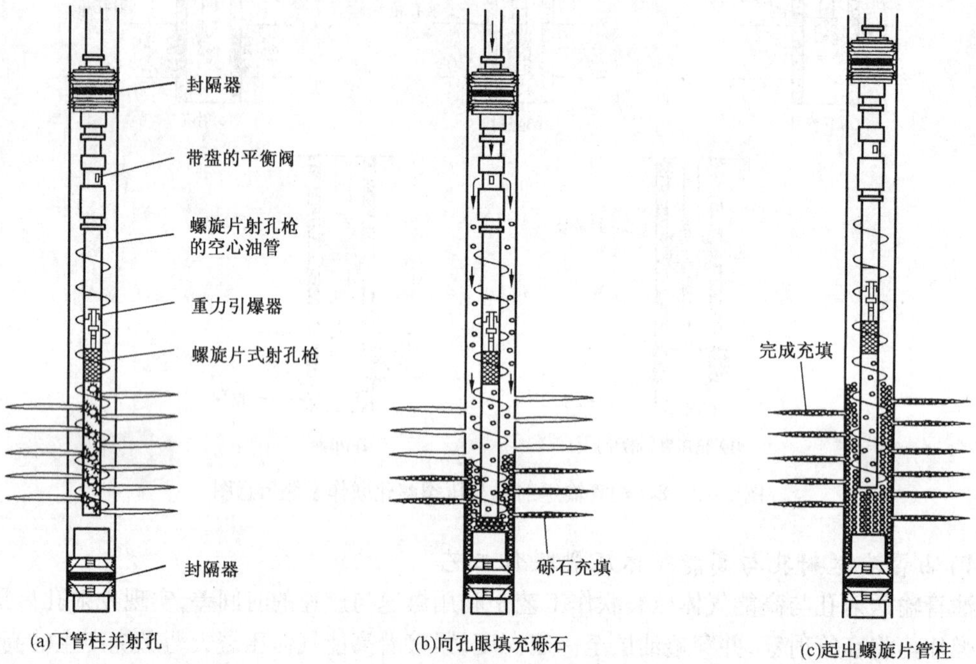

图1－2－10　油管输送射孔与防砂联作示意图

随着技术进步，现在更多地倾向于使用油管输送射孔（TCP），因为其具有更高的安全性、灵活性以及能够适应复杂地质条件的能力。此外，随着数字油田概念的普及，远程控制射孔技术也逐渐成为主流。

（二）射孔的现场施工工序

（1）安装作业井架，并使天车中心与井口中心对正，检查井架、绷绳、绷绳坑、绳套、绳卡等，消除不安全因素。

（2）通井。目的是检查井筒内是否畅通无阻，人工井底深度是否与设计相符，确定该井能否立即射孔。

（3）井口安装防喷装置。该装置包括有 127～203.2mm（5～8in）的放炮大闸门或闸板式放炮封井器或全封封井器。

（4）根据地质设计的要求，在井筒内灌注足够重量、密度符合要求的压井液。

（5）由射孔队组织实施射孔作业，作业队（或试油队）紧密配合，确保射孔层位的准确及施工的安全。

（6）射孔过程中应密切注视井口情况。射孔后若井口出现溢流及出气现象时，可能是井喷的征兆，此时应停止射孔作业，关好防喷器（或放炮大闸门），并采取相应的措施。

（7）井口附近严禁烟火，以防止意外事故的发生。

三、诱喷排液

油气井在完井之后,通常井内充满钻井液(或其他液体),并且钻井液柱造成的压力一般超过事先所估算的油藏压力。因此,在油井完成后进入试油阶段的第一步就是要设法降低井底压力,使井底压力低于油藏压力,让油气流入井内,这一工作称为诱喷排液(诱导油流),是试油工作的第一道工序。该工作也是为了清除井底砂砾和钻井液等污物,降低井底及其周围地层对油流的阻力。

要降低井底压力,可通过降低井内液柱高度或井内液体密度来实现。诱喷的方法很多,选择时应视油层性质、完井方法及油层压力等情况而定。但无论选择哪一种方法,都应遵循下述基本原则:

(1)把井底和井底周围地层的脏物排出,使油层孔隙畅通,以利于油气流入井筒;

(2)能建立起足够大的井底压差;

(3)应缓慢而均匀地降低井底压力,不致导致油层结构的破坏。

诱导油流以后若油井能够自喷可自喷求产,不能自喷的井则应诱导油流与求产结合进行。

(一)替喷法

替喷法是用密度较小的液体将井内密度较大的液体替出,从而降低井内液柱压力,达到使井内液柱压力小于油藏压力的目的。具体实施是先用低密度液体替出井中的压井液。替喷法有以下三种。

(1)一般替喷法:就是把油管下至油层中、上部,用泵把替喷用的液体连续替入井中,直至把井中的全部压井液替出为止。该方法简便,但油管鞋至井底的这段压井液替不出来。

(2)一次替喷法:就是把油管下至人工井底,用替喷液把压井液替出,然后上提油管到油层中部或上部完井。它只限于用在自喷能力不强、替完替喷液到油井喷油之间有一段间歇、来得及上提油管的油井,如图 1-2-11 所示。

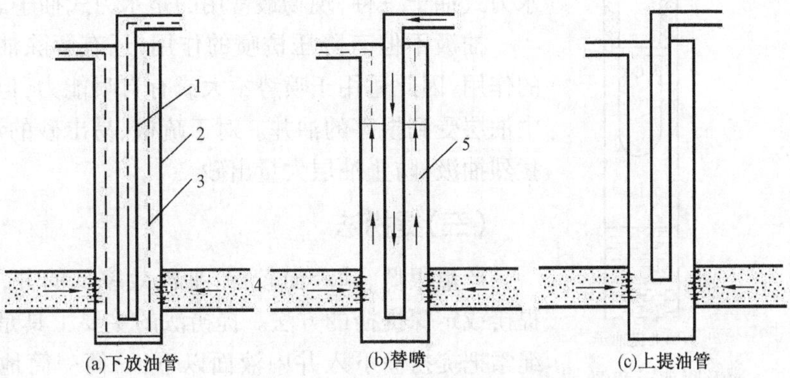

图 1-2-11 一次替喷示意图

1—油管;2—套管;3—压井液;4—油层;5—替喷液

(3)二次替喷法:就是把油管下至人工井底,替入一段替喷液,再用压井液把替喷液替到油层部位以下,之后上提油管至油层中部,最后用替喷液替出油层顶部以上的全部压井液,这样既替出井内的全部压井液又把油管提到了预定的位置,如图 1-2-12 所示。

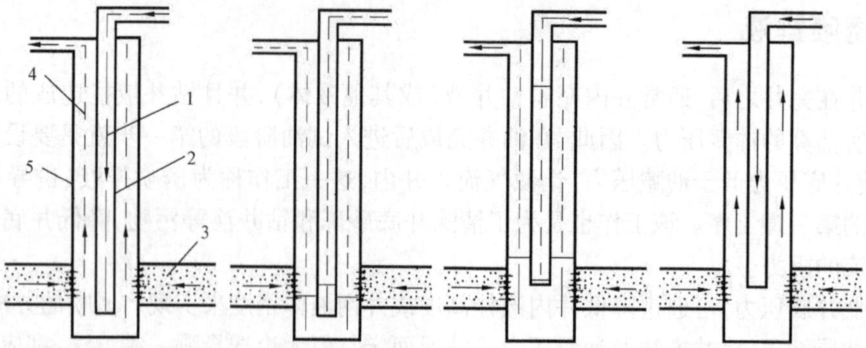

图 1－2－12　二次替喷示意图

1—替喷液；2—油管；3—油层；4—压井液；5—套管

替喷法排液诱导油流的优点在于生产压差的形成均匀缓慢，不致引起井壁坍塌而导致油层出砂。

（二）抽汲法

经过替喷诱导仍不能自喷的原因可能是：

（1）油层压力低，替喷后井内液柱压力仍大于油层压力；

（2）钻井、固井或射孔过程中的钻井液污染造成油层孔隙堵塞。

在这种情况下可采用抽汲方法使其达到自喷的目的。抽汲就是利用一种专用工具把井内液体抽到地面，以达到降低液面、减少液柱对油层所造成的回压的一种排液措施。其原理如图 1－2－13所示。

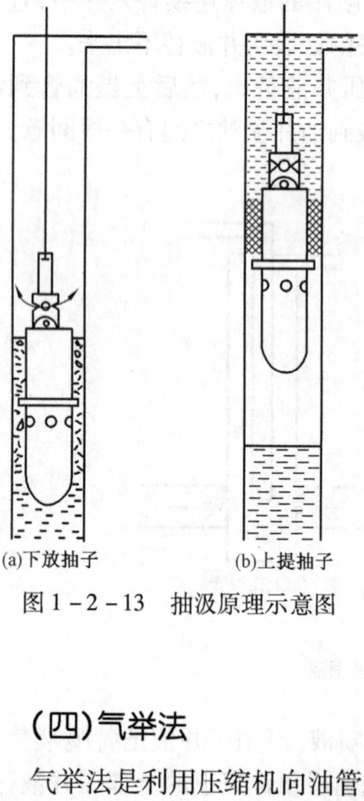

图 1－2－13　抽汲原理示意图

抽汲的主要工具是油管抽子，分为阀抽子、无阀抽子和水力式抽子三种，现场最常用的是水力式抽子。

抽汲不但有降压诱喷的作用，还有解除油层某种堵塞的作用，因此适用于喷势不大或有自喷能力，但在钻井过程中油层受到损害的油井。对于疏松、易出砂的油层，应避免猛烈抽汲，防止油层大量出砂。

（三）提捞法

产量很低、动液面较深、抽汲效率低的井，可用提捞筒提捞或定深提捞的方法。提捞法的主要工具是提捞筒。用绳索把提捞筒下入井中液面以下，一筒一筒地将井内液体捞出地面，以降低液柱对油层的回压。提捞法的缺点是费时费工，效率低。

（四）气举法

气举法是利用压缩机向油管或套管内注入压缩气体，使井中液体从套管或油管中排出的方法。气举法的优点是比抽汲法效率高，可以大大提高试油速度。但是由于井内液体回压迅速下降，因此它只适合于油层岩石坚实的砂岩或碳酸盐岩油井的排液。对于一些胶结疏松的砂岩,要控制好气举深度及排液速度,以免破坏油层结构而出砂。

气举排液有以下几种方式。

(1)常规气举排液:分为正举和反举。正举是把气体从油管中注入,气液混合物从油套环形空间中排出;反举是把气体从油套环形空间注入,气液混合物从油管中排出,如图 1-2-14 所示。

(2)多级气举阀气举排液:它是根据排液的需要设计多个气举阀管柱进行气举。该方法的特点是油井液柱回压的下降是逐级降低的,在油井与油层之间逐步建立压差,不致破坏油层岩石结构而引起出砂。同时,可降低启动压力,增加举升深度,如图 1-2-15 所示。

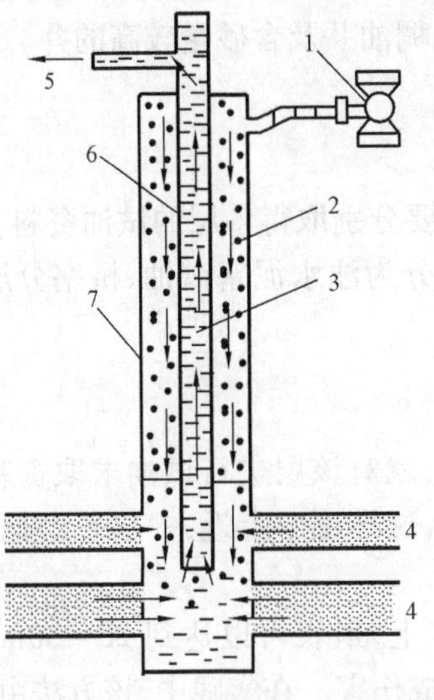

图 1-2-14　常规气举排液——反举示意图

1—高压注气泵;2—注入气体;3—混气液柱;4—油层;5—原油出口;6—油管;7—套管

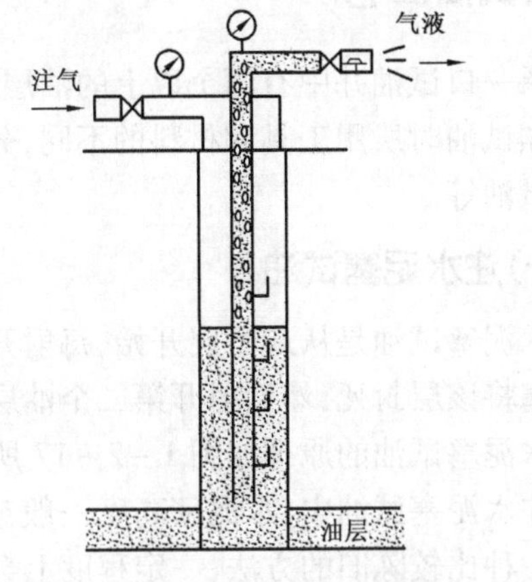

图 1-2-15　多级气举阀气举排液示意图

(3)混气水气举排液:它是用气水混合物替出井中的压力液,由于混合物密度小于压井液密度,可使井里液柱对油层的回压降低。由于混合物密度可以由控制气体的压力和流量来调节,所以它可以控制井底回压的下降程度。该方法适用于既不能用替喷排液,也不宜用气举排液的油井,如图 1-2-16 所示。

(4)泡沫排液:泡沫流体是指由不溶性或微溶性气体分散于液体中所形成的分散体系,主要成分是气体、液体和起泡剂。由于其结构独特,它具有静液柱压力低、滤失量小、携砂性能好、摩阻损失小、助排能力强、对油层伤害小等特点。

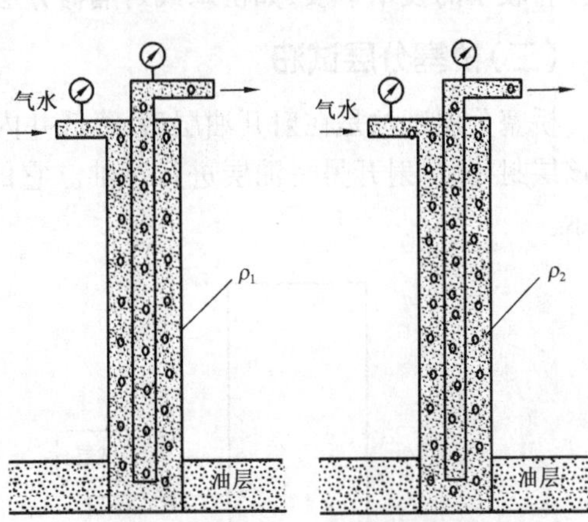

(a) 环形空间注入密度 ρ_1 的混气水　(b) 继续注入密度 ρ_2 的混气水 ($\rho_2<\rho_1$)

图 1-2-16　混气水气举排液示意图

(5)连续油管气举排液:是用连续油管车把连续油管下入生产管柱中,然后把连续油管与液氮泵车或制氮车连通,液氮车把低压液氮升至高压,再使其蒸发,从连续油管注入生产管柱中,井中压井液从连续油管和生产管柱的环形空间到达地面。该方法的特点是掏空深度大、排液速度快,并且连续油管是从井口逐步向下排液,逐步降低井底回压,减少了对油层的伤害。现场采用的排液方式有正举和反举两种。由于氮气与井内天然气不发生化学反应,因此它适用于油井射孔后的排液,特别适用于凝析油气井、气井或预计可能有较大天然气产出井的排液。连续油管气举排液用的主要设备有连续油管车和液氮车。

(五)井口驱动单螺杆泵排液法

对稠油、高凝油油井的排液,采用常规的排液方法难以完成,可采用井口驱动单螺杆泵排液法。

螺杆泵无阀件,运动部件少,工作时不发生气锁、砂卡,而且排量连续平衡,用在稠油排液时,不易造成大量出砂,主要用于低压高产油(水)井、稠油井及含砂量较高的井。

四、试油工艺

如果一口试油井中有两个以上的油层,而开发需要分别取得各层的试油资料,就需分层试油。根据试油时所用工具和材料的不同,分层试油可分为注水泥塞试油、桥塞分层试油、封隔器分层试油等。

(一)注水泥塞试油

注水泥塞试油是从最下层开始,每射开一个油层,就对该层进行试油求取资料,试完之后打水泥塞将该层封死,然后射开第二个油层进行试油,这样逐层上返,一层一层地单独进行试油。注水泥塞试油的原理如图1-2-17所示。

在注水泥塞试油中,水泥塞高度一般都在10m以上,最长可以达到20~30m。注水泥塞试油是一种比较陈旧的方法,一定程度上会对油层造成伤害。在实践中,该方法由于时效性较强,成本较低,简单易行,在海上或陆上试油作业中普遍使用。尤其对于酸化压裂要求耐高压场合下,更是需要采用注水泥塞的方式。但在某些特殊场合下,也会选择其他更为高效且对储层损害较小的技术手段,如桥塞或封隔器分层试油。

(二)桥塞分层试油

桥塞分层试油是在射开油层后,降低井内液柱压力,诱导油气流,求取资料,试完后用桥塞将该层封死,再射开另一油层进行试油。它的实质是用桥塞代替水泥塞,原理如图1-2-18所示。

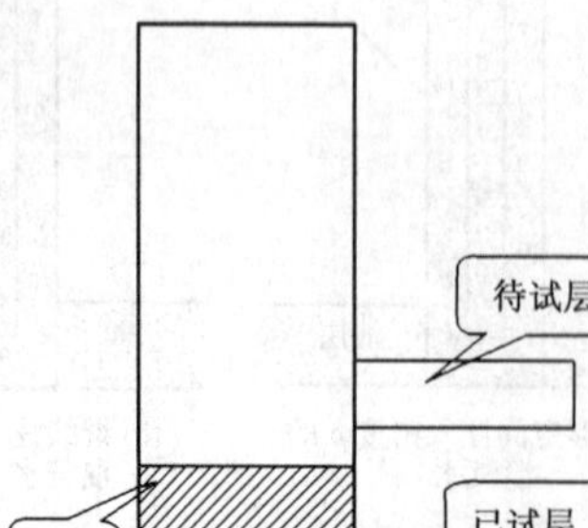

图1-2-17　注水泥塞试油原理图

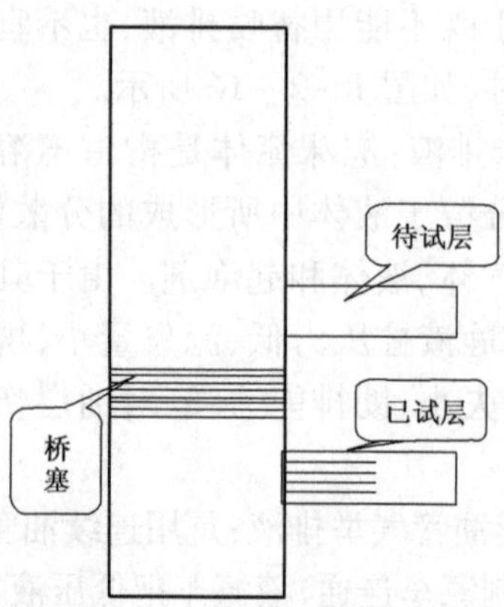

图1-2-18　桥塞分层试油原理图

桥塞分层试油工序与注水泥塞试油工序基本一样。与注水泥塞试油相比,桥塞分层试油的优点是:方法简单、使用方便、作业周期短,能减少对油层的伤害和井下事故的发生。尤其是随着深部油气层的勘探和开发、多层油气井的增多,在试油过程中,遇到高压油、气、水大漏层及层间距很小时,桥塞分层试油更具优越性。桥塞分为可钻式桥塞、可取式(或称为丢手封隔器)和可溶性桥塞,又可根据下入工具的不同分为电缆投送式桥塞和油管投送式桥塞。

在实际应用中,新型可溶性桥塞因其环保性和便捷性而越来越受到青睐。相比传统的可钻式或可取式桥塞,这类新材料制成的桥塞能够在完成任务后自然溶解,减少了后续处理步骤。

桥塞可与封隔器配合使用,实现多级分层试油。

(三)封隔器分层试油

在试油井中一次同时射开多个油层,下入封隔器,按照试油的目的和要求,取得各项试油资料的方法称为封隔器分层试油,原理如图1-2-19所示。此方法工艺简单、速度快、成本低、不伤害油层。按管柱所用封隔器数目的不同,封隔器分层试油分为单封隔器分层试油和多级封隔器分层试油。

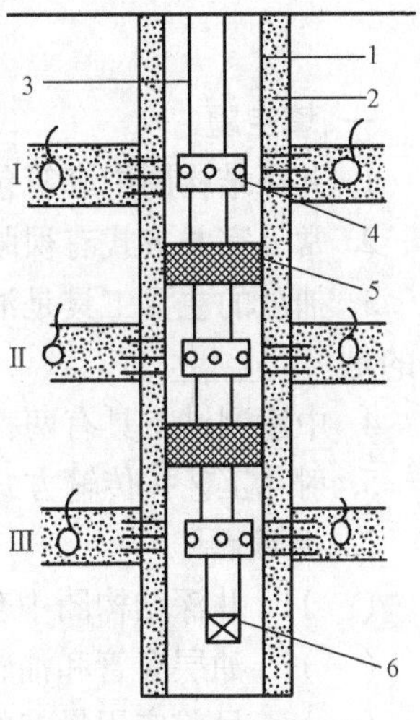

图1-2-19　封隔器分层试油原理图

1—油层套管;2—水泥环;3—油嘴;4—配产器;5—封隔器;6—油管丝堵

(四)中途测试工具试油

中途测试是指在钻井过程中遇到油气显示马上进行测试的工艺。这是降低钻探成本、提高试油速度、及时发现油气层的有效技术。中途测试工具有两种形式,即常规支撑式和膨胀跨隔式。

(五)试油资料

要确定好一个试油层位,应根据各种资料综合分析,包括砂样录井资料、岩心录井资料、钻速录井资料、钻井液录井资料、气测资料、地球物理测井资料、含油气层的对比、钻井过程中的油气显示及中途测试资料等,综合在一起,加以分析,就可确定油层层位。

试油资料可以判断油气田有无工业开采价值,同时它也能对各个油气层的产能及原油特性进行评价,估算储量,是编制油田开发方案、制定油田开发措施的重要依据。试油资料包括以下几方面:

(1)产量数据,包括井下或地面的油、气、水产量;

(2)压力数据,包括地层静压、井底流动压力、压力恢复数据以及油压、套压;

(3)原油及水的特性资料,包括井下以及地面原油取样分析的资料及原油含砂量;

(4)温度数据,包括井下温度及地温梯度。

试油工作开始时,无论是自喷井还是低压井,都应使井中的钻井液、水及其他脏物首先排出,直到喷出的液体完全是地层中的液体为止。试油可分为稳定试油和不稳定试油两种方法。

稳定试油是指在一种稳定的工作制度下,进行量油、测气及压力测量等工作,一切测试完毕后改变一种工作制度,待生产稳定后重复上述测量项目。测得的产量和流动压力(或生产压差)绘制的曲线称为流入动态曲线或指示曲线。此项工作可了解不同工作制度下的生产特征,确定合理的工作制度。

压力恢复试井是目前矿场上应用最普遍的一种不稳定试油方法。它是在最后一种工作制度测量结束后,关井测量井底压力随时间的变化曲线——压力恢复曲线。利用已知的关井前的产量、油层流体的物性参数及测得的压力恢复曲线,根据表征关井后压力恢复规律的公式就可求得油层参数、油井完善程度和油层压力。

练 习 题

一、填空题

1. 井深结构图中套管包括导管、__________、技术套管、__________等四种类型。

2. 常见完井方式有裸眼完井、__________、割缝衬管完井、__________。

3. 抽汲的主要工具是油管抽子,分为__________、无阀抽子和__________三种,现场最常用的是__________。

4. 中途测试工具有两种形式,即__________和__________。

5. 射孔工艺按传输方式分为__________和__________。

二、判读题

(　)1. 井深结构图中套管必须包含技术套管。

(　)2. 油层套管和油管一样。

(　)3. 目前应用最多的完井方式是尾管射孔完井。

(　)4. 水平井裸眼完井的优点有使用可膨胀式双封隔器,可以实施生产控制和分隔层段的增产作业。

(　)5. 短曲率半径的水平井,当前基本上是裸眼完井。

三、简答题

1. 不同的完井方式都需要满足的要求有哪几个方面?

2. 水平井完井方法适用的地质条件有哪些?

3. 简述试油施工的工序。

4. 分析二次替喷法相比于一次替喷法和一般替喷法的优点。

专题二

油气开采

油井完成之后，采用什么采油方法，是根据油层能量的大小和合理的经济效果来决定的。如果油层具有足够的能量，不但能将原油驱入井底，还能将油从井底举升到地面。这种完全依靠油层天然能量将原油采出地面的方法，称为自喷采油法。如果油层的能量不足以将原油从地层举升到地面，需要人工从地面利用一定的机械设备给井底的流体补充能量进行开采，这种采油方法称为人工举升方法。

为实现以上目标，必须了解油层自喷能量的来源、油气流在油管中的流动机理、举油过程能量的消耗情况，以及选择合理的油管管径、确定合理的生产工作制度、对油井进行科学的分析管理。

模块一　自喷采油

对于自喷采油来说，在整个生产系统中，原油依靠油层提供的压能克服重力及流动阻力自行流动，不需要人为地补充任何能量。因此，自喷采油设备简单、管理方便、经济效益好。

自喷采油阶段，采油工作者的任务是合理利用油层能量，在举油过程中尽量做到以最小的能量消耗获得较高的产油量，尽量延长油井的自喷期使自喷阶段采出程度最大。

项目一　自喷井结构和工艺流程

【知识目标】

(1)掌握自喷井的工作原理；
(2)掌握自喷井的井口装置组成；
(3)掌握自喷井的流程；
(4)了解自喷井的管柱结构。

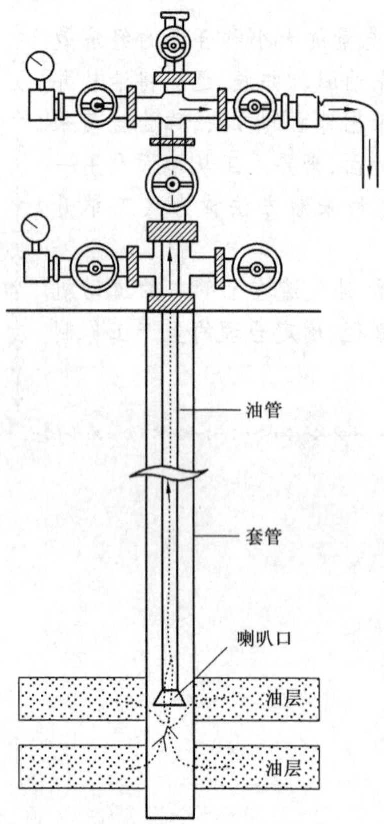

图2－1－1　自喷井结构及生产原理示意图

【技能目标】

(1)能够进行自喷井巡回检查；
(2)能够对自喷井进行开关井操作。

【所需知识】

一、自喷井生产原理

油层在原始条件下，岩石与孔隙空间内的流体处于压力平衡状态。当通过钻井、完井射开油层时，由于井筒中的压力低于油层内部的压力，在井筒与油层之间就形成了一个指向井筒方向的压力降。由于压力降低引起岩石和流体的弹性膨胀，其相应体积的原油就被驱向井中。如果地层压力足够的话，就可将原油举升到井口，并利用井口剩余压力把油井产出物输送到计量站、转油站或者联合站。自喷井采油一般是在油田地下油层天然能量较强或通过向油层注入能量使油层维持在较高能量下，原油足以自喷到地面的情况所采取的采油方式。图2－1－1所示为最简单的自喷井结构，在井身结构内下入油管及喇叭口(油管鞋)。若采用分层采油，则下入分层管柱，地面井口装置安装油嘴，通过油嘴来调节产量。

自喷采油生产原理：原油从地层流入井底，靠自身能量从喇叭口(或配产管柱)进入油管,再到井口,经过油嘴喷出。

二、自喷井井口装置的结构组成

油井最上面的流程装置称为井口装置。为了使自喷井保持正常生产,必须在井口安装能够控制、调节油气产量的井口装置,在采油井上的统称为采油树。在采气井上的统称为采气树。

目前现场使用的井口装置种类较多,其结构都是由套管头、油管头和采油树三部分组成。井口装置按连接形式有螺纹式、法兰式和卡箍式三种。图 2-1-2 所示为卡箍式井口装置。

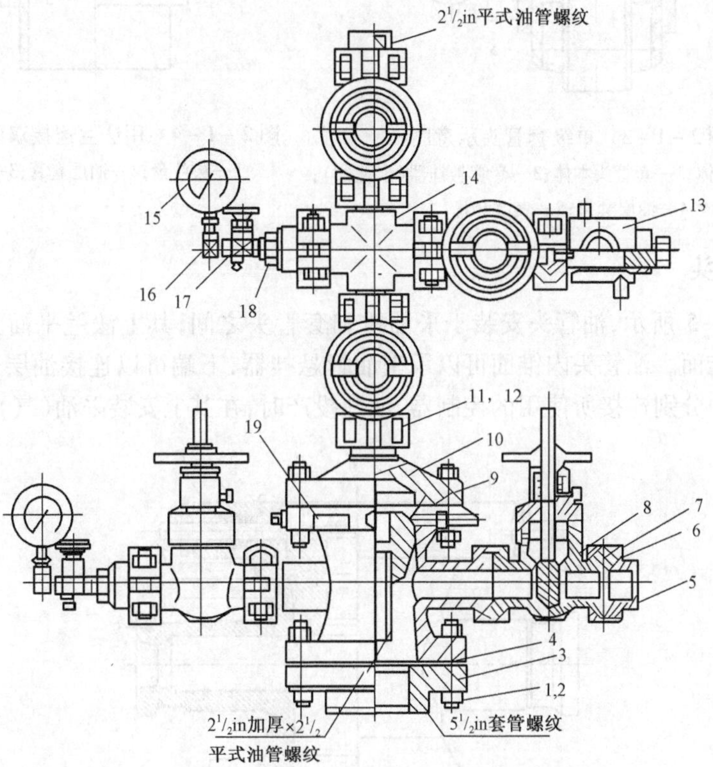

图 2-1-2　卡箍式井口装置

1—螺母;2—双头螺栓;3—套管法兰;4—锥座式油管头;5—卡箍短节;6,9—钢圈;7—卡箍;8—闸阀;10—油管头法兰;11—螺母;12—双头螺栓;13—节流器;14—小四通;15—压力表;16—弯接头;17—压力表截止阀;18—接头;19—铭牌

(一)套管头

套管头是连接套管和各种井口装置的一种部件,用以支持技术套管和油层套管的重力,密封各层套管间的环形空间,为安装防喷器、油管头和采油树等上部井口装置提供过渡连接,并可以通过套管头本体上的两个侧口进行补挤水泥、监控井液和平衡液等作业。套管头在井口装置的下端,由本体、套管悬挂器和密封组件组成,按其悬挂的套管层数分为单级套管头、双级套管头和三级套管头,单级套管头的结构如图 2-1-3 所示。表层套管

彩图 2-1-1
自喷井井口装置
(双翼流程)

用法兰盘与套管头下法兰连接（螺纹连接或焊接），油层套管用螺纹与套管头内螺纹连接如图 2－1－4所示。

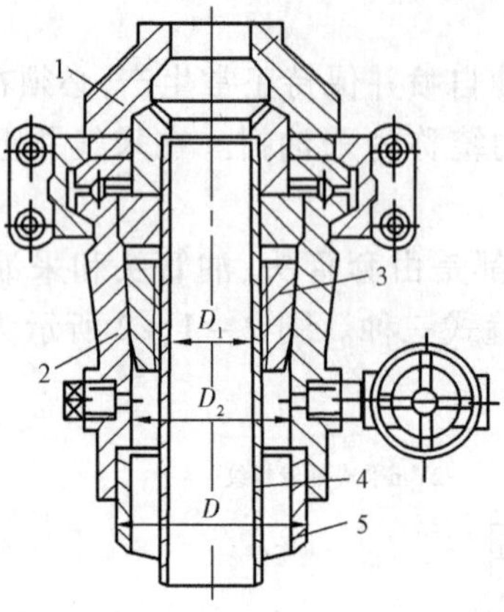

图 2－1－3 单级套管头示意图

1—油管头本体；2—套管头本体；3—套管悬挂器（卡瓦式）；4—油层套管；5—表层套管

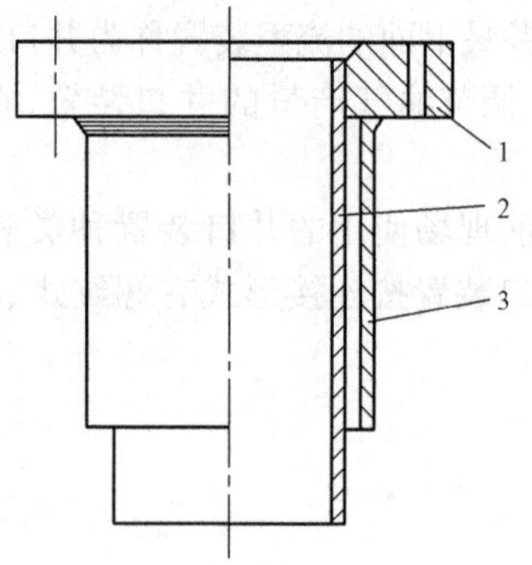

图 2－1－4 用法兰连接双层套管示意图

1—法兰盘；2—油层套管；3—表层套管

（二）油管头

如图 2－1－5 所示，油管头安装于采油树和套管头之间，其上法兰平面为计算油补距和井深数据的基准面。油管头内锥面可以承坐油管悬挂器，下端可以连接油层套管底法兰。上端在钻井过程中分别连接所使用的控制器，油井投产时，在其上安装采油（气）树。

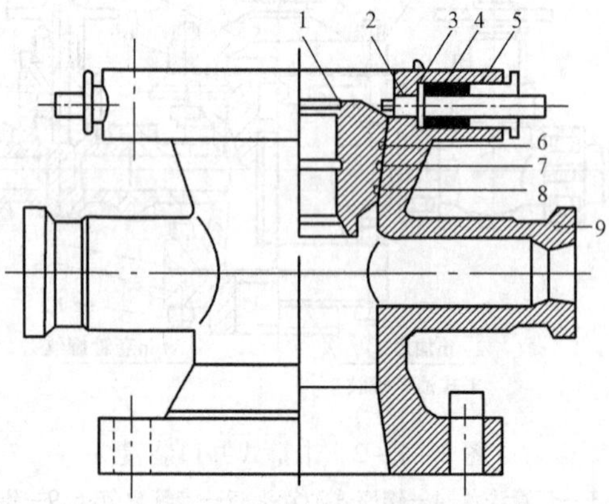

图 2－1－5 KY25/65 型油管头示意图

1—油管挂（锥管挂）；2—顶丝；3—垫片；4—顶丝密封；5—压帽；6，8—紫铜圈；7—O 形密封圈；9—特殊四通

油管头的作用是悬挂井内油管柱；密封油管与油层套管间的环形空间；通过油管头四通（套管四通）本体上的两个侧口接套管阀门，完成注平衡液及洗井等作业。顶丝的作用是卡住油管柱，防止井中压力将油管顶出。

（三）采油树

采油树是指油管头以上的部分，作用是控制和调节井中的流体，实现下井工具仪器的起下等。

采油树按连接形式分为法兰式(图2-1-6)和卡箍式(图2-1-7)。

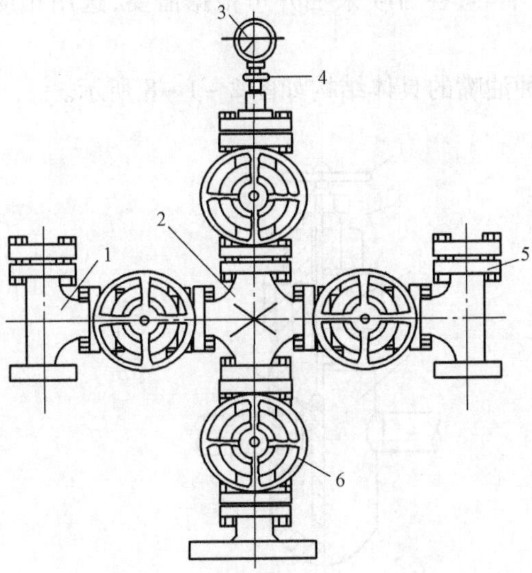

图2-1-6　法兰式采油(气)树

1,5—节流器;2—四通;3—压力表;
4—截止阀;6—总阀门

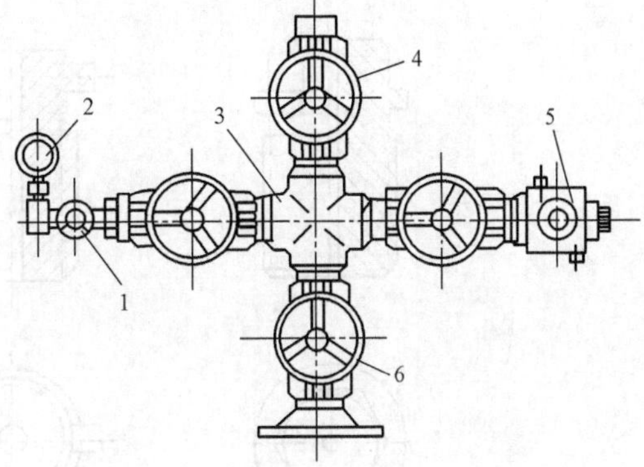

图2-1-7　卡箍式采油(气)树

1—截止阀;2—压力表;3—四通;4—清蜡阀门;
5—节流器;6—总阀门

采油树的主要组成部件及附件的作用如下。

1. 总阀门

总阀门安装在油管头的上面,用于控制油(气)流入采油树的通道,因此,在正常生产时它都是全开的,只有在需要长期关井或其他情况下才关闭。

2. 油管四通(或三通)

油管四通(或三通)上下分别与清蜡阀门和总阀门相连,两侧(或一侧)与生产阀门相连。它既是连接部件,也是油气流出和下井仪器的通道。

3. 生产阀门

生产阀门安装在油管四通(或三通)的两侧,作用是控制油(气)流向出油管线。正常生产时,生产阀门总是打开的,在更换检查油嘴或油井停产时才关闭。

4. 清蜡阀门

清蜡阀门是安装在采油树最上端的一个阀门。正常生产时,清蜡阀门保持关闭状态,它的上面可连接清蜡或试井用的防喷管。清蜡或试井时把清蜡阀门打开,清蜡或试井后把它关闭。

5. 采油树附件

采油树附件包括井口节流器、压力表、取样放空阀门和回压阀门等。

1)井口节流器

井口节流器又称油嘴套,安装在生产阀门外侧,直接与出油管线相连,节流器内装有油嘴。油嘴的作用是控制和调节油井的产量。选用的油嘴规范不同,对井底形成的回压就不同,生产压差(油层静止压力与井底流动压力的差值)也就不同,油井的产量也相应地不同。油嘴的大小与井底回压、生产压差及产量之间的关系,称为自喷采油井的工作制度。每口井都有自己的工作制度。为了满足油田上所有的自喷采油井,应建立不同的工作制度,需要制造不同规范的油嘴,油嘴孔径由 1.5~30mm 不等,各自喷采油井可根据需要,选用相应规范的油嘴直径。

常用的油嘴有螺帽式、卡扣式和可调式等,各种油嘴的具体结构如图 2-1-8 所示。

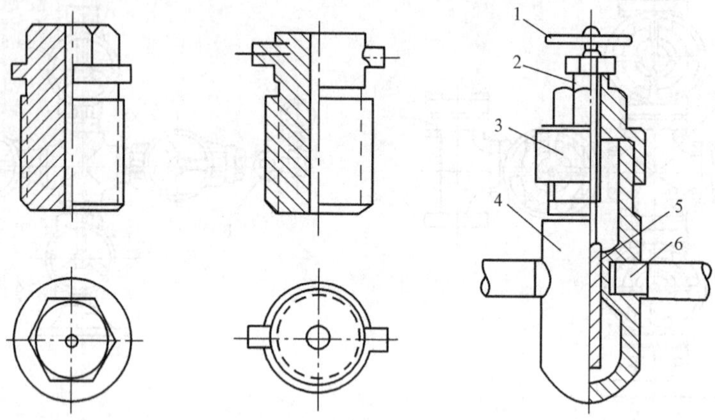

(a)螺帽式油嘴　　(b)卡扣式油嘴　　(c)可调式油嘴

图 2-1-8　油嘴结构示意图

1—手轮;2—密封盒;3—压帽;4—壳体;5—带孔闸板;6—管路四通

2)压力表

压力表是用来观察和录取压力数据的仪表,如图 2-1-9所示。使用压力表时,首先应注意表的量程是否合适。一般情况下应该使压力值在压力表量程读数的 30%~70%(1/3~2/3)范围内。在读压力数值时,应使眼睛、指针、表盘上的刻度成一条垂直于表盘的直线,否则容易造成人为的误差。

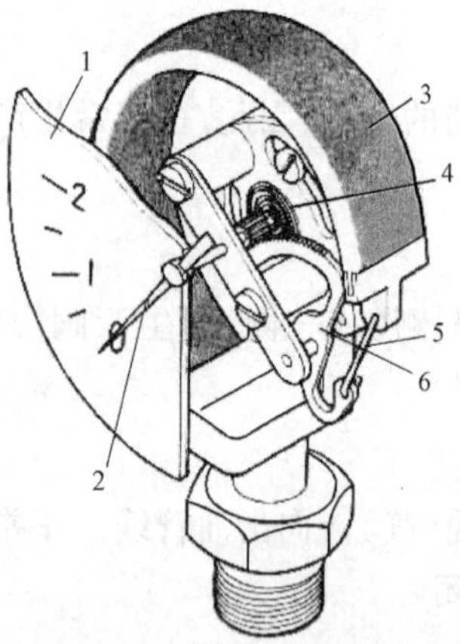

图 2-1-9　弹簧管压力表示意图

1—刻度盘;2—指针;3—包氏管(弹簧管);4—游丝;5—连杆;6—扇形齿轮

安装压力表时,要用表接头,不许将压力表直接装在阀门上,以防损坏压力表的螺纹使压力表不能再用,缩短其使用寿命。

3)取样放空阀门和回压阀门

在节流器外的出油管线上,焊有一个小直径的短管,并用一个小阀门控制着,它的作用是用来进行井口取样或者是检查和更换油嘴时放空,这个阀门称为取样放空阀门。

回压阀门安装在油嘴后的出油管线上,作用是在检查和更换油嘴、维修生产阀门及修井作业时关闭,以防止出油管线内的流体倒流,也有的油井是在此位置上装了一个单流阀代替回压阀门。

(四)井口装置型号的表示方法

井口装置型号的表示方法如下:

□ □/□ □ □

- 修改或变形设计次数，用阿拉伯数字表示
- 工厂代号，用汉语拼音字母表示
- 最大工作压力/公称通径，用阿拉伯数字表示
- 产品代号，用汉语拼音字母表示(KY、KQ、KZ、KR、KS、KL)，如“KY”表示抗硫采油井口装置。

例如:井口装置的代号 KY25/65DQ,表示该采油设备为抗硫采油井口装置,最大工作压力25MPa,井口装置公称通径65mm,大庆生产。

抗硫采油(气)井口装置代号表示方法见表2-1-1。

表2-1-1 抗硫采油(气)井口装置代号表示方法

产品名称	代号	产品名称	代号
采油井口装置	KY	压裂酸化井口装置	KL
采气井口装置	KQ	采油井口装置油管头	YY
注水井口装置	KZ	采气井口装置油管头	QY
热采井口装置	KR	采油树	YS
试油井口装置	KS	采气树	QS

三、自喷井井场流程

为使自喷井保持正常的稳产高产,必须在井口安装能够控制、调节油(气)产量并把产出的油(气)进行集输的一些设备,并用管件把这些设备连接成一个系统。油气在井口所通过的这套管路和设备,称为自喷井的井场流程。

一般自喷井的井场流程有以下作用:

(1)控制和调节油井的产量;

(2)录取油井的动态资料,如记录油压、套压,计量油气产量,以及井口取样等;

(3)对油井产物和井口设备进行加热保温。

由于井场流程是矿场油气集输流程的一个组成部分,因此井场流程随油气汇集形式的不同,加热保温的方式和油气计量的先后顺序不相同,井场流程也不相同,一般分为以下几种。

(一)单管冷输流程

油井所产出的油、气、水不用加热,经一条管线直接输送到多井汇集的井组计量间,具体流程如图2-1-10所示。

1. 适用条件

单管冷输流程适用于油田开发的中、高含水阶段,并且单井产液量较大,管线深埋2m以下。老管线已经严重腐蚀,经常发生管线漏失,而且能耗很高,所以重新改建形成了单管冷输流程。

2. 优缺点

优点:单一管线、建造成本低,因不用加热炉从而降低了大量油气自耗和电量。

缺点:若油井长期停井,尤其是冬季时管线容易凝或冻,因此要进行扫线处理;油井压高,采用机械采油时驴头负荷增加。

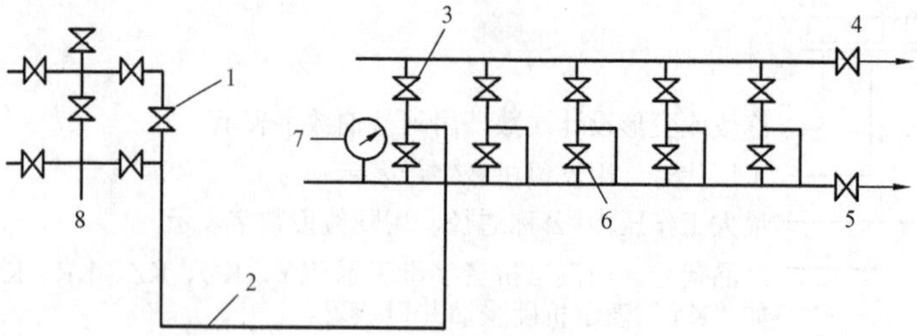

图 2-1-10　单管冷输计量间流程示意图

1—回压阀;2—管线;3—计量间;4—进入油气分离器计量;5—外输至泵站;6—生产阀;7—矿内燃料;8—油井井口

(二)两管掺输流程

两管掺输流程是两条管线,一条将泵站来热水从计量间输送到油井井口的管线,另一条将油井产出物和输送的热水自井口掺合在一起回到计量站,如图 2-1-11 所示。

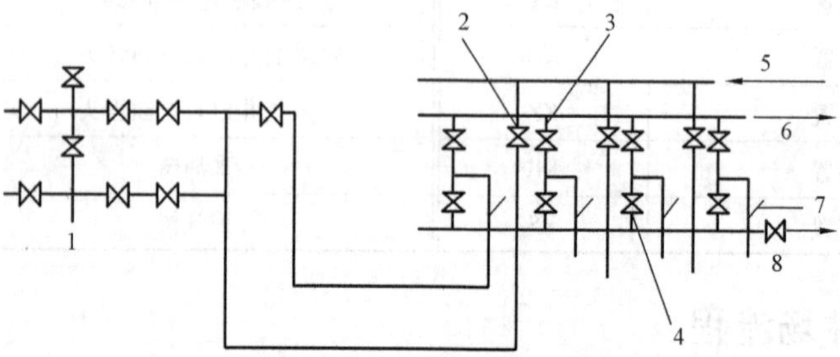

图 2-1-11　两管掺输计量间流程

1—井口;2—掺热控制阀;3—计量阀;4—生产阀;5—泵站来热水;6—进分离器计量;7—温度计;8—外输至泵站

1. 适用条件

油井产出物黏度比较大,考虑到管材的消耗低,给油井产出物加热效率较高而形成的。

2. 优缺点

(1)优点:热水直接与油井产出的液体接触,混合加热,因此热能的利用率较高,可节省热能;回油管线温度容易控制在某一高于凝点以上的范围内。

(2)缺点:在计量量油时,要关闭热水管线的阀门,然后才能计量,计量完后应及时打开阀门。因此,计量管理较繁琐;油水分离工作量较大。

(三)三管伴随(伴热)流程

三管伴随(伴热)流程是三条管线:一条是油井产物流入井组管汇的管线;一条是由井组输送热液到油井井口的管线;一条是输送热液管线到油井井口后又流回的回热管线,如图 2-1-12 所示。三条管线捆合在一起,来回水管给油管线加热。施工时先用保温材料把来热水管线和油管线隔开,再用保温材料把三条管线捆绑在一起。

1. 适用条件

三管伴随(伴热)流程适用于所产原油稠度低、凝点偏低,单井产液量较高的油井。

2. 优缺点

(1)优点:与两管掺输流程比较,计量方便,油水分离量大大减少,节省电能,减少了三合一油罐,管理方便。

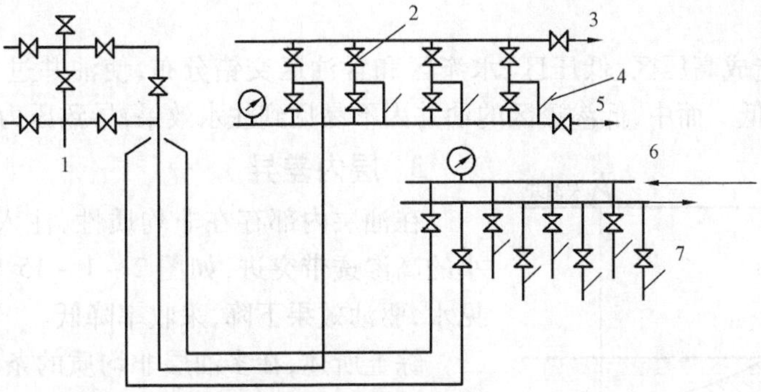

图 2-1-12　三管(伴随)伴热流程示意图

1—油井井口;2—计量间;3—进分离器计量;4—温度计;5—外输至泵站;6—来水;7—回水

(2)缺点:由于靠来回水管线将热量传导给油管线,热能利用率低、热量损失较大;管材用量大、建造成本较高等。

四、自喷井的分层开采

(一)分层开采的目的和意义

在多油层的条件下,仅用井口一个油嘴控制全井的生产,对各小层来说,是做不到合理生产的,因此要对各小层分别加以控制,这就是分层开采。油井分层开采、水井分层配注,都是为了在开发好高渗透层的同时,充分发挥中低渗透层的生产能力、调整层间矛盾。在一定的采油速度下,使油田稳定自喷高产。

1. 层间差异

层间差异是指高渗透油层与低渗透油层在吸水能力、水线推进速度、油层压力、采油速度、采出程度、水淹等方面所存在的差异性。在生产井中,高渗透油层由于渗透率高、连通性好、注水效果好、油层压力高,使该层采油速度高,该井的大部分产量由该层采出;中、低渗透层由于吸水能力差、油层压力低,使该层采油速度低,油层的生产能力得不到充分发挥,如图 2-1-13 所示。

在高渗透层,由于吸水能力强,水线前缘很快向油井突进,使油井过早含水,甚至造成水淹。因此,解决好层间差异是油井稳产高产的关键问题。

2. 平面差异

由于油层渗透率在平面上分布的不均匀性,以及井网对油层各部位控制的不同,注入水在平面上推进不均匀,水线前缘沿局部高渗透区突进窜入井中,如图 2-1-14 所示。

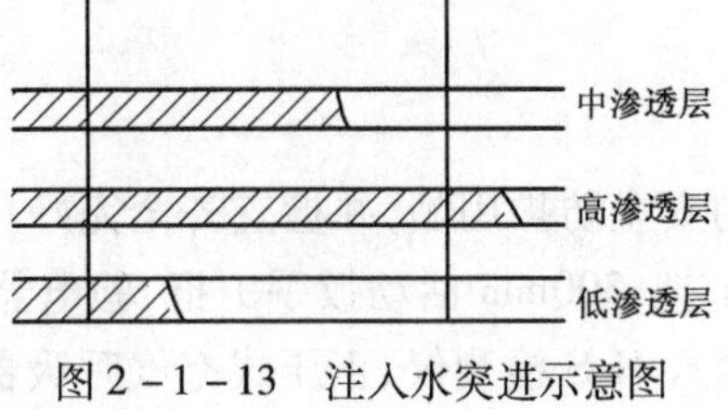

图 2-1-13　注入水突进示意图

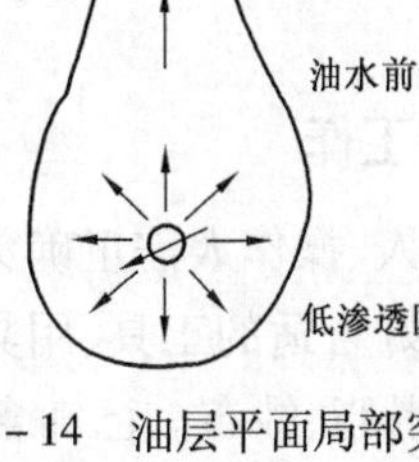

图 2-1-14　油层平面局部突进示意图

平面上突进造成高压区、低压区、水淹区和含油区交错分布,使油井过早见水,形成死油区,导致采收率降低。而中、低渗透区的油井因不易见到注水效果,导致压力下降,产量递减。

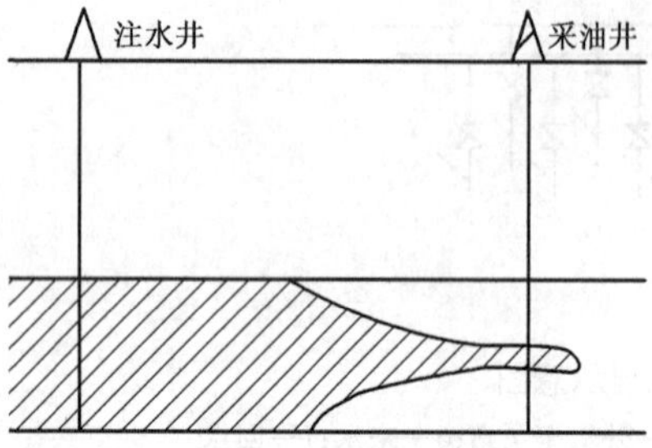

图 2 - 1 - 15　油层层内突进示意图

3. 层内差异

在油层内部存在非均质性,注入水必然沿着阻力小的高渗透带突进,如图 2 - 1 - 15 所示,使油井过早见水,驱油效果下降,采收率降低。

综上所述,在多油层非均质的条件下,在开发好高渗透层的同时,充分发挥中、低渗透层的生产能力,使油井稳产高产,就必须对以上油层的三种差异进行调整。实践证明,油井分层开采、水井分层注水是有效的方法。

(二)分层开采的方法

自喷井分层开采可分为单管封隔器分采、双管分采和油套分采三种方式。

(1)单管封隔器分采是指在油井中下入多级封隔器将油层分隔开,在油管柱上与油层对应的部位安装配产器,配产器内装油嘴控制单层产量。

(2)双管分采是在套管内下入两根油管柱,分别开采上、下两组油层。这种分采方法适用于上、下油层地层压差大或高含水油层的油井。该方法的优点是可避免油层的层间干扰;缺点是施工较为复杂。

(3)油套分采又分为油套管简易分采、油套管互换分采和上下油层轮换分采。油套分采一般只能用于两套油层油井的分采。该方法对结蜡严重的井不宜采用。

此外,还有多管分层开采,它是在井内下入多根油管柱,与封隔器配合将各层分隔开采,通过每根管柱和井口油嘴实现对一个油层的控制开采。采用多管分层开采时,钢材消耗较多,同时由于井眼直径的限制,下入的管柱数受限。

采用单管封隔器分采时,钢材消耗较少,分采的层数较多,虽然各层油流都通过一个管柱通道容易引起各层间干扰,但我国油田仍然多采用单管封隔器分层开采。

【技能操作】(应会)

操作一:自喷井巡回检查

自喷井的巡回检查是指按照一定的路线、一定的时间、规定的检查内容,对本站所管理的油水井及设备,在保温等方面进行一次详细的检查,发现问题及时处理,使油水井及设备能进行正常稳定生产,完成生产任务。因此,熟练掌握自喷井的巡回检查是采油工应具备的一项操作技能。

一、准备工作

(1)监护人、操作人需正确穿戴好符合标准的安全防护用品,并检查齐全完好。

(2)准备好合适的工具、用具。600mm 管钳 1 把、300mm 活动扳手 1 把、验电器 1 把、绝缘手套 1 副、润滑脂、纱布。已知含 H_2S 井配套便携式 H_2S 检测仪、正压式空气呼吸器。

(3)主要风险识别。穿戴好劳保用品后进行主要风险识别,如泄漏、物体打击、中毒、窒息等风险。

(4)工程技术措施。配备检验合格的硫化氢检测仪,熟知采油(气)、注水系统作业活动风险管控措施,正确使用 H_2S 检测仪,熟悉操作内容和操作步骤,识别警示标识风向,明确逃生路线。

(5)熟知 H_2S 环境人身防护规范,对已知含硫化氢区域要监测硫化氢浓度,明确监护措施。

二、操作步骤

(1)正常生产井检查。检查地面设施齐全完好。检查工艺流程无渗漏。"摸"生产阀门、总阀门、井口装置连接口无脏、松、框、漏。检查各仪表齐全完好。检查井口压力温度变送器回压正常。"听"油嘴套出液声音正常。"看"油压变送器温度正常、套压正常。验电。戴绝缘手套开"RTU"通信箱门。"查"看"RTU"通信箱通信正常;"查"看井口至计量间管线正常。

(2)停喷或计划关停井检查。"看"地面设施齐全完好。检查工艺流程无渗漏及配件齐全完好。检查各仪表齐全完好。"看"井口压力温度变送器回压无异常现象;"看"油压温度正常,套压无异常现象。验电。戴绝缘手套开"RTU"通信箱门。"查"看"RTU"通信箱通信正常。

(3)清理现场。收拾擦拭工具、用具,清理施工现场。

三、技术要求及安全注意事项

(1)严格落实安全防护措施。

(2)防有毒有害气体中毒。

> 本操作说明视频观看方法:关注微信公众号"中国石化胜利油田"→屏幕底部"胜利新闻"→菜单"标准化",观看系列视频3[采油操作篇(三)]中第26项操作。

操作二:自喷井开井

一、准备工作

(1)监护人、操作人需正确穿戴好符合标准的安全防护用品,并检查齐全完好。

(2)开好安全作业票。填写作业活动风险清单,熟知各项管控措施,正确使用 H_2S 检测仪,熟悉操作内容和操作步骤,识别警示标识风向,明确逃生路线。

(3)熟知 H_2S 环境人身防护规范,对已知含硫化氢区域要监测硫化氢浓度,明确监护措施。

(4)主要风险识别。穿戴好劳保用品后进行主要风险识别,如物体打击、机械伤害、触电、中毒等风险。

(5)上报安全生产指挥中心开井井号、开机原因、预计操作耗时等信息。

(6)工具、用具:600mm 管钳1把,250mm、300mm 活动扳手各1把,专用油嘴扳手1把,游标卡尺1把,合适的备用压力表,合适的油嘴3个,H_2S 井配套便携式 H_2S 检测仪、正压式空气呼吸器。

二、操作步骤

(1)检查井口设备齐全完好,地面设备完好,工艺流程正确,仪表及清蜡设备确认齐全完好无渗漏。

(2)打开进站阀门、水套炉进出口阀门、分离器旁通阀门及进干线前的放空阀门。

(3)关闭分离器进出口阀门、气平衡阀门及井口放空阀门。

(4)缓慢打开总阀门、生产阀门,开井放空(注意观察压力变化)。

(5)放空出油正常后,当油压高于干线回压时改进干线生产。

(6)生产稳定后,改进分离器,进行量油、测气工作。

(7)收拾擦拭工具、用具,清理施工现场。

(8)填写报表,包括开井时间、油嘴直径、产量、油压、套压、干线回压、加热炉温度、改进干线时间等。

三、技术要求及安全注意事项

(1)严格落实安全防护措施。

(2)预防有毒有害气体中毒。

(3)要提前2~4h 预热水套加热炉。

(4)油嘴的选择一定要符合地质设计要求,安装更换油嘴及开关阀门要侧身,操作要平稳,注意安全。

(5)倒流程要遵循先开后关的原则。

(6)对于端点井、低压井、高含水井要特别注意放喷工作,待出油正常、压力高于回压干线后再回压,水套加热炉预热升温达到要求后再改进干线,防止死油、清水压井或干线冻堵。

操作三:自喷井关井

一、准备工作

(1)监护人、操作人需正确穿戴好符合标准的安全防护用品,并检查齐全完好。

(2)开好安全作业票。填写作业活动风险清单,熟知各项管控措施,正确使用 H_2S 检测仪,熟悉操作内容和操作步骤,识别警示标识风向,明确逃生路线。

(3)熟知 H_2S 环境人身防护规范,对已知含硫化氢区域要监测硫化氢浓度,明确监护措施。

(4)主要风险识别。穿戴好劳保用品后进行主要风险识别,如物体打击、机械伤害、触电、中毒等风险。

(5)上报安全生产指挥中心开井井号、开机原因、预计操作耗时等信息。

(6)工具、用具:600mm 管钳 1 把、250mm、300mm 活动扳手各 1 把,专用油嘴扳手 1 把,H_2S 井配套便携式 H_2S 检测仪、正压式空气呼吸器。

二、操作步骤

(1)检查井口设备齐全完好,地面设备完好,工艺流程正常,无渗漏。

(2)关闭总阀门、生产阀门。

(3)用分离器余压将分离器的油扫干净。

(4)扫进站管线,可以用套管气进行扫线。方法是:关生产阀门、开套管阀门、进站阀门,根据管线长度决定扫线时间,扫静后关套管阀门和进站阀门。

(5)收拾擦拭工具、用具,清理施工现场。

(6)记录关井时间、油管压力、套管压力,填写报表。

三、技术要求及安全注意事项

(1)严格落实安全防护措施。

(2)预防有毒有害气体中毒。

(3)冬季长期关井,要把水套加热炉、分离器中的底水放净。

(4)扫线时要平稳操作,防止憋压。

项目二 自喷井流动过程及能量分析

【知识目标】

(1)掌握自喷井的四种流动过程;

(2)了解油井流动动态;

(3)了解井筒内气液两相流动;

(4)掌握油井结蜡规律、清蜡方法。

【技能目标】

(1)能分析自喷井各流动过程压力关系;

(2)能进行自喷井清蜡操作。

【所需知识】

一、自喷井的四种流动过程

任何油井的生产都可分为三个基本流动过程:从油层到井底的流动——油层中的渗流;从井底到井口的流动——井筒中的流动;从井口到分离器——在地面管线中的水平管流或倾斜管流。对自喷井,原油到井口后,还有通过油嘴的流动——嘴流。所以自喷井从油层流到地面计量站可以分为四个基本流动过程——地层渗流、井筒多相管流、嘴流、地面管线流(水平管流),如图2-1-16所示。

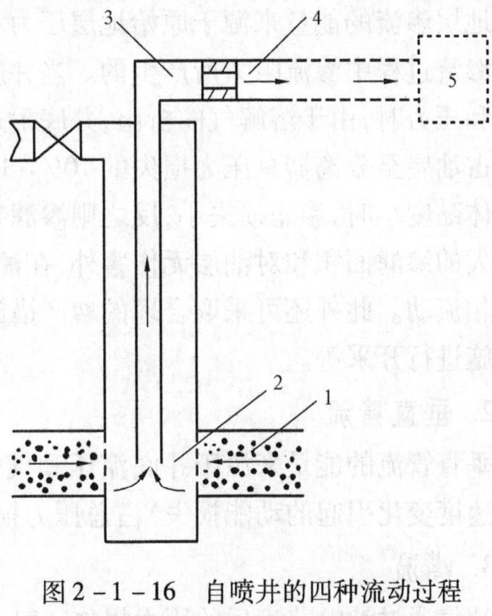

图2-1-16 自喷井的四种流动过程

1—地层渗流;2—井筒多相管流(垂直管流);3—嘴流;4—地面管线流(水平管流);5—计量间

地层渗流:从油层流入井底,流体是在多孔介质中渗流。若井底压力大于饱和压力,此时是液体的单相流,其流动规律符合向心流公式。

井筒多相管流(垂直管流):从井底到井口,流体在油管中上升,一般在油管某断面处压力已低于饱和压力,故属于油、气多相流或油、气、水多相流。

嘴流:流体通过油嘴,流速较高。

地面管线流(水平管流):流体进入出油管线后,沿地面管线流动,属多相水平管流。

虽然四种流动过程各自遵循的规律不同，但具有共同的特点。

（1）四个流动过程之间既相互联系又相互制约，同处于一个动力系统中。

从油层流到井底的剩余压力称为井底压力（或井底流动压力，简称流压）。对某一油层来说，在一定的开采阶段，油层压力相对稳定于某一数值，如改变井底压力就可改变产量的大小，井底压力变大，则产量就要减少。可见，油从油层流入井底的过程中，井底压力是渗流的阻力，而对油气在垂直管上升过程来说，井底压力则是把油气举出地面的动力。把油气推举到井口后剩余的压力称为井口油管压力（简称油压）。井口油管压力对油气在井内垂直管流来说是一个阻力，而对嘴流来说又是动力。可见以上流动过程是相互联系的同一个动力系统。其中，井底压力及井口油管压力的变化是油井分析管理工作中的重要依据。

（2）四种流动过程存在的能量供给与消耗。

有效地利用能量、减小能量消耗是分析管理油井的重要基础。能量的大小主要表现为压力的高低；能量的消耗主要表现为压力的损失。四种流动过程和能量之间的关系如图2－1－17所示。

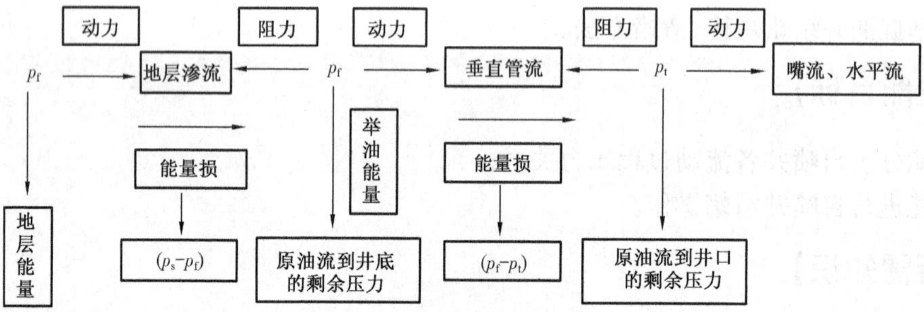

图2－1－17　四种流动过程和能量之间的关系示意图

1. 地层渗流

地层渗流的能量来源于原始地层压力和气体的膨胀。压力损失是由油、气、水三相流体在地层渗流过程中渗流阻力所产生的。当井底压力高于饱和压力时为单相流动；当井底压力低于饱和压力时，由于溶解气的析出，井底附近为多相渗流。在从油层渗流到井底过程中的压力损失占油层至分离器总压力损失的10%～15%。当油层渗透率高、井底附近无伤害、单相流动及流体黏度小时，渗滤损失小，反之则渗滤损失大。为了减少渗滤损失，除钻开油层时要求有尽量大的渗滤面积和对油层无伤害外，在油井生产过程中应尽量控制井底压力实现在油层中为单相流动。此外还可采取合理的增产措施改善井底附近油层的渗透率，对高黏原油采取降黏措施进行开采等。

2. 垂直管流

垂直管流的能量来源于井底流压和气体的膨胀能。压力损失（含重力损失、摩擦损失和气流速度变化引起的动能损失）占总压力损失的30%～80%。

3. 嘴流

油气通过油嘴节流后的压力损失一般占总压力损失的5%～30%。

4. 水平管流（出油管线流动）

水平管流（出油管线流动）的能量来源于井口油压和气体的膨胀能。压力损失主要是摩擦损失和气流速度变化引起的动能损失，一般占总压力损失的5%~10%。

从以上四种流动过程的压力损失可看出，垂直管流压力损失占的比例最大。

这四个流动过程是一个统一的水力学系统。一般来说，上流动过程的末端压力，就是下流动过程的始端压力。

流体从地层流到地面分离器的总压力损失等于各个流动过程所产生的压力损失之和，即

$$\Delta p = \Delta p_{地层} + \Delta p_{井筒} + \Delta p_{油嘴} + \Delta p_{地面管线}$$

当稳定自喷时，从地层渗流入井的产量应等于垂直管喷出量、通过油嘴量、进入出油管线量，此时油压、套压、流压才相对稳定。当其中任何一个环节出现问题时，反映在压力、流量上的参数也要发生变化，因此这四个流动过程是油井分析和管理的基础。

为了保持自喷井高产稳产，取得最佳经济效益，有必要掌握各个流动过程的流动规律，从而合理地控制和调节工作方式。

二、油井流入动态

油井产量与井底流动压力的关系曲线称为流入动态曲线，简称为IPR曲线，也称指示曲线。它反映了油藏向该井供油的能力，因一定时间内油层压力可看作稳定不变，井底流压的变化即生产压差的变化。对单井来说，IPR曲线表示了油层的工作特性，因此，它既是确定油井合理工作制度的依据，也是分析油井动态的基础。典型的油井流入动态曲线如图2-1-18所示。由图可看出，IPR曲线的基本形状与油藏的驱动类型有关。在同一驱动方式下，p_f-q关系的具体数值将取决于油层压力、渗透率及流体物性。

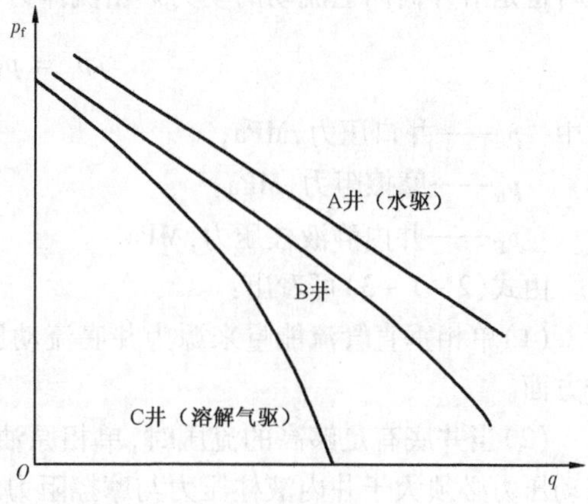

图2-1-18　典型的油井流入动态曲线

（一）单相流体的流入动态曲线

井底流压高于原油在地层条件下的饱和压力时，油藏中流体的流动为单相流动。

在单相流动条件下，油层物性及流体性质基本不随压力变化，产量公式如下式：

$$q_o = J(\bar{p}_r - p_f) \tag{2-1-1}$$

即

$$J = \frac{q_o}{\bar{p}_r - p_f} \tag{2-1-2}$$

式中　J——采油指数，即每增加单位生产压差时油井的产量。

J是一个反映油层性质、流体参数、完井条件及泄油面积等与产量之间关系的综合指标，因而可用J的数值来评价和分析油井的生产能力。一般都是用系统试井资料来求得采油指数J，只要测得3~5个稳定工作制度下的产量及其流压，便可绘制该井的IPR曲线。单相流动时的IPR曲线为直线，其斜率的负倒数便是采油指数，在纵坐标（压力坐标）上的截距即为油层压力。

（二）油气两相渗流时的流入动态

当地层压力低于原油在地层条件下的饱和压力时，油藏驱动类型为溶解气驱，此时，油藏中流体的流动为气液两相流，油藏流体的物理性质和相渗透率将明显地随压力而改变。因此，溶解气驱油藏油井与流压的关系是非线性的。

三、井筒内气液两相流特性

在许多情况下，油井生产系统的总压降大部分是用来克服混合物在油管中流动时的重力和摩擦损失的。为了掌握油井生产规律及合理地控制和调节油井工作方式，必须熟悉气液混合物在油管中的流动规律。

（一）井筒单相流能量的来源和消耗

当井口压力大于原油的饱和压力时，井筒内沿垂直管流着的是单相原油，其流动规律与水动力学中单项垂直管流的流动规律完全相同。一些注水开发的油田，油井含水达 90% 以上，气液比很低，也可看成是单相垂直管流。井底流动压力既是油藏流体流到井底后的剩余压力，同时也是沿井筒向上流动的动力。由流体力学知，此时油管中的压力平衡关系式为：

$$p_{\mathrm{f}} = p_{\mathrm{H}} + p_{\mathrm{fr}} + p_{\mathrm{t}} \qquad (2-1-3)$$

式中 p_{t}——井口压力，MPa；

p_{fr}——摩擦阻力，MPa；

p_{H}——井内静液柱压力，MPa。

由式（2－1－3）可看出：

（1）单相垂直管流能量来源为井底流动压力，能量消耗在克服液柱的重力和摩擦阻力两个方面。

（2）当井底有足够高的流压时，单相原油才能喷出井口，因此，其自喷的充分条件为井底流动压力必须大于井内液柱压力与摩擦阻力之和：

$$p_{\mathrm{f}} > 10^{-6} H\rho_{\mathrm{L}} g + \Delta p_{\mathrm{f}} + p_{\mathrm{f}}$$

式中 H——井深，m；

ρ_{L}——液体的密度，kg/m^3。

（二）井筒气液两相流动与单相流动对比

当自喷井的井底压力低于饱和压力时，则整个油管内均为气液两相流动。当井底压力高于饱和压力而井口压力低于饱和压力时，油流上升到其压力低于饱和压力的某一高度之后，油中溶解的天然气开始从油中分离出来，油管中便由单相流动变为油气两相流动。液流中增加了气相之后，其流动型态（流态）与单相垂直管流有很大的差别，流动过程中的能量供给与消耗关系要复杂得多。油气上升过程中，从油中不断分离出溶解气参与膨胀和举升液体。气液两相垂直管流的能量来源除压能外，气体膨胀是很重要的方面。一些溶解气驱油藏的自喷井，流压很低，主要靠气体膨胀来维持油井自喷。但并非所有的气体膨胀能量都可以有效地举油，这要看气体在举升系统中做功的条件。油气在流动过程中的分布状态不同，气体膨胀举油的条件不同，其流动规律也不同。

在单相垂直管流中，由于液体压缩性很小，各个断面的体积流量和流速相同。在气液两相管流中，沿井筒自下而上随着压力不断降低，气体不断从油中分出和膨胀，使混合物的体积流量和流速不断增大，而混合物密度则不断减小。

气液两相垂直管流的压力损失除重力和摩擦阻力外，还有由于气流速度增加所引起的动能变化造成的损失。另外，在流动过程中，混合物密度和摩擦力沿程随气液体积比、流速及混合物流动结构而变化。

（三）气液混合物在垂直管中流动的结构

油气混合物的流动结构简称流型，是指流动过程中油气的分布状态，如图 2－1－19 所示，它与气油比、流速及油气的界面性质有关。不同流动结构的混合物有各自的流动规律，因此，可按其流动结构把混合物的流动分为不同的流动类型。

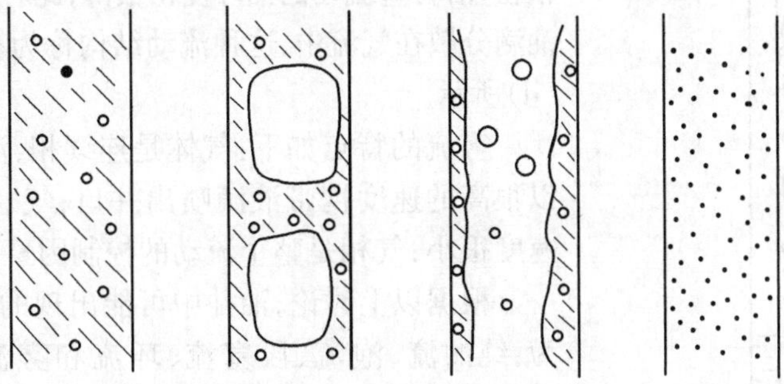

图 2－1－19　油气混合物流动结构（流型）示意图

1. 泡流

如图 2－1－19（a）所示，在井筒中从低于饱和压力的深度起，溶解气开始从油中分离出来，这时，由于气量少，压力高，气体都以小气泡分散在液相中，气泡直径相对于油管直径要小很多。这种结构的混合物的流动称为泡流。由于油气密度的差异和泡流的混合物平均流速小，因此，在混合物向上流动的同时，气泡上升速度大于液体流速，气泡将从油中超越而过，这种气体超越液体上升的现象称为滑脱。

泡流的特点如下：气体是分散相，液体是连续相；气体主要影响混合物密度，对摩擦阻力的影响不大；滑脱现象比较严重。气体举油的作用表现为气体与油的摩擦携带，所以举油效果很小。

2. 段塞流

当混合物继续向上流动，压力逐渐降低，气体不断膨胀，小气泡将合并成大气泡，直到能够占据整个油管断面时，在井筒内将形成一段油、一段气的结构，如图 2－1－19（b）所示，这种结构的混合物的流动称为段塞流。出现段塞后，大气泡托着油柱向上流动，气体的膨胀能得到较好的发挥和利用。但这种气泡举升液体的作用很像一个破漏的活塞向上推油。在段塞向上运动的同时，沿管壁还有油相对于气泡向下流动。虽然如此，在油气段塞结构情况下，油气间的相对运动要比泡流小，滑脱也小。一般自喷井内以段塞流为主。

段塞流的特点如下：在井筒内一段油、一段气；气体举油的作用表现为气泡托举着油柱向上运动，气体的膨胀能得到很好的发挥和利用；在气泡推油上升过程中，有部分油沿油管壁上升的速度比气泡慢，因此，段塞流中油仍是连续相，气是非连续相；段塞流与泡流相比，油、气间相对运动小多了,滑脱现象也小多了。在油井管理工作中尽量使油井段塞流占很大比重。油井中存在段塞流时,在井口往往可以听到一会儿出油、一会儿出气的声音。

3. 环流

随着混合物继续向上流动,压力不断下降,气相体积继续增大,炮弹状的气泡不断加长,逐渐由油管中间突破,形成油管中心是连续的气流而管壁为油环的流动结构,这种流动称为环流,如图 2-1-19(c)所示。

环流的特点如下:油气两相都是连续的;气体举油的作用表现为气体与油的摩擦携带。

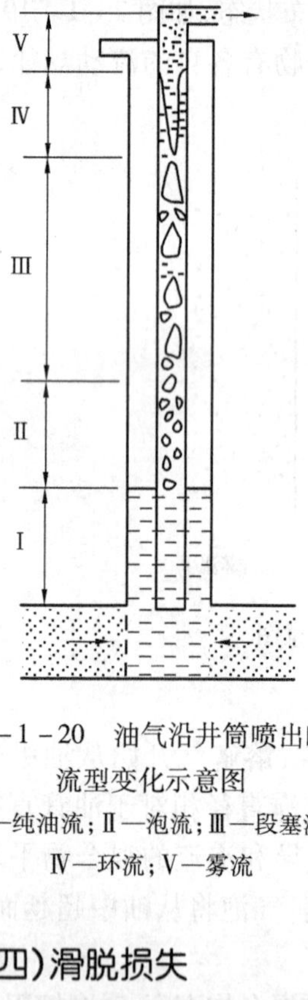

图 2-1-20　油气沿井筒喷出时的流型变化示意图

Ⅰ—纯油流;Ⅱ—泡流;Ⅲ—段塞流;Ⅳ—环流;Ⅴ—雾流

4. 雾流

在油气混合物继续上升过程中,如果压力下降使气体的体积流量增加到足够大时,油管内流动的气流芯子将变得很粗,沿管壁流动的油环变得很薄,此时,绝大部分油都以小油滴分散在气流中,这种流动结构称为雾流,如图 2-1-19(d)所示。

雾流的特点如下:气体是连续相,液体是分散相;气体以很高的速度携带液滴喷出井口;气、液之间的相对运动速度很小;气相是整个流动的控制因素。

根据以上讨论,油井中可能出现的流型自下而上依次为:纯油流、泡流、段塞流、环流和雾流,如图 2-1-20 所示。

图 2-1-20 只是为了说明油井生产时各种流型在井筒中的分布和变化情况的示意图。实际上,在同一口井内,不会出现如图 2-1-20 所示的完整的流型变化。特别是在一口自喷井内不可能同时存在纯油流和雾流的情况。环流和雾流只出现在混合物流速和气液比很高的情况下。因此,除某些高产量凝析气井和含水气井外,一般油井都不会出现环流和雾流。

(四)滑脱损失

井筒气液两相流动中,通常用来克服混合物液柱重力所消耗的能量远比其他能量消耗要大。重力消耗的大小直接取决于井深和混合物密度。

在气液两相管流中,由于气体和液体间的密度差而产生滑脱之后,气液混合物的密度将增大,从而增大混合物的静水压头(即重力消耗)。因滑脱而产生的附加压力损失称为滑脱损失。通常用存在滑脱时混合物的密度 ρ_m 与不考虑滑脱时的混合物流动密度 ρ'_m 之差来表示单位管段上的滑脱损失,即

$$\Delta\rho_m = \rho_m - \rho'_m \tag{2-1-4}$$

滑脱损失与混合物的流动速度、流动结构有关。泡流的流速低,它的滑脱损失最大,段塞流、环流、雾流的滑脱损失依次减小。而摩擦损失却随混合物的流速增加而增加,所以摩擦损失是随泡流、段塞流、环流、雾流依次逐渐增大。

四、油井防蜡与清蜡

石油主要是由各种碳氢化合物组成的多组分混合物溶液。各种组分的烃的相态随着其所处的状态(温度和压力等)不同而变化,呈现出液相、气液两相或气液固三相。其中的固相物质主要是含碳原子数为16~64的烷烃(即$C_{16}H_{34}$~$C_{64}H_{130}$),这种物质称为石蜡。

在常温下,纯石蜡为白色、略带透明的结晶体,密度880~905kg/m³,熔点49~60℃。油田蜡一般为石蜡、胶质、沥青质和油质的黑褐色固态或半固态混合物,有时其中还含有泥沙、水等杂质。因此,既有黏糊状的液体油田蜡,也有坚硬的固体油田蜡。

在油藏条件下蜡一般处于溶解状态,随着温度的降低,蜡在原油中的溶解度降低,同时油的密度越小对蜡的溶解能力也越强。对于溶有一定量石蜡的原油,在开采过程中,随着温度、压力的降低和气体的析出,溶解的石蜡便以结晶体析出、聚集、长大并沉积在管壁等固相表面上,即出现所谓的结蜡现象。

油井结蜡是影响油井高产稳产的突出问题之一。防蜡和清蜡是高含蜡油井管理的重要内容。油井结蜡一方面影响着流体举升的过流断面,增加了流动阻力;另一方面影响着抽油设备的正常工作。因此,防蜡和清蜡是含蜡原油开采中需要解决的重要问题。

(一)油井结蜡的影响因素

为了制定油田防蜡和清蜡等措施,必须充分了解油井结蜡过程、结蜡的危害和影响结蜡的各种因素,掌握结蜡规律。

1. 油井结蜡的过程

油井结蜡过程主要分为蜡的析出、长大和沉积三个阶段。

(1)当温度降至析蜡点以下时,蜡以结晶形式从原油中析出。

(2)温度、压力继续降低时,气体析出,结晶析出的蜡聚集长大,形成蜡晶体。

(3)蜡晶体沉积于管道和设备的表面上,形成结蜡。

大量研究表明,原油对蜡的溶解度随温度的降低而减小,当温度降低到原油对蜡的溶解度小于原油的含蜡量的某一值时,原油中溶解的蜡便开始析出,蜡开始析出时的温度称为蜡的初始结晶温度或析蜡点。

2. 油井结蜡的危害

(1)油井结蜡给日常管理带来大量工作,增加了井下事故发生的可能性和概率。

(2)油井结蜡后,使出油通道内径逐渐缩小,增大油流阻力,降低了油井产能,甚至将油流通道堵死,造成油井减产或者停产。

(3)机械采油井结蜡后,不仅使油流通道减小,还会使抽油泵失灵,降低抽油效率,严重者会导致抽油泵卡死、设备损坏等。

(4)油层结蜡时,堵塞油层孔隙,阻碍油流流入井内,缩小出油面积,从而导致油井减产。

(5)油井结蜡严重时,给清蜡带来困难,并容易发生顶钻、卡钻及井下落物事故。同时有些油井用一般清蜡方法难以处理,必须采取作业清蜡,将给修井带来大量工作。

(6)油井结蜡严重时,增加了日常清蜡或作业清蜡时间,影响油井出油时间,降低油井开采效率,影响油井产量和油田开发速度。

(7)油井结蜡会给油气集输、油田开发带来许多困难,需要采取许多工艺技术措施,导致开发成本增高，影响油田开发的经济效果。

3. 油井结蜡的规律

油井结蜡是一个复杂的过程，不同油田、不同地区的原油性质有较大差异，油井结蜡规律也有所不同。通过对国内外油井结蜡的调查和了解，发现油井结蜡现象存在以下规律：

(1)原油含蜡量越高，油井结蜡越严重。

(2)在相同温度条件下，稀油比稠油结蜡严重。

(3)高产井及井口温度高的井结蜡不严重或不结蜡。

(4)油井见水后，低含水阶段油井结蜡严重，而含水升高到一定程度时，结蜡则有所减轻。

(5)表面粗糙的油管比表面光滑的油管更容易结蜡，清蜡不彻底的油管更容易结蜡。

(6)出砂井容易结蜡。

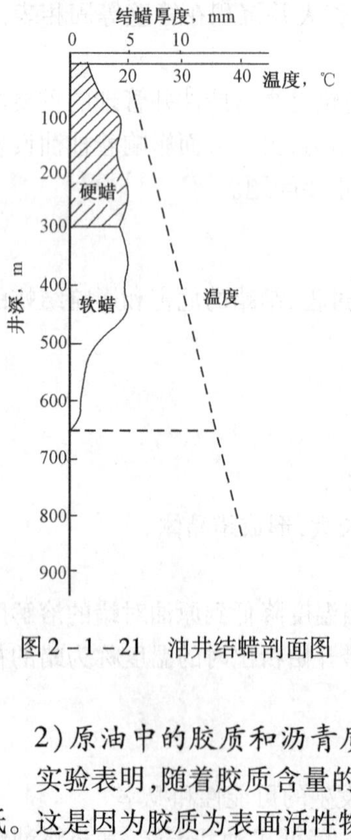

图2-1-21　油井结蜡剖面图

(7)对于自喷井，油层、井底、油管的下部和井口是不易结蜡的，结蜡严重的地方是在油井一定深度上。图2-1-21所示为某自喷井的结蜡剖面图。对于抽油井，容易结蜡的位置是泵的吸入口、固定阀座、阀球及油管等处。

4. 影响结蜡的因素

通过对油井结蜡现象的观察和实验室对结蜡过程的研究可知，影响结蜡的因素主要包括五个方面，即原油性质及含蜡量、原油中的胶质和沥青质、油井的开采条件(如温度、压力、气油比和产量等)、原油中的杂质(泥、砂和水等)、沉积表面的粗糙度及表面性质。

1)原油的性质及含蜡量

油井结蜡的内在因素是因为原油中溶解有石蜡，在其他条件相同的前提下，原油中含蜡量越高，油井就越容易结蜡。

另外，油井的结蜡与原油组分也有一定的关系。原油中所含轻质馏分越多，则蜡的初始结晶温度就越低，保持溶解状态的蜡就越多，即蜡不易析出。实验证明，在同一含蜡量的原油中，含轻质成分少的原油中的蜡更容易析出。

2)原油中的胶质和沥青质

实验表明，随着胶质含量的增加，蜡的初始结晶温度降低。这是因为胶质为表面活性物质，它可以吸附于石蜡结晶的表面，阻止结晶体的长大。沥青质是胶质的进一步聚合物，它不溶于油，而是以极小的颗粒分散于油中，可成为石蜡结晶的中心，对石蜡结晶起到良好的分散作用。由此可见，由于胶质、沥青质的存在，蜡晶虽然析出，但不容易聚合、沉积。但当原油中胶质、沥青质含量过多时，原油溶蜡能力变差，石蜡结晶容易析出，在管壁上沉积的蜡的强度也将明显增加，而不易被油流冲走，又促进了结蜡。因此原油中的胶质、沥青质对结蜡的影响是矛盾的两个方面，既能减缓结蜡，又促进结蜡。

3)压力和溶解气油比

在采油过程中，压力不断降低，在压力高于饱和压力的条件下，压力降低时，原油不会脱气，蜡的初始结晶温度随压力的降低而降低；在压力低于饱和压力的条件下，压力降低时，油中气体的逸出与气体的膨胀都使油温降低，降低了原油对蜡的溶解能力，因而使蜡的初始结晶温度升高,从而加重了蜡晶的析出和沉积。

4)原油中的水和机械杂质

原油中的水和机械杂质对蜡的初始结晶温度影响不大。但是原油中的细小砂粒及机械杂质将成为石蜡析出的结晶核心,从而促使石蜡结晶的析出,并加剧了结蜡过程。

油井含水量增加,结蜡程度有所减轻,其原因主要有:一是水的比热容大于油,故含水量增加后可减少液流温度的降低,二是含水量增加后易在管壁形成连续水膜,不利于蜡沉积于管壁。

5)液流速度、管壁粗糙度及表面性质

油井生产实践证明,高产井结蜡情况没有低产井严重。这是因为在通常情况下,高产井的压力高、脱气少、蜡的初始结晶温度低,同时液流速度大,井筒流体在流动过程中热损失小,从而使液流在井筒内保持较高的温度,蜡不易析出;另一方面由于液流流速高,对管壁的冲击能力强,蜡不易沉积在管壁上。但是,随着流速的增大,单位时间内通过管道某位置的蜡量增加,加剧了结蜡过程,因此,液流速度对结蜡的影响有正反两个方面的作用,如图2-1-22所示。

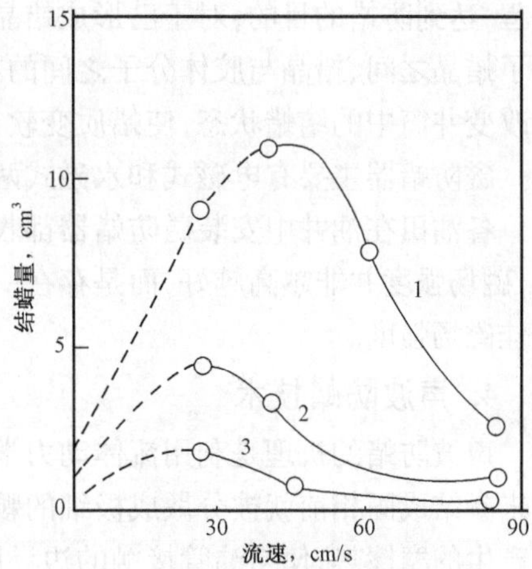

图2-1-22 流速与结蜡量的关系

1—钢管;2,3—塑料管

由图2-1-22还可以看出,管材不同,结蜡量也不同。油管管壁粗糙度也对结蜡有影响,显然管壁越光滑,蜡越不容易沉积。根据有关表面性质对结蜡影响的研究,管壁表面的润湿性对结蜡有明显影响,表面亲水性越强,越不易结蜡。

(二)油井防蜡方法

根据生产实践经验和对防蜡机理的认识,为了防止油井结蜡,可从以下三个方面着手:

(1)阻止蜡晶的析出。在原油开采过程中,采用某些措施(如提高井筒流体的温度等),使得油流温度高于蜡的初始结晶温度,从而阻止蜡晶的析出。

(2)抑制石蜡结晶的聚集。在石蜡结晶已析出的情况下,控制蜡晶长大和聚集的过程。如在含蜡原油中加入防止和减少石蜡聚集的某些化学剂——抑制剂,使蜡晶处于分散状态而不会大量聚集。

(3)创造不利于石蜡沉积的条件。如提高沉积表面光滑度、改善表面润湿性、提高井筒流体速度等。

具体防蜡方法有以下几种。

1. 油管内衬和涂层防蜡

这类方法的防蜡作用主要是通过光滑表面和改善管壁表面的润湿性,使蜡不易在表面上沉积,以达到防蜡的目的。应用比较多的是玻璃衬里油管及涂料油管。为防止玻璃衬里被腐蚀,玻璃衬里不应与含有氢氟酸的介质接触。涂料油管主要用于自喷井防蜡和注水井防腐。

2. 化学防蜡

化学防蜡是通过向井筒中加入液体化学防蜡剂或在抽油泵下的油管中连接上装有固体化

学防蜡剂的短节，使防蜡剂在井筒流体中溶解混合后达到防蜡目的。

防蜡剂的主要作用是包住石蜡分子阻止石蜡结晶；改变油管表面的性质，使其由亲油变为亲水；分散石蜡结晶，防止聚集和沉积。防蜡剂大致分为蜡晶改进剂、活性剂型防蜡剂、聚合物型防蜡剂和固体防蜡剂。

3. 磁防蜡技术

磁防蜡技术的基本原理是原油通过磁防蜡器时，石蜡分子在磁场作用下定向排列做有序流动，克服了石蜡分子之间的作用力，而不能按结晶的要求形成石蜡晶体，减缓了石蜡的结晶过程，达到防蜡的目的；对于已形成蜡晶的微粒通过磁场后，石蜡晶体细小分散，并且有效地削弱了蜡晶之间、蜡晶与胶体分子之间的黏附力，抑制了蜡晶的聚集长大。另外，磁场处理后还能改变井筒中的结蜡状态，使蜡质变软，易于清除。

磁防蜡器主要有电磁式和永磁式两大类。我国主要使用永磁式防蜡器。

各油田在油井中安装磁防蜡器都收到了良好的防蜡效果。值得注意的是，就防蜡效果而言，磁场强度并非越高越好，而是存在一个最佳值，实际应用时应根据具体条件通过试验确定最佳磁场强度。

4. 声波防蜡技术

声波防蜡的机理是利用流体动力学声波原理，即声波辐射破坏了石蜡的晶体结构，使石蜡在未凝结成固相前就被分散成极细的颗粒而悬浮在原油中，以致无法形成固体石蜡结晶；声振荡产生的摩擦热，使与油管接触的边界层原油软化，并增大软化边界层的厚度；声波处理可以降低原油的黏度，改善原油的流动性。

5. 井下自控电热电缆防蜡

井下自控电热电缆的内部有两根相距约为 10mm 的平行导线，两导线间有一半导电的塑料层，为发热元件。电流由一根导线流经半导电塑料至另一根导线，半导电塑料因而发热。由于该半导电塑料有热胀冷缩的特性，从而改变其电阻，造成随温度不同半导电塑料通过电流大小就会发生变化，导致自动控制发热量。其原理如图 2－1－23 所示。

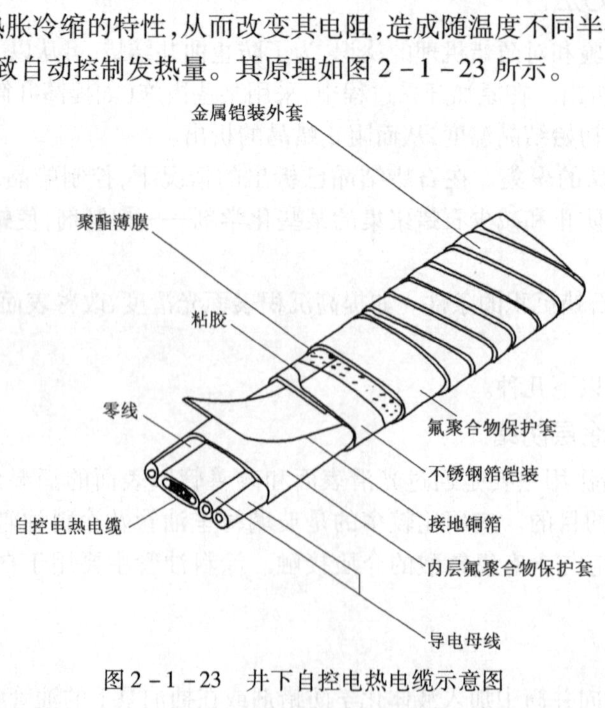

图 2－1－23　井下自控电热电缆示意图

井下自控电热电缆防蜡技术可以控制温度,保持井筒内恒温。当温度达到析蜡温度以上时,则起防蜡作用,但要连续供电保持温度。作为清蜡措施,可按清蜡周期供电加热至井筒温度超过溶蜡温度。

6. 微生物防蜡技术

微生物防蜡技术是将微生物发酵液和其营养物注入到井筒内,使其在井筒内生长、繁殖,微生物菌体及新陈代谢产物黏附在金属表面上,在金属表面形成一层保护层,改变管壁的润湿性,从而阻止了蜡晶在管壁的附着和沉积;起降解作用,降低原油的黏度,减少蜡的析出和沉积;改变蜡晶状态,阻止蜡晶生长和沉积;使原油中的重质组分在原油中的溶解度大大增加,达到防蜡的目的,维护油井正常生产。

微生物防蜡技术的特点是施工工艺简单,对环境和地层无伤害,成本低,适应范围广。

(三)油井清蜡方法

在含蜡原油的开采过程中,虽然可采用各类防蜡方法,但油井仍不可避免地存在有蜡沉积的问题。蜡沉积严重地影响着油井正常生产,所以必须采取措施将其清除。

根据清蜡原理,油井常用的清蜡方法可分为机械清蜡、热力清蜡和化学清蜡三类。

1. 机械清蜡

机械清蜡是指用专门的工具以机械刮削的方法刮除油管壁上的蜡,并靠液流将蜡带至地面的清蜡方法,在自喷井和抽油井中均有应用。

1)自喷井机械清蜡方法

在自喷井中采用的清蜡工具主要有刮蜡片和清蜡钻头等。一般情况下采用刮蜡片,如图2-1-24所示;但如果结蜡很严重,则用清蜡钻头;结蜡虽很严重,但尚未堵死时用麻花钻头;如已堵死或蜡质坚硬,则用矛刺钻头。

自喷井的机械清蜡如图2-1-25所示,利用地面绞车,绕在绞车滚筒上的钢丝穿过滑轮后系好清蜡工具,经防喷管下到油管中,并在油管结蜡部位上下活动,将蜡沉积刮除,由液流携带出井筒。

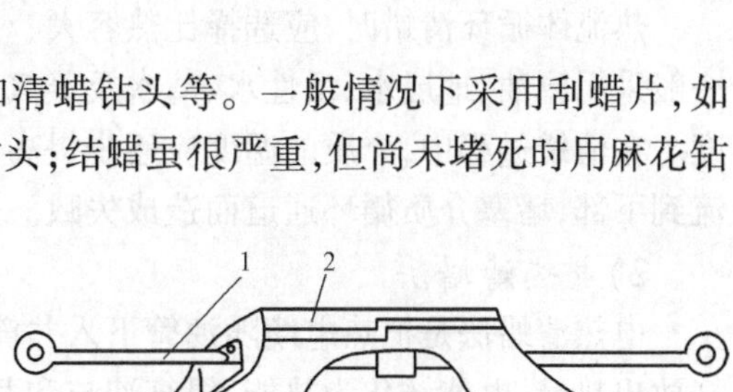

图2-1-24 刮蜡片结构图

1—拉杆;2—刀页

2)有杆泵抽油井机械清蜡

有杆抽油井的机械清蜡是利用安装在抽油杆上的活动刮蜡器清除油管和抽油杆上的蜡。

油田常用尼龙刮蜡器(图2-1-26),它主要由抽油杆、刮蜡器和限位器三部分组成。现场使用时,在抽油杆相距一定距离两端固定限位器,在两限位器之间安装尼龙刮蜡器。抽油杆带着尼龙刮蜡器在油管中往复运动,上半冲程刮蜡器在抽油杆上滑动,刮掉抽油杆上的蜡,下半冲程由于限位器的作用,抽油杆带动刮蜡器刮掉油管上的蜡。同时油流通过尼龙刮蜡器的倾斜开口和齿槽,推动刮蜡器缓慢旋转,提高刮蜡效果,由于通过刮蜡器的油流速度加快,使刮下来的蜡易被油流带走,而不会造成淤积堵塞。

2. 热力清蜡

热力清蜡是利用热能提高液流和沉积表面的温度,当温度超过析蜡温度时,则起到防止蜡沉积的作用;当温度超过蜡的熔点时,熔化沉积于井筒中的蜡,起清蜡作用。根据提高温度的方式不同,热力清蜡可分为热流体循环清蜡、电热清蜡和热化学清蜡三种方法。

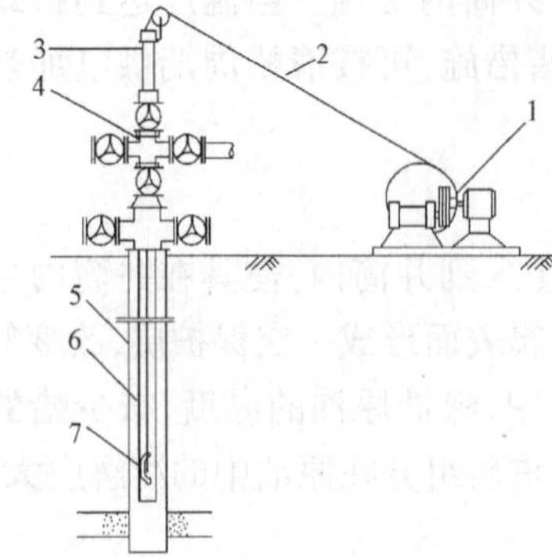

图 2-1-25 机械清蜡示意图

1—绞车;2—钢丝;3— 防喷管;4—采油树;5—套管;6—油管;7—刮蜡片

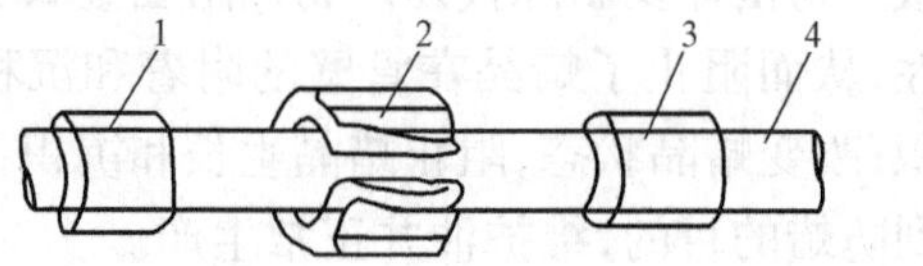

图 2-1-26 尼龙刮蜡器结构图

1,3—限位器;2—刮蜡器;4—抽油杆

1)热流体循环清蜡法(热洗清蜡)

热流体循环清蜡法使用的热载体是在地面加热后的流体物质,如热水、热油、蒸气等,通过热流体在井筒中的循环传热给井筒流体,提高井筒流体的温度,使得蜡沉积熔化后再溶于原油中,从而达到清蜡的目的。根据循环通道的不同,可分为开式热流体循环、闭式热流体循环、空心抽油杆开式热流体循环和空心抽油杆闭式热流体循环四种方式。

热流体循环清蜡时,应选择比热容大、对油井伤害小、溶蜡能力强、经济、来源广泛的介质,一般采用原油、地层水、活性水、清水及蒸汽等。为了保证清蜡效果,介质必须具备足够高的温度。在清蜡过程中,介质的温度应逐步提高,开始时温度不宜太高,以免油管上部熔化的蜡块流到下部,堵塞介质循环通道而造成失败。另外,还应防止介质漏入油层造成堵塞。

2)电热清蜡法

电热清蜡法是把热电缆随油管下入井筒中或采用电加热抽油杆,接通电源后,电缆或电热杆放出热量,电能转化为热能,提高液流和井筒设备的温度,熔化沉积的石蜡,从而达到清防蜡的作用。

3)热化学清蜡法

为清除井底或井筒附近油层内部沉积的蜡,可采用热化学清蜡方法,它是利用化学反应产生的热能来清除蜡堵,例如氢氧化钠、铝、镁与盐酸作用产生大量的热能。相关化学反应方程如下:

$$NaOH + HCl = NaCl + H_2O + 99.5kJ$$

$$Mg + 2HCl = MgCl_2 + H_2\uparrow + 462.8kJ$$

$$2Al + 6HCl = 2AlCl_3 + 3H_2\uparrow + 529.2kJ$$

一般认为,用这种方法产生热能来清蜡很不经济,且效率不高,很少单独使用。它常与酸处理联合使用,以作为油井的一种增产措施。

3. 化学清蜡

化学清蜡是利用清蜡剂将已沉积的蜡溶解或分散开,使其在油井原油中处于溶解或小颗粒悬浮状态而随油井液流流出油井,其作用机理根据不同的清蜡剂类型有所不同。常用的化学清蜡剂有油溶型清蜡剂、水溶型清蜡剂和乳液型清蜡剂三种类型。

4. 微生物清蜡

微生物种类很多，有细菌、放线菌和真菌（包括霉菌和酵母菌）几大类，用于清蜡的微生物主要有食蜡性微生物与食胶质和沥青质性微生物两种。

油井清蜡的微生物的形状为长条螺旋状体，长度为1~4μm，宽度为0.1~0.3μm。该类微生物能降低原油凝点和含蜡量，以石蜡为食物。微生物注入油井后，它主动向石蜡方向游去，猎取食物，使蜡和沥青降解，微生物中的硫酸盐还原菌的增殖，产生表面活性剂，降低油水界面张力，同时微生物中的产气菌还可以生成溶于油的气体（CO_2、N_2、H_2），使原油膨胀降黏，由此达到清蜡的目的。

【技能操作】（应会）

操作一：自喷井机械清蜡

一、准备工作

（1）监护人、操作人需正确穿戴好符合标准的安全防护用品，并检查齐全完好。

（2）准备好合适的工具、用具。刮蜡片、加重杆、600mm 管钳 1 把、300mm 活动扳手 1 把、滑轮 1 个、堵头 1 个、游标卡尺 1 把、井下结构数据图 1 张、清蜡周期报表 1 张、纱布若干。已知含 H_2S 井配套便携式 H_2S 检测仪、正压式空气呼吸器。

（3）主要风险识别。穿戴好劳保用品后进行主要风险识别，如泄漏、机械伤害、中毒、窒息等风险识别。

（4）工程技术措施。配备检验合格的硫化氢检测仪，熟知采油（气）、注水系统作业活动风险管控措施，正确使用 H_2S 检测仪，熟悉操作内容和操作步骤，识别警示标识风向，明确逃生路线。

（5）熟知 H_2S 环境人身防护规范，对已知含硫化氢区域要监测硫化氢浓度，明确监护措施。

二、操作步骤

（1）施工前试井车辆检查。检查试井车辆的制动系统、润滑系统、冷却系统、转向、灯光、油料等是否正常。检查试井绞车的刹车、钢丝、转速表、计量轮、调压阀、液压系统是否正常。

（2）检查清蜡设备及工具，并组装。各部件连接牢固，刮蜡片转动灵活，无变形，刀口锋利。

（3）用通井规进行通井，下入清蜡工具。开放空闸门，安装滑轮，压紧钢丝，将清蜡工具（最小一级）缓慢放入放喷管内，上紧堵头，关闭放空阀门。压紧钢丝、转速表归零。

（4）缓慢开启清蜡闸门，待压力平衡后全部打开，慢放清蜡钢丝。下入过程中调整油杯，保证堵头，油杯处不渗油气。

（5）当人工安全下放 10~15m 后用绞车下送，下放过程中随时观察绞车、转速表、钢丝、滑轮、防喷状况，下放速度不超过 50m/min。

（6）对结蜡严重井段上下刮数次，直至刮蜡片通常为止。

（7）清蜡工具下到预定深度后，上提时观察压力显示负荷不能超过钢丝安全允许拉力，上提速度不超过 50m/min。

(8)当上提距井口300m时人工减速压钢丝，距井口30m后，人工将清蜡工具背入防喷管内。

(9)待清蜡工具全部放入防喷管后，双手压紧钢丝。关清蜡闸门总圈数的2/3后放松，压钢丝探闸板三次，让清蜡工具碰击清蜡闸板，清楚听到探闸板的响声，说明清蜡工具已经进入防喷管内，再压紧钢丝将清蜡闸门关死，开防喷管放空闸门，确认压力放完后松油杯2～3圈，卸掉堵头，取出清蜡工具。

(10)逐级更换刮蜡片，重复上述(4)~(9)工序。

(11)更换工作制度进行吐蜡，吐蜡时禁止清蜡作业，待吐尽后换回原工作制度进行生产，并观察压力是否正常。

(12)清理现场，填写资料。收拾擦拭工具、用具，清理施工现场；填写清蜡时间、工具规格型号、刮蜡深度、遇阻情况描述、刮蜡前生产情况、吐蜡时间、刮蜡后生产情况。

三、技术要求及安全注意事项

(1)严格落实安全防护措施。

(2)预防有毒有害气体中毒。

(3)在清蜡工具起下过程中，要求精力集中，操作平稳。做到深通慢起下，勤活动，多打蜡，遇阻莫强顿，遇卡不硬拔，打扭跳槽快检查，起剩50m人工背，背至井口探闸板。

(4)严格执行“三有”“三不关”“五不下”。“三有”：有清蜡措施；有死、活记号；有计数器。“三不关”：计数器不归零不关；清蜡工具未全进入防喷管不关；死、活记号有误差不关。“五不下”：刮蜡片直径和连接部位未检查或检查不合格不下；井下情况不明不下；没有清蜡措施不下；无防跳装置不下；计数器不对零不下。

项目三　自喷井生产管理与分析

油井稳定生产时，自喷井的整个流动系统必然满足混合物的质量和能量守恒原理。要是油井连续稳定自喷，就必须使自喷井的四个不同的流动过程既相互衔接又相互协调起来，其中任何一个流动过程发生变化都会影响其他过程，从而改变自喷井的整个生产状况。

【知识目标】

(1)了解自喷井工作制度确定的方法；

(2)掌握自喷井生产分析的方法。

【技能目标】

(1)能够更换油嘴；

(2)能进行自喷井生产分析。

【所需知识】

一、自喷井工作制度的确定

自喷是最简单最经济的采油方法。因此，生产时应尽量延长油井的自喷期。地层储存有充足的石油并具有把油举升出地面的高压，这只是自喷的必要条件，而采油压差（地层压力与井底流压之差）、油管尺寸是否合理，井筒积水、出砂和结蜡等情况的出现，都是影响油井自喷的重要因素。为了实现在较高产量的条件下，在井筒中消耗最小的能量，使油井维持较长时间的自喷开采，必须做好油井的管理与分析工作。

（一）自喷井的管理

管理的基本内容包括：管好采油压差；取全取准生产资料；维持油井的正常生产。三者是互相联系的，缺少任何一项都不能使油井稳定自喷高产。

管好采油压差才能管到油层中去，以达到控制油层中油、水的流动规律和注采（油井方面）平衡，真正挖掘油层的生产能力。

油井的生产资料是油井分析、管理的依据，也是判断静态资料可靠性的依据，因此，必须取全取准所要求的资料。

在生产过程中，即便在合理的采油压差条件下生产，如果地面设备管理不当或井中出现结蜡、砂堵、出水等情况，也将影响油井的正常生产，因此，都必须采取相应的处理措施。

（二）油井合理工作制度的确定

合理工作制度是指在目前油层压力下，油井以多大的流压和产量进行工作。油井的合理采油压差（生产压差）就是油井的合理工作制度，采油压差是通过变换油嘴大小来控制的，因此，确定合理的工作制度就是选择合理的油嘴直径。在油田勘探开发初期或不注水开发的油井，通过系统试井确定工作制度。其做法是：连续换 4～5 个大小相邻的油嘴，每换一次油嘴待生产稳定时，即产量、压力、气油比、含水、含砂等不随时间变化或变化很小时（＜10%），用这些数据画出系统试井曲线，如图 2－1－27 所示。

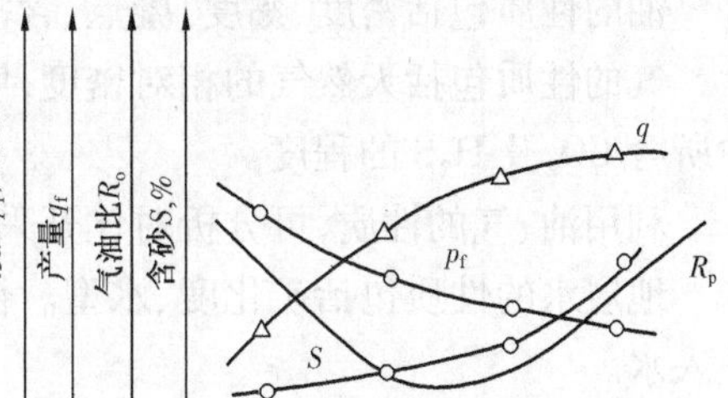

图 2－1－27　系统试井曲线

从图中可看出，当油嘴由小变大时，流压逐渐降低，由于采油压差逐渐增大，使含水、含砂逐渐升高。产量和气油比的变化则是：在使用小油嘴时，由于 p_f大，采油压差小，所以产量较小，流动速度低易为泡流，气体从油层中滑脱形成较大的气油比；在使用大油嘴时，当流压小于饱和压力，气体在油层中就分离出来，形成两相流动，使油井产量增加幅度降低，产量曲线变缓，而气油比增大。气体是举升的能量，因此，在确定油井工作制度时，可选择产量较高、气油比较小、流压大于饱和压力、含水和含砂较少、生产稳定的油嘴作为生产油嘴。

对注水开发的油田，油井的合理工作制度应综合考虑以下几个方面：

（1）在较高的采油速度下生产。油井的采油速度是指油井年采油量与地质储量的比值，在稳定生产情况下，油井的采油速度可按以下公式计算：

$$采油速度 = \frac{日产油量 \times 全年正常生产天数}{地质储量} \times 100\%$$

（2）保持注采、压力平衡，使油井有旺盛的自喷能力。大庆油田采用注水开发曾实现了较长时期保持在原始油层压力附近稳产高产。

(3)保持采油指数稳定。

(4)保持水线均匀推进,无水采油期长,见水后含水上升速度慢。

(5)合理生产压差应能充分利用地层能量又不破坏油层结构,原油含砂量不超过一定的百分数值。

综合考虑以上各种要求所确定的工作制度,称为合理的工作制度。当注采不平衡时需要改变采油速度;油井进行措施(修井、增产等)后;若含水、含砂上升过快,需要改变采油方法等,则需确定新的合理工作制度。

二、取全取准生产资料

资料是油井分析管理的重要依据,油井资料主要是产量资料、压力资料、流体性质资料等。

(一)产量资料

产量资料包括油、气、水、砂的产出量。油气混合物喷出地面经油气分离器分离后,分别进行量油、测气。通过井口取样进行含水量、含砂量的分析。

(二)压力资料

在生产管理工作中,每天要记录油压、套压,定期测试地层压力、井底流动压力。从压力变化和产量的变化现象中进行分析,找出油层内和油井内影响正常生产的原因,以便及时采取相应的措施,使油井保持稳产高产。

(三)流体性质

流体性质主要指油、气、水的性质。

油的性质包括密度、黏度、凝点、含盐、含硫、含蜡等。

气的性质包括天然气的相对密度,甲烷、乙烷、丙烷、丁烷、戊烷等组分的含量,以及天然气中所含 CO_2及 H_2S 的程度。

利用油、气的性质,可分析对比开采层位是否有变化,是否有新的层位参加生产。

地层水的性质包括矿化度、水型。依靠这些资料可分析油井产的水是边水、夹层水,还是注入水。

以上油、气、水的性质一般在化验室进行分析求得。

油井工作制度确定以后,在生产中根据取得的各项资料进行分析,维持油井的正常生产。

三、自喷井的生产分析

油田投入开发后,在开采过程中油层的状况是处于运动变化之中。这些变化是通过生产井油、气、水的产量和压力的改变而反映出来。因此,我们要及时掌握和分析这些变化,控制不利因素,使油井的工作制度同油层的变化协调一致。

油井生产分析的主要内容包括:油井的工作制度是否合理,合理的工作制度应能使产量、压力、气油比、含水、含砂量等平稳,充分发挥各层的作用;分析产量、压力、采油指数、含水、含砂等的变化及其原因;油井井筒及地面流程、设备的技术状况;对注水开发的油田,分析油井是否见到了注水效果,见水与生产压差、采出地下体积、累积注水量、注采比的关系,修井等增产措施后的效果分析。

分析的程序应是逐次从地面到井筒，最后分析油层。

(一)井筒分析

1. 压力间的关系

不计动能消耗的情况下，油管系统的压力关系可用下式表示：

$$p_f = p_t + \Delta p_f + 10^{-6} L \bar{\rho}_m g \quad (2-1-5)$$

套管系统压力关系用下式表示：

$$p_f = p_c + p_g + 10^{-6} H \bar{\rho}_{mt} g \quad (2-1-6)$$

式中 $\bar{\rho}_m$,$\bar{\rho}_{mt}$——油管、油套环空液面以下液体的平均密度，kg/m^3；

H——环形空间中的液柱高度，m(它取决于流压 p_f 与饱和压力 p_b 的关系)；

p_g——由环形空间气柱所造成的压力，MPa；

p_c——套管压力，MPa；

Δp_f——沿油管流动摩擦阻力损失，MPa；

p_f——井底流压，MPa；

p_t——井口油管压力，MPa；

L——油层中部深度，m。

式(2-1-6)中，因气体质量很小，p_g 可忽略不计，则：

$$p_f = p_c + 10^{-6} H \bar{\rho}_{mt} g \quad (2-1-7)$$

由式(2-1-5)和式(2-1-6)可得出套压和油压的关系：

$$p_t + \Delta p_f + 10^{-6} L \bar{\rho}_m g = p_c + 10^{-6} H \bar{\rho}_{mt} g$$

当 $p_f < p_b$ 时，井底有自由气，整个环形空间全被气体充满，环形空间的液面在管鞋附近，可认为 $H \approx 0$，$p_f = p_c$，即套压近似地反映了井底流动压力的大小。

当 $p_f > p_b$ 时，井底无自由气，天然气在距井底某一高度(井筒压力等于或小于 p_b 时)处才从油中分离出来。

一般情况下 $L > H$，使 $10^{-6} L \bar{\rho}_m g > 10^{-6} H \bar{\rho}_m g$，所以有：

$$p_c > p_t$$

在少数油井中也有 $p_c < p_t$ 情况，出现套压小于油压的原因，一般认为油井温度低、油稠，环形空间中液面很高，H 与 L 相差不大，致使 $10^{-6} H \overline{\rho_{mt}} g > 10^{-6} L \overline{\rho_m} g + \Delta p_f$，造成 $p_c > p_t$ 的现象。

综上所述，油井正常生产时，各压力之间的关系为：$p_r > p_f > p_c > p_t > p_B$，$p_B$ 为油嘴后的压力(井口回压)。

2. 生产分析

油井在正常生产中，产油量 q_o、生产气油比 R_p、溶解气油比 R_s、含水量 f_w、流压 p_f、套压 p_c、油压 p_t、油嘴后压力(回压)p_B 等参数一般比较平稳，如果这些参数突然发生变化，则应及时分析，找出原因，采取措施，使油井保持稳定生产。下面仅就影响几个参数变化的可能原因进行分析。

1)油压的变化

油压是油流到井口的剩余压力，油压的变化除了由于油层能量供给发生变化外，在日常油井生产分析中，常见到的情况有油压降低和油压增加。油压降低的原因有油管结蜡、原油脱气、含水增多，增加了井筒中的流动阻力或加大了液柱的重力，换大油嘴（或油嘴被刺大）也会使油压减小。油压增加的原因有换小油嘴（或油嘴被堵）、地面流程中出现故障引起回压变化、增产措施见效。例如，地面管线结蜡，油流不畅，都会使油压增加，影响油井生产。因此，在生产管理中，应尽可能在油压两倍于回压下工作。

2）套压的变化

油嘴换小（或被堵）使油压上升，也导致井底流压升高，因此套压也随之增高；如井底发生堵塞，环形空间中由于砂桥、稠油、结蜡的堵塞，都会使套压下降。

3）油井产量、油气比等参数的突然变化

当流压高于饱和压力时，每生产 $1m^3$ 油所产出的天然气量，应保持在溶解气油比的数值上，当井底流压低于饱和压力时，溶解气油比将上升，井筒和井底发生堵塞时，产量会下降，溶解气油比会升高。

总之，生产中发生故障，都将从产量和压力的变化反映出来。例如，油井结蜡，则会引起油压下降，流压上升、套压升高、产量下降。如油压、流压、套压都上升，但产量却下降，则可分析为由于出油管线有堵塞的结果。

（二）油层分析

注水开发的油井出现生产不正常时，在排除了地面、井筒中可能出现的原因之后，要对油层进行分析。主要分析油层内能量供耗平衡中压力变化对自喷井生产的影响；注入与采出的平衡情况；多油层非均质对油井生产的影响；油层生产能力的变化，见水前后有关参数变化等。以下对压力、含水、采油指数的变化所反映的特征进行分析。

1. 油层压力

油层压力是驱油能量大小的标志，保持油层压力对油田的稳产、高产具有十分重要的意义。

油层投入生产后，各井的油层压力均会有变化，变化的大小取决于驱动方式和采油速度。对于注水开发的油田，油层压力取决于注入量与采出量的平衡程度，采出多、注入少则油层压力下降，如要油层压力保持在原始油层压力附近，则注采比需保持在 1 左右。如油层压力低于原始油层压力，则应使注采比大于 1。

油井的含水上升速度，常随着注采比的增加而加快。此外，油层的非均质程度越大，油水的黏度差别越大，在相同的注采比条件下，油井含水上升也越快。

2. 井底流压

井底流压是油井正常生产时测得的油层中部的压力，井底流压受流体在油层中的流动阻力及井筒流体密度变化的影响。

在油层中，注水见效油层压力要恢复，在油井工作制度不变的情况下，一般流压也要随之上升。油井含水后，油层中水驱油，如果油水混合流动时的阻力小于纯油流阻力，则井底流压上升，反之则下降。

在井筒中，含水上升时，由于水里不含有气体，在产液量相同的情况下，气液比下降，混物平均密度增加，因此，井底流压也上升。又因井筒各断面的气体流量是上部多、下部少，气流量大的地方携带油水能力强，气流量小的地方携带油水能力差，所以在含水井中，上部流压梯度小，下部流压梯度大。

3. 含水的影响

如上所述,油井含水使井中混合物密度加大,重力消耗加大,致使油井自喷能力减弱,甚至停喷。油井停喷的井底流动压力,可用下式计算:

$$p_{ft} = 9.8H \times 10^{-3}[(1-f_w)\gamma_m + f_w\gamma_w] + p'_t \quad (2-1-8)$$

其中

$$\gamma_m = \frac{p_f - p_t}{9.8H \times 10^{-3}} \quad (2-1-9)$$

式中 p_{ft}——停喷时的井底流动压力,MPa;

H——油层中部深度,m;

f_w——停喷时的含水率;

p_t'——停喷时的油压,MPa;

γ_w——水的相对密度;

γ_m——油气混合物的平均相对密度;

p_f, p_t——油井正常生产时的流压和油压,MPa。

【例2-1-3】 某油井油层中部深度为2000m,正常生产时流压为15.582MPa,油压为0.582MPa。若油井含水上升,油压降至0.490MPa,油井即停喷。试计算不含水,以及含水10%、20%、30%时的停喷压力。

解:井筒中油气混合物的平均相对密度为

$$\gamma_m = \frac{p_f - p_t}{9.8H \times 10^{-3}} = \frac{15.582 - 0.582}{0.0098 \times 2000} = 0.75$$

不含水时停喷压力为

$$p_{ft} = 9.8H \times 10^{-3}\gamma_m + p'_t = 0.0098 \times 2000 \times 0.75 + 0.49 = 15.19(\text{MPa})$$

含水10%时停喷压力为

$$\begin{aligned} p_{ft} &= 9.8H \times 10^{-3}[(1-f_w)\gamma_m + f_w\gamma_w] + p'_t \\ &= 0.0098 \times 2000 \times [(1-0.1) \times 0.75 + 0.1] + 0.49 \\ &= 15.68(\text{MPa}) \end{aligned}$$

含水20%、含水30%时的停喷压力,利用式(2-1-8)计算分别为16.17MPa、16.66MPa。

从计算中可看出,含水越多油井越易停喷。此外,在多油层的情况下,油井含水上升速度同见水层的压力高低及该层在全井中生产地位有关,主力油层出水,一般是含水上升速度快;而非主力油层出水,则往往含水上升缓慢;注水强度大,一般油井含水上升速度也快,反之则低。所以,含水上升速度,可反映见水层与主力油层的关系,反映注水强度等因素。

4. 采油指数

从径向流公式 $J = \dfrac{2\pi Kh}{\mu_o B_o\left(\ln\dfrac{r_e}{r} - \dfrac{1}{2} + S\right)}$ 可看出,采油指数 J 与油井泄油面积、流动系数 Kh/μ_o 有关。采油指数的大小,反映着油层生产能力的高低,届时可用来分析油井产量下降的原因。例如油井出砂、油层结蜡、原油黏度的变化都会使采油指数改变;此外,修井及增产措施的效果好坏都可由采油指数的变化进行分析。

(三)油井综合分析的方法

同一油藏上的油井,它们处于同一个水动力系统,一口井的工作制度改变都将影响其他油井,因此,在进行油井分析时,必须联系周围的注水井及相邻油井的动态进行综合分析。分析时一般按以下步骤进行。

1. 掌握油层、油井的情况

掌握油层的非均质程度、配产层段划分情况、油水井各层连通情况、油层压力、饱和压力、原始气油比、渗透率、原油地下黏度等;了解清楚全井射开的油层数、有效厚度、井下技术情况,如管柱结构、封隔器、配产器位置及密封情况。

2. 掌握油井生产情况

掌握油嘴尺寸、产量、油压、套压、流压、油层压力、含水率、气油比、油水化验资料、油井采油史等资料。

3. 进行油井综合分析

根据油层动态,如油层压力、饱和压力、渗透率的变化,注水井注水层位、注水强度、注入压力、注入量有无变化以及油井生产情况,检查生产压差、地饱压差、流饱压差、油压、套压、产量、采油指数、含水、气油比等参数变化情况。此外,还要考虑井内有无砂堵、蜡堵,有无积水,油层有无钻井液污染,井下技术情况,相邻油井的动态,结合油井开采史进行分析。

4. 制定措施

通过分析找出变化的原因,制定措施,实施后并观察判断措施的正确性。

四、自喷井常见故障分析及处理

自喷井生产中常见故障的分析与处理详见表2-1-2。

表2-1-2　自喷井常见故障的分析与处理

序号	现象	原因	解除办法
1	产量和油管压力下降,套压、流压上升	油管被堵或结蜡严重	冲洗或清蜡
2	产量急剧下降,分离器压力下降,油、套压上升	(1)出油管线结蜡或有堵塞物; (2)油嘴被堵; (3)输油温度低	(1)热洗出油管线,排堵; (2)检查油嘴; (3)提高输油温度
3	套压下降,油压不变	套管阀门或套管法兰连接处及压力表漏气	修理或改装漏气部分
4	套压、油压均下降	(1)井底砂堵或蜡堵; (2)井底有水	(1)经井底取样后热洗; (2)加长油管采油
5	油层静止压力和产量下降,含砂量增加,气油比增高	油嘴偏大,由于大压差采油,形成砂堵或井底明显脱气	先探砂面,系统试井后,选择合理的油嘴,若出砂严重则冲砂
6	油井完成后,出油不好(电测显示好)	(1)钻井液浸入油层造成堵塞; (2)射孔井段有问题	(1)气举、抽汲或冲洗; (2)检查射孔质量,若误射则需补射;若无误射则进行土酸处理

续表

序号	现象	原因	解除办法
7	套压很高,几乎等于流压。油压低,气油比升高,产量下降	井底泥浆堵或砂堵,出气多,出油少,油套环空中大量充气	先用较大油嘴出油,若仍不畅通则进行冲洗
8	气油比上升,套压接近流压,井内出现硬蜡,产量降低	井底脱气严重,井壁附近油层结蜡	轻质油溶蜡
9	油压突然下降,套压上升,油嘴处有蜡块	油管蜡未清好,油流不畅通	彻底清蜡
10	油压大于套压	(1)井底压力大于饱和压力时生产; (2)套管漏气; (3)环型空间有死油或钻井液	(1)若压力表检查准确,则是正常的; (2)修补漏气处; (3)热洗或抽汲
11	油压逐渐下降,气油比逐渐上升	(1)油嘴过大,气量消耗增大; (2)油嘴被刺大	(1)通过系统试井并选用合理的油嘴; (2)更换合格的油嘴生产
12	油管压力波动大,套压很快下降,含砂增加,出砂稳定	油嘴过大,造成油井激动	用较小油嘴试井,选择合理油嘴生产
13	换小油嘴后,油压逐渐上升,产量下降,气油比上升	油嘴过小,流速太低,油管上段脱气严重	通过系统试井,选用合理的油嘴生产
14	更换油嘴后,发现油、套压下降,出油声音不正常,即声音很大,分离器压力升高、气油比增加	油嘴没上紧,喷掉或换错油嘴	检查油嘴
15	检查油嘴后,油、套压上升,不出油,分离器压力下降	生产阀门或回压阀门未开	检查阀门开关情况
16	检查油嘴后,油、套压逐渐下降,分离器压力升高	(1)检查油嘴时,畅喷造成的结果; (2)检查油嘴后,用双翼采油树两面油嘴同时出油的结果,或油嘴未上紧,被冲掉	(1)禁止用出油管线喷油; (2)立即关掉其中一翼阀门,并检查油嘴
17	出油时油压下降,出气时油压上升	油井出现间隙生产	调整工作制度
18	开井出油数小时后,套压下降,油压变为零	死油未抽完或污物未出净,井底堵塞	气举冲洗或抽汲

【技能操作】(应会)

操作一:更换自喷井油嘴

油嘴是油井生产过程中用来控制采油压差、减少气体影响、调节产能的重要节流部件。其最小直径为1.5mm,最大直径为20mm以上。因工作制度的不同,选用的油嘴规格也不同。根据油嘴安装部位不同,油嘴可分为井下油嘴和地面油嘴两种。地面油嘴又分为单孔简易式和可调式等多种油嘴,长期使用易发生刺大、堵塞、脱落等现象,影响油井正常生产,因此应经常检查更换油嘴。

一、准备工作

(1)工具用具、材料准备。600mm 管钳 1 把,油嘴专用扳手 1 把,规格合适油嘴 1 个,375mm 活动扳手 1 把,0～150mm 游标卡尺 1 把,污油桶 1 个,生料袋 1 卷,铁丝 1 段,黄油、棉纱少许,纸、笔若干。

(2)劳保用品准备齐全,穿戴整齐。

二、操作步骤

(1)检查油井油压、套压、回压是否正常。检查压力表校验合格在有效期内。油嘴套上下流阀门,放空阀门开关灵活。

(2)调小加热炉炉火,记录油、套管压力。

(3)关闭生产阀门,进站阀门。观察风向,站在上风口,用污油桶接好,打开放空阀门,放压至回压表归零。油嘴堵死时,关闭总阀门,打开清蜡阀门,从防喷管内放压。

(4)用管钳卸丝堵,边卸边活动,确认无压后取下丝堵。侧身用铁丝疏通油嘴,卸下油嘴。

(5)清洗油嘴及油嘴套,用游标卡尺检查油嘴孔径大小,并记录下来,若不合格,需更换新油嘴。

(6)用游标卡尺测量新油嘴孔径,确认符合要求后,用油嘴扳手对正上紧。清理干净丝堵螺纹,缠密封胶带,用管钳上紧丝堵。

(7)关闭放空阀门,打开进站阀门,观察有无渗漏,确认无渗漏后打开生产阀门,观察油压回压变化情况。生产正常后,调整好炉火。

(8)记录回压、油压、套压,对油井进行量油测气,记录相关数据。

(9)操作完成后,清理现场,将工具擦拭干净,保养存放,将有关资料填入报表。

三、技术要求及注意事项

(1)卸油嘴装置丝堵时必须放净压力侧身操作,避免出现不安全因素。

(2)卸下油嘴后,油嘴装置内不能有脏物异物。

(3)更换油嘴要测量准确,孔径误差小于 0.1mm。若油嘴尺寸过小,游标卡尺测不了,可用直尺十字交叉测量,取平均值。

(4)装卸油嘴时不能用力过猛,防止油嘴双耳被扭掉而不好再装油嘴。

(5)开关阀门要平稳,侧身操作。

操作二:典型案例分析——自喷井生产情况发生变化

某井馆陶组油层,自喷生产,射开厚度 5m,油嘴直径 ϕ8mm,日产液量 60t,日产油量 1.2t,含水 98%,油压 3.5MPa,回压 1.0MPa,套压 4MPa,井口温度 55℃。某日安全生产指挥中心该井温度报警,温度超阈值上限,调取资料发现该井温度逐渐上升。据油水井管理岗员工反映,一段时间以来,该井取样时取样阀门出现关不严现象,采取措施后日产液量恢复正常,试分析该井可能遇到的问题及措施?安全生产指挥中心温度报警后,该井核实资料,发现日产液量上升至 70t,而日产油量反而下降了 0.1t,是何原因?如何处置?

分析 1:安全生产指挥中心温度报警,温度超阈值上限,油、套压没报警,排除温压一体变送器故障,说明液量上升了,也就是油嘴刺大了;取样阀门出现关不严现象,在排除阀门自身原因后，最可能原因是出砂；产液量上升，出砂情况会加重。

采取措施：更换原直径的新油嘴，控制生产压差，控制油井出砂。

分析2：日产液量上升而日产油量下降的原因是注采失调，含水上升了。

采取措施：结合对应水井总水量及分层水量变化情况，判断来水方向，及时调配。

练 习 题

一、填空题

1. 井口装置由__________、__________、__________三部分组成。
2. 井场流程有__________、__________、__________三种形式。
3. 自喷井有__________、__________、__________、__________四个流动过程。
4. 油井生产过程中可能出现的流型自下而上依次为__________、__________、__________、__________、__________。

二、判断题

(　)1. 油管头的作用是悬挂油管。

(　)2. 单管冷输流程适用于油田开发初期。

(　)3. 分层采油的目的是解决层间矛盾。

(　)4. 自喷井采油的流动过程与有杆泵采油的流动过程不同。

(　)5. 从油层流入井底的过程中，井底压力是渗流的阻力。

(　)6. 段塞流举油效率最高。

(　)7. 油管直径越大油井产量越高。

三、简答题

1. 什么是自喷采油?
2. 井口装置各组成部分的作用是什么?
3. 使用压力表时如何选择量程? 为什么?
4. 什么是井场流程? 井场流程的作用是什么?
5. 井场流程有哪几种形式?
6. 为什么要采用分层采油的开采方法?
7. 自喷井的分层采油有哪几种开采方式?
8. 试述在四个流动过程中的能量供给与消耗。
9. 什么是采油指数? 采油指数的作用是什么?
10. 什么是滑脱损失?
11. 影响油井结蜡的因素有哪些?
12. 什么是化学防蜡?
13. 油井清蜡方法主要有哪些?
14. 什么是节点分析?
15. 试述节点分析方法在油井生产系统设计与动态预测中的主要作用。
16. 自喷井生产分析包括哪些内容?
17. 如何确定自喷井合理的工作制度?
18. 自喷井要取全取准哪些生产资料?

模块二　有杆泵采油

在油田开发过程中，随着流体不断从油藏中采出，油藏中能量不断减少，油层压力不断降低。当油层能量下降到不足以将原油从井底举升到地面时，就需要人工给井中原油补充能量将油采到地面。通过输入机械能给井中原油补充能量将原油采到地面的方法称为机械采油法。机械采油法分为有杆泵采油和无杆泵采油，在油田开发后期，有杆泵采油在国内外各油田占有很大的比重。

本模块将介绍有杆泵采油工艺技术，重点介绍常用的游梁式抽油机——抽油泵抽油工艺，选择介绍一些新型的有杆泵抽油设备和工艺技术。

项目一　有杆泵抽油装置

抽油装置是由抽油机、抽油杆柱和抽油泵所组成的有杆泵抽油系统。游梁式抽油机—抽油泵装置示意图如图 2－2－1 所示。用油管把深井泵泵筒下入井内液面以下，在泵筒下部装有只能向上打开的吸入阀（固定阀）。用抽油杆柱把柱塞下入泵筒，柱塞上装有只能向上打开的排出阀（游动阀）。通过抽油杆柱把抽油机驴头悬点产生的上下往复直线运动传递给抽油泵柱塞，使之抽油。

动图 2－2－1
抽油装置
工作原理

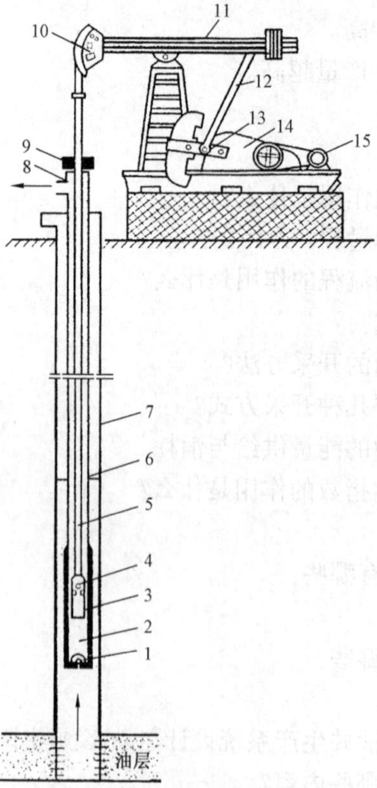

图 2－2－1　抽油装置示意图

1—吸入阀；2—泵筒；3—柱塞；4—排出阀；5—抽油杆柱；6—油管；7—套管；8—三通；9—密封盒；10—驴头；11—游梁；12—连杆；13—曲柄；14—减速箱；15—动力机（电动机）

【知识目标】

(1)了解抽油机分类;

(2)掌握有杆抽油装置组成;

(3)掌握常规型游梁式抽油机的结构组成和工作原理;

(4)掌握皮带式抽油机的结构组成和工作原理;

(5)掌握抽油泵的工作原理。

【技能目标】

(1)能启停游梁式抽油机;

(2)能启停皮带式抽油机;

(3)能安全更换井口装置零部件。

【所需知识】

一、抽油机

(一)游梁式抽油机

游梁式抽油机的基本特点是结构简单、制造容易、维修方便,特别是它可以长期在油田全天候运转,使用可靠。因此,尽管它存在驴头悬点运动的加速度较大、平衡效果较差、效率较低、在长冲程时体积较大和笨重等缺点,但仍然是目前应用最广泛的抽油机。

1. 常规型游梁式抽油机

常规型游梁式抽油机是游梁式抽油机的基本形式之一。它的结构特点是:曲柄连杆机构和驴头分别位于支架的前后两边,曲柄轴中心基本位于游梁尾轴承的正下方,减速器多安装在用钢板焊成的高基座上。它主要由驴头、游梁、横梁、连杆、曲柄、减速箱、平衡重、支架、底座、刹车装置、悬绳器以及动力机等部分组成,如图 2-2-2 所示。

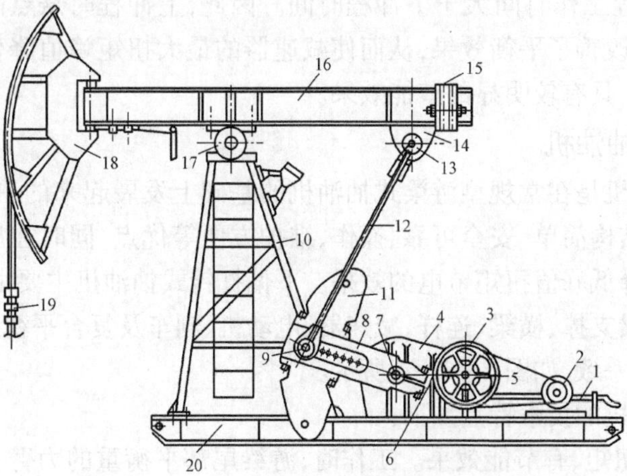

图 2-2-2　常规型游梁式抽油机结构简图

1—刹车装置;2—电动机;3—减速箱皮带轮;4—减速箱;5—输入轴;6—中间轴;7—输出轴;8—曲柄;9—曲柄销;10—支架;11—平衡块;12—连杆;13—横梁尾轴;14—横梁;15—游梁平衡块;16—游梁;17—游梁轴;18—驴头;19—悬绳器;20—底座

2. 异相型游梁式抽油机

异相型游梁式抽油机是常规型游梁式抽油机的一种改进形式，这种机型由于节能效果显著，在我国得到了非常迅速的发展和应用，如图 2－2－3 所示。

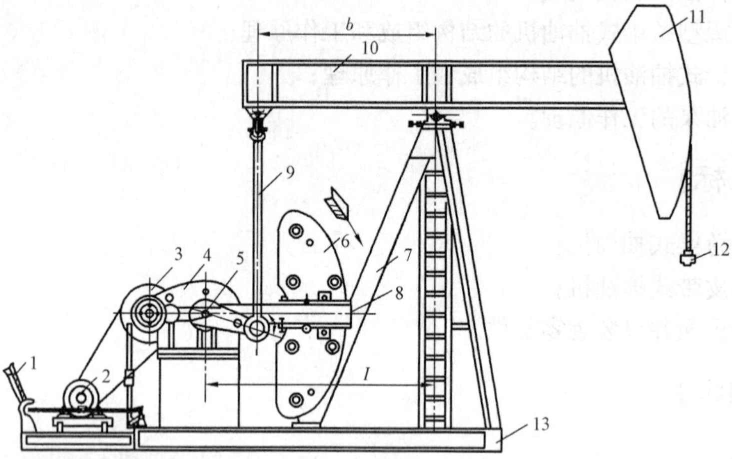

图 2－2－3　异相型游梁式抽油机结构简图

1—刹车装置；2—动力机；3—减速箱皮带轮；4—减速箱；5—输出轴；6—平衡块；7—支架；8—曲柄；9—连杆；10—游梁；11—驴头；12—悬绳器；13—底座

异相型游梁式抽油机外形与常规型游梁式抽油机没有显著差别，其主要不同在于：一是将减速器背离支架后移，增大了减速器输出轴中心和游梁支点间的水平距离，形成了较大的极位夹角（即驴头处于上、下死点位置时连杆中心线之间的夹角）；二是减速器输出轴轴心与曲柄平衡块重心连线和减速器输出轴轴心与一排曲柄孔中心线之间的形成一夹角，此角称为平衡相位角。这种抽油机的曲柄均为顺时针旋转。因此，曲柄平衡块总是滞后一个相位角。

由于异相型游梁式抽油机具有较大极位夹角（一般为 12°左右），使得抽油机上冲程时曲柄转过的角度增加 12°为 192°，下冲程时曲柄转过的角度减少 12°为 168°。当曲柄转速不变时，就使得悬点上冲程工作时间大于下冲程时间。因此，上冲程时悬点的加速度和动载荷减小。由于平衡相位角改善了平衡效果，从而使减速器的最大扭矩峰值降低，工作扭矩较均匀，所需电动机功率减小，具有较明显的节能效果。

3. 下偏杠铃式抽油机

下偏杠铃式抽油机是在常规型游梁式抽油机的基础上发展起来的，平衡方式采用复合平衡，它保持了常规型结构简单、安全可靠、操作、维护方便等优点，同时在尾部增加了下偏杠铃刚性装置，又达到了降低峰值扭矩节电的效果。下偏杠铃式抽油机主要由底座、支架、曲柄、悬绳器、驴头、游梁、游梁支撑、横梁、连杆、减速器、电动机、刹车及复合平衡组成。其工作原理与常规型游梁式抽油机一致，如图 2－2－4 所示。

下偏杠铃式抽油机的技术特点如下：

（1）可降低峰值扭矩、有节能效果。工作时，游梁尾部平衡重的力臂长度随悬点位置的改变而变化，使平衡力矩的变化规律与载荷扭矩的变化规律相吻合，起到对净扭矩曲线削峰填谷的效果——负载经过两次平衡，使抽油机的运行性能得到很大的改善，即降低减速器净扭矩，峰值扭矩与同型号常规曲柄平衡抽油机相比下降幅度在 12.5% 以上，具有一定节能效果。

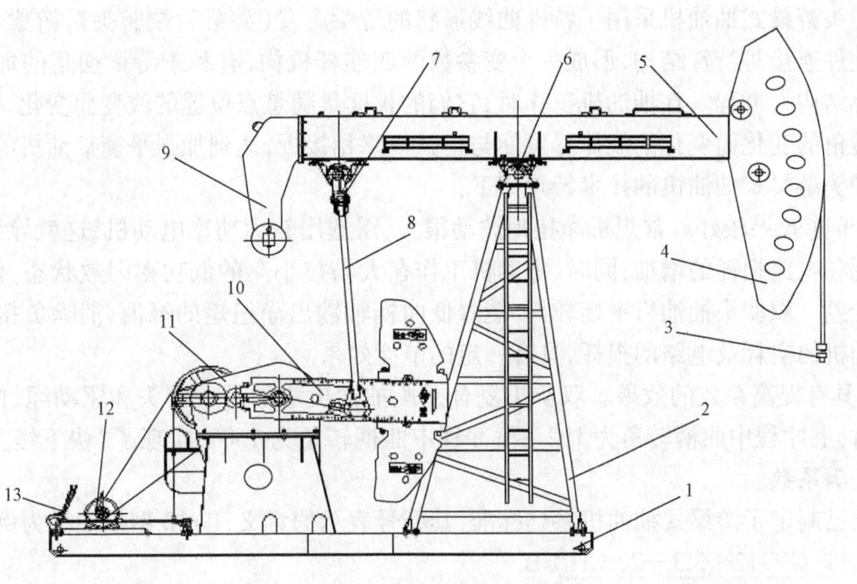

图 2-2-4　下偏杠铃式抽油机简图

1—底座;2—支架;3—悬绳器;4—驴头;5—游梁;6—游梁支承;7—横梁;8—连杆装置;9—复合平衡;10—曲柄;11—减速器;12—电动机;13—刹车装置

(2)失载保护更可靠。常规曲柄平衡抽油机失载后,游梁平衡重会做圆周运动,无动力消减失载过程中的惯性冲击载荷;而异相复合平衡抽油机失载后,曲柄组件将会做双向钟摆运动,能够有效地削减失载过程中的惯性冲击载荷,提高失载保护的可靠性。

4. 双驴头游梁式抽油机

双驴头游梁式抽油机的结构如图 2-2-5 所示。它的运动部件与常规型游梁式抽油机相同,其不同的是:在游梁后端装有第二个驴头,驴头弧面圆心与游梁摆动中心重合。

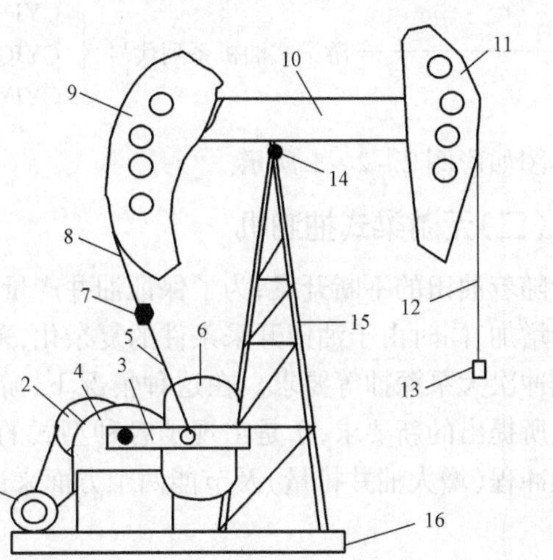

图 2-2-5　双驴头式抽油机结构示意图

1—电动机;2—皮带轮;3—曲柄;4—减速箱;5—连杆;6—平衡重;7—横梁;8—驱动绳辫子;9—后驴头;10—游梁;11—前驴头;12—绳辫子;13—悬绳器;14—中轴;15—支架;16—底座

双驴头游梁式抽油机采用了特殊曲线形状的游梁后臂(游梁后端驴头),游梁与横梁之间采用柔性件连接等特殊结构,形成一个变参数的四连杆机构,有利于游梁摆角的加大,实现抽油机的小结构大冲程。在抽油机工作时,它们的长度是随悬点位置的改变而变化,使载荷扭矩随曲柄转角的变化而变化的规律尽可能与正弦规律相接近,达到加强平衡抽油机的效果。

双驴头游梁式抽油机的技术特点如下:

(1)节能效果较好。常规机净扭矩波动很大,需选用较大功率电动机,这就导致了电动机自身损耗和电路损耗的增加;同时,电动机工作在大马拉小车的低功率因数状态,使电网的供电质量变差。双驴头抽油机平衡较好,能降低曲柄轴输出净扭矩的峰值,消除负扭矩,因而降低了电动机的空耗及电路的损耗,具有一定的节能效果。

(2)具有提高泵效的效果。双驴头复合平衡抽油机增加了后驴头和驱动绳,曲柄按顺时针旋转时,上冲程中曲柄转角为192°;下冲程中曲柄转角为168°,实现了“快下慢上”,从而提高泵的充满系数。

我国已制定了游梁式抽油机系列标准,其型号表示的意义,以12型抽油机为例:

CYJ12—3.3—70(H)B

- B:平衡方式代号:F—复合平衡;Y—游梁平衡;B—曲柄平衡;Q—气动平衡
- (H):减速箱齿轮形状代号,H为点啮合双圆弧齿轮,渐开线人字齿轮时省略
- 70:曲柄轴最大允许扭矩,kN·m
- 3.3:光杆最大冲程,m
- 12:悬点最大允许载荷,12kN
- CYJ:游梁式油机系列代号:CYJ—常规型;CYJQ—前置型;CYJY—异相型

游梁式抽油机的彩图如彩图2-2-1所示。

彩图2-2-1
游梁式抽油机

(二)无游梁式抽油机

随着油田的不断开发,为了保证油井产量,要求下泵深度和油井产液量不断增加,同时由于油田开采条件的复杂化,采油工艺对有杆抽油设备提出了低冲次大泵深抽等要求。在这种情况下,游梁式抽油机已不能适应采油工艺所提出的新要求,于是出现了各种型式的无游梁式抽油机。通常是从增大冲程(增大油井排量)及节能两个方面来进行设计。

1. 皮带式抽油机

常用的皮式抽油机主要由动力传动系统、换向系统、平衡系统、悬挂系统、刹车系统和机架底座系统六大系统组成,如图2-2-6所示。

(1)动力传动系统。由电动机、皮带传动装置、减速器等组成,由电动机提供动力,通过皮带轮和减速器的减速,把电动机的高速旋转变为减速箱输出轴的低速旋转,带动下链轮低速转动。

(2)换向系统。由上下链轮、轨迹链条、曲拐、往返架等组成。往返架由曲拐、滑车架、滑车等组成。曲拐的头部作为特殊链节连接在轨迹链条上，随轨迹链条绕两个链轮回转，其圆轴部插入滑车架，可以在滑车架内转动。滑车架可以在往返架内沿导轨横向移动。当曲拐轴随轨迹链条的直线部分上行时，曲拐轴带动滑车架，滑车架带动往返架，往返架只能沿着塔梁H钢内壁作上下运动，此时滑车架与往返架相对静止，往返架的运动速度与链条的运动速度相等，整个往返架向上运动。当曲拐轴运动到轨迹链条的圆弧部分即链轮部分时，它继续带动往返架向上运动，同时带动滑车架沿导轨横向移动，到达最高点后曲拐带动往返架改变方向向下运动，同时带动滑车的架沿导轨继续横向移动，直到曲拐运转到链条垂直部分后往返架与滑车架又相对静止实现抽油机平衡箱的下移。实现抽油机的上冲程，同样完成下换向。这样就把链轮的圆周运动变成往返架的直线运动。塔架的顶部有一个滚筒，上面搭着负荷皮带，负荷皮带的一端与平衡箱、往返架总成连接；另一端连接悬绳器，滚筒相当于一个定滑轮，这样就把往返架的直线往返运动变成了悬绳器的直线往返运动。

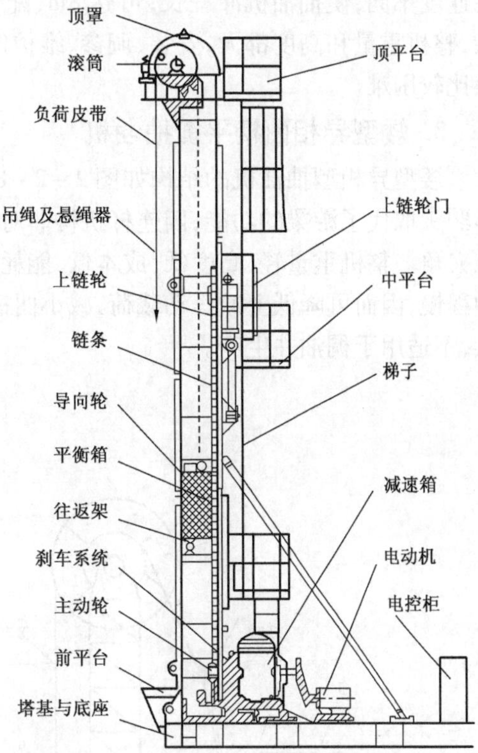

图2-2-6　皮带式抽油机结构示意图

(3)平衡系统。由平衡箱总成、平衡块等组成。平衡箱总成安装在往返架上，下冲程时，悬绳器在载荷作用下向下运动，带动平衡箱向上运动使其储存势能，上冲程时，平衡箱向下运动释放重力势能，帮助电机提升井下载荷。

(4)悬挂系统。由悬绳器、负荷皮带、吊绳等组成。负荷皮带搭在装在机架顶端的滚筒上，一端连接着悬绳器，另一端连接平衡箱。

(5)刹车系统。由刹车盘、刹车卡子、电控柜、电磁刹车保护系统等组成。起到停机后控制惯性的作用，在抽油机运行过程中，当抽油机过载、欠载时（如抽油杆的断脱、卡泵等情况），电磁刹车保护系统会自动停机并自动刹车保护电机和整个皮带抽油机设备，同时报警。

(6)机架底座系统。由塔架、塔基、底座等组成。为其他系统的安装提供平台，并保证整机稳固。

皮带式抽油机的主要特点是冲程长，冲数低，承载能力大，适用于深井和稠油开采，且动载荷小，平衡程度好，比同载荷等级的游梁式抽油机节电约30%以上，系统效率高。结构紧凑，比游梁式抽油机节约钢材约60%。

2. 塔架式抽油机

塔架式抽油机的结构如图2-2-7所示。塔架式抽油机的结构特点是以一个复合天车轮取代了普通游梁式抽油机的游梁和驴头。连杆通过横梁、钢丝绳（后绳辫子）与小轮缘（类似于后驴头）相接，而抽油杆柱则通过悬绳器、前绳辫子与大轮缘连接。由于大小轮转速相同而线速度不同，使抽油机冲程长，可达 8m，配合大泵生产可加强提液能力。但该抽油机结构复杂，整机重量和高度都大，安装、调参、维护保养难度大，绳辫子易磨损、易受挤压遭到破坏，更换比较困难。

3. 矮型异相曲柄平衡抽油机

矮型异相型抽油机的结构如图 2－2－8 所示。矮型异相型抽油机的结构特点是以一个异形驴头取代了游梁的功能，四连杆机构非对称循环，平衡重中心线与曲柄中心线存在 10°的相位夹角。整机重量轻、高度低、成本低、能耗低、效率高。悬点在右顺时针转动时，上冲程比下冲程慢，因而可降低上冲程动载荷，减小曲柄轴峰值扭矩。但该抽油机由于上行慢下行快的特点，不适用于稠油井生产。

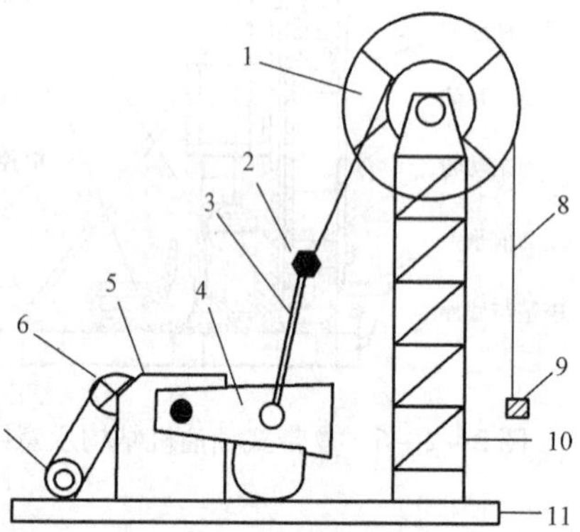

图 2－2－7 塔架式抽油机结构示意图

1—复合轮；2—横梁；3—连杆；4—曲柄；5—减速箱；6—皮带轮；7—电动机；8—吊绳；9—悬绳器；10—支架；11—底座

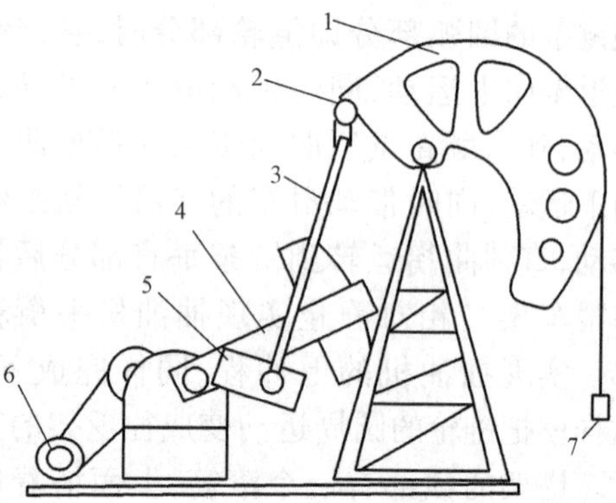

图 2－2－8 矮型异相型抽油机结构示意图

1—驴头；2—横梁；3—连杆；4—配重臂；5—曲柄；6—电动机；7—悬绳器

彩图 2－2－2
无游梁式抽油机

二、抽油泵

抽油泵是有杆泵抽油设备的井下部分，是有杆泵抽油装置的核心部分。下入深度从几百米到几千米，所抽汲的液体中常含有砂、蜡、水、气及有腐蚀性的物质，其工作环境恶劣，所以要求抽油泵结构简单，便于起下；制造泵的材料耐磨，抗腐蚀性能好，使用寿命长；加工安装质量高，降低使用故障率。

（一）抽油泵的结构

抽油泵主要由泵筒、吸入阀、活塞、排出阀四大部分组成。按照抽油泵在井下的固定方式，可分为管式泵和杆式泵。

1. 管式泵

管式泵又称油管泵，如图 2－2－9 所示，其特点是把外筒、衬套和吸入阀在地面组装好并接在油管下部先下入井中，然后把装有排出阀的活塞用抽油杆柱通过油管下入泵中。衬套由耐磨材料加工成若干节，衬入外筒内壁。活塞是用无缝钢管制成的中空圆柱体，外表面光滑带有环状沟槽，作用是让进入活塞与衬套间隙的沙粒聚集在沟槽内，防止沙粒磨损活塞与衬套，并且沟槽中存的油起润滑活塞表面的作用。检泵、起泵时为泄掉油管中的油,可采用可打捞的吸入阀(固定阀),通过下放杆柱,让活塞下端的卡扣咬住吸入阀的打捞头,把吸入阀提出。但是由于吸入阀打捞头占据泵内空间,使泵的防冲距和余隙容积大,容易受气体的影响而降低泵效。目前大多数下入管式泵的井,是在油管下部安装泄油器,如图 2-2-10 所示,通过打开泄油器泄掉油管中的油。在下入大泵的井中,由于活塞直径大于油管内径,不能通过油管下入活塞,采用的方法是先把活塞装入泵筒随油管下入井中,后下入抽油杆柱,利用一个称为脱节器的装置与泵中的活塞对接,如图 2-2-11 所示。

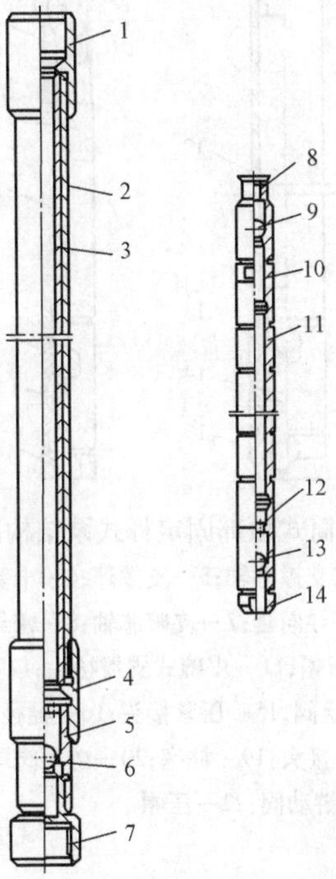

图 2-2-9　组合泵筒式管式泵结构图

1,4—外管接箍;2—外管;3—缸套;5—固定阀罩;6—固定阀;7—压紧接头;8—上游动阀罩;9—上游动阀;10—接头;11—活塞;12—下游动阀罩;13—下游动阀;14—压帽

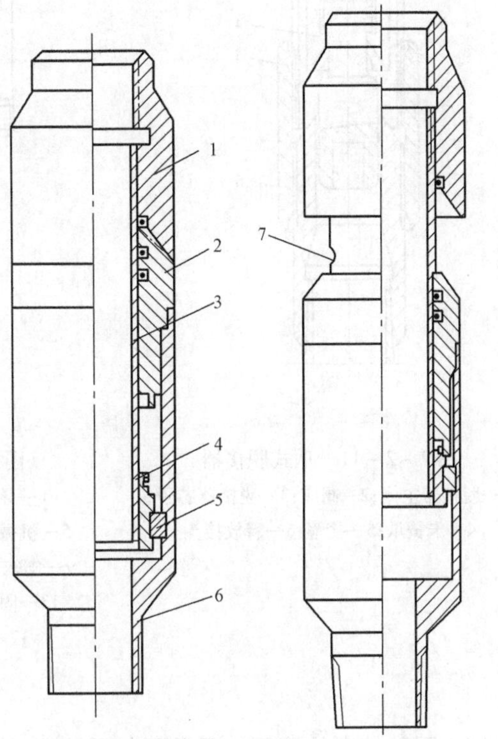

图 2-2-10　ZXY 型支撑式泄油器

1—上接头;2—密封套;3—中心管;4—导向接头;5—导向键;6—下接头;7—泄油孔

管式泵的特点是结构简单,成本低,在相同油管直径下允许下入的泵径较杆式泵的大,因而排量大。但检泵时必须起下管柱,修井工作量大,故适用于下泵深度不大、产量较高的井。

2. 杆式泵

杆式抽油泵又称插入泵。图 2-2-12 所示是常用的定筒式顶部固定杆式泵,其特点是有内外两个工作筒,外工作筒上端装有锥体座及卡簧(卡簧的位置为下泵的深度),下泵时把外工作筒随油管先下入井中,然后把装有衬套、活塞的内工作筒接在抽油杆的下端下入到外工作筒中并由卡簧固定。检泵时不需要起出油管,而是通过抽油杆柱把内工作筒拔出。另外还有定筒式底部固定杆式泵(其固定点在泵筒的底部)和动筒式底部固定杆式泵(将活塞固定在底部,由抽油杆柱带动泵筒上下往复运动抽油)。

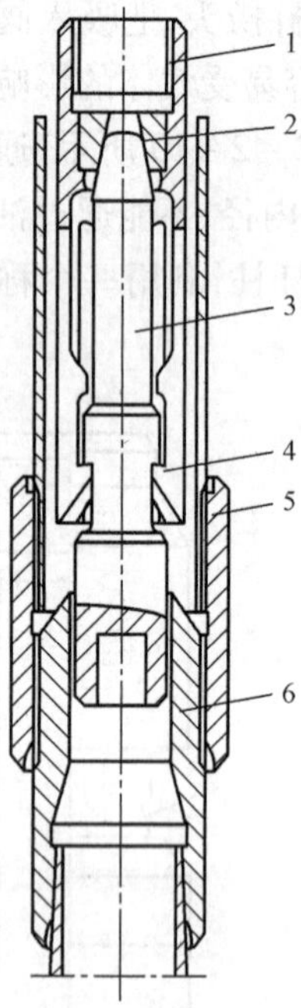

图 2-2-11　爪式脱接器

1—脱接器主体；2—阀座；3—脱接器芯子；
4—卡簧爪；5—接箍；6—释放接头

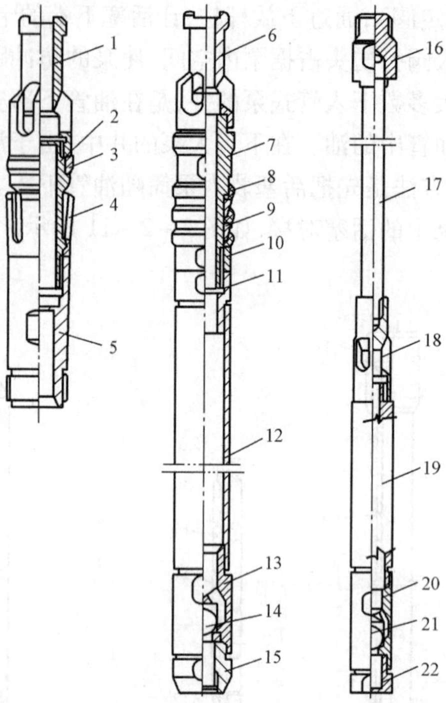

图 2-2-12　定筒式顶部固定杆式泵结构图

1—导向套；2—机械式支撑芯轴；3—支撑环；4—卡簧套；
5—机械式支撑接头；6—导向套；7—皮碗芯轴；8—密封皮碗；
9—皮碗支座；10—皮碗压帽；11—皮碗式支撑接头；12—泵筒；
13—固定阀罩；14—固定阀；15—压紧接头；16—异径接头；
17—阀杆；18—出油接头；19—柱塞；20—游动阀罩；
21—游动阀；22—压帽

杆式泵的特点是检泵时不需要起下油管，检泵方便，但结构复杂，制造成本高，在相同的油管直径下允许下入的泵径较管式泵的要小，因而杆式泵适用于下泵深度大、产量较小的油井。

目前油田使用的常规抽油泵存在的缺点是金属活塞和衬套的加工要求高，制造不方便，且易磨损。为了便于加工和保证质量，将衬套分段加工（每段长 300cm 或 150cm），然后组装在泵筒内，但使用时易发生衬套错位造成卡泵。整筒泵的使用解决了这一问题，整筒泵没有衬套，用软柱塞和泵筒直接配合。

（二）泵的工作原理

在泵的工作过程中，活塞是主动件，作用是通过改变泵内容积来改变泵内的压力。泵阀是从动件，仅当满足阀球下方压力大于其上方压力时阀打开，让液体通过阀座孔向上流，否则阀关闭阻止液体向下流。具体抽汲过程由上冲程和下冲程组成。

1. 上冲程

抽油杆柱带着活塞向上运动，如图 2-2-13(a) 所示，活塞上的游动阀受阀球自重和管内压力作用而关闭。泵内（活塞下方）由于容积增大而压力降低，固定阀在环形空间液柱压力（沉没压力）与泵内压力之差的作用下被打开。井中原油进泵，同时在井口排出液体。

2. 下冲程

抽油杆柱带着活塞向下运动，如图2-2-13(b)所示，固定阀关闭，活塞挤压泵中液体使泵内压力升高到高于活塞上方压力时，游动阀被顶开，泵中液体排到活塞上方的油管中去。同时由于光杆进入井筒，在井口挤出相当于光杆体积的液体。

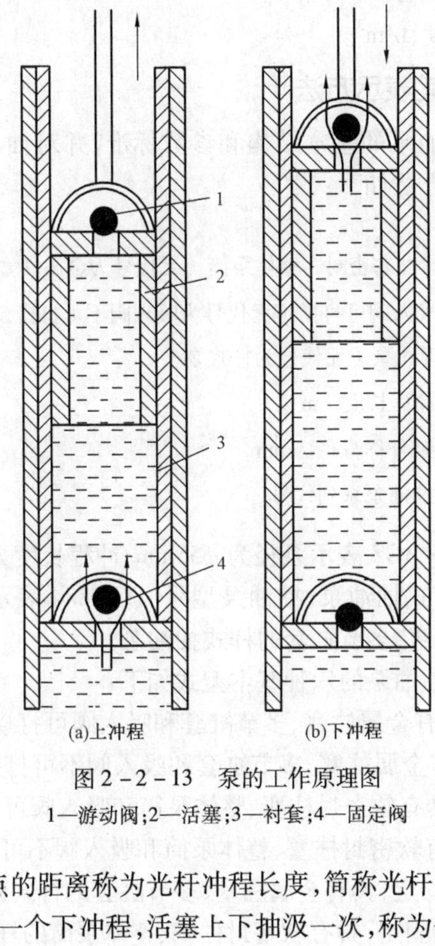

(a)上冲程　　(b)下冲程

图2-2-13　泵的工作原理图

1—游动阀；2—活塞；3—衬套；4—固定阀

动图2-2-2
泵的工作原理

光杆从上死点到下死点的距离称为光杆冲程长度，简称光杆冲程或悬点冲程，曲柄转一周中，悬点完成一个上冲程和一个下冲程，活塞上下抽汲一次，称为一个冲次，每分钟的冲次数称为冲数或冲速。

假设活塞冲程等于光杆冲程，上冲程吸入泵内的全是液体，并且其体积等于活塞让出容积，而这些液体全部都能排到地面没有漏失，在这种理想条件下，活塞上下一次，向上抽汲的液体体积为

$$V = f_P s \tag{2-2-1a}$$

其中

$$f_P = \pi D^2/4$$

式中　f_P——活塞截面积，m^2；

D——泵径，m；

s——光杆冲程，m。

每分钟排量为

$$V_m = f_P s n \tag{2-2-1b}$$

式中　n——冲数，r/min。

每日体积排量为　$$Q_t = 1440 f_P sn \tag{2-2-2a}$$

每日质量排量为　$$Q_m = 1440 f_P sn \rho_L \tag{2-2-2b}$$

式中　Q_t——泵的体积理论排量，m^3/d；

Q_m——泵的质量理论排量，t/d；

ρ_L——抽汲液体的密度，t/m^3。

（三）泵的结构型式及其表示方法

我国已制定出新系列抽油泵的基本结构和参数标准，并对抽油泵的型号做了统一规定。标准规定的抽油泵型号表示方法如下：

CYB□/□　G　L　Z

- Z——软柱塞密封，整体泵筒（无代号为金属柱塞，多节缸套）
- L——吸入阀可打捞（无代号为吸入阀不可打捞，带泄油器）
- G——管式泵（无代号为杆式泵）
- □（第二个）——冲程长度，m
- □（第一个）——泵公称直径，mm
- CYB——抽油泵系列代号

例如，抽油泵型号 CYB55/3GZ 表示泵径为 ϕ55mm、冲程长度为 3m、整体泵筒、软柱塞、吸入阀不可打捞、带泄油器的管式抽油泵；抽油泵型号 CYB38/4 表示泵径为 ϕ38mm、冲程长度为 4m、顶部固定、具有金属柱塞、多节缸套的杆式抽油泵。

国家标准规定的新系列抽油泵的六种基本型式如下：

（1）CYB□/□GL——具有金属柱塞、多节缸套和吸入阀可打捞的管式泵。

（2）CYB□/□G——具有金属柱塞、多节缸套和吸入阀不可打捞、带泄油器的管式泵。

（3）CYB□/□GLZ——具有软密封柱塞、整体泵筒和吸入阀可打捞的管式泵。

（4）CYBD/□GZ——具有软密封柱塞、整体泵筒和吸入阀不可打捞、带泄油器的管式泵。

（5）CYB□/□——顶部固定，具有金属柱塞、多节缸套的杆式泵。

（6）CYB□/□Z——顶部固定，具有软塞封柱塞、整体泵筒的杆式泵。

三、抽油杆

在抽油装置中，抽油杆柱是中间部分，起连接抽油机与抽油泵，并把抽油机的动力传递给抽油泵柱塞的作用。根据化学成分，抽油杆可分为碳钢抽油杆、合金钢抽油杆及玻璃钢抽油杆等类型。合金钢抽油杆在强度和抗腐蚀性能方面都优于碳钢抽油杆，而玻璃钢抽油杆在抗腐蚀性能方面优于钢制抽油杆。根据抽油杆柱所起作用的不同，抽油杆又可分为光杆、普通抽油杆和加重杆。

（一）光杆

光杆是抽油杆柱中最上端的一根抽油杆，其表面光滑，通过井口密封填料，上端通过悬绳器和绳辫子与抽油机驴头相连。光杆因承受载荷最大，承受应力集中，所以光杆用高强度的 50～55#优质碳素钢制成。

(二)普通抽油杆

普通抽油杆主要有钢制实心抽油杆、玻璃纤维(或称玻璃钢)抽油杆、空心抽油杆和连续抽油杆几种类型。国产抽油杆有两种,一种是碳钢抽油杆,另一种是合金钢抽油杆。碳钢抽油杆一般用 40# 优质碳素钢制成;合金钢抽油杆一般用 20# 铬钼钢或 15# 镍钼钢制成。钢制抽油杆结构简单,容易制造,成本低,是常规有杆泵抽油系统常用的类型。抽油杆结构如图 2-2-14 所示,为两头带接箍的钢圆柱体,常用的抽油杆直径有四种,单位为毫米(mm)或英寸(in),分别为 ϕ16mm(5/8in)、ϕ19mm(3/4in)、ϕ22mm(7/8in)、ϕ25mm(1in),常规抽油杆基本技术参数见表 2-2-1。

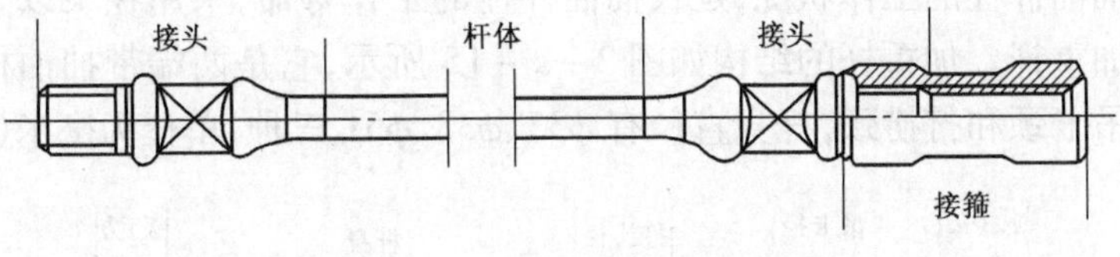

图 2-2-14　抽油杆结构示意图

表 2-2-1　常规抽油杆基本技术参数

公称直径,mm(in)			16(5/8)	19(3/4)	22(7/8)	25(1)
抽油杆	截面积,cm^2		2.01	2.84	3.80	4.91
	长度,mm		8000	8000	8000	8000
	质量(不带接箍),kg		12.93	18.29	24.50	31.65
	质量(带接箍),kg/m		1.665	2.350	3.136	4.091
	螺纹	长度,mm	29	35	35	45
		每寸螺纹数	10	10	10	10
	方形段 mm	方形边长	22	27	27	32
		长度	38	38	38	38
	加大过渡部分长,mm		22	22	22	22
接箍	外径,mm		38±0.4	42±0.4	46±0.4	55±0.4
	长度,mm		80±1	80±1	80±1	100±1
	质量,kg/个		0.44	0.53	0.62	1.12

在我国,抽油杆已经标准化,标准规定的抽油杆型号表示方法为:

CYG □/□ □

- □ 材料强度代号,B为合金钢,调质处理;C为碳素钢,正火处理
- □ 短抽油杆长度,mm
- □ 抽油杆杆体直径,mm
- CYG 抽油杆代号

在抽油杆型号中若未注长度,则表明抽油杆是长度为 8000mm 的标准抽油杆。例如,CYG22B 表示直径 22mm、长度 8000mm、用 20CrMo 合金钢制造、经调质处理的标准抽油杆;CYG25/1 500C 表示直径 25mm、长度 1500mm、用 45 碳素钢制造、经正火处理的短抽油杆。

玻璃钢抽油杆主要特点是耐腐蚀，重量轻，适用于含腐蚀性介质严重的抽油井和深井抽油，成本高，且抗弯、抗压性能差，可以降低抽油井悬点载荷，减小能耗，增加抽油泵下泵深度，如果在抽油井参数与井下杆柱等相互配合下可实现抽油泵柱塞抽吸超行程而提高泵效。空心抽油杆用空心圆钢管制成，两端有连接螺纹，主要用于稠油井抽油，成本高。此外还有连续抽油杆、钢丝绳抽油杆等新产品。

(三)加重杆

抽油杆柱在向下运动时，由于原油通过游动阀阻力作用向上顶托活塞，使与泵连接处的几根抽油杆受到压缩力作用常会发生弯曲，而长时间的弯曲拉直运动会加速这部分抽油杆的疲劳破坏，为改善抽油杆柱的工作状况，延长抽油杆柱的工作寿命，采用在泵以上几十米的杆柱直径加粗，称为加重杆。加重杆的结构如图 2-2-15 所示，它是两端带抽油杆螺纹的实心圆钢杆，一端车有吊卡颈和打捞颈，杆身直径有 $\phi35$、$\phi38$、$\phi51$ 三种，单位为毫米(mm)。

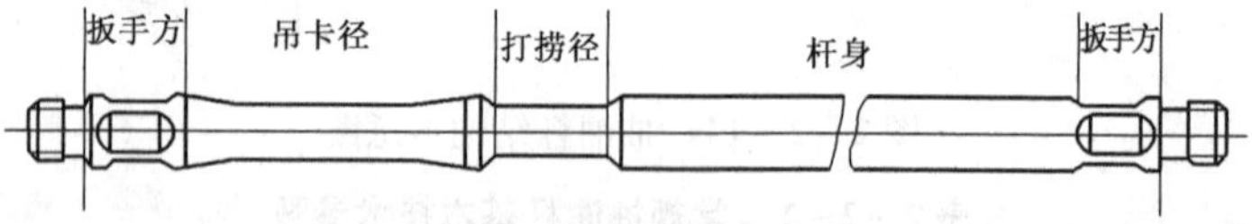

图 2-2-15　加重杆

(四)悬绳器

悬绳器是连接光杆与绳辫子的工具，由上下两块扼板组成，光杆穿过下扼板(或下扳)，由楔形卡瓦固定在上扼板(或上扳)上，两股钢丝绳穿过上扼板，由楔形卡瓦固定在下扼板上。悬绳器在抽油机工作时，承担整个工作载荷，在测示功图时安装测试传感器。悬绳器的结构如图 2-2-16 所示。

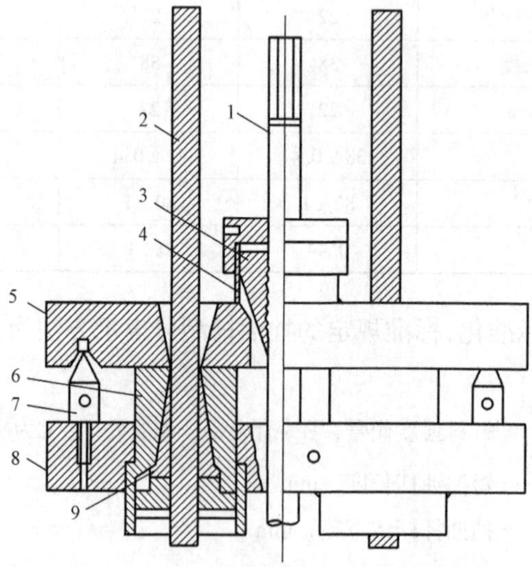

图 2-2-16　悬绳器结构示意图

1—光杆；2—钢丝绳；3，9—楔形卡；4—夹紧套；5—上扳；6—锥形座；7—千斤螺栓；8—下扳

四、井口装置

抽油井井口装置由套管四通、油管三通（或四通）和光杆密封器组成，如图 2－2－17 所示。光杆密封器也称为密封盒，主要由上部的密封盒和下部的胶皮阀门组成。正常抽油时，胶皮阀门打开，上部密封盒里的胶皮密封圈包住光杆，起密封井口和防喷的作用。当更换上部密封盒时，关闭下部的胶皮阀门，起临时密封井口的作用。光杆密封装置如图 2－2－18 所示。在信息化井场，井口装置上安装数据据远传仪表，如图 2－2－19 所示。

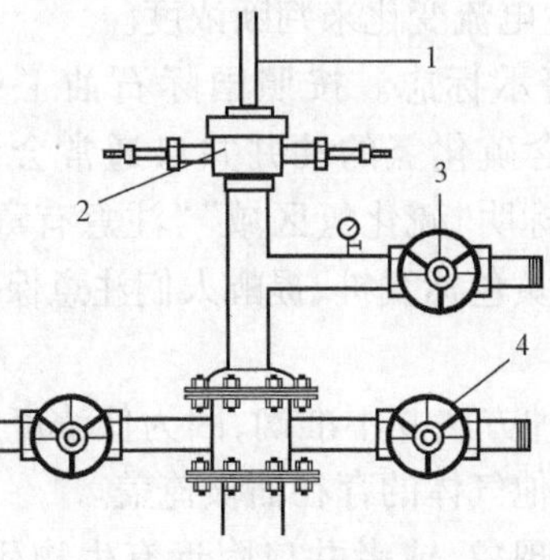

图 2－2－17　抽油井口装置示意图

1—光杆；2—光杆密封器；3—生产阀门；4—套管阀门

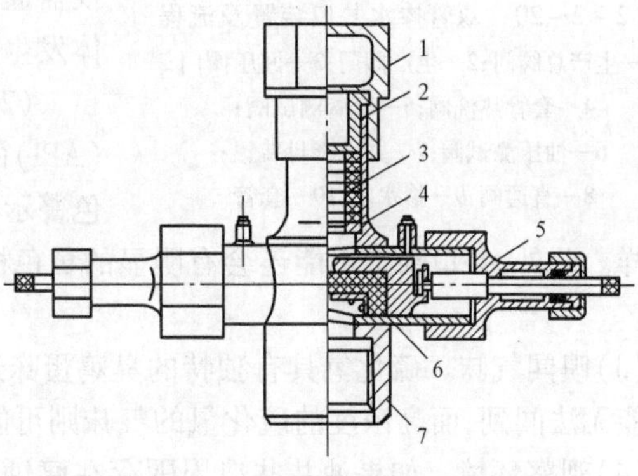

图 2－2－18　光杆密封装置结构示意图

1—密封盒压帽；2—密封圈压盖；3—胶皮密封圈；4—垫圈；5—胶皮阀门；6—密封胶皮；7—主体

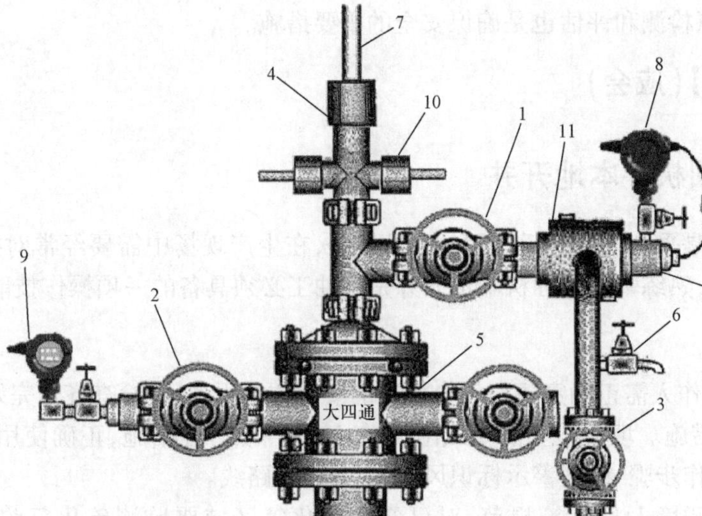

图 2－2－19　抽油井口装置示意图（信息化）

1—生产阀门；2—套管阀门；3—回压阀门；4—密封盒；5—套管大四通；6—取样阀门；7—光杆；8—无线一体化温压变送器；9—无线套压变送器；10—胶皮阀门；11—油嘴套；12—温压专用丝堵

对于开采稠油的井和位于寒冷地区油田的油井需要在井口掺热水加温输送地面原油，所用双管掺水井口装置与地面流程如图 2－2－20 所示。此时，井口装置中油管是四通。

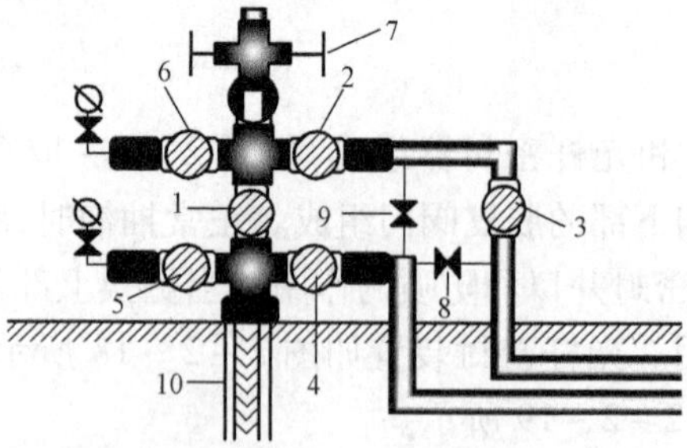

图2-2-20　双管掺水井口装置及流程

1—生产总阀门;2—生产阀门;3—回压阀门;
4—套管热洗阀;5—套管测试阀;
6—油压测试阀;7—井口密封装置;
8—直通阀;9—掺水阀;10—套管

五、井口 H_2S 识别

油井井口硫化氢识别是非常重要的安全步骤,因为硫化氢是一种有毒气体,会对人体健康造成严重危害。可用以下方法进行识别。

(1)使用硫化氢检测仪器。专业的硫化氢检测仪器可以准确地测量出空气中硫化氢的浓度。这些仪器通常基于电化学原理,通过探测器与硫化氢气体发生反应产生电流变化来判断浓度。

(2)观察警示标志。按照国际石油工业协会(API)的标准,含硫化氢的油井井口通常会设置黄色警示标志牌,标明"硫化氢区域""注意有毒气体"等字样。此外,井口附近可能还会有明显的黄色标识线或黄色标线桩,提醒人们注意保持安全距离。

(3)嗅闻气味。硫化氢具有独特的臭鸡蛋味道,但这种方法并不准确,因为低浓度的硫化氢可能无法闻到,而高浓度的硫化氢的气味则可能因为其他气体的存在而被掩盖。

(4)观察环境。如果油井井口周围存在腐蚀、生锈等现象,或者井口附近有生物死亡、植被枯黄等情况,这些都可能是硫化氢存在的迹象。

需要注意的是,识别油井井口硫化氢的方法并不完全可靠,因此在进入可能存在硫化氢的区域之前,务必佩戴好个人防护装备,如防毒面具、防护服等,并遵循相关的安全操作规程。同时,定期进行硫化氢检测和评估也是确保安全的重要措施。

【技能操作】(应会)

操作一:抽油机井本地开井

游梁式抽油机是采油现场广泛应用的石油设备,在生产现场中需要经常对抽油机进行本地开井操作。因此,熟练掌握抽油机本地开井是采油工必须具备的一项操作技能。

一、准备工作

(1)监护人、操作人需正确穿戴好符合标准的安全防护用品,并检查齐全完好。

(2)工程技术措施。填写作业活动风险清单,熟知各项管控措施,正确使用 H_2S 检测仪,熟悉操作内容和操作步骤,识别警示标识风向,明确逃生路线。

(3)熟知 H_2S 环境人身防护规范,对已知含硫化氢区域要监测硫化氢浓度,明确监护措施。

(4)主要风险识别。穿戴好劳保用品后进行主要风险识别,物体打击、机械伤害、触电、中毒等风险。

(5)上报安全生产指挥中心开井井号、开机原因、预计操作耗时等信息。

(6)准备好合适的工具、用具。600mm 管钳 1 把、375mm 活动扳手 1 把、验电器 1 支、绝缘手套 1 副、润滑脂、纱布。已知含 H_2S 井配套便携式 H_2S 检测仪、正压式空气呼吸器。

(7)开机前准备。新投产井的管线,应按设计要求施压。检查管线无堵塞。长期停产井须盘动皮带轮，检查无卡、阻现象。对稠油井、长期停产井要预先洗井。油井如有水套炉，应提前2~4小时加足水，点火加温。对无法加温的油井，应提前用热水预热管线。

二、操作步骤

(1)现场检查。确认操作井号、安全警示标识、检查工作环境。

(2)开井前检查。检查井口设备齐全完好。检查地面设施齐全完好。检查安全防护栏、防护罩齐全完好。检查工艺流程齐全完好。检查信息化仪表齐全完好，灵活好用。检查方卡子紧固。检查载荷传感器安装正确。检查密封盒内有盘根且松紧合适。检查光杆密封器两翼胶皮阀门处于开启位置。检查毛辫子长度合适，无打扭断股。检查刹车配件齐全，灵活好用，刹车组块在其行程范围的1/2~2/3之间。检查减速箱内润滑油油质合格，油量在上下观察孔之间。检查曲柄、游梁、支架等轴承部件润滑脂足够无变质。检查抽油机各部件的固定螺栓，轴承螺栓、驴头销子螺栓、曲柄差动螺栓、平衡块螺栓、曲柄销子螺栓无松动。检查角位仪牢固可靠。检查传动皮带无缺损、无油污，检查传动皮带松紧合适，检查皮带达到"四点一线"。检查电器接线牢固，安装牢靠。检查指示灯良好，检查电器设备接地、接零、跨接线良好，检查防雨措施到位。检查曲柄轴、减速箱及电动机皮带轮、刹车轮的键无缺损。检查抽油机压杠齐全，紧固，螺栓无松动。

(3)倒流程。

① 打开计量站门窗，通风换气，确保安全通道畅通。

② 侧身打开计量站下流阀门，将流程倒为单井正常生产状态。

③ 检查输油管线无渗漏。取样阀门处于关闭状态。侧身缓慢稍开回压阀门。检查无渗漏，全部打开。观察并记录回压值、套压值、温度值。

④ 侧身缓慢打开生产阀门。

⑤ 将密封盒压盖松半扣，上报安全生产指挥中心准备开井。

(4)开抽。

① 检查抽油机周围无障碍物。松开刹车保护装置。摘下安全警示牌，缓松刹车，控制曲柄转速。

② 验电器验电，确认电控柜外壳无电。

③ 戴绝缘手套，打开电柜门，侧身合闸，确认"远程/本地"旋钮处于至"本地"状态，侧身按"启动"按钮，利用惯性启动抽油机，将"远程/本地"旋钮切换至"远程"位置，关好电控柜门。

(5)开抽后检查。检查时必须站在防护栏外安全区域。

听：抽油机各部运行声音正常，各连接部位无异。

看：抽油机各连接部件固定螺栓无松动、脱出、滑动。减速箱无渗漏，压力、温度显示正常，各信息化仪表通信正常。方卡子无松脱，悬绳器钢丝绳无打扭，井口无渗漏。

摸：用手试井口温度，检查油井出油正常。检查光杆上下死点无挂碰现象。光杆上行时试光杆温度，光杆下行时涂抹润滑脂。

闻：在下风口处闻电控部分、电动机无异味。

(6)上报安全生产指挥中心操作完毕。核实数据采集正常。

(7)清理现场。收拾擦拭工具、用具，清理施工现场。

三、技术要求及安全注意事项

(1)严格落实安全防护措施。

(2)预防有毒有害气体中毒。

(3)高空作业时需按要求佩戴安全带。

(4)操作过程中防止高空坠物与机械伤害。

(5)有加热设备和掺水的油井控制好温度和掺水。

本操作说明视频观看方法:关注微信公众号"中国石化胜利油田"→屏幕底部"胜利新闻"→菜单"标准化",观看系列视频 14[注采输设备操作篇(二)]中第 12 项操作。

操作二:抽油机井本地关井

游梁式抽油机是采油现场广泛应用的石油设备,在生产现场中需要经常对抽油机进行本地关井操作。因此,熟练掌握抽油机本地关井是采油工必须具备的一项操作技能。

一、准备工作

(1)监护人、操作人需正确穿戴好符合标准的安全防护用品,并检查齐全完好。

(2)工程技术措施。填写作业活动风险清单,熟知各项管控措施,正确使用 H_2S 检测仪,熟悉操作内容和操作步骤,识别警示标识风向,明确逃生路线。

(3)熟知 H_2S 环境人身防护规范,对已知含硫化氢区域要监测硫化氢浓度,明确监护措施。

(4)主要风险识别。穿戴好劳保用品后进行主要风险识别,物体打击、机械伤害、触电、中毒等风险。

(5)上报安全生产指挥中心停井井号、停机原因、预计操作耗时等信息。

(6)准备好合适的工具、用具。600mm 管钳 1 把、375mm 活动扳手 1 把、验电器 1 支、绝缘手套 1 副、安全警示牌、细纱布。已知含 H_2S 井配套便携式 H_2S 检测仪、正压式空气呼吸器。

(7)关井前准备。录取各项资料。检查抽油机运转情况,根据井况明确停机位置检查生产流程状态。对结蜡较严重的井提前热洗一次。

二、操作步骤

(1)现场检查。确认操作井号,安全警示标志,检查工作环境。

(2)停抽。

① 验电器验电,确认电控柜外壳无电,

② 戴绝缘手套打开电控柜门,将"远程/本地"旋钮处于至"本地"状态,侧身按"停止"按钮,刹紧刹车,根据井况将抽油机停在合适位置,戴绝缘手套侧身拉闸断电,关好电控柜门。

③ 检查刹车,锁块落槽,并在其行程的 1/2~2/3 之间,检查刹车各部件连接完好,刹车紧固,悬挂安全警示牌,锁紧刹车保护装置。

④ 侧身关闭生产阀门。

⑤ 上报安全生产指挥中心操作完毕,核实数据采集正常。

(3)清理现场。收拾擦拭工具用具、清理施工现场。

(4)特殊情况:

① 关井、测压等需要处理的井,悬挂指示牌。

② 关井时间超过一天,要把计量站进干线阀门关闭。

三、技术要求及安全注意事项

(1)严格落实安全防护措施。

(2)预防有毒有害气体中毒。

(3)正常生产井将驴头停在上冲程1/3~1/2之间。

(4)出砂井将驴头停在上死点。

(5)气量大、油稠、结蜡井将驴头停在下死点。

(6)长期关井须对设备进行维护保养并对单井管线进行扫线处理。

(7)有加热设备和掺水的油井控制好温度和掺水量。

本操作说明视频观看方法:关注微信公众号"中国石化胜利油田"→屏幕底部"胜利新闻"→菜单"标准化",观看系列视频14[注采输设备操作篇(二)]中第13项操作。

操作三:抽油机井巡回检查

抽油设备长期处于野外环境条件下工作,由于受到外部条件和油井生产条件变化以及抽油设备在运转过程中震动、摩擦等因素的影响,造成组成部件的老化、腐蚀、松动、脱落、损坏等现象的发生,影响抽油设备的正常运行,甚至导致严重的机械或躺井事故。为此,油井管理者必须按规定进行抽油机井的巡回检查。巡回检查必须按各检查点逐项检查,现以一般的常规检查作介绍。

一、准备工作

(1)正确穿戴好劳保用品。符合标准的安全防护用品并检查齐全完好。

(2)准备工具、用具。600mm管钳、300mm活动扳手各1把,绝缘手套1双,试电笔1支,数字式钳型电流表1块,细纱布若干,记录笔、记录纸。

二、操作步骤

(1)井场检查。井场无油污、无杂草、无明火、无散失器材;必须有醒目的井号标志和安全警示标志。

(2)抽油机检查。变压器内变压器油数量适当,变压器接地良好等,电机风罩、风叶完好,接线盒完好,接地良好,顶丝及紧固螺钉紧固可靠,电动机温度正常,运转声音正常,外壳无电。刹车装置无自锁现象,刹车片完好。皮带完好、齐全、松紧合适 。减速箱各轴承,抽油机中轴承、尾轴承,曲柄销子轴承运转正常,无缺油现象,各部螺栓紧固无松动现象,特别是曲柄销子冕型螺母无松动,运转时无异常声响。驴头悬挂器完好,固定销子紧固无松动,悬绳器完好,两股毛辫子长短一致,无打扭或起刺。光杆无弯曲、无毛刺,光杆方卡子紧固,光杆外露0.8~1.5m,杆帽安装良好。

(3)井口装置检查。密封盒完好,松紧适度,无渗无漏。各阀门齐全好用,无渗漏,规范。回压、套压正常,油井生产正常。使用水套炉加热的井,检查水位、温度、循环方式等均正常,掺水井掺水量、掺水方式等符合要求。

(4)检查计量站、管路。计量站设施齐全,流程正确,无渗漏,管路无穿孔、渗漏,阀组流程正确,无渗漏。

(5)清理现场。收拾擦拭工具用具、并摆放整齐。

三、技术要求及安全注意事项

(1)抽油机凡属加注润滑油的各个润滑部位和润滑点,不允许有缺油现象。

(2)检查时,应远离曲柄旋转范围;注意悬绳器行程,以免碰伤。

(3)检查时可用听、看、摸、闻的方法进行综合判断;对设备运转、油井变化等要查清;发现问题及时处理,无法处理的及时汇报。

(4)在现场操作必须有监护人,抽油机上进行的任何操作都必须在停机刹车的状态下进行。

操作四:启停皮带式抽油机

皮带式抽油机是一种低冲次、长冲程的抽油设备,是一种节能型无游梁式抽油机。因此,该机的启、停操作,是油井管理者必须掌握的一项操作技能。

一、准备工作

(1)正确穿戴好劳保用品。符合标准的安全防护用品并检查齐全完好。

(2)准备工具用具。需要准备的工具用具有:600mm 管钳、375mm 活动扳手各 1 把,电工工具 1 套,试电笔 1 支,数字式钳型电流表 1 块,绝缘手套 1 双,细纱布若干,班报表、记录笔。

二、操作步骤

(1)检查。检查油井流程各阀门开关正确,出油管线畅通。清除抽油机周围的所有障碍物。检查并确认所有安全罩、挡板、电动机固定螺栓齐全、紧固。电动机皮带松紧合适,护罩安装可靠。减速器和链条箱中油面适当、油质合格。

(2)启抽。松开手刹车,用试电笔检测电控柜,确认安全打开电控柜门,侧身合闸送电,按绿色启动按钮开抽。记录开抽时间,关电控柜门。

(3)检查。

听:抽油机各部件运行声音是否正常。

看:井口流程中各阀门、连接处是否有渗漏,油井出液情况是否正常,抽油机各连接或固定部件是否松动、皮带是否平整、光杆外露不能超过 0.5m 且无毛刺、悬绳器卡子是否松脱、密封盒松紧是否合适。

摸:用手背触摸光杆表面温度是否正常。

测:用钳型电流表测三相线电流是否正常,计算平衡率,要求皮带抽油机平衡率必须在 95% 以上。

闻:电器部分、电动机有无异常的气味。

(4)停抽。用试电笔检测电控柜外壳,确认安全打开电控柜门,按红色停止按钮停抽。根据油井情况,让悬绳器停在适当位置。将刹车手柄压下,刹紧刹车,侧身切断电源,记录停抽时间,关电控柜门。

(5)倒流程。关闭生产阀门。

(6)清理现场。收拾擦拭工具用具并摆放整齐。

(7)填写班报表。将有关数据填入班报表。

三、技术要求及安全注意事项

(1)对于出砂井,悬绳器停在接近上死点处;对于气油比高、结蜡严重或稠油井,悬绳器停在下死点;对于一般井,悬绳器停在上冲程的1/3~1/2处,便于开抽。冬季长时间停抽要求用压风机对管线进行扫线。

(2)在现场操作必须有监护人,抽油机上进行任何操作都必须在停机刹车的状态下进行。

(3)掺水井控制掺水量,使用加热装置的井应在操作前后适当调整温度。

操作五:油井取样分析

油井井口取样可以获得油井产出液的物性参数,为油井生产动态分析改进油井管理措施提供依据,熟练掌握油井取样分析,是采油工具备的一项操作技能。

一、准备工作

(1)正确穿戴好劳保用品。符合标准的安全防护用品并检查齐全完好。

(2)准备工具用具。需要准备的工具用具有:200mm活动扳手、样桶、排污放空桶、细纱布若干、记录笔、取样标签、便携式硫化氢检测仪、正压式空气呼吸器。

二、操作步骤

(1)取样前检查。检查取样桶桶内和桶盖清洁干燥不会污染试样,确定其能承受可能发生的震荡和挤压,无砂眼、桶与桶盖配合严密。核实井号,检查井况正常。

(2)放空。站在上风处,侧身缓慢打开取样阀门,将取样器中的“老化介质”排放干净后取样。

(3)取样。抽油机上冲程时,侧身缓慢打开取样阀门,在液体不溅出桶外的前提下,尽量开大取样阀门,分三个冲程三次取完,操作完后关闭取样阀门,将样桶盖盖严,依据化验项目不同及所取样含水不同,在满足化验项目要求的前提下,参考表2-2-2中取样量。

表2-2-2 取样量参考值

含水率,%	样桶型号	取样量
≤95	1000mL	样桶的1/2~2/3
>95	2000mL	样桶的1/2~2/3
空心杆掺水和水力活塞泵井采用3000mL以上样桶取样		

(4)清理施工现场。擦净取样弯头及取样边缘处污油,将污物倒入指定地点,收拾擦拭工具、用具,清理施工现场。

(5)填写并贴标签。填写项目包括化验项目、取样地点及井号、取样层位与井段、取样日期、取样人。

(6)送至化验室。将油样送至化验室。

三、技术要求及安全注意事项

(1)严格落实安全防护措施。

(2)预防有毒有害气体中毒。

(3)按照环保要求,不能对地放空排油。

(4)样桶一定要清洁、无渗漏,并符合取样要求。

(5)取样前拿下样桶盖,放置时要使开口向上,防止弄脏。

(6)取完样后要盖好样桶盖;样桶提放要平稳,防止液体溅出;不准将样桶放在温度过高的地方，防止轻质组分蒸发。

(7)掺水油井视生产情况提前关闭掺水流程，稳定后方可以取样。

本操作说明视频观看方法：关注微信公众号“中国石化胜利油田”→屏幕底部“胜利新闻”→菜单“标准化”，观看系列视频3[采油操作篇(三)]中第24项操作。

【技能操作】(观摩)

操作一：更换回压阀门上法兰垫片

操作二：更换井口取样阀门

操作三：更换井口温压一体变送器

操作四：更换井口温压一体变送器电池

操作五：更换无线压力变送器

操作六：正压式呼吸器使用

以上操作说明视频观看方法：关注微信公众号“中国石化胜利油田”→屏幕底部“胜利新闻”→菜单“标准化”，观看系列视频1[采油操作篇(一)]中第1、2、3、4、5、7项操作。

操作七：更换井口回压阀门

操作八：H_2S环境检测

以上操作说明视频观看方法：关注微信公众号“中国石化胜利油田”→屏幕底部“胜利新闻”→菜单“标准化”，观看系列视频2[采油操作篇(二)]中第16、19项操作。

项目二　抽油机运转分析

抽油机是抽油装置的地面部分，通过中间部分抽油杆柱为井下部分抽油泵传递能量，实现抽汲的目的。抽油机能否正常运转对于油井抽油非常重要，需要从理论层面和外观体现两个方面去分析和采取措施。

【知识目标】

(1)掌握抽油机工作原理；

(2)掌握抽油机悬点载荷组成；

(3)掌握抽油机维护保养内容；

(4)掌握抽油机“五率”调整中平衡率调整的内容。

【技能目标】

(1)能定性分析悬点载荷；

(2)能完成抽油机保养操作；

(3)能判断并调整抽油机平衡；

(4)能维护抽油机刹车装置正常工作。

【所需知识】

一、抽油机工作原理

抽油机工作时，电动机将高速旋转运动传递给减速箱的输入轴，经过减速箱两级减速后，通过输出轴将低速旋转运动传递给曲柄，曲柄通过连杆经横梁带动游梁做上下往复摆动。游梁前端装有驴头，驴头通过悬绳器连接抽油杆柱，抽油杆柱末端为抽油泵柱塞。在驴头的带动下，柱塞在泵筒内做上下往复直线运动，将井液抽汲出井筒。

二、抽油机悬点载荷

悬点所承受的载荷是选择抽油设备和分析设备工作状况的重要依据。因此必须了解影响载荷的因素及载荷的计算方法。

（一）静载荷

所谓静载荷一般是指不随悬点位移变化的载荷，包括杆柱载荷和液柱载荷。

1. 抽油杆柱载荷

上冲程，悬点承受着整个抽油杆柱的重力为

$$W_r = f_r L \rho_s g \tag{2-2-3}$$

式中 W_r——抽油杆柱的重力，N；

f_r——抽油杆的截面积，m^2；

L——抽油杆柱的长度，m；

ρ_s——抽油杆材料（钢）的密度，取 $7850kg/m^3$。

用式（2-2-3）计算出来的结果要小于抽油杆柱实际的重力，这是由于抽油杆有接箍，接箍处的截面积要比f_r大。在现场实际计算中常使用下面的公式：

$$W_r = q_r L g \text{ 或 } W_r = (q_{r1} L_1 + q_{r2} L_2 + \cdots) g \tag{2-2-4}$$

式中 q_r——每米抽油杆的平均质量（可查表 2-2-1），kg/m；

q_{r1}，q_{r2}——用多级组合杆柱时各级抽油杆柱的每米平均质量，kg/m；

L_1，L_2——用多级组合杆柱时各级抽油杆柱的长度，m。

可通过称取若干根抽油杆的质量，再除以其长度得到 q_r，所以 q_r考虑了接箍的影响。

下冲程，由于游动阀打开后作用在油管上的液体，对抽油杆柱产生浮力作用，则作用在悬点上的杆柱载荷等于抽油杆柱的重力减去杆柱受到的浮力，即

$$W_r' = f_r L(\rho_s - \rho_L) g \text{ 或 } W_r' = q_r L g \frac{\rho_s - \rho_L}{\rho_s} \tag{2-2-5}$$

式中 W_r'——抽油杆柱在液体中的重力，N；

ρ_L——抽汲液体的密度，kg/m^3。

当原油含水时，可用下式近似计算 ρ_L：

$$\rho_L = \rho_o (1 - f_w) + \rho_w f_w \tag{2-2-6}$$

式中　ρ_o——原油密度,kg/m^3;

ρ_w——水的密度,kg/m^3;

f_w——原油含水率。

令 $b=\dfrac{\rho_s-\rho_L}{\rho_s}$,称为抽油杆的失重系数,则抽油杆柱在液体中的重力可表达为

$$W_r' = W_r b = q_r L g b \tag{2-2-7}$$

2. 液柱载荷

上冲程,游动阀关闭,活塞带着液柱向上移动,在悬点上产生的液柱载荷为

$$W_L = (f_p - f_r) L \rho_L g \tag{2-2-8}$$

式中　W_L—— 液柱载荷,N。

3. 上、下冲程中在杆柱和管柱之间相互转移的载荷

由以上分析可知,悬点上冲程承受的静载荷为 W_r+W_L,而下冲程液柱载荷从抽油杆柱上转移到油管柱上,悬点只承受抽油杆柱在液体中的重力 W_r',上、下冲程在杆、管之间相互转移的载荷为上、下冲程悬点承受的静载荷之差,即

$$W_r + W_L - W_r' = f_r L \rho_s g + (f_p - f_r) L \rho_L g - f_r L(\rho_s - \rho_L) g = f_p L \rho_L g$$

令 $W_L'=f_p L \rho_L g$,简称为转移载荷。由以上推导可知,上冲程的静载荷为

$$W_r + W_L = W_r' + W_L' \tag{2-2-9}$$

如果忽略杆柱和管柱弹性伸缩的影响,上、下冲程静载荷随悬点位移的变化曲线如图 2-2-21 所示。

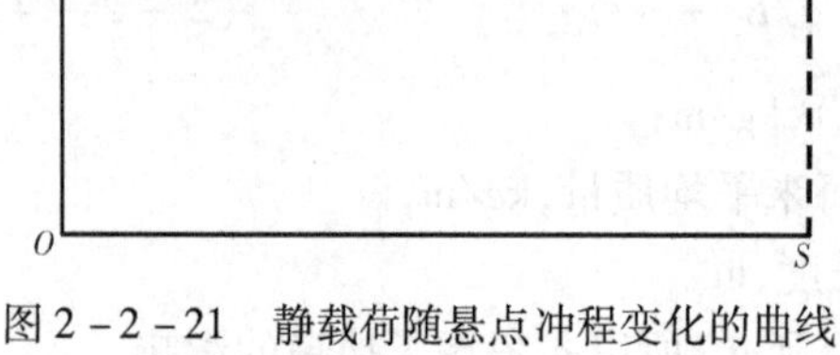

图 2-2-21　静载荷随悬点冲程变化的曲线

4. 其他静载荷

1)沉没压力对悬点载荷的影响

泵的吸入口沉没在液面以下一定深度,该处的压力称为沉没压力。上冲程中,在沉没压力作用下,井内液体克服泵的入口设备的阻力进入泵内,此时液流具有的压力称为吸入压力。此压力作用在活塞底部而产生向上的载荷为

$$F_i = p_n f_p = (p_s - \Delta p_i) f_p \tag{2-2-10}$$

式中　F_i—— 吸入压力 p_n 作用在活塞上产生的载荷,N;

p_n—— 吸入压力,Pa;

f_p——活塞截面积,m^2;

p_s—— 沉没压力,Pa。

Δp_i—— 液流通过泵的入口设备产生的压力降,Pa。

下冲程中,吸入阀关闭,沉没压力对悬点载荷没有影响。

2)井口回压对悬点载荷的影响

液流在地面管线中的流动阻力所产生的井口回压对悬点将产生附加的载荷,这种载荷与

油管内液柱产生的载荷的性质相同，上冲程增加悬点载荷，下冲程减小悬点载荷，即

$$F_{Bu} = p_B(f_p - f_r) \tag{2-2-11}$$

$$F_{Bd} = p_B f_r \tag{2-2-12}$$

式中 F_{Bu}——井口回压在上冲程中造成的悬点载荷，N；

F_{Bd}——井口回压在下冲程中造成的悬点载荷，N；

p_B——井口回压，Pa。

由于沉没压力和井口回压在上冲程中造成的悬点载荷方向相反，可以相互抵消一部分，所以在一般计算中可以忽略这两项。

(二)动载荷

动载荷是随悬点位移或速度变化的载荷，包括惯性载荷、摩擦载荷及振动载荷。

1. 惯性载荷

抽油机运转时，驴头带着抽油杆柱和液柱做变速运动，存在加速度，必然会产生阻碍运动状态改变的惯性力。这个惯性力与产生加速度的力始终是大小相等，方向相反。

对悬点运动规律的研究可知，抽油机悬点的加速度的大小和方向随时间不断变化，所以惯性力的方向和大小也不断变化(表2-2-3)。

表2-2-3 悬点惯性载荷变化

冲程		加速度	惯性力	对悬点载荷的影响
上冲程	前半个冲程	↑	↓	增大
	后半个冲程	↓	↑	减小
下冲程	前半个冲程	↓	↑	减小
	后半个冲程	↑	↓	增大

图2-2-22是把惯性载荷叠加在静载荷上形成的载荷随位移变化的曲线，可以看到惯性载荷的方向及对悬点载荷的影响为上冲程前半冲程，悬点向上加速运动，惯性力向下，增加悬点载荷；后半冲程，悬点向上减速运动，惯性力方向向上，减小悬点载荷；下冲程前半冲程，悬点向下加速运动，惯性力向上，减小悬点载荷；后半冲程，悬点向下减速运动，惯性力向下，增加悬点载荷。由图2-2-22中可以看出，在上、下死点处惯性载荷对悬点载荷的影响最大，而在二分之一冲程处，惯性载荷为零。

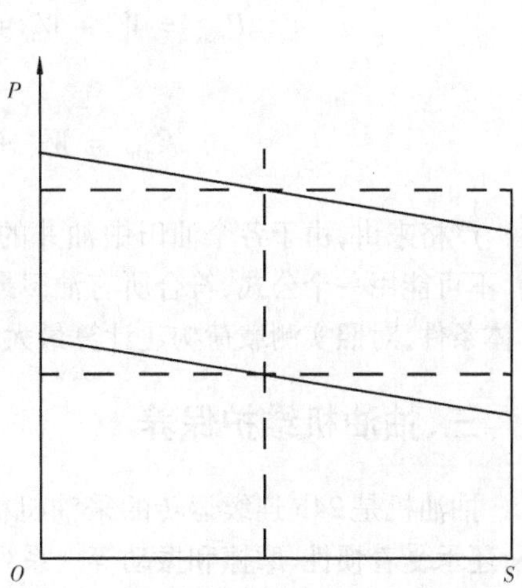

图2-2-22 惯性载荷对悬点载荷的影响

实际上由于受抽油杆柱和油管柱弹性影响，抽油杆柱和液柱各点的运动与悬点的运动并不一致。所以上述按悬点最大加速度计算出的惯性载荷要比实际的大，特别是当液柱中含气比较多且冲数比较小时，可忽略液柱引起的惯性载荷。

2. 摩擦载荷

抽油井工作时，抽油杆柱在井中及活塞在泵筒中做上下往复直线运动，与其所接触的物体存在滑动摩擦，即产生了阻碍运动的力，使上、下冲程载荷差别变得更大。对抽油机悬点载荷有影响的摩擦力包括以下5个方面：

（1）抽油杆柱和油管柱的摩擦力——上下冲程都存在，在直井中一般不大，但在斜井或井筒弯的井中受这种摩擦力的作用经常磨穿油管。

（2）活塞与衬套之间的摩擦力——上下冲程都存在，与泵的活塞与衬套之间的配合精密程度有关，一般在ϕ70mm以下的泵，这种摩擦力不会超过2000N。

（3）液柱与抽油杆柱之间的摩擦力——发生在下冲程，方向向上，减小悬点载荷，其大小与抽油杆柱的下行速度和抽油杆柱的长度有关，特别是与原油黏度有密切关系，是在稠油井中下冲程抽油杆柱下不去的主要原因。

（4）液柱与油管之间的摩擦力——发生在上冲程，方向向下，增加悬点载荷，其大小主要受活塞上行速度和原油黏度影响。

（5）液体通过游动阀的摩擦阻力——发生在下冲程，方向向上，减小悬点载荷，是造成下冲程下部抽油杆柱受压缩弯曲的主要原因。

3. 振动载荷

抽油杆柱特别是钢质抽油杆柱属于弹性体，本身存在自由振动频率。而抽油杆柱又在不停地在作周期性的强迫振动，当在抽油杆柱的运动过程中产生冲击载荷时，极易引发抽油杆柱的自由振动。如果自由振动频率等于或接近强迫振动频率时，会产生剧烈的振动载荷。但是由于振动载荷不易计算，所以在计算抽油机悬点最大载荷时，一般不考虑。

（三）悬点最大和最小载荷

对于下泵深度不很大、沉没压力及井口回压不很高、冲数不大的稀油直井，一般只考虑杆柱载荷、液柱载荷和杆柱的惯性载荷这三大项，上冲程时为最大载荷，下冲程时为最小载荷。

$$P_{\max} = W_r + W_L + P_{Gr}^{u} = W_r + W_L + \frac{W_r s n^2}{1790}\left(1 + \frac{r}{l}\right) \qquad (2-2-13)$$

$$P_{\min} = W_r' + P_{Gr}^{d} = W_r' - \frac{W_r s n^2}{1790}\left(1 - \frac{r}{l}\right) \qquad (2-2-14)$$

严格来讲，由于各个油田中油井的条件不同，其计算最大载荷和最小载荷的公式也应不同，不可能用一个公式，符合所有油田最大载荷计算情况，因此各油田应根据自己油田油井的具体条件，对照实测载荷构建计算最大载荷和最小载荷的计算公式。

三、抽油机维护保养

抽油机是24h连续运转的采油机械。抽油机在工作中除承受液柱和抽油杆柱的静载荷外，还承受着惯性、摩擦和振动等一系列交变载荷，容易造成机件磨损、连接零件松动等现象，长期野外工作也易造成润滑油料损耗或变质。

要保证抽油机能够长期正常工作，延长使用寿命，就需要定期进行维修保养。维修保养工作可以概括为十个字："清洁、紧固、润滑、调整、防腐"。清洁——指清洁卫生；紧固——指紧固各部件间的连接螺栓；润滑——对各加油点（部位）定期添加润滑油脂；调整——指对整机的水平、对中、平衡、控制系统等为主的调整;防腐——对脱漆、生锈部位进行除锈、刷漆或涂油。

抽油机的维修保养工作在生产实际中可分为三个级别,即例保、一级保养、二级保养。

(一)例保(例行保养)

由岗位工人每日进行例行保养。例保内容如下:

(1)检查各部位紧固螺栓,用手锤击打一下主要部位的螺栓,应无松动、滑扣现象。也可采用画安全线的办法,检查时注意安全线是否有断开、错位现象。

(2)检查减速器、中轴、尾轴、曲柄销应无异常声响,不缺油、不漏油。

(3)保持机身清洁、无油污。

(二)一级保养

当抽油机运行一个月(720h)时,由大班工人在小队维修班的协助下进行一级保养。依据机械保养"十字作业法"进行施工。

1. 一级保养的操作步骤

(1)在便于操作位置停机,刹紧刹车,切断电源。

(2)清除抽油机外部油污、泥土,旋转部位挂警示牌。

(3)紧固减速箱、底座、中轴承、平衡块、电动机等部位固定螺栓。检查安全线应无错位,用手锤击打一下螺帽,听声音应无空洞的声响为合格;检查电动机、中轴、顶丝应无缺损,并顶紧。

(4)打开减速箱视孔,松开刹车,盘动皮带轮,检查齿轮啮合情况。

(5)检查减速箱油面及油质,要求液面在看窗的1/3~2/3,不足时补加,变质时更换。

(6)清洗减速箱呼吸阀。

(7)对中轴承、尾轴承、曲柄销子轴承、驴头固定销子、减速箱轴承等处加注黄油。抽油机润滑的部位及要求如图2-2-23所示。

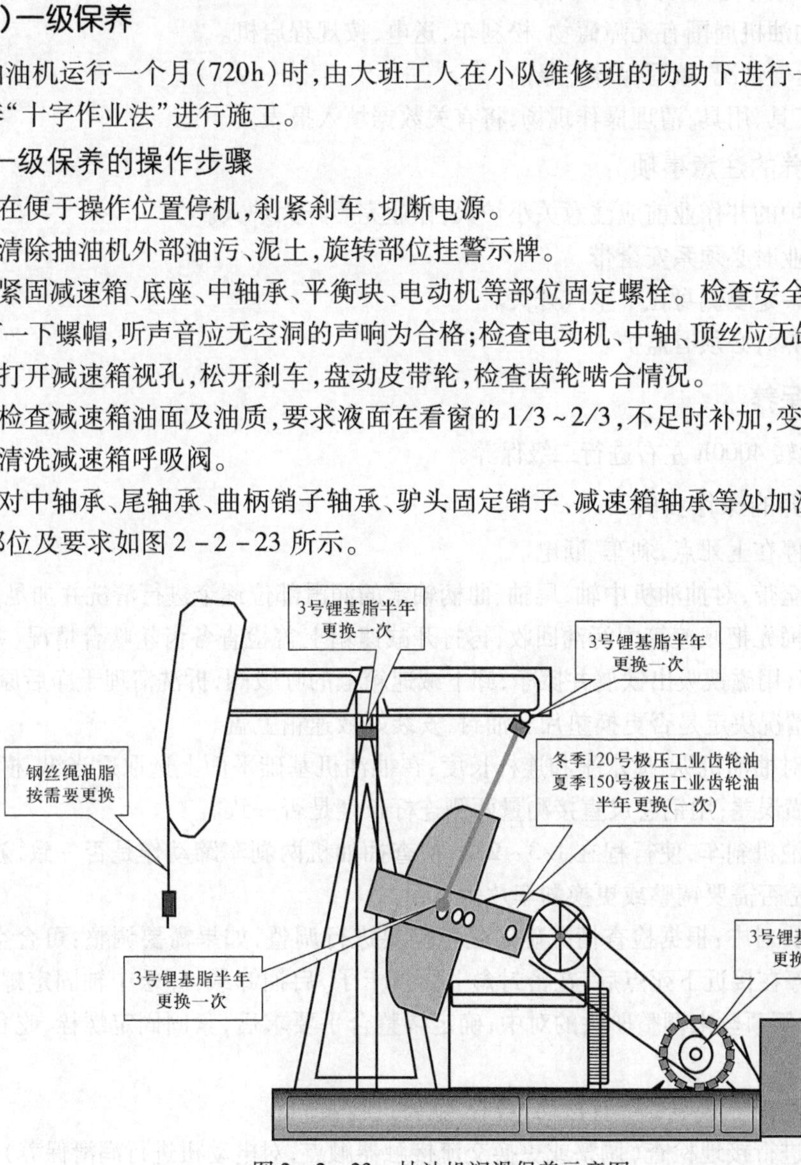

图2-2-23　抽油机润滑保养示意图

(8)检查刹车是否灵活好用,必要时应进行调整,刹车片上不能有油污。刹车行程在1/2~2/3,不在此范围应进行调整。通过调整刹车拉杆的滑点螺栓来实现刹车行程的调节,如横向拉杆调整不到位,可考虑调整纵向拉杆,如果两拉杆都不能调整到位,可在刹车的凸轮处进行调整。刹车的锁死弹簧应无自动复位现象,以免刹车后自行滑落而出事故。

(9)检查皮带松紧程度,如不合适应进行调整,皮带损坏要及时更换。

(10)检查悬绳器钢丝绳,有起刺、断股现象应更换;检查悬绳器,上、下夹板应完好,钢丝绳的同部位断三丝的钢丝绳就需要更换。检查时如发现钢丝绳粗细不均匀,细的地方说明钢丝绳内的麻芯断脱,应更换。检查时如发现钢丝绳锈很多,说明麻芯中的机油已经用尽,应当加油润滑钢绳或外部抹黄油润滑。

(11)检查电气设备绝缘应良好,有接地线,各触点接触完好。

(12)检查驴头中心必须与井口中心对正。

(13)检查抽油机周围有无障碍物;松刹车,送电,按规程启机。

(14)检查运转情况,填写保养记录。

(15)收拾工具、用具,清理操作现场,将有关数据填入报表。

2. 一级保养的注意事项

(1)有水套炉的井作业前应注意关小炉火,作业完后开大炉火。

(2)高空作业时必须系安全带。

(3)停机后一定要侧身拉下空气开关。

(4)检查保养时必须有监护。

(三)二级保养

当抽油机运转 4000h 左右进行二级保养。

1. 二级保养的操作步骤

(1)将驴头停在上死点,刹车,断电。

(2)系好安全带,对抽油机中轴、尾轴、曲柄轴承的润滑部位逐个进行清洗并加足黄油。

(3)用污油桶先把减速箱内污油回收,再打开减速箱上盖检查各齿轮啮合情况,并用煤油清洗减速箱内部,用磁铁吸出铁屑并擦净,卸下减速箱上的呼吸阀,拆洗清理干净后原样上好;加足机油,根据情况决定是否更换垫片和油封,安装好减速箱上盖。

(4)检查校对抽油机纵、横水平和连杆长度:在抽油机基础平面上选取适当纵、横位置,用水平尺测量纵、横误差;用钢卷尺直接测量两侧连杆长度是否一致。

(5)调整抽油机刹车,使行程在 1/3 ~ 2/3;检查抽油机两刹车蹄动作是否一致、刹车片磨损情况,再决定是否需要调整或更换刹车片。

(6)调整驴头对中:根据检查情况确定是否需要进行调整,如果需要调整:可合空气开关通电,把抽油机停在接近下死点后,在密封盒上面打卡子,启抽卸载,卸松中轴固定螺栓,通过调整中轴底座两侧顶丝来调整驴头的对中;确定调整合乎要求后,紧固固定螺栓,吃负荷卸卡子,验证调整结果。

(7)检查曲柄销子螺帽是否有松动,若有,就要进行紧固。

(8)对电器进行接地检查(调整或更换交流接触器触点,对电动机进行润滑保养)。

(9)检查皮带松紧度以及“四点一线”情况,如不合格,应进行调整。

(10)确认各项检查维护保养完毕后,合开关送电,松刹车,按照操作规程启机。

(11)收拾工具、用具,清理操作现场,把有关数据填入报表。

2. 二级保养的注意事项

(1)五级风以上及下雨、下雪天不得进行抽油机二级保养作业。

(2)各项操作必须按规程进行,电器方面要与专业电工配合操作。

(3)高处作业时应系好安全带。

(4)对保养工作量大,停抽时间长的井,应中途根据情况开抽一段时间,以免造成躺井。

(四)抽油机的润滑

1. 抽油机的润滑部位及润滑标准

抽油机的润滑部位及润滑标准见表2-2-4。

表2-2-4 抽油机的润滑点及润滑标准

序号	需润滑的部位	润滑点所在的位置	润滑点数量	润滑油耗量,kg		润滑时间	
				加油时	更换时	加油	更换
1	减速器齿轮	减速器盖的舱口	1	20	130-300	视需要	半年一次
2	减速器输出轴轴承	在内侧顶盖的油孔	2	0.6	5	视需要	半年一次
3	中间轴轴承	在边侧顶盖的油孔	2	0.4	3.2	视需要	半年一次
4	输入轴轴承	在边侧顶盖的油孔	2	0.35	2.7	视需要	半年一次
5	曲柄销轴承	在轴承座两侧盖处	2	0.1	0.8	视需要	半年一次
6	横梁轴承	在轴承座两侧盖处	2	0.15	1.2	视需要	半年一次
7	连杆上端销	在销子端面的油孔	2	0.15	0.15	视需要	半年一次
8	支架轴承	在轴承座外侧盖处	2	0.2	1.2	视需要	半年一次
9	驴头插销轴上端	在销轴上端	1	0.3	0.3	视需要	半年一次
10	电动机轴承	在轴承座上	2	1	1	视需要	半年一次
11	刹车支座轴承	在轴承座上	1	0.15	0.15	视需要	半年一次

2. 抽油机润滑注意事项

(1)根据油田所处地区选用黄油型号,油脂必须干净,不得有土、砂、铁屑等杂物;不得有水分存在。

(2)对使用润滑脂的轴承,每使用半年后就应将各轴承内的旧润滑脂清除掉,换上新的润滑脂。如轴承中黄油变质,必须清除,用煤油清洗干净,加注新黄油。

(3)对新启用的减速器,应该连续使用半年后更换一次润滑油。换新油的时间要根据具体情况而定。定期检查减速器内部,并抽取油样进行试验分析,以确定油中所含水分和杂质含量,还可对黏度和其他性能(例如酸度)进行检查,其中任何一项指标超出规定极限时,就需要换油品。

(4)减速器底易于积水,应予以排出,以免积水使油发生乳化现象。

(5)每次检查油的相隔时间取决于抽油机工作条件。凡有下列一项或几项情况者,需要每隔三四个月进行一次检查和换油:间歇工作;尘埃过多;含硫烟雾;温度高且气温多变。

(6)在季节温差变化很小、温度低和无大气灰尘的有利条件下,减速器可工作一年或几年。待油污染或变质到一定程度时需更换润滑油。确定润滑油容许的劣化程度即报废标准是很重要的。若用肉眼观察,该报废的润滑油具有下列特征:

① 颜色变深,甚至呈黑色。

② 流动困难。

③ 在移动零件上留下褐色胶状物。

④ 出现沉积污垢或固体颗粒。

⑤ 金属表面出现腐蚀痕迹。

⑥ 散发出难闻的气味。

(7)在用石油溶剂清洗箱体后,溶剂应排干净,减速器应加注合适的润滑油至油标位置。若减速器不立即恢复工作,应至少运转10min或更长时间,以保证箱内各齿轮表面都覆盖有保护性油膜。

(五)抽油机故障判断与处理

抽油机故障判断与处理见表2-2-5。

表2-2-5 抽油机故障判断及处理

故障名称	故障现象	故障原因	处理方法
1. 抽油机整机振动		① 底座的原因:主要有地基建筑不牢固、底座与基础接触不实有空隙、支架底板与底座接触不实。 ② 负载与对中的原因:驴头对中误差大、悬点负荷过重超载、平衡度不够、井下抽油泵有刮卡现象或出砂严重、减速器齿轮打齿	① 如基墩与底板预埋件开焊,可挖出基墩至底板预埋件重新焊接。 ② 基墩与底座的连接部位不牢时,可重新加满斜铁,重新找水平后,紧固各螺栓。 ③ 支架与底座有缝隙时,可用金属垫片找平,重新紧固。 ④ 驴头不对中时,应及时调整对中。 ⑤ 严重超载时,应及时调小冲程、冲速,或换小泵径或更换大的机型。 ⑥ 平衡度不够时,应及时调整平衡,平衡度不低于85%。 ⑦ 碰泵时,应调整防冲距,有刮卡现象时可将抽油杆调整一个位置。 ⑧ 如减速箱齿轮打齿,应立即更换
2. 刹车不灵活或自动溜车	刹车时不能停在预定的位置,拉刹车时感觉很轻;松刹车时刹车把推不动	① 刹车行程未调整好,行程过大,拉到底时刹车片才起作用。 ② 刹车片严重磨损。 ③ 刹车片被润滑油染(脏)污,不能起到制动作用。 ④ 刹车中间座润滑不好或大小摇臂有一个卡死,拉到位置后刹车仍不起作用	① 调整刹车行程在1/3~2/3。调整刹车凸轮位置,保证刹车时刹车蹄能同时张开。 ② 更换严重磨损的刹车蹄片。 ③ 清理刹车毂里的油迹,保障刹车鼓与蹄片之间无脏物、油污,如果是刹车毂一侧的油封漏油,应更换油封。 ④ 把刹车中间座拆开,因里面是铜套需要润滑,拆开后清理油道,加注黄油即可。两个摇臂调整好位置
3. 皮带松弛	① 单根皮带有松有紧。 ② 联组皮带有跳的现象及波浪状起伏现象。 ③ 打滑并伴有异常声响。 ④ 起火而烧皮带。 ⑤ 皮带掉落	① 使用的皮带长度不一致. ② 电动机滑轨的固定螺栓松弛。 ③ 电动机固定螺栓松弛。 ④ 皮带拉长	① 选择长度一致的皮带。 ② 紧固松弛的螺栓,并顶紧对角的顶丝。 ③ 调整皮带的拉紧度。以单根皮带翻转180°松手即能恢复到原样为合适,联组带手掌下压一指松开即复位为合适

续表

故障名称	故障现象	故障原因	处理方法
4. 减速箱漏油	① 减速器发热，油箱温度高。 ② 油从减速器箱盖处或从输入轴、中间轴、输出轴的油封处流出	① 减速箱内润滑油过多。 ② 合箱口不严，螺栓松或未涂抹合箱密封胶。 ③ 减速箱回油槽堵。 ④ 油封失效或唇口磨损严重。 ⑤ 减速箱的呼吸器堵塞，使减速箱内压力增大	① 放掉减速箱内多余的润滑油。箱内的油面应在检视孔的 1/3 ~ 1/2 即可。 ② 箱口不严，可重新进行组装，应涂抹合箱密封胶，如无合箱密封胶时，可用密封脂替代。紧固合箱口螺栓。 ③ 检查回油槽是否有脏物堵塞，清理干净。 ④ 更换新油封。 ⑤ 拆洗清理呼吸器
5. 减速箱油温过高		① 润滑油量不足。 ② 润滑油量过多。 ③ 润滑油黏度不合适	① 按规定加足润滑油。 ② 按规定放出多余润滑油。 ③ 更换合适润滑油
6. 减速箱内有不正常敲击声		①齿轮制造质量差。 ②减速箱有窜轴现象。 ③输出轴轴承磨损或损坏。 ④L 字齿轮倾斜角不正常。 ⑤抽油机不平衡。 ⑥冲次太快等	①调平衡。 ②调慢冲次。 ③送修等
7. 减速箱窜轴		① 轴与齿轮安装不正，配合不好，产生轴向推力，造成窜轴。 ② 齿轮结构不合理，为单向斜齿，在运行中产生轴向推力造成窜轴	修理更换
8. 减速箱大皮带轮松滚键	在运转时大皮带轮晃动，有异常声响	① 大皮带轮端头的固定螺栓松，使皮带轮外移。 ② 大皮带轮键不合适。 ③ 输入轴键槽不合适	① 更换大皮带轮键。 ② 检查输入轴键槽是否有损坏，如有损坏，应更换输入轴；如果键槽是好的，即可根据键槽重新加工键。 ③ 紧固大皮带轮的端头螺栓，锁紧止退锁片
9. 曲柄销松动或外移	检查抽油机时，能够听到周期性的轧轧声，严重时地面上有闪亮的铁屑	① 曲柄销上的止退螺帽松动或开口销未插，使冕型螺母退扣。 ② 销轴与销套的结合面积不够，或上曲柄销时锥套内有脏物。 ③ 销轴与销套加工质量不合格。 ④ 曲柄销套的圆锥面被磨损	① 重新安装曲柄销。 ② 加工合格的销套（结合面积应能达到 65% 以上）
10. 曲柄销子响		① 冕形螺母松动。 ② 键损坏。 ③ 销子和衬套的锥度配合不当。 ④ 曲柄销子轴承损坏等	① 拧紧冕形螺母。 ② 换键。 ③ 更换衬套或销子。 ④ 换轴承等
11. 曲柄在输出轴上外移	曲柄在输出轴上向外移，从后面看抽油机连杆不是垂直而是下部向外，严重时掉曲柄，造成翻机事故	① 曲柄键不合格，输出轴键槽与曲柄键槽有问题。 ② 曲柄拉紧螺栓松动	① 更换键或加工异形键。 ② 紧固拉紧螺栓

续表

故障名称	故障现象	故障原因	处理方法
12. 平衡重块固定螺栓松动	上、下冲程各有一次有规律的响声，严重时平衡块掉落，使曲柄报废。下雨后能够看到螺栓部位有水锈的痕迹	紧固螺栓松动； 曲柄平面与平衡块之间有油污或脏物	将曲柄停在水平位置，拧紧牙块锁紧螺栓及紧固螺栓
13. 连杆刮碰曲柄旋转平衡重块	有规律的声响，当抽油机运转到某一位置时发生声响；连杆和重块发生摩擦的部位有明显的痕迹	① 游梁安装不正。中心线与底座中心线不重合。 ② 平衡重块铸造不符合标准，有凸出部分	① 校正游梁。 ② 采用手提砂轮机磨掉平衡块凸出部分
14. 连杆销异响		① 连杆销定位螺栓松动。 ② 连杆销缺润滑油而干磨。 ③ 游梁偏扭	① 拧紧连杆销定位螺栓。 ② 连杆销加注润滑油。 ③ 校正游梁
15. 连杆拉断		① 剪刀差过大。 ② 连杆销被卡住。 ③ 连杆单边受力。 ④ 钢管或铸件质量不合格	① 校正剪刀差。 ② 正确安装连杆销。 ③ 消除不平衡现象。 ④ 成对更换连杆
16. 尾轴承座螺栓松	尾轴承固定螺栓剪断、螺栓弯曲，尾部有异常声响。轴承座发生位移	① 游梁上焊接的止板与横梁尾轴承座之间有间隙。 ② 尾轴承座后部穿过止板拉紧尾轴承座的螺栓未上紧。 ③ 紧固尾轴承座的 4 条螺栓松动，或无止退螺帽。 ④ 上紧固螺栓时未紧贴，在支座接触面中间有脏物	① 止板有空隙时，可加其他金属板并焊接在止板上，然后上紧螺栓。 ② 重新更换固定螺栓并加止退螺帽，画好安全线，加密检查
17. 横梁轴承座螺栓拉断		① 螺栓松动，未上紧，造成扭断、剪断或自动脱扣。 栓强度不够或不符合规定。 ③ 抽油机严重不平衡。 ④ 基础不均匀沉降。 ⑤ 抽油机振动或长期超负荷工作。 ⑥ 曲柄剪刀差过大或连杆长度不一致	① 上紧螺栓与备帽，经常检查，发现问题及时停机处理。 ② 更换强度足够的合格螺栓。 ③ 重新调整抽油机平衡。 ④ 校正底座与基础水平。 ⑤ 找出振动和超负荷运转原因，并消除。 ⑥ 调整剪刀差，更换同等长度的连杆
18. 游梁顺着驴头方向(前)位移	对于原对正井口，发现光杆被驴头顶着上升，并伴有声响，振动增加	中央轴承座固定螺栓松，前部的两条顶丝未顶紧而使游梁位移	卸掉驴头负荷，使抽油机停在近水平位置，用顶丝使游梁回到原位置上，检查轴承座的固定螺栓是否有磨损，如无磨损，上紧固定螺栓；磨损更换后上紧固定螺栓即可

续表

故障名称	故障现象	故障原因	处理方法
19. 游梁不正		① 抽油机组装不合格。 ② 调冲程、换销子操作不当,造成游梁扭偏。 ③ 两连杆长度不一致	① 重新组装抽油机。 ② 校正游梁。 ③ 更换长度相同的连杆
20. 悬绳器钢丝绳偏驴头一边	悬绳器钢丝绳偏驴头一边	① 驴头制作不正。 ② 游梁倾斜或歪扭。 ③ 底座安装不正	① 在驴头插销下面垫垫子。 ② 在支架平台一边垫垫子。 ③ 调整底座水平。 ④ 校正游梁
21. 悬绳器绳辫子打扭	悬绳器绳辫子打扭。	① 毛辫子有断股的。 ② 毛辫子长度不一致。 ③ 底座安装不正	① 重新更换毛辫子。 ② 使用长度一致的毛辫子。 ③ 调整对中
22. 悬绳器绳辫子拉断	绳辫子粗细不均匀,生锈腐蚀严重,拉断砸在井口密封盒上	① 绳辫子钢绳中的麻芯断,造成钢绳间的互相摩擦,钢绳受到的损伤很大,最后拉断。 ② 绳辫子钢绳受到外力严重损伤,同部位断丝超过 3 根而没有及时更换,导致钢绳拉断。 ③ 钢绳头与灌注的绳帽强度不够,使绳帽与钢绳脱落	更换新悬绳 悬绳器安装时的要求: ① 两侧长度相等,互相平行,上、下压板平行不得倾斜。 ② 上压板在驴头上死点时,距驴头下方 250~300mm,以免测示功图时挤坏动力仪。 ③ 下压板在驴头下死点时,距密封盒 400~450mm(因需要打一个防掉卡子)。 ④ 悬绳轨迹应在驴头弧面两侧的均匀位置运行不得偏离,允许误差 20mm
23. 驴头不对井口中心		① 抽油机安装质量不合格,导致驴头与井口不对中。 ② 抽油井生产过程中发生断连杆、曲柄销脱出等,导致游梁扭歪。 ③ 抽油机基础倾斜或修井过程中采油树被拉歪	将驴头停在下死点,摘掉负荷刹死车,用线锤拴在悬绳器中心与井口垂直对中,调整游梁中轴承螺栓。往左调时,松左前、右后顶丝,紧右前、左后顶丝,往前调松两前顶丝,紧两后顶丝,反之亦然。若顶丝调到头还不能使之对中,则利用千斤顶调整底盘
24. 下死点时井下有碰击声		① 防冲距过小。 ② 光杆卡子不紧,光杆下滑发生碰泵	重新调整防冲距
25. 抽油机翻机		① 中尾轴螺栓松断。 ② 曲柄销子断或脱出。 ③ 连杆断或连杆销子脱出, ④ 横梁断。 ⑤ 中尾轴轴承坏。 ⑥ 基础不水平	为防止电动机烧坏,对长期不用、停用的电动机,在使用前必须检查相间绝缘和对地绝缘,用欧姆表测定其电阻值不得低于 1MΩ,检查转子是否自由运转,接线是否正确,空运转声音是否正常,零部件是否齐全完整,螺栓是否紧固
27. 启动抽油机时电动机不转动有很大嗡嗡声		① 一相无电,三相电压不平衡。 ② 负荷过重。 ③ 有制动没松开或电动机输出端遇卡。 ④ 启动器触头烧坏接触不良。 ⑤ 接线盒内接线螺栓松动	① 检查电路,排除故障。 ② 调整抽油机平衡。 ③ 松开刹车。 ④ 检查电气设备是否完好,如有问题,及时处理

续表

故障名称	故障现象	故障原因	处理方法
28. 电动机振动大		① 滑轨固定螺栓松动或滑轨不水平或有悬空现象。 ② 电动机固定螺栓松。 ③ 电动机底座有悬空现象。 ④ 电动机轴弯曲。 ⑤ 皮带“四点一线”没调好	① 紧固电动机滑轨固定螺栓，调整滑轨水平。 ② 紧固电动机固定螺栓。 ③ 扶正垫铁，紧固电动机底座固定螺栓。 ④ 检修保养电动机，校正电动机轴。 ⑤ 调整皮带“四点一线”
29. 电动机启动不起来		① 控制电源开关未合上。 ② 过载保护动作后没有及时复位。 ③ 启动按钮失灵。 ④ 电动机保护装置线路接错	① 合上控制电源开关。 ② 及时复位过载保护。 ③ 检修或更换启动按钮。 ④ 检查电动机保护装置线路
30. 电动机运行时三相电流不平衡		① 三相电压不平衡，造成三相电流不平衡。 ② 电动机相间或匝间短路，短路相或短路匝间电流加大造成三相电流不平衡。 ③ 接线错误，一相反接时，相间电流不等，而且都比正常值大得多。 ④ 启动器接触不良，使电动机线圈局部断路	① 确定三相电压不平衡是否在规定范围内。 ② 确定电动机相间绝缘是否在规定范围内。 ③ 正确接线。 ④ 检修或更换启动器

（六）抽油机井出油不正常故障及处理

抽油机井出油不正常故障分析处理流程如图 2－2－24 所示。

1. 故障原因

（1）井下抽油泵原因：

① 泵本身故障，如阀球受伤坐不严、阀罩机械变形脱落、衬套乱、间隙过大等。

② 产液中的蜡、砂、气影响使阀结蜡、泵砂卡、气锁等。

管、杆原因：

① 抽油杆断、脱扣造成泵柱塞脱。

② 油管刺漏，油管断脱，造成泵脱或油套窜。

③ ϕ70mm 大泵脱接器脱落等。

（2）注采失衡原因：

① 生产抽汲参数过大造成供液不足。

② 注水状况变差，注采不平衡。

（3）地面生产流程原因：

① 线结垢、堵塞等。

② 量间进汇管阀门不严或其他阀门问题。

2. 处理方法

（1）对地面生产流程的核实、分析。

① 核实产液量，观察产液量变化情况。

② 检查落实计量间该井进汇管阀门是否关严。

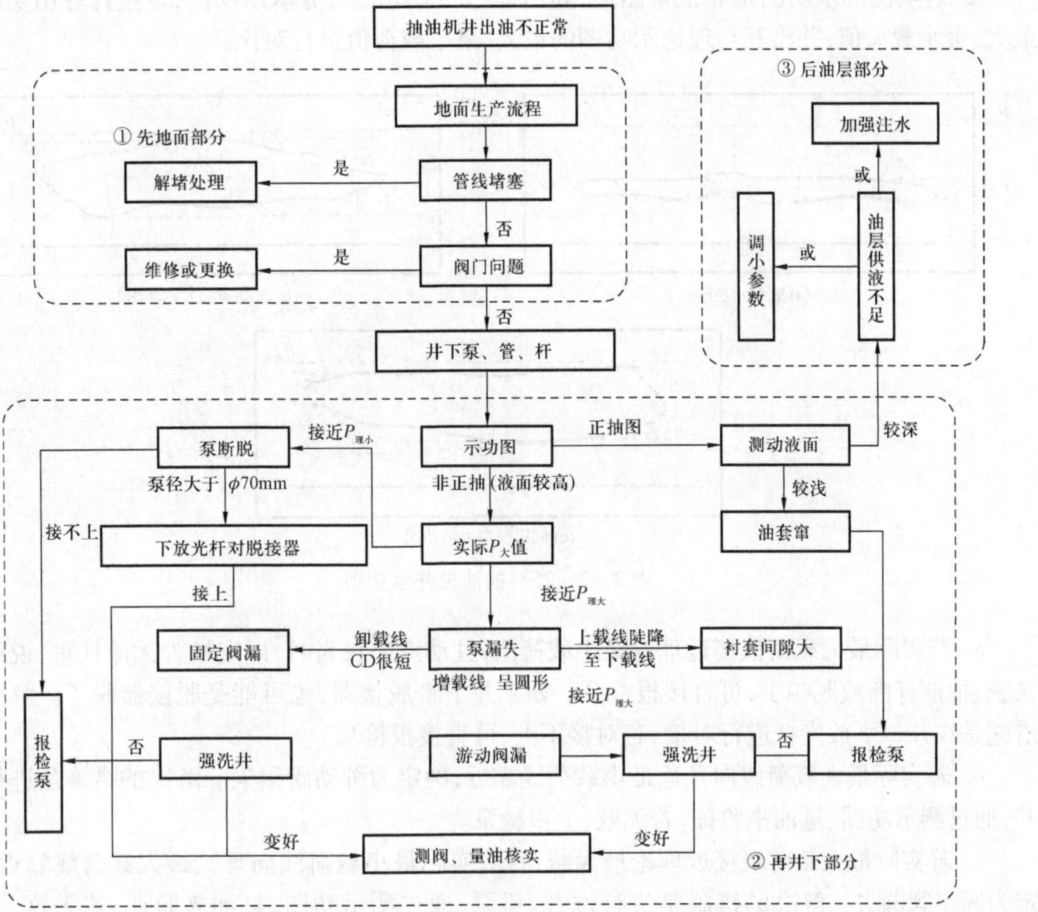

图2-2-24　抽油机井出油不正常故障分析处理流程图

③ 检查井口阀门的闸板是否脱落,用小管钳咬住阀门丝杆看是否能转动,若能转动,就说明闸板脱落。

④ 观察井口油压表,检查压力值是否升高,一般大于0.5MPa,证明管线不畅通,打开井口直通阀门,控制好排量和温度冲洗生产管线,如洗后回压仍很高,则说明是管线结垢,处理管线结垢(通常是在井口的弯管处),现场采用的方法是用锤子敲击,严重时需要更换管线。

⑤ 测量抽油机上、下冲程电流。

(2)对井下泵、管、杆的核实、分析。

在地面生产流程问题排除后,就要对井下部分进行核实分析,从示功图和动液面来着手进行综合分析、判断,具体如下。

① 分析示功图,若实测的示功图正常,说明井下泵工作正常,故障原因可能是油套窜或油层供液问题。

a. 分析动液面,若动液面较浅或接近泵的吸入口,则定性为油层供液不足或抽汲参数偏大引起的。解决的措施就是加强注水或调整抽汲参数。

b. 若动液面较高或接近井口,则定性为油套窜通或抽汲参数偏小了,可通过井口憋压或正注等方法来加以验证(常见故障有油管漏、刺或大法兰密封圈刺坏),确定后可报小修或上检泵作业措施。

② 若实测的示功图是非正常图形,如图 2-2-25 所示,分析示功图,定量计算出实际的最大、最小载荷值,并将其与理论示功图的最大、最小载荷值进行对比。

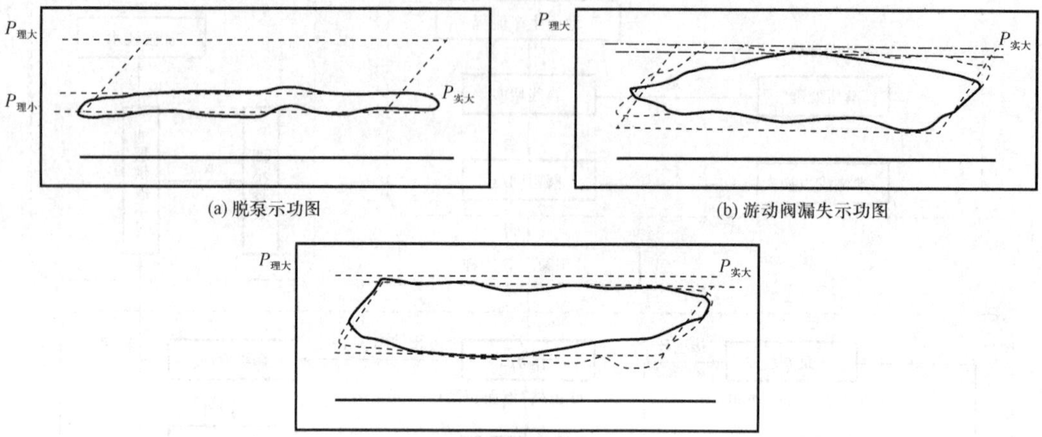

图 2-2-25　抽油机井示功图

a. 若实际最大载荷值接近理论最小载荷值,且动液面较高时,即定性为无液柱重,说明是泵脱、抽油杆断或脱扣了,可直接报检泵。如果井下带脱接器,也可能是脱接器脱了。解决的措施是在井口下放光杆进行对接,若对接不上,可直接报检泵。

b. 若实际最大载荷线向理论最小载荷线靠近,确定为游动阀漏失。解决的措施是进行洗井,通过测示功图、量油来验证,若无效,上报检泵。

c. 若实际最大载荷线接近理论最大载荷线,实际最小载荷线向理论最大载荷线靠近,确定为固定阀漏失。解决的措施是进行洗井、碰泵,通过测示功图、量油来验证,若无效,上报检泵。

四、抽油机"五率"

抽油机"五率"是指抽油机基础水平率;抽油机驴头、悬绳器、密封盒三点一线对中率;抽油机运转平衡率;抽油机配件紧固率;抽油机润滑合格率。为了保证"五率"达标,需要定期对抽油机进行维护保养。在采油工日常工作中,抽油机平衡的判断和调整是一项较为日常的工作。

(一)水平率

水平率是指抽油机底座水平合格井数与抽油机使用总井数之比。

$$水平率 = \frac{抽油机底座水平合格井数}{抽油机使用总井数} \times 100\%$$

(二)对中率

对中率是指抽油机对中合格井数与抽油机使用总井数之比。

$$对中率 = \frac{抽油机对中合格井数}{抽油机使用总井数} \times 100\%$$

对中是指悬绳长短一致，光杆居于密封盒中心位置，以光杆不磨密封盒边缘为准。

（三）平衡率

平衡率是指抽油机平衡合格井数与抽油机使用总井数之比。

$$平衡率 = \frac{抽油机平衡合格井数}{抽油机使用总井数} \times 100\%$$

平衡合格是指抽油机下冲程最大电流与上冲程最大电流的比值介于85%和115%之间。

（四）紧固率

紧固率是指抽油机紧固合格井数与抽油机使用总井数之比。

$$紧固率 = \frac{抽油机紧固合格井数}{抽油机使用总井数} \times 100\%$$

紧固合格是指抽油机各部位螺栓紧固无松动，紧固程度达到100%。

（五）润滑率

润滑率是指抽油机润滑合格井数与抽油机使用总井数之比。

$$润滑率 = \frac{抽油机润滑合格井数}{抽油机使用总井数} \times 100\%$$

润滑合格是指抽油机各轴承润滑脂及减速箱润滑油牌号合格，质量符合要求，加注量符合要求，每半年更换一次。

五、抽油机调整

抽油机的调整是指对整机的水平、对中、平衡、刹车系统的调整。

（一）抽油机水平调整

用水平尺测量不平度，纵向 3/1000mm，横向 2/1000mm，基础与底座地脚螺栓处不得有悬空。

（二）抽油机对中调整

驴头中心线与井口中心线在同一垂线上。用垂线法进行检测。8 型机允许偏差不大于 3mm 为合格，10 型机允许偏差不大于 6mm 为合格，12 型机允许偏差不大于 8mm 为合格。误差大时，可用中央轴承座顶丝找正。

（三）抽油机平衡调整

抽油机悬点承受的是不对称的脉动载荷，上冲程载荷很大，下冲程载荷较小，如果抽油机没有平衡装置，就会造成上冲程电动机做功很大，下冲程电动机做负功，即悬点拉着电动机旋转。抽油机运转不平衡，严重时烧毁电动机，引起抽油机振动，影响抽油泵和抽油机的正常工作，因此必须在抽油机游梁尾部或曲柄处安装中重物，使抽油机运转平衡。

1. 游梁式抽油机的平衡方法及平衡基本原理

目前，游梁式抽油机中采用的平衡方式主要有两种：一是机械平衡；二是气动平衡。而在机械平衡中,按照平衡重装设的位置不同又可分为游梁平衡、曲柄平衡和复合平衡三种。

当驴头悬点做下冲程运动时,以某种形式将抽油杆下落释放的能量和电动机付出的能量储存起来;而到驴头悬点做上冲程运动时,又释放出能量,帮助电动机提起抽油杆柱及柱塞上部的液柱;这样,既可以消除下冲程时发动机作负功的现象,又可以减少上冲程时电动机的能量消耗,从而使上、下冲程中电动机做功接近相等。

2. 平衡状况的检查与调整

经过平衡调整后的抽油机,是否较好地达到了平衡要求,应通过实际观察和检测确定。一般常用以下几种方法。

1)观察法

一般地,平衡较好的抽油机容易启动,无"呜呜"的怪叫声;突然停止运转时,驴头和曲柄可以停留在任意位置。

若平衡重偏重,当停机时,曲柄平衡重总是反复摆动,以致最后使驴头停在上死点。此时,发动机在上冲程时发出的声音明显比下冲程时小,应停机将曲柄平衡重向曲柄轴中心处调整即减小曲柄平衡重的回转半径,对于游梁平衡重则应减小平衡重的质量。

若平衡重偏轻,当停机时,曲柄平衡重总是反复摆动,以致最后使驴头停在下死点。此时,发动机在上冲程时发出的声音明显比下冲程时大,应停机将曲柄平衡重向曲柄轴中心处调整即增大曲柄平衡重的回转半径,对于游梁平衡重则应增加平衡重的质量。

2)测时法

对于平衡较好的抽油机,用秒表测得的上、下冲程时间非常相近。如果上冲程快、下冲程慢,则说明平衡重过重,对于曲柄平衡应减小曲柄平衡重回转半径,对于游梁平衡则应减小平衡重的质量。反之,对于曲柄平衡应增大曲柄平衡重回转半径,对于游梁平衡则应增加平衡重的质量。

3)测电流强度法

对于电动机单独驱动的游梁式抽油机—抽油泵装置,现场常用安培表测量电动机三相电流强度法检验平衡效果。平衡良好的抽油机,驴头上、下冲程时,电动机的最大输入电流强度相近;若上冲程峰值电流大于下冲程峰值电流,表明平衡重偏轻或曲柄平衡半径偏小;反之,则偏大。实际上,要使上、下冲程中峰值电流完全相等是很困难的,现场一般认为,当下冲程峰值电流平均值与上冲程峰值电流平均值的比值介于85%和115%之间时,抽油机就达到基本平衡。也可以用小值比大值,比值不小于85%时,判定抽油机运转基本平衡。

4)功率法

功率法是指用功率测量仪器测出功率曲线判断抽油机的平衡率。如果下冲程功率与上冲程功率的比值在0.8~1.2之间,则运转平衡。

相比较而言,功率法判断平衡比电流法判断平衡数值范围要大,这是因为功率法比较的是平均电流,而电流法比较的是峰值电流,功率法要更准确一些,所以对数值可以放宽一些。

3. 平衡重调整简易计算

在实际生产中,对于电动机单独驱动的游梁式抽油机—抽油泵装置,采用测电流强度法判定抽油机的平衡效果,简单易行。用钳形电流表分别测出电动机三相线上下冲程的最大峰值电流,共三组数据,然后取平均值,分别为$I_{上}$和$I_{下}$,则可以计算出平衡率=小值/大值,如果不小于85%,认为抽油机是平衡运转。小于85%时,就要进行调整。若小值是上行电流则平衡块向里调;若小值是下行电流,平衡块向外调。调整距离(m)是1-平衡率。

(四)刹车系统的调整

抽油机的刹车装置必须满足操作省力、制动快和安全可靠的要求。该装置的作用是当电源切断后,可使抽油机立即停止转动或停留在任意位置。制动装置由手柄、横纵拉杆、增力摆杆和制动器等部分组成;游梁式抽油机采用手拉式杠杆加力机构,带有棘轮棘爪(锁块)锁紧装置,它动作快、操作方便,制动器为外抱式。两半闸瓦型外抱式制动装置的两个剎车片固定在销轴上,当通过手柄拉紧拉杆时,拉杆凸轮使两个刹车片同时向制动轮中心移动实现刹车。当通过手柄松开拉杆时,销轴上的弹簧将两刹车片推离制动轮使刹车片离开制动轮,刹车松开。

抽油机刹车系统是非常重要的控制装置,其制动性是否灵活可靠,对抽油机各种操作的安全起着决定性的作用。刹车系统性能主要取决于刹车行程和刹车片的张合程度。可通过调节横纵拉杆的长度调节刹车锁块咬紧位置,使其在行程 1/2 ~ 2/3 之间;通过调整制动器弹簧松紧程度来调整刹车片张合度,从而达到适合的刹车效果。

【技能操作】(应会)

操作一:用钳型电流表检查抽油机平衡

使用钳型电流表测量电动机工作电流是采油工管理抽油机井,判断抽油机运转状况的一项操作技能。通过正确使用钳型电流表,测量电动机各相线在抽油机上下冲程中通过的电流值,可以计算、判断抽油机平衡状况及确定需要调整的方向、距离和油井生产情况。

一、准备工作

(1)正确穿戴好劳保用品、符合标准的安全防护用品,并检查齐全完好。

(2)准备工具、用具:数字式钳型电流表 1 块、试电笔 1 支、细纱布若干、计算器、记录笔、记录纸。

二、操作步骤

(1)检查钳型电流表。电流表应完好无损、数字清晰,钳口清洁,闭合状况良好,电流表必须有合格证,并在有效使用期内。

(2)选调挡位。将导线垂直居中夹入钳型电流表钳口内;由大到小选择合适挡位,选择挡位时,电流表必须脱离导线。

(3)测取上、下冲程电流峰值。选择好合适挡位后,开始读取电流峰值:读出 A 相上冲程电流峰值 $I_{上}$,A 相下冲程电流峰值 $I_{下}$。用同样方法测出 B、C 相电流峰值,见下表(单位:A)。

相线	A	B	C
上冲程电流峰值	40	41	39
下冲程电流峰值	34	33	32

(4)计算电流峰值平均值。利用公式计算出上下冲程电流峰值平均值。

$$上冲程\ I_{均上} = (I_{A上} + I_{B上} + I_{C上})/3 = 40(A)$$

$$下冲程\ I_{均下} = (I_{A下} + I_{B下} + I_{C下})/3 = 33(A)$$

(5)计算平衡率。根据测得的上下冲程电流的峰值,计算得本井平衡率为 82.5%,需要进行平衡调整其值不小于85%为合格。

$$平衡率 = (I_{小}/I_{大}) \times 100\% = (33/40) \times 100\% = 82.5\%$$

(6)确定调整方向和距离。当平衡率小于85%,且上行电流小时,平衡过重,平衡块向曲柄轴心方向移动,若上行电流大时,平衡过轻,平衡块向曲柄末端移动。调整距离(m)=1-平衡率。

(7)清理现场。收拾擦拭工具、用具,并摆放整齐。

三、技术要求及安全注意事项

(1)测电流时,注意线缆是否有老化裸露部分,如有,需重新做线头。

(2)如需顺直导线,必须在停机断电状态下进行。

(3)钳型电流表表头部分不准拆动,不要猛烈震动或拍击。

操作二:更换抽油机井井口密封填料

密封填料是用来密封抽油机井光感与光感密封器环形空间的,由于其长时间与光感摩擦,容易损坏,造成油气渗漏,污染环境,影响油井正常生产。熟练掌握更换油井密封填料是采油工应具备的一项操作技能。

一、准备工作

(1)正确穿戴好劳保用品、符合标准的安全防护用品,并检查齐全完好。

(2)准备好合适的工具、用具。600mm管钳1把,250mm、300mm活动扳手各1把。300mm平口螺丝刀,锯弓及300mm钢锯条、同型号密封填料5~7个,与密封填料直径相同的短棍1截,固定器,纱布,验电器,绝缘手套,润滑脂,安全警示牌。已知硫化氢油井配套便携式硫化氢检测仪、正压式空气呼吸器。

(3)主要风险识别,如物体打击、触电、中毒、窒息风险。

(4)工程技术措施。配备检验合格的硫化氢检测仪,其他管控措施详见作业活动风险清单;熟知硫化氢环境人身防护规范;对已知硫化氢区域要监测硫化氢浓度,明确监护措施,熟悉操作内容和操作步骤;识别警示标识风向,明确逃生路线;上报安全生产指挥中心停机井号、停机原因、预计操作等信息。

二、操作步骤

(1)停抽。

① 验电器验电确认电控柜外壳无电。

② 戴绝缘手套,打开电控柜门。将"远程/本地"旋钮切换至"本地"位置,侧身按"停止"按钮,将抽油机停在合适位置,刹紧刹车。戴绝缘手套侧身拉闸断电,关好电控柜门。

③ 检查刹车锁块落槽,并在其行程的1/2~2/3之间,部件连接完好,刹车紧固,锁紧刹车保护装置,悬挂安全警示牌。

④ 调整加热炉温度和掺水。

(2)更换密封填料。

① 侧身交替关闭胶皮阀门,使光杆居中。没有胶皮阀门的旋紧二级密封。

② 缓慢卸密封盒压帽2~3圈,泄净余压,卸掉密封盒压帽,用固定器将压帽和压盖固定在光杆上。

③ 取出密封盒内的旧密封填料,清理干净密封盒内腔。

④ O 形密封填料顺时针方向锯开 30°~45°切口,涂上润滑脂。加入密封盒内,相邻密封填料切口错开 120°至 180°直至填满。

⑤ 松开固定器。上好密封盒压盖和压帽。稍开胶皮阀门或二级密封,无渗漏,全部打开。

(3)开抽。

① 检查抽油机周围无障碍物。松开刹车保护装置,摘下安全警示牌。缓松刹车,控制曲柄转速。

② 验电器验电,确认电控柜外壳无电,戴绝缘手套打开电柜门,侧身合闸。按“启动”按钮利用惯性启动抽油机。将“远程/本地”旋钮切换至“远程”位置,关好电柜门。

(4)开井口检查。抽油机无挂、碰,运转正常。井口密封填料松紧合适,不渗不漏。上行试光杆温度,下行涂抹润滑脂。调整加热炉温度和掺水。

(5)清理现场,上报安全生产指挥中心,操作完毕,核实数据采集正常。收拾、擦拭工具用具,清理施工现场。

三、技术要求及安全注意事项

(1)严格落实安全防护措施。

(2)预防有毒有害气体中毒。

(3)启停抽油机佩戴绝缘手套,侧身操作。

(4)光杆下行时紧压帽,上行时用手背试温度。

(5)禁止敲砸,避免损坏密封填料或光杆密封器螺纹。

> 本操作说明视频观看方法:关注微信公众号“中国石化胜利油田”→屏幕底部“胜利新闻”→菜单“标准化”,观看系列视频 2[采油操作篇(二)]中第 14 项操作。

【技能操作】(观摩)

操作一:更换刹车连杆

操作二:常规、双驴头抽油机调整曲柄平衡

操作三:常规、双驴头抽油机更换曲柄销

> 以上操作说明视频观看方法:关注微信公众号“中国石化胜利油田”→屏幕底部“胜利新闻”→菜单“标准化”,观看系列视频 13[注采输设备操作篇(一)]中第 5、9、10 项操作。

操作四:常规、双驴头抽油机井刹车调整(外抱式)

> 本操作说明视频观看方法:关注微信公众号“中国石化胜利油田”→屏幕底部“胜利新闻”→菜单“标准化”,观看系列视频 14[注采输设备操作篇(二)]中第 11 项操作。

项目三　抽油泵泵况分析

在有杆抽油装置工作过程中,泵效是反映抽油设备利用效率和管理水平的一个重要指标。一般情况下,实际产量要比泵的理论排量低,油井日产液量与泵的理论排量的比值称为泵效。抽油泵长期使用,因各种因素的影响,实际产量减少,泵效降低,可通过示功图分析及其他一些

方法了解抽油泵工作情况，并在此基础上采取相应措施提高抽油泵效率。

【知识目标】

(1)掌握影响泵效的因素及应对措施；

(2)掌握典型示功图的特征；

(3)掌握泵况分析的方法。

【技能目标】

(1)能找到泵效降低的原因；

(2)能分析实测示功图；

(3)能进行憋压操作。

【所需知识】

一、影响泵效的因素

由于抽油泵在井下几百米到几千米深处工作，抽汲的液体含砂、蜡和有腐蚀性，工作环境复杂恶劣，所以在正常情况下，若泵效达到0.7~0.8，就认为泵的工作状况是良好的。在连喷带抽的特殊情况下，泵效可能大于1。油田现场实践证明，平均泵效多数都低于0.7，有的甚至低于0.3。影响泵效的因素很多，根据抽油泵的工作条件和环境，可把影响泵效的因素归结为以下三大方面。

(一)地质因素

1. 油井出砂

砂子磨损阀球、阀座、活塞及衬套等部件，导致泵效低。固定阀和游动阀砂卡或砂埋也影响泵效。

2. 气体的影响

油层能量低、供液不足或气油比高的井当泵吸入口处的压力低于饱和压力时，脱出的自由气和液体一起进泵，气体挤占了泵内空间，减少了进泵的液体，降低了泵效。另外，活塞在下死点时固定阀和游动阀之间的余隙中存有高压油气混合物，在活塞上行时，油气混合物膨胀，固定阀不能及时打开使泵效降低。

气体影响的程度可以用充满系数β表示：

$$\beta = \frac{V_L'}{V_P} \tag{2-2-15}$$

式中 V_P—— 上冲程活塞让出容积；

V_L'—— 一个冲次吸入泵内的液体体积，如图 2-2-26 所示。

泵的充满系数表示了泵在工作过程中被液体充满的程度，其值越高，泵效越高。泵的充满系数与泵内气液比和泵的结构有关，图 2-2-26 中V_S表示余隙容积，V_L表示活塞在上死点时泵内的液体体积，V_g表示泵内气体的体积，令 $R = V_g/V_L$称泵内气液比，令 $K = V_S/V_P$称余隙容积比，将$V_L' = V_L - V_S$和 R、K 代入式(2-2-15)得

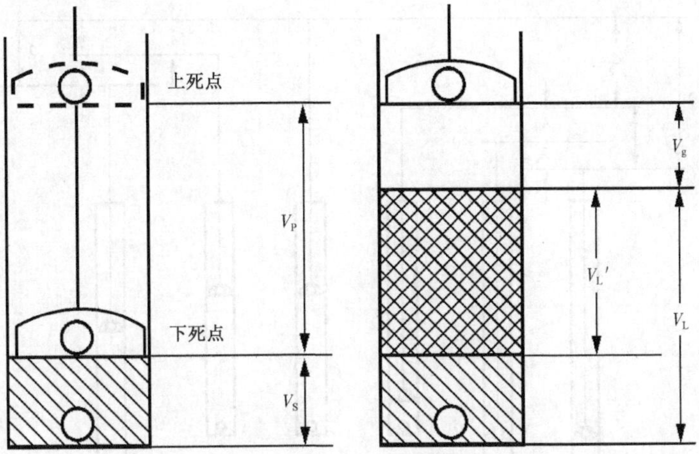

图 2-2-26　气体对泵充满程度的影响

$$\beta = \frac{1 - KR}{1 + R} \tag{2-2-16}$$

分析式(2-2-16)可得出以下结论:

(1)K 值越小,β 值就越大。而减小余隙容积V_S和增大活塞冲程以增大V_P都可以减小 K 值。因此在生产中应使用长冲程和在保证活塞不碰固定阀的前提下,应尽量减小防冲距以减小余隙。

(2)R 越小,β 值就越大,因此为增加泵效,应尽量减少进泵的气体。

3. 油井结蜡

由于活塞上行时,泵内压力降低,在泵的入口处及泵内极易结蜡,使油流进泵阻力增大,影响泵效。

4. 原油黏度高

由于油稠,油流进泵阻力大,固定阀和游动阀不易打开和关闭,抽油杆下行阻力大,影响泵的冲程,降低泵的充满系数,使泵效降低。

5. 原油中含腐蚀性物质

如硫化物、酸性水,腐蚀泵的部件,引起漏失降低泵效。

(二)设备因素

1. 活塞的有效冲程

由于制成抽油杆和油管的材料具有弹性,而在抽油机井工作时,抽油机承受不对称的脉动载荷,上冲程悬点承受的载荷大,下冲程悬点承受的载荷小,有一部分载荷在上下冲程中,在杆柱和管柱间来回转移,从而引起杆柱和管柱伸长和缩短。

1)静载荷作用下的冲程损失及活塞有效冲程

如图 2-2-27 所示,由于转移载荷W_L'上冲程从油管柱上转移到抽油杆柱上使抽油杆柱伸长了λ_r,油管柱缩短了λ_t,悬点向上移动了 $\lambda = \lambda_r + \lambda_t$一段距离后活塞和泵筒才有相对位移,悬点无效的冲程 λ 称为冲程损失。活塞的有效冲程为$S_P = S - \lambda$,光杆冲程有效率为

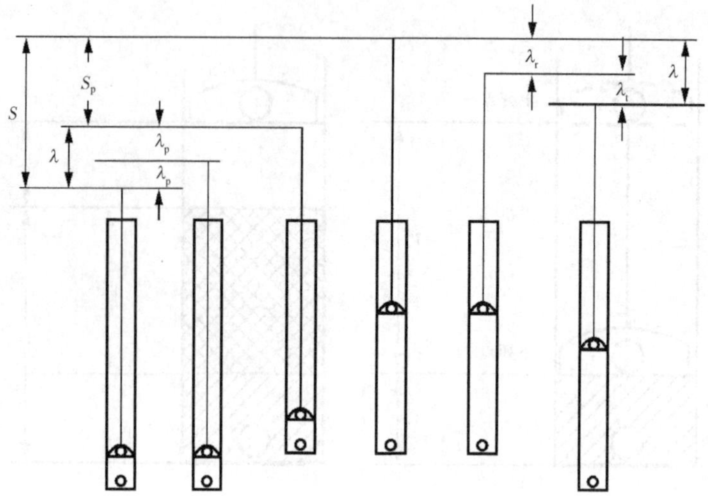

图 2－2－27　抽油杆和油管弹性伸缩示意图

$$\eta_\lambda = \frac{S_P}{S} \tag{2-2-17}$$

同理可以分析在下冲程中，由于转移载荷W_L'从抽油杆上转移到油管柱上，使抽油杆柱缩短了λ_r，油管柱深长了λ_t，悬点向下移动了 $\lambda = \lambda_r + \lambda_t$一段距离后活塞和泵筒才有相对位移，下冲程的冲程损失和活塞有效冲程与上冲程相同，如图 2－2－27 所示。

经过理论计算可知，泵径越大，活塞截面积越大，冲程损失越大。因此，并不是泵径越大，产量越高，当泵径超过一定的限度（引起的 $\lambda \geqslant S/2$）之后，再增大泵径，不但不会增加产量，而且产量会减小。冲程损失还与抽油杆柱长度成正比，抽油杆柱越长，冲程损失越大。因而在深井中为了提高泵效和产量，常用的方法是用小泵深抽。一般来说，下泵深度和抽油参数的组合，可通过参数优选确定。

2）*考虑惯性载荷后的活塞有效冲程*

由于悬点运动是变速运动，当悬点上升到上死点时，悬点及抽油杆柱有向下的最大加速度和向上的最大惯性载荷，虽然悬点速度为零停止向上运动了，但抽油杆柱在惯性载荷的作用下，带着活塞继续向上运行，比仅考虑静载时多向上运行了 λ'的一段距离，当悬点运行到下死点时，悬点及抽油杆柱有向上的最大加速度和向下的最大惯性载荷，使抽油杆柱又比仅考虑静载时多向下移动了 λ''的一段距离。因此与仅考虑静载变形相比，惯性载荷作用使活塞冲程增加了$\lambda_i = \lambda' + \lambda''$。

惯性载荷可以增加活塞的有效冲程，看起来似乎可以增加泵效，但是惯性载荷大，使抽油杆柱的交变载荷增大，增加了抽油杆柱疲劳破坏的概率，所以在生产中不允许靠增大冲数增大惯性载荷的方法来增大活塞的有效冲程以提高泵效。

2. 泵的制造质量，安装质量的影响

例如，球与球阀关闭不严、活塞与衬套间隙配合选择不适当等都会引起漏失影响泵效。

（三）工作方式的影响

抽汲参数选择不合理也会降低泵效。例如，参数太大，理论排量远远大于地层的供液能力，会造成供液不足，使液体充不满泵筒，从而影响泵效；泵挂太深，使冲程损失过大，进而降低泵效。

二、提高泵效的措施

泵效的高低是反映抽油设备利用效率和管理水平的一个重要指标,在同样的理论排量下,泵效高,获得的产量就大。根据前述影响泵效的因素,可提出针对性的措施。

(一)地层方面的措施

1. 加强注水

对于注水开发的油田,加强注水,保持油层能量高,油套环空液面高,是保证油井高产量、高泵效生产的根本措施。油套环空液面高,沉没压力高,一方面增大了原油进泵的动力,另一方面,沉没压力高于饱和压力,可防止原油脱气,减轻气体影响,增大泵的充满系数。

2. 有效防砂

采取有效的防砂措施,减轻砂粒对泵的磨损,从而减轻漏失的影响。另外如果砂子在井中沉积,掩埋油层,会增大油流入井阻力降低液面,也会降低泵效。

(二)井筒方面措施

1. 选择合理的工作方式

当抽油机已选定,并且设备能力足够大时,在保证产量的前提下,应以获得最高泵效为出发点来调整参数。

在保证泵的理论排量不变,即f_P、S、n 的乘积不变,改变各个参数的大小时,泵效也改变,但如果选用合理的参数,在同一理论排量下,可达到较高的泵效。根据泵的工作原理和影响泵效的因素,选择抽汲参数组合的一般原则如下:

(1)对于黏度不太大的常规抽油机井应选用大冲程、小冲数和较小泵径,这样既可减小气体影响,又可减小悬点的交变载荷。

(2)对于原油比较稠的井,一般选用大冲程、大泵径、小冲数,可以减小原油经过阀座孔的阻力和原油与杆柱与管柱之间的阻力。

(3)对于连喷带抽的井,则采用大冲程、大冲数、大泵径,快速抽汲可增大对井的诱喷能力。

f_P、S、n 的合理组合,除了用计算机进行参数优选外,还可以通过生产试验来确定。通过对实际生产中采用不同参数组合抽油的生产资料进行统计,找出泵效高、产量高的参数组合。

2. 确定合理的下泵深度和合理的沉没度

下泵深度越小,冲程损失越小,泵效越高;沉没度越大即下泵深度越大,泵吸入口处的沉没压力越高,气体影响越小。而能使$\eta_\lambda\beta$ 乘积最大的下泵深度和沉没度,即是合理的下泵深度和合理的沉没度。

3. 使用油管锚减小冲程损失

冲程损失是由静载荷引起的油管柱弹性变形和抽油杆柱的弹性变形组成,如果用油管锚或封隔器将油管下端固定,则可消除油管的弹性伸缩,减小冲程损失。深井中将油管下端锚定还可消除由于内压引起的油管螺旋弯曲,减小冲程损失。

4. 采用井下油气分离和井口放套管气装置减轻气体影响

如上所述,要减轻气体影响,增大泵的充满系数,可采用增大泵的沉没度的方法,但增大沉

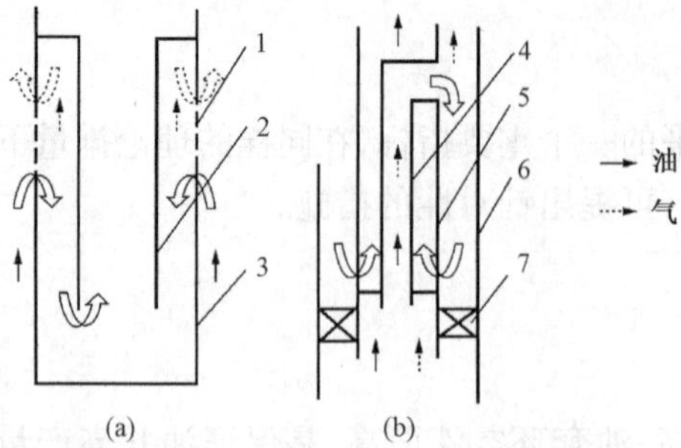

图 2 - 2 - 28　井下油气分离装置

1—孔眼;2—吸入管;3—外管;4—中心管;
5—外筒;6—套管;7—封隔器

没度必会增大下泵深度而增大冲程损失,所以对于高含气的抽油机井应选用的有效措施是在泵的吸入口处安装井下油气分离装置,把自由气在进泵前分离出来,通过环形空间上升,只让液体进泵。套管中的气体利用井口放气流程,定时将其导入地面输油管线。

气锚作为井下油气分离装置,基本分离原理是建立在油气密度差的基础上,利用"回流效应"的简单气锚(a)和带封隔器的井下油气分离器(b),如图 2 - 2 - 28所示。

(三)设备方面和管理方面的措施

1. 改善泵的结构提高泵效

针对油井出砂、结蜡、油稠的特殊情况,研制了许多特殊抽油泵。如用在出砂井的防砂卡抽油泵、用在含气多的井中的环阀式防气抽油泵、用在稠油井中的液压反馈抽稠泵。

2. 改善泵的材料提高泵效

采用耐磨材料加工成的泵可减轻砂磨引起的漏失,采用耐腐蚀的材料加工的泵防止泵受腐蚀引起的漏失和破坏。

3. 加强检泵作业质量防止漏失

检泵中下油管时按要求上紧螺纹,防止油管漏影响泵效。防止泵和泄油器等的连接部位漏失等。

总结以上内容可知,在油井生产过程中,提高泵的效率不是单一的工作,要从设备(井筒)、地层两个方面来考虑。要及时了解油层的生产能力、设备能力以及他们的工作状况,为进一步制定合理的技术措施提供依据,使设备的抽油能力与油层的供油能力相适应,充分发挥油层潜力,并使设备在高效率下正常工作,以保证油井高产高效生产。具体的分析工作应包括以下内容:

(1)了解油层生产能力及工作状况,分析是否已发挥了油层潜力,分析判断油层不正常工作的原因。

(2)了解设备能力及工作状况,分析设备是否适应油层生产能力,了解设备利用率,分析判断设备不正常工作的原因。

(3)分析检查措施效果。

在实际工作中,用示功图分析和憋压法来判断设备的工作状况,用测试液面深度来了解地层的生产能力。

三、地面示功图分析

示功图是载荷随位移变化的封闭曲线。地面示功图是表示悬点载荷随悬点位移变化的封闭曲线,是解释抽油泵抽汲状况最有效的手段,其理论基础是理论示功图。

以悬点位移为横坐标,图上冲程与实际冲程之比值称为减程比;以悬点载荷为纵坐标,每毫米纵坐标表示的载荷称为力比。若是用仪器在悬点处测得的示功图,称为实测示功图。而人工绘制的悬点理论载荷随悬点位移变化的封闭曲线,称为理论示功图。实测示功图虽然是在悬点处测得,但其形状与泵的工作状况有密切的关系,所以也常说是泵的地面示功图。在油田采油实际工作中经常靠分析实测示功图来判断泵的工作状况。

(一)理论示功图分析

1. 理论示功图的构成

理论示功图是在理想条件下绘制出来的,主要是用来与实测示功图进行对比分析,以此来判断深井泵的工作状况,其理想条件为:

(1)泵、管没有漏失,泵正常工作;

(2)油层供液能力充足,泵充满程度良好;

(3)不考虑动载荷的影响;

(4)不考虑砂、蜡、稠油的影响;

(5)不考虑油井连抽带喷;

(6)认为进入泵的液体是不可压缩的,阀是瞬时开闭的。

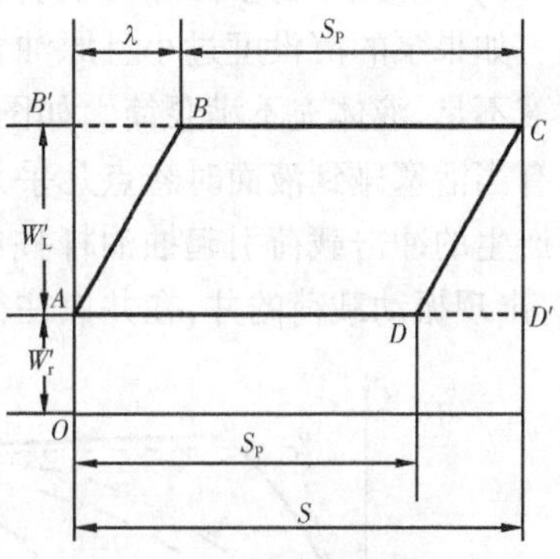

图 2-2-29 静载荷作用下的理论示功图

如图 2-2-29 所示,理论示功图是一个在以悬点位移为横坐标,以悬点载荷为纵坐标的直角坐标系中的平行四边形 *ABCD*,其中 *AB* 为加载线,在$s_A \leqslant \lambda$ 时,静载荷逐渐从下冲程的静载荷增加到上冲程的静载荷,在这期间,载荷与形变成正比:$P_u = W_r' + W_L' \times S_A/\lambda$,在 *B* 点悬点加载完毕,载荷增加到$W_r' + W_L'$,这时固定阀打开。$\lambda \leqslant S_A \leqslant S$ 时的 *BC* 段为上静载线,在 $S - S_A \leqslant \lambda$ 的 *CD* 段为卸载线,到达 *D* 点卸载完毕,载荷减小到 W_r',游动阀在此时打开。*DA* 段为下静载线。冲程损失 $\lambda = B'B = D'D$,活塞有效冲程 $S_P = BC = DA$,上冲程载荷变化线 *ABC* 与基线(即横坐标)之间夹的面积为悬点上冲程做的功,下冲程载荷变化线 *CDA* 与基线之间夹的面积为悬点下冲程做的负功,在一个冲次中悬点做的净功为平行四边形 *ABCD* 的面积。

2. 理论示功图的绘制

(1)计算出上冲程的静载荷$W_r' + W_L'$、下冲程的静载荷W_r'和冲程损失 λ;

(2)计算上、下静载荷线的高度,即示静载荷,用静载荷除以力比 C 可得

$$h_u = OB' = \frac{W_r' + W_L'}{C}; \quad h_d = OA = \frac{W_r'}{C}$$

(3)计算冲程损失和活塞冲程(或光杆冲程)的图上长度,用实际长度乘以减程比J_C可得

$$B'B = \lambda \times J_C \quad BC = (s - \lambda) \times J_C$$

(4)画出坐标轴和平行四边形 *ABCD* 如图 2-2-29 所示。

(二)典型示功图分析

典型示功图是指某一因素影响十分明显,其形状代表了该因素影响下的基本特征的示功图。在实际情况下,虽然有多种因素影响示功图的形状,但总有其主要因素,则示功图的形状

也就反映着主要因素影响下的特征。

1. 气体和充不满对示功图的影响

1)气体影响充不满的示功图

有气体影响的示功图如图2-2-30所示,由于在下冲程末泵底部的余隙中含有一定量的溶解气和压缩的自由气,上冲程开始后,由于这部分气体膨胀使泵内压力不能很快降低,使悬点加载缓慢,吸入阀打开滞后到B'点。下冲程开始时,由于气体受压缩使泵内压力不能迅速提高,悬点卸载缓慢,排出阀滞后于D'点才打开。气体影响越严重,吸入阀和排出阀打开滞后的越大,无效冲程$B'B$和$D'D$越长,示功图的"刀把"越明显。而当沉没压力很低,进泵气量特别大时,有效冲程$B'C$段和$D'A$段接近于零,出现所谓的气锁现象,如图2-2-30中的点划线所示,活塞的上下运动,只是泵内的气体在膨胀和压缩,吸入阀和排出阀都不打开,泵的排量为零。气体影响的示功图的特征是卸载线光滑向下凹。

措施:(1)定期放套管气;(2)调小参数;(3)加深泵挂;(4)对应水井加强注水;(5)下气锚或者防气泵。

2)供液不足充不满的示功图

如果泵的沉没度过小且原油含气量不大时会使进油速度跟不上活塞向上移动速度,造成供液不足,液体充不满泵筒。如图2-2-31所示,示功图的特点是下冲程开始后悬点不卸载,只有当活塞碰到液面时悬点几乎是垂直急剧卸载。卸载线下凹有拐点。常常由于活塞撞击液面产生的冲击载荷引起抽油杆柱的振动载荷,使示功图形状极不规则,出现起伏不定的波浪线,出现振动载荷的井,在井口往往能听到减速箱中阵阵哗哗的齿轮撞击声。

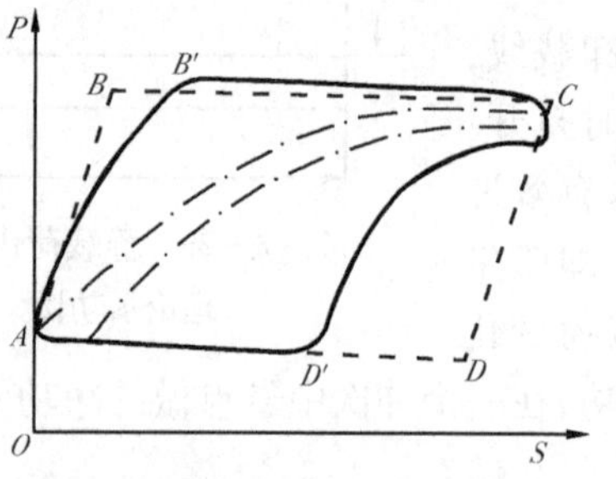

图2-2-30　气体影响示功图

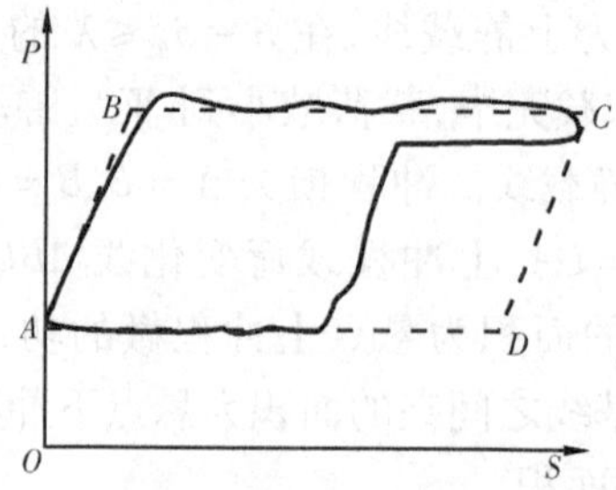

图2-2-31　供液不足充不满示功图

措施:(1)调小参数;(2)对应水井加强注水;(3)间歇抽油;(4)加深泵挂;(5)换小泵。

2. 漏失对示功图的影响

1)排出部分漏失

如图2-2-32所示,上冲程时,随着活塞向上让出体积,泵内压力降低,活塞上下产生压力差,使活塞上面的液体从活塞与衬套间隙及游动阀不严密处漏到活塞下面的泵筒中去,由于漏失到下面的液体对活塞有向上的"顶托"作用,使悬点加载缓慢,随着悬点向上运动的速度加快,"顶托"作用逐渐减小,直到活塞上行速度大于漏失速度时,悬点加载完毕,固定阀滞后于B'点才打开。

当活塞运行到后半冲程,活塞上行速度减慢到低于漏失速度时,又出现漏失液体的"顶托"作用,使悬点提前卸载,固定阀提前于C'点就关闭,当悬点运行到上死点时,悬点载荷已降到C''点。

由于排出部分的漏失,使固定阀滞后于B'点打开,提前于C'点关闭,活塞的有效吸入冲程

$S_P = B'C'$。当排出部分漏失严重时,$B'C'$等于零,固定阀不能打开,活塞的上下运动起不到改变泵内压力的作用,示功图呈细长条形,在下静载线附近,泵的排量为零,如图 2-2-33 所示。

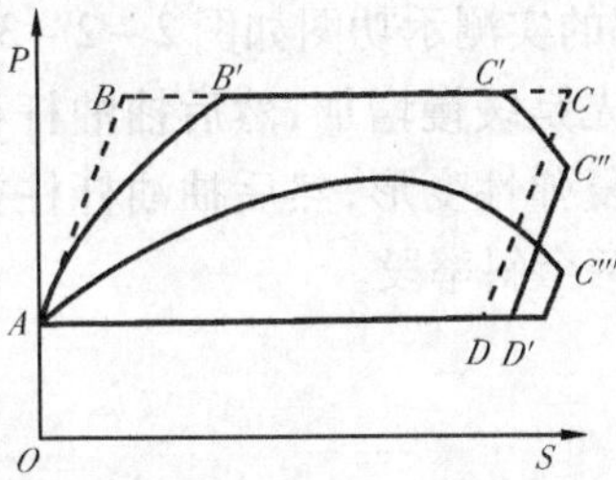

图 2-2-32　排出部分漏失影响的示功图

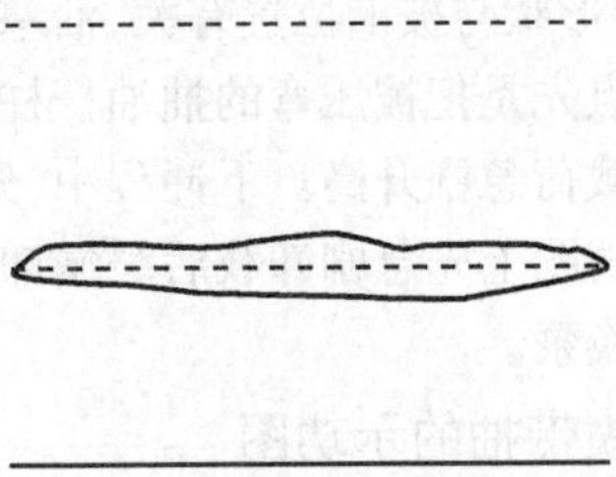

图2-2-33　排出部分严重漏失的示功图

2)吸入部分漏失

下冲程开始后,由于吸入部分(固定阀)漏失,泵中的液体漏回井中,泵内压力上升缓慢,如图 2-2-34 所示,直到活塞向下移动的速度快于漏失速度,活塞追上了液面,才出现泵内压力升高,悬点卸载完毕,排出阀滞后于D'点才打开。当活塞运行到后半冲程,向下移动的速度又慢于漏失的速度时,使泵内压力提前降低,排出阀提前于A'点就关闭,当活塞运行到下死点时,悬点载荷已经增加到A''点。

由于吸入部分漏失,排出阀滞后于D'打开,提前于A'关闭,使活塞的有效冲程减小仅为$S_P = D'A'$。漏失越严重,$D'A'$越短,当吸入部分严重漏失时,$D'A'$等于零,排出阀一直不能打开,短时间内,示功图呈细长条形,在上静载线附近,如图 2-2-35 所示。但是时间久了以后,由于活塞和衬套间隙漏失,使细长条逐渐下移,最后停留在下静载线附近,如图 2-2-33 所示。

3)吸入部分和排出部分双漏失的示功图

当吸入部分和排出部分都漏失时,示功图是两种漏失示功图的组合,示功图呈近似的椭圆形,如图 2-2-35 所示。

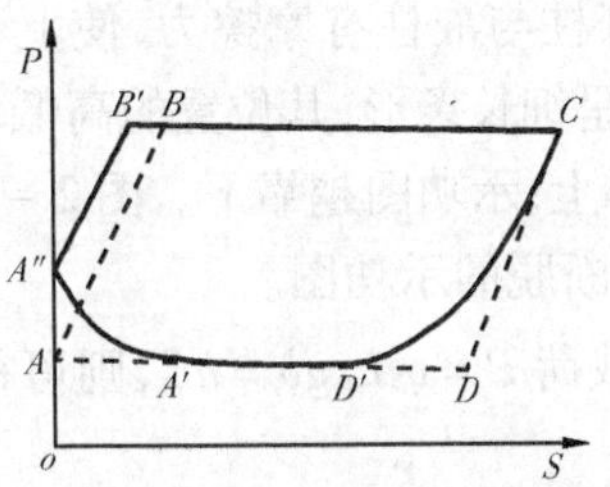

图 2-2-34　吸入部分漏失影响的示功图

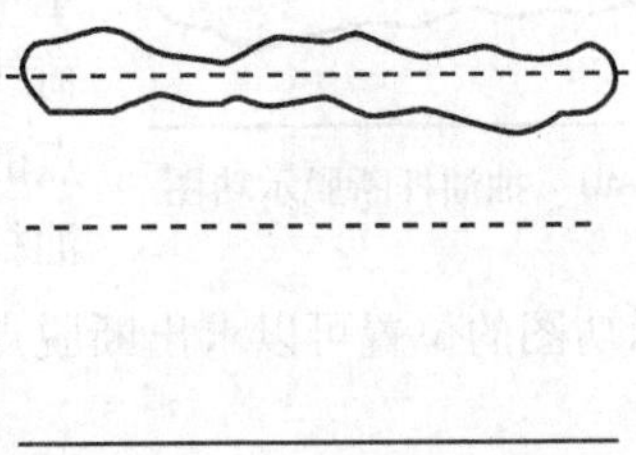

图 2-2-35　吸入部分严重漏失示功图

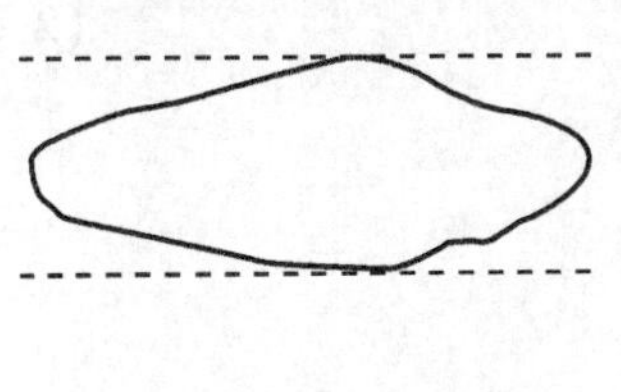

图 2-2-36　吸入部分、排出部分双漏失的示功图

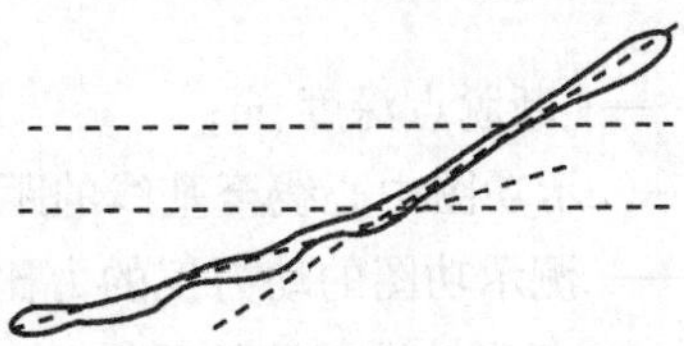

图 2-2-37　活塞卡在泵筒中部示功图

措施:(1)洗井;(2)换泵。

3. 活塞被卡在泵筒中不能动的示功图

由于衬套乱，活塞被卡在泵筒某一位置时，悬点的上下移动，只是抽油杆柱发生变形，活塞不动。图形形状与被卡位置有关，活塞被卡在泵筒中部的实测示功图如图 2－2－37 所示。上冲程中，悬点先是把被压弯的抽油杆柱拉直，悬点载荷先是缓慢增加，然后抽油杆柱受拉弹性伸长，悬点载荷急剧升高。下冲程中，先是抽油杆柱恢复弹性变形，然后抽油杆柱被压缩而发生弯曲，示功图上先急剧卸载后缓慢卸载，示功图呈现两个斜率段。

措施：换泵。

4. 连喷带抽的示功图

对于具有一定自喷能力的抽油机井抽油泵的抽汲只起诱喷和助喷作用。在抽汲过程中，游动阀和固定阀处于同时打开状态，液柱载荷基本加不到悬点上去。示功图的位置和载荷变化的大小取决于喷势的强弱及抽汲液体的黏度。图 2－2－38 和图 2－2－39 分别为油黏度低带喷且喷势较强的示功图和油稠带喷且喷势较弱的示功图。

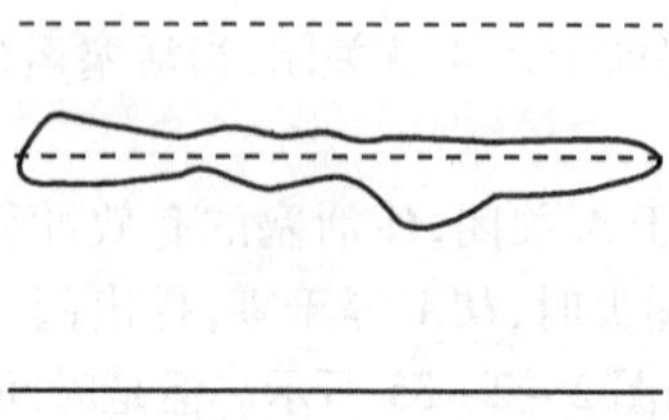

图 2－2－38　喷势强、油稀带喷示功图

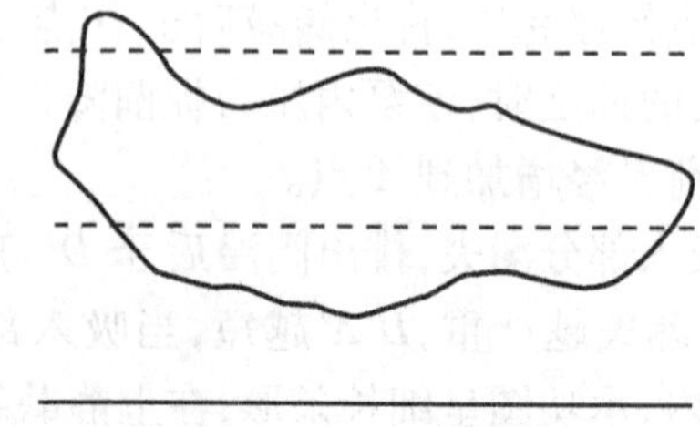

图 2－2－39　喷势弱、油稠带喷示功图

措施：维持原状生产。

5. 抽油杆柱断或脱扣的示功图

抽油杆柱在某一位置被拉断或在某一个接箍处脱扣断开后，悬点载荷实际上是断脱点以上的抽油杆柱在液体中的重量，但是由于抽油杆柱与液柱有摩擦力，使上下冲程的载荷线不重合。示功图呈细长条形，其位置的高低取决于断脱点的位置，断脱点越靠上，示功图越靠下。图 2－2－40 是抽油杆柱在接近中下部断脱的示功图。

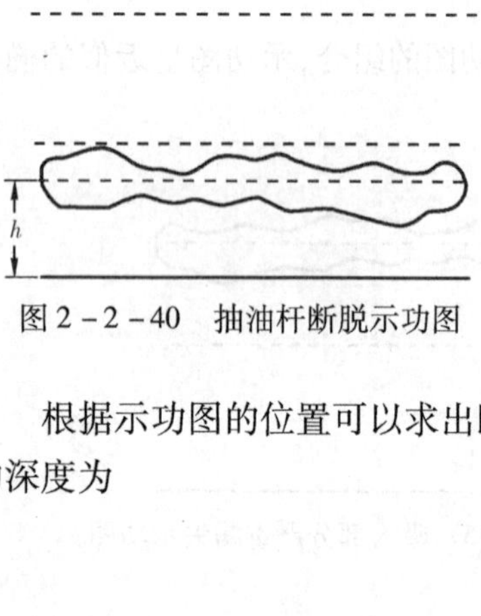

图 2－2－40　抽油杆断脱示功图

根据示功图的位置可以求出断脱点深度，由于悬点载荷 $P = q_r L_D g b = hC$，则可得到断脱点的深度为

$$L_D = \frac{hC}{q_r g b} \qquad (2-2-18)$$

式中　L_D—— 断脱点深度，m；

h—— 示功图中心线至基线的距离，mm；

C—— 测示功图的动力仪的力比，N/mm；

q_r—— 每米抽油杆柱的质量，kg/m；

b—— 抽油杆在液体中的失重系数；

g—— 重力加速度，m/s^2。

如果断脱位置靠近活塞，示功图的位置在下静载线附近，这种示功图与连喷带抽喷势较强的示功图和严重漏失的示功图非常相近，可结合油井产量来区分，带喷示功图有产量，并且产量较高，断脱和严重漏失则没有产量。要区分抽油杆柱在活塞根部断脱与严重漏失两种示功图比较困难，但严重漏失时的活塞也就相当于一段抽油杆了。

措施：(1)对扣；(2)换抽油杆。

6. 其他情况的示功图

1)油井出砂的示功图

砂子在活塞与衬套间隙中摩擦产生不稳定的载荷，示功图载荷线呈锯齿状波动，如图2－2－41所示。

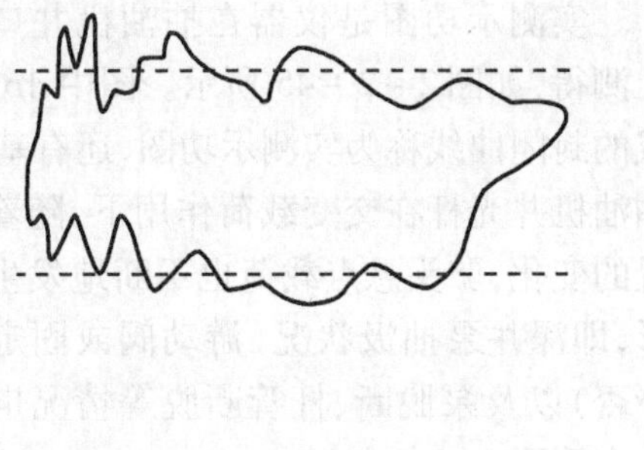

图2－2－41　油井出砂示功图

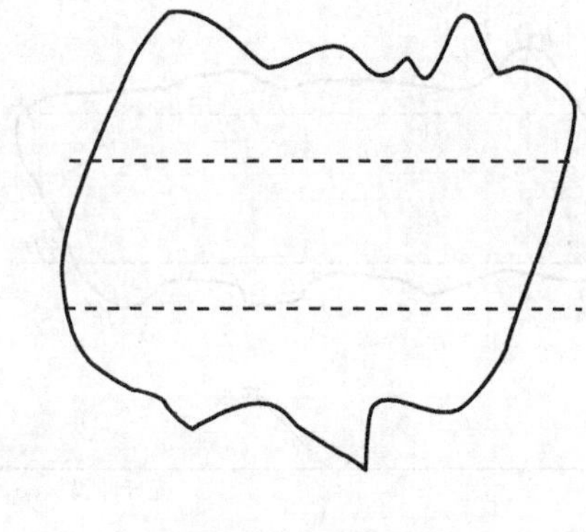

图2－2－42　油井结蜡示功图

措施：洗井。

2)油井结蜡示功图

对于含蜡量高的油井，如果蜡在活塞与衬套间隙集结，引起不均衡载荷，使示功图载荷线出现波浪状波动，由于油比较稠，摩擦力较大使示功图载荷线肥大，超出静载线的范围，如图2－2－42所示。

措施：(1)定期热洗井；(2)加药。

3)上冲程活塞脱出泵筒示功图

图2－2－43为防冲距太大，活塞位置下得过高，在上冲程中活塞全部脱出泵筒的示功图，活塞脱出泵筒时，悬点突然卸载。

措施：调小防冲距。

4)下死点处活塞碰固定阀的示功图

如果防冲距过小，下冲程近下死点处，活塞碰固定阀，引起载荷急剧减小，经常由于冲击载荷引起抽油杆柱的振动载荷，如图2－2－44所示。

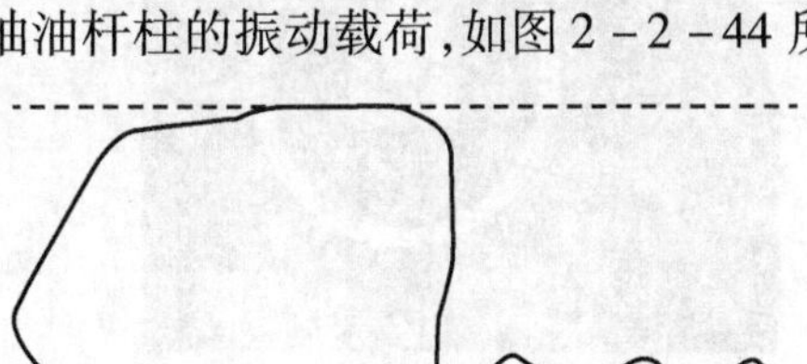

图2－2－43　活塞脱出泵筒示功图

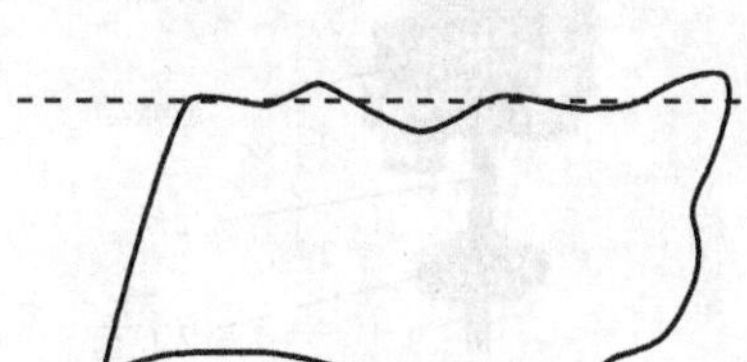

图2－2－44　防冲距过小活塞碰固定阀示功图

措施:调大防冲距。

在生产中还经常有许多类型的示功图,由于泵的工作条件比较复杂和泵的信号经几百米到上千米的抽油杆柱传递到地面,再加上抽油杆柱的振动影响,使地面示功图的形状极不规则,在典型示功图中找不到范例,也判断不出是什么因素影响。

在20世纪30年代曾用井下动力仪直接测量泵的示功图,以便对泵的工作状况做出判断。这样,可消除分析中许多不定因素,大大简化解释工作。然而仪器使用量大,工艺比较麻烦,因而未能推广,只用于一些专门的研究。80年代以来广泛地利用数学方法将地面示功图转换成泵示功图进行分析的计算机诊断技术,大大地提高了抽油系统工况的分析水平。

(三)实测示功图分析

实测示功图是仪器在抽油机井口悬绳器处测得,如图2-2-45所示。图中*ABCD*描绘成的封闭曲线称为实测示功图,还有基线(*S*);抽油机井光杆在交变载荷作用下,随着冲程位置的变化,驴头悬点载荷也不断地发生弹性变形,即深井泵抽汲状况(游动阀或固定阀开关严否)以及泵脱断、杆管断脱等情况也都会反映在图形上。

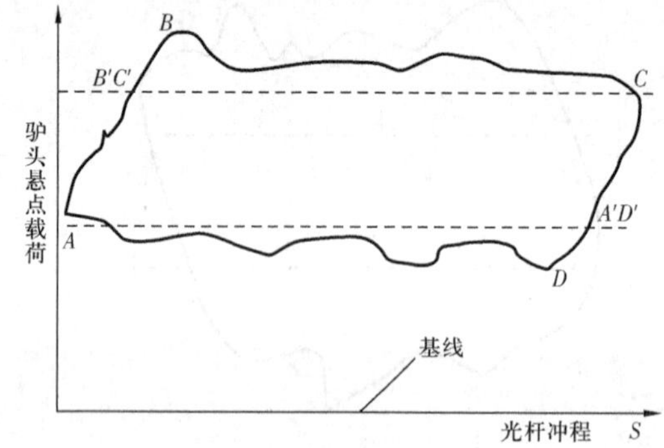

图2-2-45　抽油机井实测示功图

1. 理论示功图与实测示功图的参照分析

分析实测示功图的步骤如下:

(1)在实测示功图上绘制理论示功图,并将实测示功图与理论示功图对比分析;

(2)与典型示功图对比分析;

(3)结合油井产量,原油黏度等生产资料进行分析。

2. 信息化功图采集查询

在信息化标准生产现场,油井通过安装载荷传感器对载荷数据进行实时采集,配合死点开关,载荷传感器从下死点开始每隔 $T/200$s 采集一次光杆负荷,随着每个点的标定位移量的变化,绘制出闭合的图形,通过无线发送数据给RTU,如图2-2-46所示。

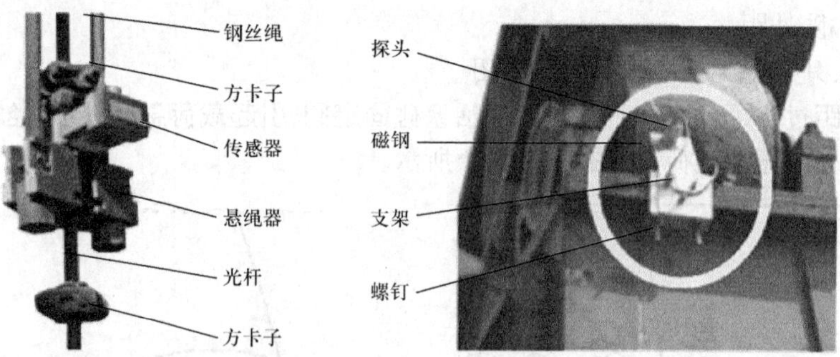

图2-2-46　“无线载荷传感器”与“死点开关”配合完成功图采集

由井场信息化仪表实时采集到的功图数据,推送到生产指挥系统(PCS)平台,可展现油井当前最新功图(PCS中展现的油井实时示功图)。通过查询可查看单井历史的功图数据,进行功图变化对比分析,如图2-2-46所示,便于全面了解各油井工况变化情况。

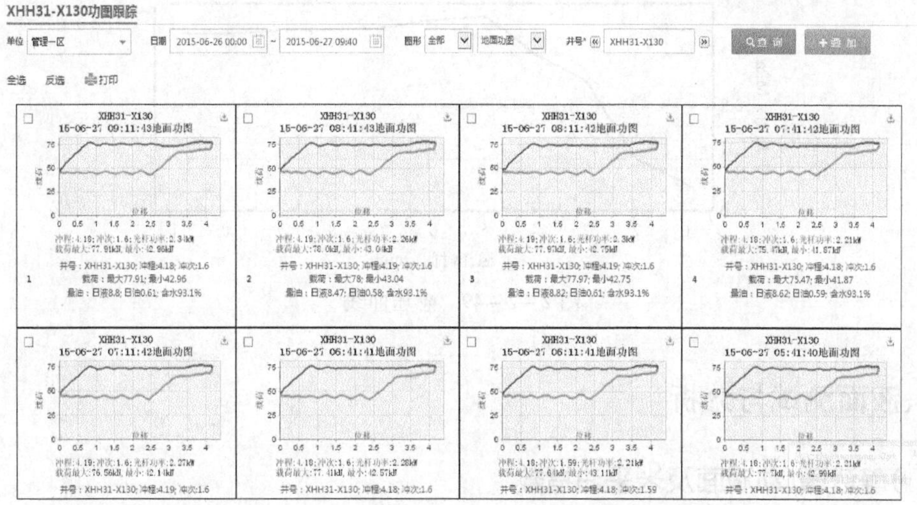

图 2－2－47　PCS 中展现的油井实时示功图(软件截图)

3. 信息化功图叠加对比分析

信息化仪表采集到的实测示功图其载荷与冲程不必计算,可以直接读取。并且可设定某张历史功图为此油井的标准功图(一般取油井刚投产时的最好工况的功图,以此功图作为对比分析的基准),进行叠加对比分析。例如某油井,目前出现了抽油杆断脱的故障(图 2－2－48 中 3 号功图),1 号图为设定的历史参照功图,功图巡检时仅从 3 号图形上难以发现工况问题。当前功图与参照功图叠加后(4 号为叠加图)进行对比分析,从叠加图上看,由于载荷骤然降低,当前功图就变成了一条靠近横坐标的直线,使得故障工况一目了然,如图 2－2－48 所示。

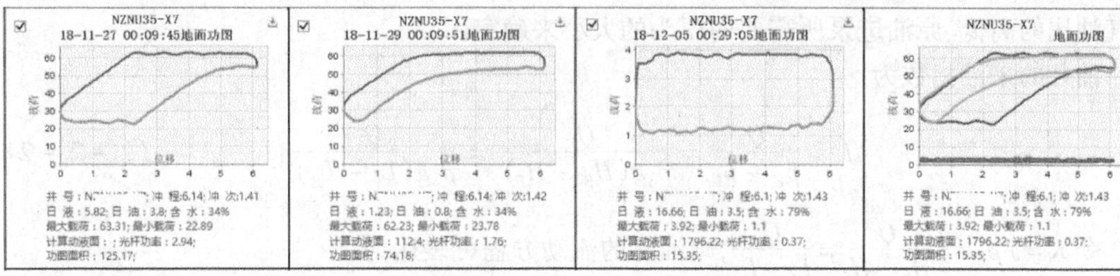

1　　2　　3　　4　同图叠加

图 2－2－48　当前功图与历史功图同图叠加便于发现问题(软件截图)

四、憋压法

憋压法是指在抽油机运转和停抽状态下,通过关闭回压阀门憋压的方式,各测一条压力与时间的关系曲线(图 2－2－49)来判断泵况。

在采油现场,会简化这一过程:在抽油机正常运转时,关闭回压阀门,开始憋压,观察回压随上下冲程的变化,待到压力达到 1.5～2.0MPa 时,停抽,稳压 5min,观察压力的变化情况,若压力不变或略有下降,说明没有漏失;若压力下降越来越快,说明漏失越严重。

需要注意的是,憋压法在地层供液不足的情况下使用可能会造成设备的损坏,因此在使用此方法时需要谨慎考虑。此外,憋压法只是泵况诊断的一种方法,对于全面、准确地判断工况,还需要结合其他参数和诊断方法。

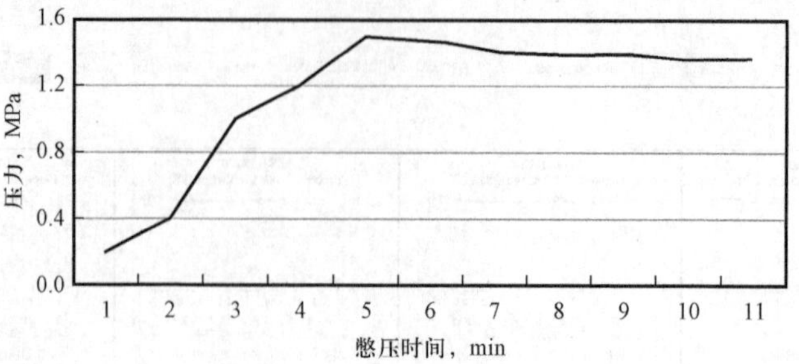

图 2－2－49　憋压曲线

五、液面测试与分析

（一）静液面、动液面及米采油指数

静液面是关井后油套管环形空间中液面恢复到静止时的液面，从井口到液面的距离L_S称为静液面深度，从油层中部到静液面的距离H_S称为静液面高度，如图 2－2－50 所示。与它相对应的井底压力是油层压力（静压），若井口压力为零时，静压与静液面的关系为

$$p_e = \rho_o g H_S = \rho_o g(H - L_S) \tag{2-2-19}$$

动液面是油井生产期间油套管环形空间的液面，同样动液面深度L_f表示井口到动液面的距离，动液面高度H_f表示油层中部到动液面的距离，井底流压与动液面的关系为

$$p_f = \rho_o g H_f = \rho_o g(H - L_f) \tag{2-2-20}$$

图 2－2－50 中，h_S称为沉没度，它表示泵的吸入口沉没在动液面以下的深度，其大小应根据气油比的高低、原油进泵所需要的压头的大小来确定。

油井的采油指数为

$$J = \frac{Q}{p_e - p_f} = \frac{Q}{\rho_o g(H_S - H_f)} = \frac{Q}{\rho_o g(L_f - L_S)} \tag{2-2-21}$$

令 $K = J\rho_o g = \frac{Q}{H_S - H_f} = \frac{Q}{L_f - L_S}$，则油井的流动方程可表达为

$$Q = K(H_S - H_f) = K(L_f - L_S) \tag{2-2-22}$$

式中　Q——油井产量，t/d；

　　　K——米采油指数，t/(d · m)。

米采油指数K和采油指数J一样，表示单位生产压差下的原油日产量，只是这时的生产压差是用液柱高度差或液面深度差表示。

（二）液面位置的测量

测液面的原理是利用回声仪测量声波从井口传播到液面再返回到井口所用的时间t，再求出声波在环形空间中传播的速度v，则液面深度为

$$L = v\frac{t}{2} \tag{2-2-23}$$

为了求出声波在环形空间中传播的速度，在距离井口一定深度L_1处安装音标，在用回声仪测得的声波曲线纸带上能显示出井口波、音标波和液面波如图 2－2－51 所示，测取井口波到液面波的纸带长度作为t_1，则声速 $v=\dfrac{L_1}{t_1/2}$，将其代入式(2－2－23)得

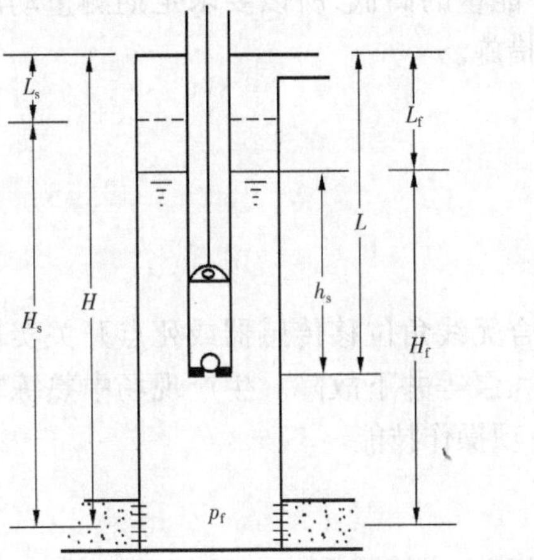

图 2－2－50　静液面与动液面的位置

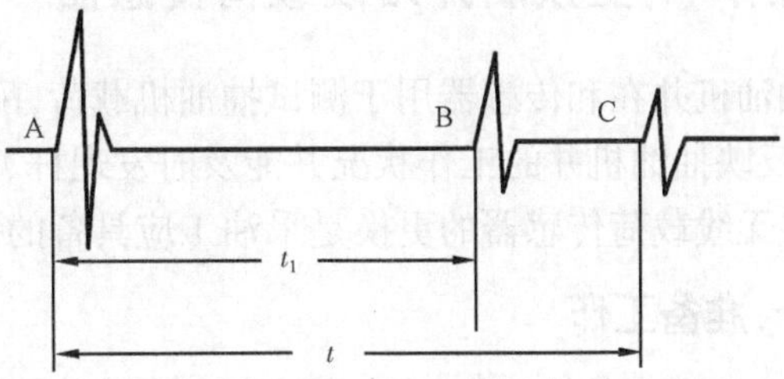

图 2－2－51　液面与音标声波反射曲线

$$L=\frac{L_1}{t_1}t \qquad (2-2-24)$$

油田现场目前用双频回声仪测得的液面曲线如图 2－2－52 所示，上面为高频曲线，下面为低频曲线，在高频曲线上可清楚地看出声波传播到每一个油管接箍返回到井口的时间波形。在这种液面曲线上量取 10 个油管接箍反射波之间的纸带长度作为t_1，量取从井口波到液面波之间的纸带长度作为 t，以 10 根油管的长度作为L_1，也可求出液面深度 $L=\dfrac{L_1}{t_1}t$，而且省去了在井中安装音标的麻烦。

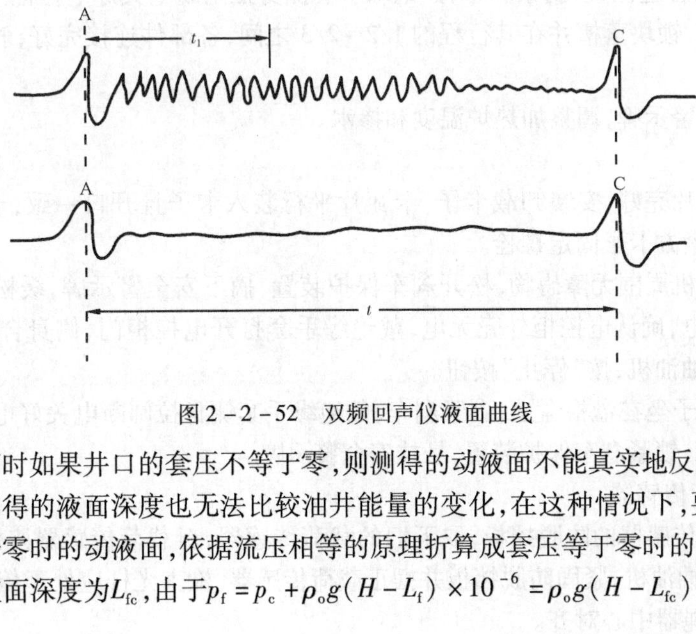

图 2－2－52　双频回声仪液面曲线

在测动液面时如果井口的套压不等于零，则测得的动液面不能真实地反映井底流压，而且在不同套压下测得的液面深度也无法比较油井能量的变化，在这种情况下，要用折算动液面，即将套压不等于零时的动液面，依据流压相等的原理折算成套压等于零时的动液面。

设折算动液面深度为L_{fc}，由于$p_f=p_c+\rho_o g(H-L_f)\times10^{-6}=\rho_o g(H-L_{fc})\times10^{-6}$，则可求得

折算动液面深度为

$$L_{fc} = L_f - \frac{p_c}{\rho_o g} \times 10^6 \quad (2-2-25)$$

在抽油机井的生产中，用液面的高低表示油井能量的高低，所以要求定期测量动液面深度。并对动液面进行分析，发现不正常则及时采取措施。

【技能操作】(应会)

操作一：更换油井无线载荷传感器

抽油机井在和传感器用于测试抽油机载荷，配合无线角位移传感器或死点开关实现功图采集，反映抽油机井的工作状况并能及时发现杆、管、泵等井下故障。生产现场中熟练掌握抽油机井无线载荷传感器的更换是采油工应具备的一项操作技能。

一、准备工作

(1)正确穿戴好劳保用品、符合标准的安全防护用品，并检查齐全完好。

(2)准备好合适的工具用具。方卡子、配置完成的检验合格的载荷传感器、纱布、安全警示牌、600mm 管钳、润滑脂、30mm×32mm 梅花扳手、375mm 活动扳手、200mm 中平锉、内六角扳手、验电器、绝缘手套、便携式硫化氢检测仪、正压式空气呼吸器。

二、操作步骤

(1)现场检查。检查确认操作井号、安全警示标识、检查工作环境。

(2)停抽。

① 验电器验电，确认电控柜外壳无电。

② 戴绝缘手套打开电控柜门，将“远程/本地”旋钮切换至“本地”位置，侧身按“停止”按钮，将抽油机停在合适位置，刹紧刹车，戴绝缘手套侧身拉闸断电关好电控柜门。

③ 检查刹车，锁块落槽并在其行程的 1/2～2/3 之间，各部件连接完好，刹车紧固，锁紧刹车保护装置。

④ 悬挂安全警示牌，调整加热炉温度和掺水。

(3)卸负荷。

① 检查卡瓦片完好，安装卸载卡子，卡瓦片平行装入卡子且开口一致，卡瓦片外露 10～20mm，用扳手上紧方卡子固定螺栓。

② 检查抽油机周围无障碍物，松开刹车保护装置，摘下安全警示牌，缓松刹车，控制曲柄转速。验电器验电，确认电控柜外壳无电，戴绝缘手套打开电控柜门，侧身合闸，按“启动”按钮利用惯性启动抽油机，按“停止”按钮。

③ 将卸载卡子坐在盘根盒上，刹紧刹车，戴绝缘手套侧身拉闸断电关好电控柜门，检查刹车紧固，锁块落槽，锁紧刹车保护装置，悬挂安全警示牌。

(4)更换载荷传感器。

① 拆下载荷传感器的防脱挡板，取下旧的载荷传感器，新载荷传感器按标示箭头朝上安装 U 形开口朝向抽油机，紧固防脱挡板并摆正载荷传感器，检查光杆应处于传感器 U 形中央，检查承力点与悬绳器中心对齐。

② 松开刹车保护装置,摘下安全警示牌,缓松刹车,平稳加载,使卸载卡子下平面上移,距井口密封盒上平面 100~200mm。

③ 检查刹车紧固,锁块落槽,锁紧刹车保护装置,悬挂安全警示牌。

④ 悬丝器钢丝绳无打扭,载荷传感器水平居中、无偏斜,密封盒上缠纱布,用扳手卸松方卡子固定螺栓,卸下卸载卡子,锉平光杆毛刺并擦拭干净。

(5)开抽。

① 检查抽油机周围无障碍物,松开刹车保护装置,摘下安全警示牌,缓松刹车,控制曲柄转速。

② 验电器验电,确认电控柜外壳无电,戴绝缘手套打开电控柜门,侧身合闸,按“启动”按钮利用惯性启动抽油机,将“远程/本地”旋钮切换至“远程”位置,关好电控柜门。

(6)开井后检查。抽油机运转正常井口密封圈松紧合适,调整加热炉温度和掺水。

(7)清理现场。报告生产安全指挥中心操作完毕,核实数据采集正常。收拾擦拭工具用具并摆放整齐,清理施工现场。

三、技术要求及安全注意事项

(1)严格落实安全防护措施。

(2)预防有毒有害气体中毒。

(3)启停抽油机,佩戴绝缘手套,侧身操作,严禁手抓光杆。

(4)拆卸负荷时避免猛墩猛放

(5)安装无线载荷传感器时,注意载荷安装正反方向。轻拿轻放防止摔碰。

(6)更换无线载荷传感器时防止高空坠物与机械伤害。

本操作说明视频观看方法:关注微信公众号“中国石化胜利油田”→屏幕底部“胜利新闻”→菜单“标准化”,观看系列视频 2[采油操作篇(二)]中第 17 项操作。

操作二:更换油井无线载荷传感器电池

抽油机井在和传感器用于测试抽油机载荷,配合无线角位移传感器或死点开关实现功图采集,反映抽油机井的工作状况并能及时发现杆、管、泵等井下故障。生产现场中熟练掌握更换油井无线载荷传感器电池是采油工应具备的一项操作技能。

一、准备工作

(1)正确穿戴好劳保用品、符合标准的安全防护用品,并检查齐全完好。

(2)准备好合适的工具用具。规格型号一致的新电池、600mm 管钳、300mm 活动扳手、合适的内六角扳手、验电器、绝缘手套、安全警示牌、纱布、便携式硫化氢检测仪、正压式空气呼吸器。

二、操作步骤

(1)现场检查。检查确认操作井号、安全标识。

(2)停抽。

① 验电器验电,确认电控柜外壳无电。

② 戴绝缘手套打开电控柜门,将“远程/本地”旋钮切换至“本地”位置,侧身按“停止”按钮,将抽油机停在合适位置,刹紧刹车,戴绝缘手套侧身拉闸断电关好电控柜门。

③ 检查刹车,锁块落槽并在其行程的1/2~2/3之间,各部件连接完好,刹车紧固,锁紧刹车保护装置。

④ 悬挂安全警示牌,调整加热炉温度和掺水。

(3)换电池。

① 卸出电池盖板的四条螺钉,打开电池盖板,取下电池盖板,拔开电池插接头,取出旧电池。

② 放入新电池,确认极性正确,插好电池插头,检查电池盖板的防雨胶圈,四条盖板螺丝均匀涂抹少许润滑脂,放置好防雨胶圈,装好电池盖板,对角上紧螺钉。

(4)开抽。

① 检查抽油机周围无障碍物,松开刹车保护装置,摘下安全警示牌,缓松刹车,控制曲柄转速。

② 验电器验电,确认电控柜外壳无电,戴绝缘手套打开电控柜门,侧身合闸,按"启动"按钮利用惯性启动抽油机,将"远程/本地"旋钮切换至"远程"位置,关好电控柜门。

(5)开井后检查。抽油机运转正常井口密封圈松紧合适,调整加热炉温度和掺水。检查无线载荷传感器通信正常,报告生产安全指挥中心操作完毕,核实数据采集正常。

(6)清理现场。收拾擦拭工具用具并摆放整齐,清理施工现场。

三、技术要求及安全注意事项

(1)严格落实安全防护措施。

(2)预防有毒有害气体中毒。

(3)启停抽油机,佩戴绝缘手套,侧身操作。

(4)密封圈安装时应平整、均匀固定,确保密闭性能。

(5)更换电池后,旋紧盖板时严禁挤压线缆。

本操作说明视频观看方法:关注微信公众号"中国石化胜利油田"→屏幕底部"胜利新闻"→菜单"标准化",观看系列视频1[采油操作篇(一)]中第6项操作。

操作三:更换抽油机井电动机传动皮带

抽油机在生产过程中,电动机传动皮带由于材料老化,以及皮带拉伸、磨损等,性能将越来越差,造成皮带打滑、启动困难、传动效率降低、抽油机井不能正常工作等问题。所以生产一段时间后,就需要更换电动机传动皮带,本处以更换C形皮带为例进行介绍。

一、准备工作

(1)正确穿戴好劳保用品、符合标准的安全防护用品,并检查齐全完好。

(2)准备的工具用具。需要准备的工具有:规格型号相同的新皮带一副,1000mm、500mm标准撬杠各1根,600mm管钳1把,450mm、375mm、300mm活动扳手各1把,绝缘手套1只,试电笔1支,细纱布若干,班报表,记录笔。

二、操作步骤

(1)停抽。

① 用试电笔检测电控柜外壳,确认安全,打开电控柜门,按停止按钮停抽,将抽油机驴头

停在接近上死点的位置，刹紧刹车。

② 侧身拉闸断电，记录停抽时间，关电控柜门，断开铁壳开关。

③ 检查刹车，以刹车锁块在其行程范围的1/2～2/3之间刹紧，各部件连接完好为宜。

(2)向前移动电动机。卸下电动机前顶丝，松开前固定螺栓。注意：为了防止固定螺栓底脚卡在滑轨槽内，固定螺母不要松得过大。卸下电动机后顶丝，卸松后固定螺母，用撬杠向前移动电动机，使皮带松弛。

(3)取下旧皮带。摘手套取下旧皮带。

(4)装上新皮带。将新皮带装入减速箱皮带轮槽内，然后再逐根装入电动机皮带轮槽内，并检查皮带无窜槽、交叉等现象。

(5)向后移动电动机。用撬杠向后移动电动机。

(6)紧电动机顶丝。紧电动机前顶丝，调整皮带松紧度，皮带的松紧度在两轮之间以下压2～3cm为合格，检查皮带的松紧度时，严禁手抓皮带。紧电动机后顶丝，调整两皮带轮"四点一线"，调整过程中，要边调边检查"四点一线"。

(7)紧电动机固定螺栓。先紧电动机后固定螺栓，再紧电动机前固定螺栓。

(8)开抽。

① 检查抽油机周围无障碍物，松开刹车。

② 合上铁壳开关，用试电笔检测电控柜外壳，确认安全，打开电控柜门，侧身合闸送电，按启动按钮，利用曲柄惯性启动抽油机。记录开抽时间，关好电控柜门。

(9)检查抽油机。检查新更换的皮带松紧合适，抽油机运转正常。

(10)清理现场。收拾擦拭工具用具并摆放整齐。

(11)填班报表。将有关数据填入班报表。

三、技术要求及安全注意事项

(1)挂皮带时要站稳，防止滑脱，所换皮带不允许新旧混用。

(2)如两皮带轮端面达不到"四点一线"，可卸松滑轨固定螺栓，调整滑轨。

(3)"四点一线"是指从减速箱皮带轮外边缘向电机皮带轮外边缘拉一条通过两轴中心的线，且通过两皮带轮边缘的四点在同一条直线上。

(4)在现场操作必须有监护人，抽油机上进行的任何操作都必须在停机刹车的状态下进行。

(5)掺水井控制掺水量，使用加热装置的井应在操作前后适当调整温度。

操作四：油井井口憋压

抽油机井井口憋压是为了验证抽油泵及油管是否发生漏失，通过憋压过程中压力与抽油机行程变化的对应关系判断深井泵故障。憋压操作是采油工管理油井的一项重要技能。

一、准备工作

(1)正确穿戴好劳保用品、符合标准的安全防护用品，并检查齐全完好。

(2)准备工具、用具。600mm管钳1把，250mm、200mm活动扳手各1把，通针，6MPa压力表，秒表，生料带，验电器，绝缘手套，安全警示牌，纱布，便携式硫化氢检测仪，正压式空气呼吸器。

二、操作步骤

(1)安装压力表。在取样阀门或压力表截止阀处垂直安装机械式压力表,压力表缠生料带,对正表接头,缓慢上扣,用扳手上紧,缓慢打开压力表截止阀,检查无渗漏,打开截止阀,三点一线记录压力值。

(2)憋压。关闭回压阀门憋压,记录压力随时间的变化值,压力上升到2.5~3MPa。

(3)停抽。

① 验电器验电,确认电控柜外壳无电;

② 戴绝缘手套打开电控柜门,将"远程/本地"旋钮切换至"本地"位置,侧身按"停止"按钮,将抽油机停在合适位置,刹紧刹车,戴绝缘手套侧身拉闸断电关好电控柜门。

③ 检查刹车,锁块落槽并在其行程的1/2~2/3之间,各部件连接完好,刹车紧固,锁紧刹车保护装置。

④ 悬挂安全警示牌,调整加热炉温度和掺水。观察压力变化,观察并记录10min内压力变化情况。根据压力上升和下降情况分析判断井下油管和抽油泵的工作状况,侧身打开回压阀门。

(4)开抽。

① 检查抽油机周围无障碍物,松开刹车保护装置,摘下安全警示牌,缓松刹车,控制曲柄转速。

② 验电器验电,确认电控柜外壳无电,戴绝缘手套打开电控柜门,侧身合闸,按"启动"按钮利用惯性启动抽油机,将"远程/本地"旋钮切换至"远程"位置,关好电控柜门。

(5)卸压力表。关闭压力表截止阀,卸松压力表,边卸边晃动,放净余压,待压力表指针落零后,卸掉压力表,擦拭并清理干净压力表接头。

(6)开井后检查。抽油机运转正常井口不渗不漏,调整加热炉温度和掺水。报告生产安全指挥中心操作完毕,核实数据采集正常。

(7)清理现场。收拾擦拭工具用具并摆放整齐,清理施工现场。

三、技术要求及安全注意事项

(1)憋压时选用量程合适校验合格的压力表。

(2)采油树各部位不渗不漏,阀门灵活好用。

(3)憋压值不得超过压力表量程的2/3。

(4)读压力值时,眼睛、指针、刻度成一线垂直表盘。

(5)安装、卸压力表时严禁用手转动表头,以免损坏仪表。

(6)开关阀门时要注意侧身缓慢操作。

> 本操作说明视频观看方法:关注微信公众号"中国石化胜利油田"→屏幕底部"胜利新闻"→菜单"标准化",观看系列视频3[采油操作篇(三)]中第22项操作。

【技能操作】(观摩)

操作一:常规、双驴头抽油机更换电动机皮带轮

操作二:常规、双驴头抽油机调冲程

> 以上操作说明视频观看方法:关注微信公众号"中国石化胜利油田"→屏幕底部"胜利新闻"→菜单"标准化",观看系列视频13[注采输设备操作篇(一)]中第1、8项操作。

操作三:调整抽油机井防冲距

本操作说明视频观看方法:关注微信公众号“中国石化胜利油田”→屏幕底部“胜利新闻”→菜单“标准化”,观看系列视频14[注采输设备操作篇(二)]中第15项操作。

操作四:油井碰泵

本操作说明视频观看方法:关注微信公众号“中国石化胜利油田”→屏幕底部“胜利新闻”→菜单“标准化”,观看系列视频15[注采输设备操作篇(三)]中第26项操作。

操作五:CJ-6油井液面测试

本操作说明视频观看方法:关注微信公众号“中国石化胜利油田”→屏幕底部“胜利新闻”→菜单“标准化”,观看系列视频1[采油操作篇(一)]中第8项操作。

项目四　抽油机井生产管理与分析

油井管理是以不断认识油层和改造油层为前提,力求使油层生产能力和设备协调,保证设备正常运转,保持油井处在合理生产压差下生产,使油井能高产稳产,达到高效开发油田的目的。由于油井生产是一个动态的过程,所以需要经常深入了解油层、油井的动态变化,综合分析,找出油井生产变化的原因,才能制定下步挖潜措施。

【知识目标】

(1)掌握油井管理内容;

(2)掌握抽油装置系统效率;

(3)掌握抽油机井动态控制图组成及应用。

【技能目标】

(1)能实施洗井操作保持油井正常生产;

(2)能进行油井动态分析。

【所需知识】

一、抽油机井管理

(一)抽油机井管理的内容

抽油机井管理是一项系统性工作,应该从地面到地下,从油井到地层,从单井到井组进行,包括五方面内容。

1. 地面管理

地面管理包括定期对抽油机、井口设备、管线等进行检查,核心是设备的维护与保养,它是确保油井正常生产的基础,可按照抽油机三级保养的要求进行。

2. 井筒管理

做好防砂、防蜡、防腐、防气、防偏磨、防水、防断、防脱、防卡、防钻井液的“十防”工作，可以确保井筒设备的稳定运行和井筒生产的高效、安全、环保，延长抽油井免修期。

3. 资料管理

资料管理是抽油机井管理的重要组成部分。收集和整理油井的各项资料，并保证各项资料齐全准确，可及时了解油井的生产状态，预测生产趋势，及时发现潜在问题，为油井和井组动态分析提供准确的数据。

4. 油层管理

油层管理是指认识油层剖面，分清油、水层，明确注采关系。在此基础上，应做好以单井为基础、井组为单元的动态分析，及时调整管井措施和增产挖潜措施。

5. 协调管理

抽油机井的管理工作是需要多方配合进行的，如井下作业、测试、维修等施工单位相互配合。要求认真对施工项目进行交接与验收，与各施工单位做好协调配合工作。

（二）抽油机管理基本要求

（1）资料做到“九全九准”，即油压、套压、产量、示功图、含水、电流、动液面、静压、气油比。

（2）管理工作做到“四个及时”，即及时发现问题、及时分析原因、及时采取措施、及时观察效果。

（3）做到“五清楚”，即设备情况清楚、生产动态清楚、油水层清楚、存在问题清楚、所采取的技术措施清楚。

（三）抽油机井资料全准

抽油机井资料全准是指油压、套压、电流、产量、原油含水化验、示功图、油气比、动液面（流压）、静液面（静压）全准。

抽油机井月度正常开井连续生产达24h必须参加当月全准率检查 。

1. 抽油机井产量全准

（1）采用玻璃管量油的井，分离器直径为600mm，玻璃管量油高度为40cm；分离器直径为800mm，玻璃管量油高度为50cm；分离器直径为1000mm、1200mm，玻璃管量油高度为30cm。单井日产液量小于20t的井，每月量油2次，两次量油间隔不少于10d，每次量油1遍。

单井产液量≥20t的井，每10d量油1次，每月必须有3次量油为全，每次量油至少3遍，取平均值。采用流量计量油的井，每次量油时间为3～2h，否则为不全不准。

（2）措施井开井后应加密量油，日产液量小于20t时，一周内量油不少于3次为全；日产液量≥20t时，一周内量油不少于5次为全。

（3）日产液量计量的正常波动范围：日产液量≥100t的油井为±5%；日产液量50～99t的油井为±10%；日产液量5～49t的油井为±20%；日产液量小于5t的油井为±30%。超波动范围井，必须连续复量3次，从中选取接近上次量油值使用，否则为不准。

（4）关井扣产 ：日产液量在5t以上的油井，关井影响日产液量不够1t的井不扣产。不管是否扣产关井时间必须从当日生产时间中扣除 。

（5）对于不具备玻璃管、流量计计量条件以及冬季低产井，可采用软件法量油或翻斗量油、计量车量油等计量方式。日产液量≥10t 的井，每月量油 2 次；日产液量小于 10t 的井，每月量油 1 次。液面恢复法量油要求：每月量油 1 次，每次量油不得少于 3 个点。两次量油间隔在 20～40d 之间。测试仪器必须达到规范要求，否则资料为不准 。

(6)抽油机井停机扣除停机时间和产量为准。

(7)抽油机井热洗扣产：单井日产液在 5t 以下的油井，热洗扣产 4d；单井日产液在 5～10t 的油井，热洗扣产 3d；单井日产液在 11～15t 的油井，热洗扣产 2d；单井日产液在 16～30t 的油井，热洗扣产 1d；单井日产液在 30t 以上的油井，热洗扣 12h 的产液量。热洗井均不扣生产时间。达到以上要求为准。

2. 油压、套压全准

1)油压全准

正常情况下油压每月录取 1 次，特殊情况(如环状流程首端井、栈桥井等)要加密录取观察为全。

2)套压全准

正常情况下套压每 10d 录取 1 次，特殊情况要加密录取观察，每月有 3 次以上具有代表性压力资料为全。

3)压力表校对

正常情况下压力表每季度校对 1 次，快速式取压表每月校对 1 次，发现问题应及时校对。压力值应在使用压力表量程的 1/3～2/3 范围内，采用其他取压装置，必须符合其规范要求方可允许使用，否则资料为不准。

3. 电流全准

正常生产井每天测 1 次上下冲程电流，每月有 25d 以上资料为全。电流波动或异常的井要查明原因，否则资料为不准。

4. 原油含水化验资料全准

(1)见水油井每 10d 取样 1 次，每月至少与量油同步进行 1 次，措施后取样与量油同步进行含水化验分析为全。含水≥80%，化验含水波动不超过 ±4%；40% < 含水 < 80%，化验含水波动不超过 ±5%；含水≤40%，化验含水波动不超过 ±30%。若化验含水值超过波动范围必须重新取样至少 3 个，取接近上次化验含水值计算产量，含水化验值变化大，只要原因清楚，亦可采用为准。

(2)未见水油井每月取样 1 次，发现油井有含水痕迹后，每 10d 取样一次进行含水化验分析为全。

(3)取样一律在井口取，先放空，见到新鲜原油，采用定压方法，一桶样分 3 次取完，每桶样量必须取够总桶的 1/2～2/3，否则为不准。

(4)双管掺水流程井，井口停掺 5min 后取样，井口掺水阀门关不严必须关闭计量间掺水阀门 30min 后方可取样，否则为不准。

5. 示功图、动液面(流压)全准

(1)正常生产井示功图、动液面每月测试 1 次，两次测试间隔不少于 20d。示功图与动液面(流压)测试要同步测得，并同步测得电流、油压、套压资料为全。发现异常情况必须及时加密测试，动液面波动范围 ±200m，超过范围必须查明原因或复测验证，否则为不准。

(2)措施井开井后 3～5d 内必须测试示功图、动液面，并同步录取产量、电流、油压、套压资料,否则为不全不准。

(3)测试仪器每月校对1次为准。

6. 静压全准

动态监测定点井每半年测1次静压为全,两次测试间隔时间不少于4个月。压力计和时钟必须达到质量标准。在正常生产情况下,静压值与上次对比,测液面恢复压力波动不超过±10MPa,实测静压波动不超过±0.5MPa,超过必须查明原因,无变化原因必须复测,否则为不准。

(四)抽油机井工作制度确定

1. 抽油井合理工作制度概念

抽油井合理的工作制度就是选择冲程、冲数、泵径、下泵深度的最佳配合来控制油井合理的生产压差,保证地层能量的合理利用。

合理的工作制度决定生产压差的大小,油井的工作制度越大,井底流压越小,生产压差就越大。生产压差过大,会破坏油层引起出砂。油井的工作制度越小,井底流压越大,生产压差越小。生产压差过小,会影响油井的产量,使油层能量不能充分地发挥出来。因此,选择油井合理的工作制度,既能保证油层能量利用合理,不破坏油层,又能保证油井具有一定生产能力。

2. 确定合理生产压差应考虑的因素

(1)不破坏油层,避免造成油层大量出砂,引起油层坍塌、套管变形。

(2)无水采油期长,油井含水上升速度慢。

(3)充分利用地层能量、使泵的抽汲能力和油层供液能力相适应。

(4)要考虑设备条件。

3. 合理工作制度的确定

1)确定出合理的生产压差

根据系统试井资料确定合理的生产压差。

(1)系统(稳定)试井的概念。

系统试井是指系统地改变油井的工作制度(冲程或冲次),待每种工作制度稳定后,测出流压、静压、产油量、产液量、气油比、含水、含砂等资料,通过分析对比确定油井合理的工作制度的方法。每次试井一般需要改变4~5次油井的工作制度。每次改变工作制度后需要稳定的时间要根据油层性质而定,渗透率大的井一般稳定2~3天,渗透率小的井,一般需要稳定5~7天。

(2)系统试井需要录取的资料。

每改变一次工作制度需要录取静压p_s、井底流压p_{fr}、产油量Q_o、产液量Q_L、含水f_w、含砂n_s和生产气油比R_p。这样,改变4~5次油井的工作制度,每个参数都录取4~5个值。

(3)根据录取的资料绘制系统试井曲线。

以工作制度为横坐标,以生产参数为纵坐标而绘制的曲线称为系统试井曲线,如图2-2-53所示。在系统试井曲线上,选取含水、含砂上升幅度开始增大,产油、产液增幅减小,流压降低幅度变大时的工作制度为合理的油井工作制度。

(4)采油指示曲线。

根据系统试井曲线可以找出生产压差($\Delta p = p_s - p_f$)与产油量的对应关系。这样,以产油量为横坐标,以生产压差为纵坐标绘出的曲线称为采油指示曲线,如图2-2-54所示。

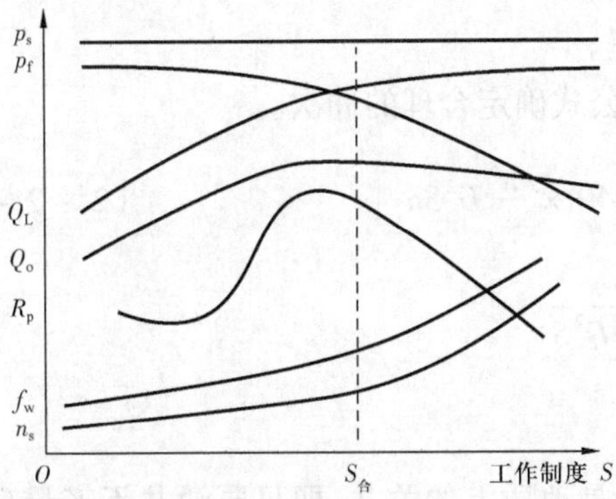

图 2-2-53　系统试井曲线

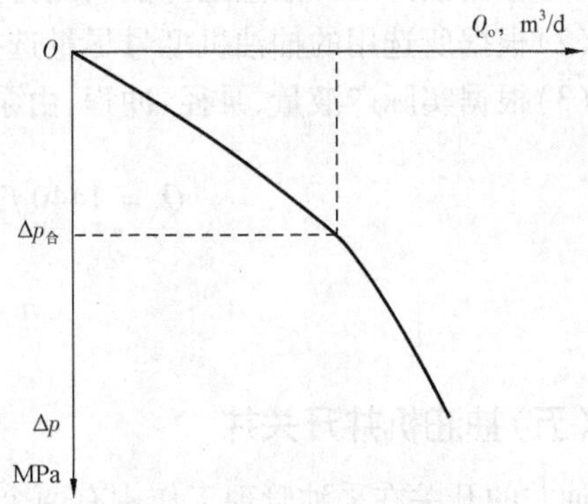

图 2-2-54　采油指示曲线

在采油指示曲线上，单位生产压差下的日产油量称为采油指数。采油指数一般用"J"表示。采油压差的大小反映油层产油能力的大小。

$$J=\frac{Q_o}{\Delta p} \tag{2-2-26}$$

式中　Q_o——油井的日产油量，m^3/d 或 t/d；

Δp——生产压差，MPa；

J——采油指数，$m^3/(d \cdot MPa)$ 或 $t/(d \cdot MPa)$。

(5)合理生产压差的确定。

根据系统试井曲线，油层能量利用合理，产油量较高能满足生产要求，含砂、含水较低，又不破坏油层的工作制度即为油井合理的工作制度。在采油指示曲线上直线段末端所对应的生产压差即为合理的生产压差。

2)根据选取的合理生产压差确定合理的下泵深度

对于每一口油井都要根据油层的生产能力、配产要求及合理的生产压差确定合理的下泵深度。一般下泵深度的计算公式为

若 $P_c=0$ 时：

$$L=H-\frac{p_s-\Delta p_合}{\rho_L g}+h_s \tag{2-2-27}$$

式中　L——下泵深度，m；

h_s——泵的沉没度，m；

p_s——油层静压，MPa；

$\Delta p_合$——油井合理的生产压差，MPa；

ρ_L——油井中液体的密度，kg/m^3；

g——重力加速度，m/s^2。

沉没度的大小与油井产量、气油比、原油黏度等因素有关，一般来讲，加大沉没度可以提高泵的入口压力。减少气体影响对提高泵效有利。但随着沉没度的增加，光杆载荷增加。冲程损失加大又会降低泵效。所以，并不是沉没度越大越好，而是有一个合理的范围，才能达到最高的泵效，生产现场多采用经验值来确定沉没度。

3)确定泵径、冲程和冲次的配合

确定油井合理工作制度的原则是：长冲程、低冲次、小泵径。

(1)根据油井的产液量选择能满足排量的泵径。

(2)根据所选用的抽油机型号尽量选择长冲程。

(3)根据实际产液量、泵径、冲程,由泵的排量公式确定合理的冲次。

$$Q = 1440 f_{\mathrm{p}} Sn = 1440 \times \frac{\pi}{4} D^2 Sn \qquad (2-2-28)$$

则

$$n = \frac{4Q}{1440\pi D^2 S}$$

(五)抽油机井开关井

油井的开关在采油管理工作中有两个含义:一是地质上的关井,即只要油井无产量(连续过24h),不管井是否处在采油(如抽油机在运转)状态都称为关井。二是生产上的关井,即油井流程阀门关死就称关井,其特点是井间生产流程不通。如果关井时间超过48h,就称为暂关井。还有在开发中把油井因高含水等原因指令性的关井称为计划关井。

二、抽油机井系统效率

在抽油机井生产过程中,存在三种能量转化关系,在地面通过电动机将电能转化为机械能,再通过抽油泵传递给井下液体,转化为液体能,将井下液体举升到井口。在这个过程中,要力求投入最小的成本,获得最大的利益,这就要求抽油机井的系统效率要高。

(一)抽油机井系统效率的定义

抽油机井的系统效率是抽油机井有用功率(水功率)与输入功率的比值。这个值越高,抽油机井的效益越好。

$$\eta_{\mathrm{t}} = \frac{N_{\mathrm{H}}}{N_{\mathrm{r}}} \qquad (2-2-29)$$

式中 N_{r}——电动机输入功率,kW;

N_{H}——抽油机井的有用功率,kW。

1. 抽油机井的有用功率

有用功率或称有效功率,也称为水功率, 是指在一定时间内,将一定量的液体举升到地面所需要的功率。

$$N_{\mathrm{H}} = \frac{QHg}{86400} \qquad (2-2-30)$$

式中 Q—— 油井产液量,t/d;

H——泵对液体的有效提升高度,m。

泵对液体的有效提升高度计算如下:

(1)如果忽略沉没压力和回压的影响,有效提升高度等于下泵深度:$H=L$。

(2)考虑沉没压力和回压的影响时,为了计算简单,忽略气柱重力和进泵阻力的影响,并认为环空中和油管中的液体密度相同,有效提升高度为

$$H = L_{动} + \frac{102(p_{\mathrm{B}} - p_{\mathrm{C}})}{\rho_l} \qquad (2-2-31)$$

式中 p_B, p_C——回压和套压，MPa；

ρ_l——井中液体密度，kg/m^3。

2. 电动机输入功率

电动机输入功率在电动机接线盒电缆处测得，目前主要有以下三种方法：

(1)通过电力分析仪测试，能准确测量即时功率、平均功率、功率因数等多项指标。

(2)通过有功电度表测得固定时间的电功数，再除以时间得到平均功率。

(3)通过电流表测得电流值后算出工功率，误差较大，只能估算用。

(二)抽油机井系统效率分解

系统效率可分解为地面效率和井下效率，即 $\eta = \eta_{地面} \times \eta_{井下}$，如图 2-2-55 所示。

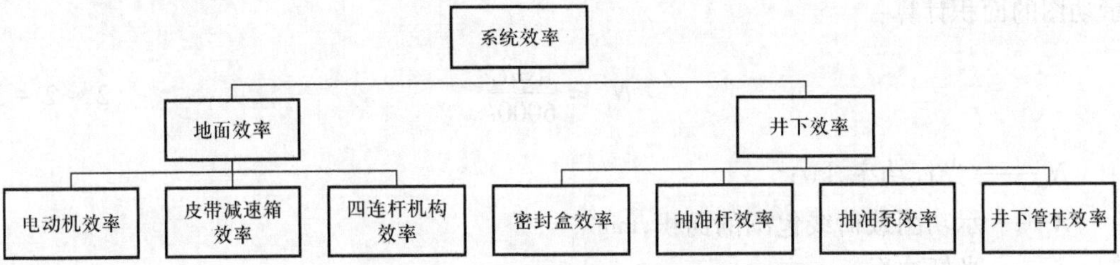

图 2-2-55 抽油机井系统效率分解图

1. 地面效率

1)电动机效率

电动机效率是指电动机轴输出功率与电动机输入功率之比。普通电动机主要功率损失包括铜损、铁损、通风系统及轴承摩擦损耗。

我国各油田抽油机多用 Y 系列电动机，其常用电动机额定效率见表 2-2-6。

表 2-2-6 额定功率与额定效率

电动机级数	6						8				
额定功率，kW	15	22	30	37	45	55	15	22	30	37	45
额定效率，%	89.5	90.2	90.2	90.8	92	92	88	90	90.5	91	92

由于受抽油机系统效率的不均衡特性及负载率不高等影响，电动机效率无法达到额定值，多数电动机效率在 65%~80% 之间，最好可达到 85%。

2)皮带传动效率

查相关手册，常用皮带传动效率见表 2-2-7。

表 2-2-7 额定功率与额定效率

型号	平带		V 带		窄 V	多楔	同步
	普通	有张紧轮	帘布	绳芯			
传动效率，%	83~98	80~95	87~92	92~96	90~95	92~97	93~98

目前抽油机常用绳芯 V 带和窄 V 带，最大传动效率可达 96%。

3)减速箱效率

根据相关机械手册，齿轮传动副效率一般为 98%，轴承效率一般为 99%。抽油机一般是两级齿轮传动,有两对齿轮和三对轴承,故一般减速箱效率为93%。

4)四连杆效率

四连杆机构的功率损失主要来自轴承摩擦与驴头钢丝绳变形,也受到因不同冲程影响游梁与连杆传递角度的不同时力的分解损失,因此是一个变量。抽油机四连杆机构有三副轴承和一副钢丝绳,钢丝绳的传动效率为98%,故抽油机四连杆机构的传动效率约为88%~95%。

综上,最大地面效率为 $\eta_{地面} = 85\% \times 96\% \times 93\% \times 95\% = 72\%$。

2. 井下效率

井下效率是指提升液体有用功与光杆功率之比。由于井下各部件在工作中的功率损失无法用仪器准确测得,故通过示功图计算光杆功率及载荷分析。

光杆功率是抽油机悬点载荷做功的功率,是提升液体和克服井下消耗所需要的功率。可用示功图的面积计算:

$$N_{\mathrm{p}} = \frac{AsnC}{6000l} \qquad (2-2-32)$$

式中 N_{p}—— 光杆功率,kw;

A—— 示功图载荷线包围的面积,mm^2;

S—— 光杆冲程,m;

n—— 冲数,r/min;

C—— 动力仪力比,N/mm;

l—— 示功图上冲程长度,mm;

由于计算示功图麻烦,常近似地按理论静载荷计算悬点做功:

$$N_{\mathrm{p}} = \frac{W_{\mathrm{L}}' sn}{6 \times 10^4} \qquad (2-2-33)$$

式中 W_{L}'—— 转移载荷,N;

s—— 光杆冲程,m;

n——冲数,r/min;

3. 抽油机井的效率

1)抽油机的效率

抽油机的效率是光杆功率与电动机功率之比,它表达了抽油机工作状况好坏及功率利用程度。其计算公式为

$$\eta_{\mathrm{p}} = \frac{N_{\mathrm{p}}}{N_{\mathrm{r}}}$$

2)油井效率

油井效率是有效功率与光杆功率之比。其计算公式为

$$\eta_{\mathrm{H}} = \frac{N_{\mathrm{H}}}{N_{\mathrm{p}}}$$

油井效率表达了抽油泵工作状况的好坏及功率利用情况。即悬点做的功,除了提升液体做有效功外,还要克服井下摩擦、杆柱振动、漏失等机械损失、水力损失和容积损失做的无效功。

3)抽油机井系统效率

抽油机井系统效率是抽油机井输出功率与输入功率之比。其计算公式为

$$\eta_t = \frac{N_H}{N_r}$$

抽油机井系统效率表达了该抽油机井的总体效益和能量的综合利用情况。

三、抽油机井生产分析

抽油机井生产分析主要有两个方面:一是生产正常状态(如抽油机井泵况正常)下的分析,即怎样使产出与供液协调合理;二是生产有问题时的分析,即找出问题的原因和解决问题的措施及方法。

抽油机井生产分析的方法很多,在此主要对利用抽油机井的动态控制图对油井生产动态进行分析的方法加以介绍。

(一)抽油机井动态控制图

抽油机井动态控制图是把油层供液能力与抽油泵的抽油能力之间的协调关系有机地结合起来,在直角坐标系中把井底流压与抽油机井的抽油泵效描绘出来,非常直观地显示出一口井或一批井所处的生产状态。

1. 抽油机井动态控制图的构成

动态控制图的横坐标为抽油机井的泵效,纵坐标为井底流压与原油饱和压力的比值。整个图内有七条线,共划分五个区域,如图2-2-56所示。各线及区域的意义是:

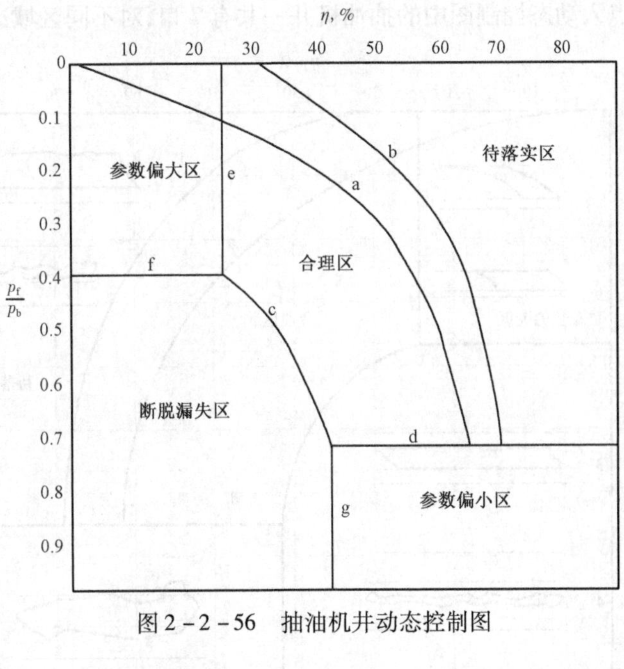

图2-2-56 抽油机井动态控制图

a——平均理论泵效线,即在该油田平均下泵深度、含水等条件下的理论泵效;

b——理论泵效的上线,即该油田最大下泵深度、最高含水等条件下的理论泵效;

c——理论泵效的下线,即该油田最小下泵深度,低含水等条件下的理论泵效;

d——最低自喷流压界限线；

e——合理泵效界限线；

f——供液能力界限线；

g——泵、杆断脱漏失线。

合理区：抽油机井的抽油能力与油层供液能力非常协调合理，是最理想的油井生产动态；

参数偏小区：该区域的井流压较高，泵效高，表明供液能力大于排液能力，可挖潜上产，是一个潜力区；

参数偏大区：该区域的井流压较低，泵效低，表现供液能力不足，抽汲参数过大；

断脱漏失区：该区域的流压较高、但泵效低，表明抽油泵失效不抽油，泵杆断脱或漏失，是管理做工作（如检泵、作业等）的重点对象；

待落实区：该区域的井流压较低、泵效高，表明资料有问题，需核实录取的资料。

2. 抽油机井动态控制图的应用

（1）资料整理：从油井《综合记录》中录取油井的动液面深度或流压、产液量、所用泵径、冲程、冲数及下泵深度、产油量及含水、泵的地面示功图、井口油压、套压、原油的饱和压力等资料。

（2）计算泵的理论排量及泵效、计算井底流压及流压与饱和压力之比。

（3）打点：以泵效为横坐标，以流压与饱和压力之比为纵坐标确定该井的生产动态在哪个区域。

（4）根据不同区域的特点对抽油井的生产动态进行分析。

（5）根据其他生产资料进行分析。

（6）提出措施。

3. 分析实例

图2-2-57中点入动态控制图中的抽油机井一共有7口，对不同区域这几口井分析如下：

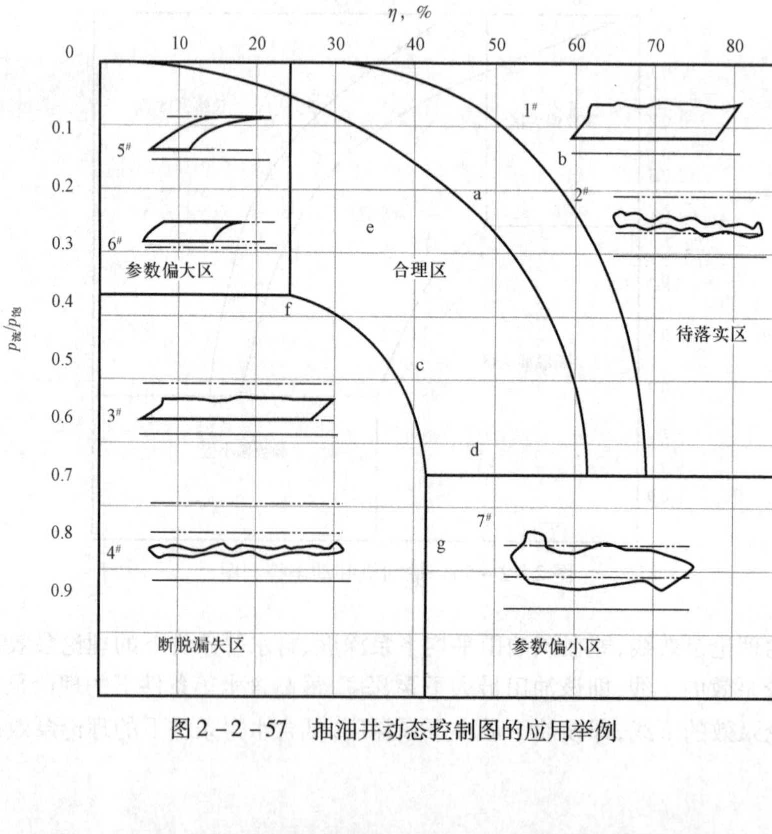

图2-2-57　抽油井动态控制图的应用举例

待落实区内有两口井,1 号井从示功图看是深井泵工作正常,但流压太低,说明这口井要落实动液面深度及套压资料,同时要进行产量复查,检查落实所取资料的准确性。2 号井从示功图上看泵工作状况不好,但泵效较高、流压较低,需要落实产量问题,其次检查动液面深度。

在断脱漏失区中 3 号井的示功图显示此井深井泵工作正常,但泵效低、流压较高,可能是油管发生漏失(油套管窜),此井要进行憋压验窜,同时核实产量;4 号井从示功图上分析此井抽油泵断脱,而且是中部断脱,在确认油井不出油后进行检泵修井。

在参数偏大区域中,5 号井明显是气体影响造成的泵效太低,对于此井可通过控制套管气、在井下下气锚等办法解决。而 6 号井则是地层供液不足造成,说明该井抽汲参数过大,可调小生产参数,如果还不行,可分析对应注水井情况及地层情况,针对油井实际情况可对此井进行增产措施,对应注水井则要提高注水量,提高驱油能力来补充地层能量。

对于参数偏小区域内的 7 号井从示功图上可以看出油井抽汲参数较高,泵的充满程度较高,但流压仍较高,说明此井抽汲参数过小,可调大抽汲参数或换大泵。

综上所述,抽油机井动态控制图可以说是检验抽油机井生产动态是否正常的一个标准,可以把一个单位或一个区域的抽油机井都点入图中进行统计,判断该区域这一批井的潜力大小,找出下一步工作的方向。

抽油机井的生产动态综合分析,是多种分析方法的综合运用,包括根据生产综合记录整理生产数据、绘制采油生产曲线、进行阶段生产效果对比、对数据进行分析、提出措施整改意见等步骤。

(二)抽油机井故障的判断方法

抽油井在生产过程中经常发生一些故障,采油工人在巡回检查及资料分析中必须及时发现,分析判断原因,采取相应的措施处理,以保证油井的正常生产。

1. 利用抽油井动态控制图判断

根据油井在控制图上的位置可对井的生产状况进行分类,即正常井或不正常井。在断脱漏失区以外的井均为正常井,但有些区域的井需要做工作来提高产量或提高效率。而断脱漏失区内的井均为不正常井,必须结合其他资料综合分析,找出问题并采取相应的措施,使油井恢复正常生产。

2. 利用示功图判断

示功图是目前检查深井泵工作状态的有效方法。通过对示功图分析,可判断砂、蜡、气等对深井泵的影响,能判断泵漏失、油管漏失、抽油杆的断脱、柱塞与工作筒的配合状况,以及柱塞被卡等故障。

3. 试泵法

试泵法是往油管中打入液体,根据泵压变化来判断抽油泵故障。试泵法有两种:把柱塞放在工作筒内试泵,若泵压下降或没有压力,则说明泵的吸入部分和排出部分均漏失;把柱塞拔出工作筒,打液试泵,如果没有压力或压力升不起来,则说明泵的吸入部分漏失严重。

4. 井口呼吸观察法

井口呼吸观察法是把井口回压阀门、连通阀门都关上,打开放空阀门,用手堵住放空阀门出口,也可以在放空处蒙张薄纸片,这样凭手的感觉或纸片的活动情况,也就是观察抽油泵上、下“呼吸”情况来判断泵的故障。一般可以判断如下故障:

(1)油井不出油且上行时出气,下行时吸气,说明固定阀严重漏失或进油部分堵塞。

(2)油井不出油且上行时稍出气,随后又出现吸气现象,说明主要是游动阀漏失。

(3)油井上行程时出气大,下行程时出气小,这种现象说明抽油泵工作正常,只是油管内液面低,油液未抽到井口。

5. 井口憋压法

憋压法是通过抽憋和停憋两种情况来分析和判断抽油泵的工作状况、油管漏失等。该方法是目前现场普遍采用的一种方法。

操作方法是:抽油机运行中关闭回压阀门和连通阀门,记好冲次,新作业后投产、热洗后投产或热洗后的井一般抽压 12 次左右即可,然后在井口观察油管压力变化情况(最高憋到 2.5MPa),从压力上升情况可以分析判断井下故障,称为抽憋(应注意压力超过 2.5MPa 时必须立即打开回压阀门);当抽憋压力达到 2.5MPa 时停抽,稳压开始计时,每隔 1min 计 1 次数值(或在准备好的坐标上直接点出点来),再憋 10~15min,观察压力的下降情况,称为停憋,若压力不变或略有下降,说明没有漏失;压力下降越快,说明漏失越严重。

(1)上冲程时压力上升较快,下冲程时压力不变或略有上升,说明泵的工作状况良好。

(2)上冲程时压力上升较快,下冲程时压力下降,经抽油数分钟后,压力变化范围不变。说明游动阀始终关闭打不开,说明泵内不进油。其原因有以下几种:

① 固定阀漏失严重或完全失效。

② 泵的进油部分堵塞。

③ 气体影响大,造成气锁。

④ 液面很低,泵不进油。具体为哪一种原因,还需要结合其他资料进行综合分析判断。如动液面资料、套管气大小、产量、出砂和砂面及结蜡资料等。

(3)上冲程时压力上升缓慢或不上升,下冲程时压力不变,说明排出部分漏失(可能是游动阀漏、油管漏、柱塞与衬套的间隙漏)。

(4)上冲程时压力上升较快,下冲程时压力下降较慢,说明固定阀轻微漏失,下行时压力下降得越快,说明固定阀漏失越严重。

(5)上冲程时压力上升较快,下冲程时开始压力下降,然后压力又基本稳定,说明供液不足。

(6)上冲程时压力不上升,下冲程时压力下降,说明双阀均漏失严重。

(三)抽油井常见故障的排除方法

1. 套管加压法

套管加压法适用于解除游动阀或固定阀卡死在阀座上而打不开的故障。具体操作方法:检查井口管线连接的严密情况,连接憋压管线。然后用泵车向油套管环行空间内打入油液或气体加压,同时,开动抽油机,当压力达到 3~5MPa 时,即可憋开泵的固定阀。

2. 拔出活塞解除砂卡

上提光杆,将活塞拔出工作筒,上下活动 0.5h 或 1h,然后将活塞重新放回工作筒,这样可解除活塞砂卡。

3. 碰泵法

碰泵法是将泵的防冲距调整到零及负值,当活塞到达下死点时,与固定阀罩相撞,产生冲击力,将沉积在固定阀、游动阀上的砂子震掉,使阀球和阀座实现密封。该方法是浅井(1000m以内)较常用的解除抽油泵轻微砂卡故障的方法。

4. 洗井

洗井是解除油井故障的主要方法，适用于抽油泵阀砂卡、蜡卡，以及泵下进油设备堵塞等。

1）洗井注意事项

（1）洗井液要根据井内液体情况而定，不含水或含水在20%以下的油井应使用原油作洗井液，含水大于20%的井用水作为洗井液。

（2）洗井液的温度要求为70℃~80℃，出口温度不低于60℃。

（3）冲洗时采用反循环洗井，洗井液用量不少于井筒容积的2倍，排量由小到大逐步提高，一般为15~30m^3/h。

（4）在洗井过程中，若发现驴头在上、下行程过程中运行变缓慢，说明有蜡卡现象，应加大排量，严禁停机。

（5）洗井前后要测电流，洗井后电流应恢复到正常水平。

2）选井原则

（1）按油井的结蜡周期进行洗井。

（2）由于结蜡造成的产量下降或载荷上升的井必须及时洗井。

（3）经憋压判断为泵漏失的井要洗井。

（4）由于出砂卡泵的井要洗井。

（5）经判断进油部分堵塞的井要及时洗井。

【技能操作】（应会）

操作一：抽油机井洗井

一、准备工作

（1）工具、用具、材料准备：500A钳形电流表1块，600mm、900mm管钳各1把，375kg活动扳手1把，高压弯头1副，绝缘手套1副，棉纱少许，笔，纸。

（2）设备准备：300型热洗车1台、15m^3水罐车2台。

（3）穿戴好劳保用品。

二、操作步骤

（一）单管流程

（1）通计量站或转油站倒好站内流程，检查井口流程，记录油套压值；

（2）打开套管阀门（套压控制井），慢放套管气，使套压低于洗井压力0.3~0.5MPa（对于套管阀门常开的可省略此步）；

（3）用高压弯头和洗井管线将套管头与热洗车、水罐车连接，用管钳上好，并用手锤砸紧；

（4）用钳形电流表测量抽油机驴头上下行的电流，并进行记录；

（5）启动热洗泵进行水循环；

（6）点火加热使水温逐渐缓慢上升，开始热洗，热洗共分三个阶段：第一阶段洗井液温度60~65℃，第二阶段洗井液温度70~78℃，第三阶段洗井液温度80~89℃，记录热洗时间及温度；

（7）用形电流表测电流，若抽油机驴头上下行电流差值较小，说明油井生产正常，记录好数据，即可停止洗井；

(8)洗井完毕后,停炉,停热洗泵,拆卸井口洗井管线,恢复井口原貌;

(9)通知计量站或转油站倒回原流程,恢复正常生产,此时油压有明显上升,而套压接近零时说明洗井质量较好;

(10)将有关资料填入报表并向有关部门汇报,收拾工具,清理现场。

(二)双管流程

(1)与计量站或转油站上联系约定倒流程时间;

(2)检查井口流程,记录油压、套压,用钳形电流表测量抽油机驴头上下行的电流,并进行记录;

(3)打开套管阀门(套压控制井),慢放套管气,使套压低于洗井压力 0.3~0.5MPa(对于套管阀门常开的可省略此步);

(4)打开高低压直通阀门,双管连通地面双管,到约定时间,打开地面循环,根据井间距离和热洗周期确认可以倒洗井流程时,关闭井口掺水阀门,打开套管洗井阀门,在开大后,稍关一点井口直通阀,井口套压开始上升,并稳定在一个值上,在确认不憋压后,关闭井口直通阀;

(5)观察油压、套压变化,用手不断摸总阀体,若温度由凉逐渐变热,再变凉,再变热,并很快接近进口温度时,说明油井已洗通;

(6)在确认热洗畅通后,根据洗井制度及质量标准调整排量和温度以及洗井时间;

(7)用钳形电流表测电流,若抽油机驴头上下行电流差值较小,说明油井生产正常,即可停止洗井;

(8)与计量站或转油站联系停泵,倒回原生产流程,确认计量站或转油站停泵后,关闭套管热洗阀门,开掺水拌热阀门;

(9)确认倒回流程正确后,录取油压、套压,此时油压有明显上升,而套压接近零时说明洗井质量较好;

(10)收拾工具,清理现场。

三、注意事项

(1)放套管气时应缓慢,防止地层激动(套压控制井);

(2)热洗时不能停抽油机,以防套管内的死油堵死进泵通道;

(3)热洗排量由小到大,逐步升温,热洗进口温度最后应达到 85~90℃,出口温度不低于 60℃,热洗时间不低于 4h;

(4)电流恢复到正常工作时的电流;

(5)洗井完毕后,热洗车柱塞泵一定要放空;

(6)工具使用时,要轻拿轻放,避免敲击和碰撞,操作要平稳,规格型号要配套,用手锤时不能戴手套,防止滑脱伤人;

(7)雨雪天严禁热洗。

操作二:典型案例分析——单井动态分析

某一口油井 2023 年 12 月日产液 80t,日产油 20t,含水 75%。到 2024 年 3 月日产液 75t,日产油 15t,含水 80%。分析这口井造成产油量下降的主要原因。

(1)先看因产液量下降影响的产油量:

(目前产液量 - 初始产液量) × (1 - 初始含水) = (75 - 80) × (1 - 0.75) = - 1.25(t)

(2)再看因含水上升影响的产油量：

初始产液量 ×（目前含水 − 初始含水）= 75 ×（0.8 − 0.75）= −3.75(t)

由计算可知该井产油量下降主要是含水上升造成的。

练 习 题

一、填空

1. 异相型游梁式抽油机驴头在观察者__________侧时，曲柄旋转方向为顺时针旋转。

2. 游梁式抽油机平衡方式代号为 Y：是__________平衡。

3. 游梁式抽油机平衡方式代号为 Q：是__________平衡。

4. 抽油泵根据结构和下井方式可分为__________和杆式泵。

5. __________又称为插入泵。

6. 抽油泵上冲程，泵内压力__________，固定阀__________，井口__________液体。

7. 惯性载荷的方向总是跟__________方向相反。

8. 下冲程后半冲程，悬点向下减速运动，惯性载荷方向__________，__________悬点载荷。

9. 液柱与抽油杆柱的摩擦力发生在__________冲程。

10. 稠油井抽油杆柱下不去的主要原因是__________与__________的摩擦力造成。

11. 下冲程开始后，转移载荷W_L'从__________上转移到__________上。

12. 下冲程开始后__________伸长，__________缩短，悬点向下移动了__________一段距离后，活塞和泵筒才有相对位移。

13. 液面深度是从液面到__________的距离，而液面高度是从液面到__________的距离。

14. 生产压差是__________压力与__________压力之差。

15. 驴头弧形上某一点的运动规律是上、下往复__________运动。

16. 曲柄平衡块的作用是__________上、下冲程电动机做功的差别。

17. 矮形异相曲柄平衡抽油机优点之一是整机质量__________、高度__________、成本低。

18. 对抽油机进行的调整包括抽油机水平调整、__________、__________和__________。

19. 管式泵相对于杆式泵来说，泵径__________。

20. 为克服由于原油通过游动阀的阻力引起的抽油杆柱下部弯曲，而在杆柱下部使用__________。

21. 悬点承受的静载荷包括杆柱重力、液柱重力、__________。

22. 悬点承受的动载荷包括惯性载荷、摩擦载荷、__________。

23. 在计算悬点最大载荷时一般只考虑杆柱重力、液柱重力和__________三大主要载荷。

二、判断题

(　)1. 抽油机驴头做上下往复直线运动。

(　)2. 抽油机保养分为三个级别，分别是一保、二保、三保。

(　)3. 井口密封盒的作用：密封油管与套管之间的环形空间，防止井口漏油。

(　)4. 下冲程有杆泵抽油系统井口不排出液体。

(　)5. 光杆冲程总是大于活塞冲程。

(　　)6. 静载荷是悬点静止时承受的载荷。

(　　)7. 平行四边形理论示功图的高度乘以力比等于转移载荷。

(　　)8. 油井日产液量与泵的理论排量的比值称为泵效。

(　　)9. 泵效不会大于1。

(　　)10. 余隙容积比 K 越大，泵的充满系数 β 越大。

(　　)11. 井下效率是指提升液体有用功与光杆功率之比。

(　　)12. 液面深度越小，说明油层能量越大。

(　　)13. 折算动液面深度比实际动液面深度大。

(　　)14. 给游梁式抽油机提供动力的是自控箱。

(　　)15. 杆管弹性变形对抽油泵泵效不会造成影响。

(　　)16. 油井结蜡和油稠对温度都非常敏感。

(　　)17. 上、下冲程电动机做功接近相等则抽油机的平衡较好。

(　　)18. 让抽油机自由停止，驴头位于上死点是平衡不足。

(　　)19. 杆柱和管柱的弹性有可能使活塞有效冲程大于光杆冲程。

(　　)20. 当油井连抽带喷时泵效有可能大于1。

(　　)21. 抽油泵排出部分漏失时，示功图上显示加载缓慢。

(　　)22. 示功图呈细长条形，在下静载线附近，不可能是杆柱在根部断脱。

(　　)23. 抽油井油稠，应选择的合理抽汲参数为长冲程、小冲数、大泵径。

(　　)24. 为提高泵效可以采取使用油管锚的措施。

(　　)25. 机泵图中大写字母表示泵的类型。

(　　)26. 抽油机井资料录取要做到九全九准。

(　　)27. 含水抽油井环形空间的流体性质与油管中相同。

(　　)28. 抽油机的平衡系统平衡率差主要是指上、下冲程电动机做功差别大。

三、简答题和计算题

1. 影响泵效的因素有哪些？分析可采取哪些措施提高泵效？

2. 游梁式抽油机主要组成部分有哪些？

3. 简述抽油泵的工作过程。

4. 某游梁式抽油机采用曲柄平衡，测三相线电流上冲程峰值电流分别为30A、29A、31A，下冲程峰值电流分别为40A、39A、41A，判断抽油机运转是否平衡，若不平衡，应该怎样进行调节？

5. 一口油井测液面的记录纸带如下图所示，井口波到液面波的距离 $t=220\text{mm}$，10根油管接箍反射波距离 $t_1=80\text{mm}$，每根油管长9.6m，求液面深度。

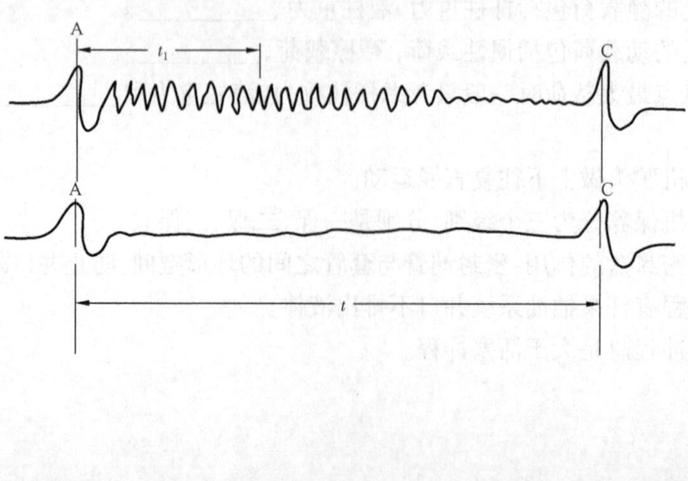

模块三　无杆泵采油

有杆泵采油虽然具有设备简单、管理操作容易及工艺方法成熟等优点，但是由于抽油杆柱的存在，无法适应高产量、含蜡、稠油、定向井等复杂情况，而无杆泵采油可以弥补，使机械采油能够在油田生产中获得更为广泛的应用。无杆泵采油与有杆泵采油的主要区别是不需用抽油杆传递地面动力，而是用电缆或高压液体将地面能量传输到井下，带动井下机组把原油抽至地面。常用的无杆泵包括电动潜油离心泵、水力活塞泵、水力射流泵和电动潜油螺杆泵等。为了便于比较学习，把地面驱动螺杆泵采油也放到该模块。

项目一　电动潜油离心泵采油

电动潜油离心泵（简称电潜泵或电泵）是用油管把离心泵和潜油电动机下入井中，将原油举升到地面的采油设备，排量大，在 5½in 套管中可达 $700m^3/d$，适应中高排液量、高凝油、定向井、中低黏度井，目前扬程达 3000m 左右，井下工作寿命长、地面工艺简单、管理方便、经济效益明显等特点，近十多年来在油田得到了广泛应用，是油田长期稳产的重要手段之一。掌握电动潜油离心泵采油装置结构工作原理及其生产维护管理是采油工主要技能之一。

【知识目标】

（1）掌握电潜泵采油装置的组成和工作原理；

（2）掌握电潜泵井的生产管理与分析方法。

【技能目标】

（1）能进行电潜泵井开关井操作、电潜泵井巡回检查等日常生产维护操作；

（2）能分析实测电流卡片，判断设备故障并会处理职责范围内的故障；

（3）能调整电潜泵井工作制度。

【所需知识】

一、电动潜油离心泵采油

（一）电动潜油离心泵采油装置的组成

电动潜油离心泵是一种在井下工作的多级离心泵，用油管下入井内，地面电源通过潜油离心泵专用电缆输入井下潜油电动机，使电动机带动多级离心泵旋转产生离心力，将电能转换为机械能，将井中的原油举升到地面。

电动潜油离心泵采油装置由井下部分、地面部分、中间部分组成，如图 2－3－1 所示。

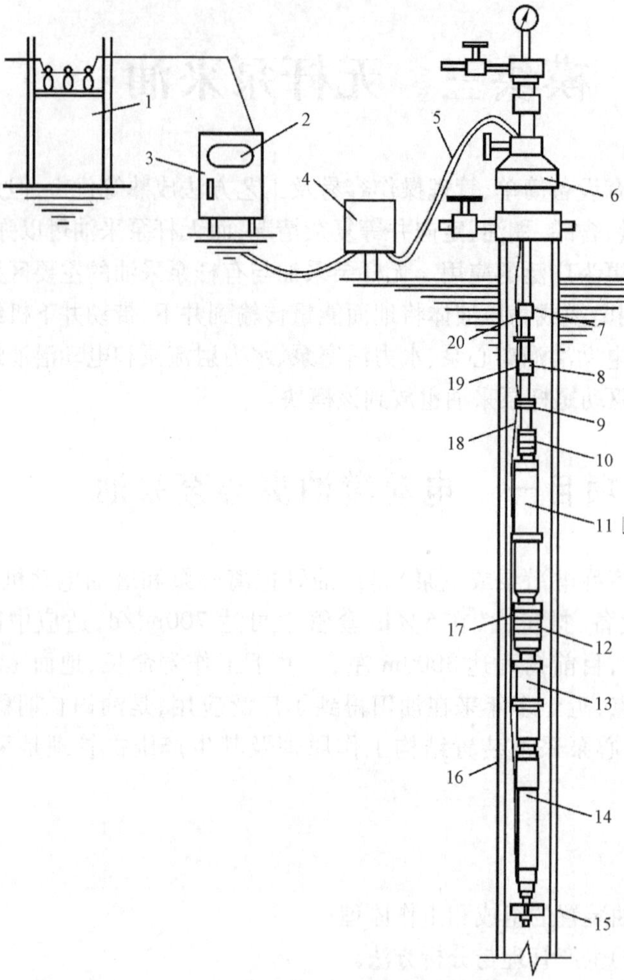

图 2-3-1　电动潜油离心泵装置

1—变压器组;2—电流表;3—配电盘;4—接线盒;5—地面电缆;6—井口装置;7—溢流阀;8—单流阀;9—油管;10—泵头;11—多级离心泵;12—吸入口;13—保护器;14—电动机;15—扶正器;16—套管;17—电缆护罩;18,20—电缆;19—电缆接头

视频 2-3-1
电动潜油离心泵采油

1. 井下部分

井下部分主要是电动潜油离心泵的机组,它由多级离心泵、潜油电动机、保护器、油气分离器四个部分组成,起着抽油的主要作用。一般布置是多级离心泵在上面,依次为油气分离器、保护器、潜油电动机。在潜油电动机下部有的还装有井底压力探测器,测定井底压力和液面升降情况,将信号传递给地面控制仪表。井下部分接于油管的下端下入井中。

2. 地面部分

地面部分由变压器组、控制屏或自动控制台及辅助设备(电缆滚筒、导向轮、井口支座和挂垫等)组成。控制屏或自动控制台用来控制电动潜油离心泵工作,同时保护潜油电动机,防止电动机电缆系统短路和电动机过载。变压器组用以将电网电压变换成保证电动机工作所需的电压(考虑到电缆中的电压降)。

3. 中间部分

中间部分由电缆和油管组成。将电流从地面部分传送给井下部分，采用的是特殊结构的电缆（有圆电缆和扁电缆两种）。在油井中利用钢带将电缆和油管柱、泵、保护器外壳固定在一起。

（二）电动潜油离心泵井口装置

1. 电动潜油离心泵井口生产流程

电动潜油离心泵井口装置常见有两种形式，一种是单翼流程（图 2－3－2），另一种是双翼流程（图 2－3－3），双翼流程能够实现不停泵更换油嘴，可以保护电动潜油离心泵机组。

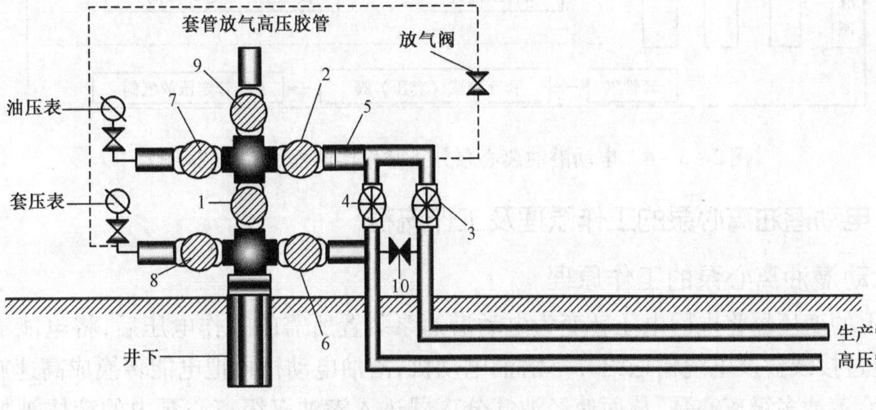

图 2－3－2　电动潜油离心泵井口生产流程（单翼双管）图

1—生产总阀；2—生产阀；3—回压阀；4—双管出油阀；5—油嘴装置；6—套管热洗阀；7—油压阀；8—套压阀；9—测试阀；10—直通阀

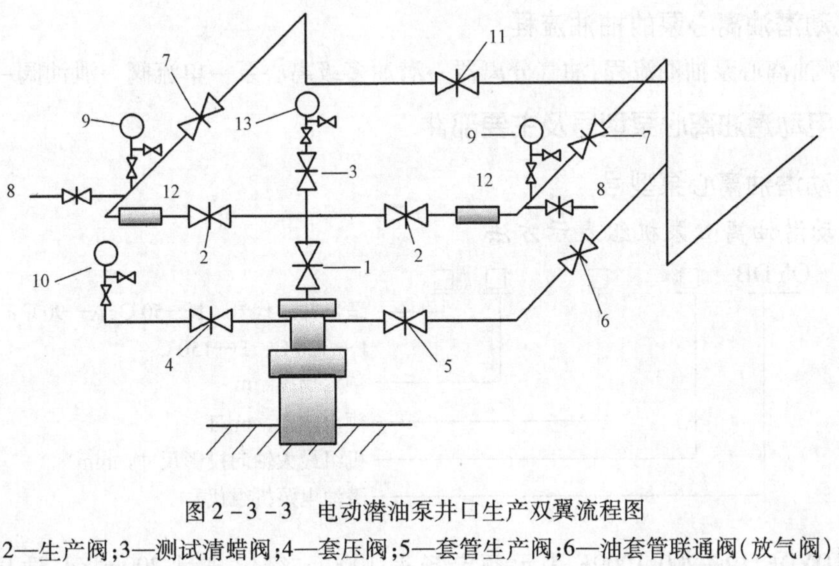

图 2－3－3　电动潜油泵井口生产双翼流程图

1—生产总阀；2—生产阀；3—测试清蜡阀；4—套压阀；5—套管生产阀；6—油套管联通阀（放气阀）；7—回压阀；8—取样放空阀；9—回压表；10—套压表；11—双翼连通阀；12—油嘴装置；13—油压表

2. 电动潜油离心泵井正常生产流程

正常生产流程是指电动潜油离心泵井正常生产时井口装置中各闸阀所处的开关状态，如图2－3－4所示。此时井口关闭的闸阀有套管热洗阀、直通阀、测试(防喷)阀；半开的阀有套管测试阀、油压阀；全开的阀有生产总阀、生产一次阀、回压阀、双管出油阀。还有对产能起控制调节作用的油嘴。

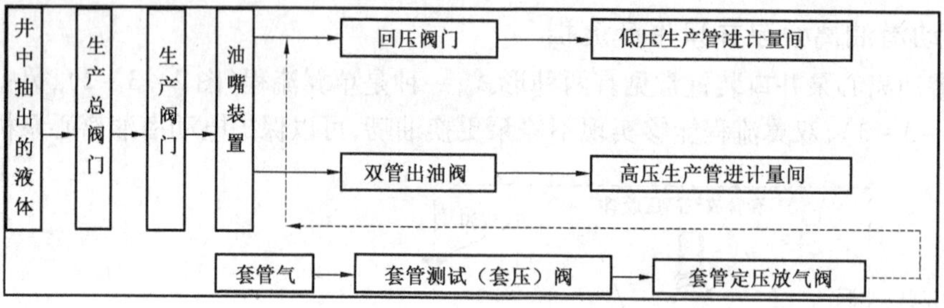

图2－3－4　电动潜油离心泵井正常生产流程示意图(框图)

(三)电动潜油离心泵的工作原理及工作流程

1. 电动潜油离心泵的工作原理

地面上的变压器将电网电压转变为电动潜油泵装置所需的工作电压后，将电能输入控制屏，而后通过接线盒及电缆输送给井下潜油电动机，潜油电动机再把电能转换成高速旋转的机械能传递给潜油多级离心泵，从而使经油气分离器进入潜油多级离心泵内的液体被加压举升到地面；与此同时井底压力(井底流压)降低，油层液体进而流入井底。

2. 电动潜油离心泵的供电流程

电动潜油离心泵供电流程：地面电源→变压器控制屏→潜油电缆→潜油电动机。

3. 电动潜油离心泵的抽油流程

电动潜油离心泵抽油流程：油气分离器→潜油多级离心泵→单流阀→泄油阀→井口。

(四)电动潜油离心泵型号及主要部件

1. 电动潜油离心泵型号

1)电动潜油离心泵机组表示方法

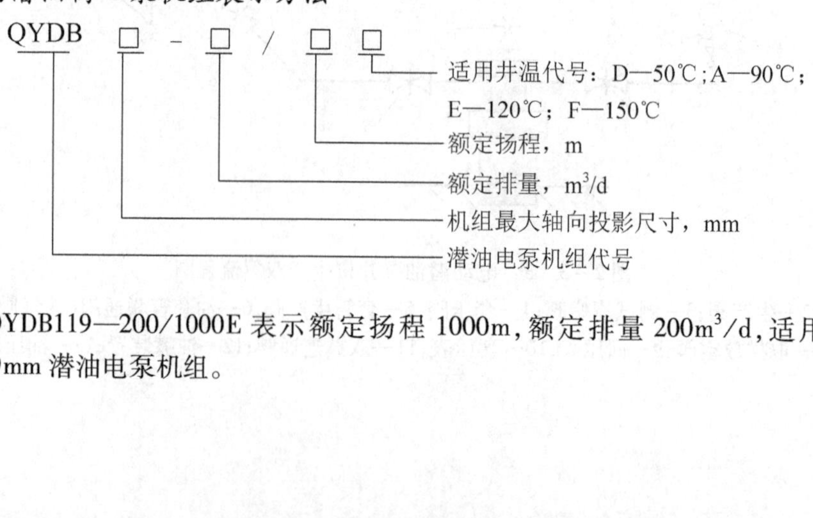

例如：QYDB119—200/1000E表示额定扬程1000m，额定排量200m^3/d，适用油井温度120℃的119mm潜油电泵机组。

2)泵型号表示方法

QYB □ - □ / □ □

- 位置代号：S—节；T—通用节
- 额定扬程，m
- 额定排量，m^3/d
- 泵外径，mm
- 泵代号

例如:QYB98—500/2000T 表示额定排量 $500m^3/d$、额定扬程 2000m 的 98mm 通用节泵。

2. 电动潜油离心泵的主要部件

1)潜油电动机

潜油电动机型号表示方法如下:

YQY □ - □ □

- 位置代号：D—单节；S—上节；E—通用节；S—下节
- 容量，kW
- 电动机外径，mm
- 电动机代号

例如:容量 45kW 的 114mm 潜油电泵机组用的电动机表示为:YQY114—45S。

潜油电动机是井下机组的动力设备,是将地面输入的电能转化为机械能,进而带动潜油多级离心泵高速旋转。潜油电动机位于井下机组最下端。与普通的三相鼠笼式异步感应电动机相比,潜油电动动机具有以下结构特点:

(1)机身长。

(2)转轴为空心。

(3)启动转矩大。在 15r(约 0.3s)可以满载下全速启动。

(4)转动惯量小。

(5)绝缘等级高。

(6)附带保护器装置及油浴冷却。

2)保护器

保护器型号表示方法如下:

QYH □ □

- 型式：L—连通式；C—旋转式；J—胶囊式；B—补偿式
- 保护器外径，mm
- 保护器代号

例如:QYH98L 表示潜油电动机组用 98mm 连通式保护器。

保护器安装在潜油电动机的上部,主要用于将电动机油与井液隔开,平衡电动机内压力和井筒压力,进而保护潜油电动机。普遍使用的保护器包括连通式、沉淀式和胶囊式,主要区别在于隔离电动机油和井液的方式不同。

3）油气分离器

油气分离器型号表示方法如下：

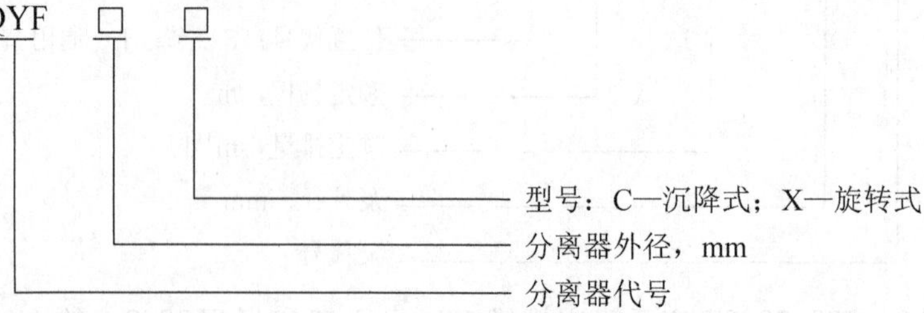

例如：QYF98X 表示电动潜油离心泵机组用 98mm 旋转式油气分离器。

气液分离器的作用是作为井液进入泵的吸入口；把游离气从井液中分离出来，减少气体对泵特性的影响。

分离器主要包括沉降式和旋转式。沉降式分离器只能处理泵吸入口含气率在 10% 以下的井液，而且分离效率最高只能达到 37%。旋转式分离器能处理泵吸入口含气率在 30% 以内的井液，分离效率高达 90% 以上。

4）电缆

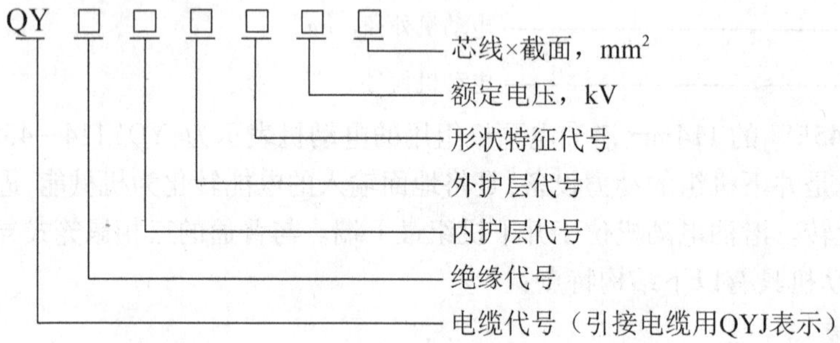

例如：

（1）额定电压 3kV，聚丙烯绝缘，丁腈橡胶内护套，蒙乃尔钢带铠装 $3\times16\text{mm}^2$ 扁形潜油电缆，表示为：QYPNM3—3×16。

（2）额定电压 6kV，乙丙橡胶绝缘，乙丙橡胶护套，镀锌钢带铠装 $3\times20\text{mm}^2$ 圆形潜油电缆表示为：QYEEY6—3×20。

电缆用于向井下电动机供电，它由电缆卡子固定在油管上的动力电缆和带电缆头的电动机扁电缆组成。电缆主要包括圆电缆和扁电缆，如图 2－3－5 所示。

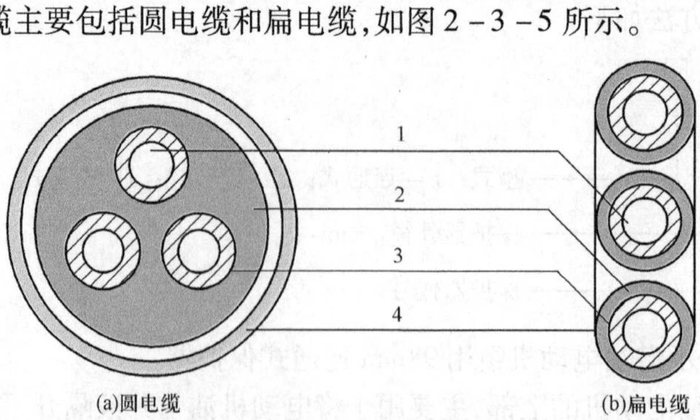

(a)圆电缆　　(b)扁电缆

图 2－3－5　潜油电缆结构示意图

A—圆电缆；B—扁电缆

1—导体；2—护套层；3—绝缘层；4—钢带铠装

5）控制屏

控制屏主要用于控制井下电动机的运行，它由电动机启动器、过载和欠载保护、手动开关、时间继电器、电流表组成。控制屏的电压范围在600～4900V之间。控制屏的用途是自动控制潜油电泵系统的启动和停机，具有短路、过载、欠载保护功能，以及欠载延时自动启动功能；通过电器仪表随时测量电流和电压，可以跟踪系统运行状况；应用变频控制屏可以灵活调节和控制产量的大小。

变频控制屏可以改变传给井下电动机的频率。变频控制屏通过变速驱动装置进行工作，变速驱动装置是一个可编程的集成控制系统。变频控制屏的频率可以在30～90Hz内任意变化，改变电动机转速，灵活调节泵的排量。这种控制屏不会把电源瞬变传到井下，而且具有软启动功能，减少机组的损坏。

6）变压器

变压器用于将交流电的电源电压转变为井下电动机所需要的电压，它是根据电磁感应原理工作的。一般采用三种变压器：三个单相变压器、三相标准变压器和三相自耦变压器。

7）接线盒

在井口和控制屏之间必须装一个接线盒，如图2－3－6所示。接线盒的作用是连接控制屏到井口之间的电缆；将井下电缆芯线内上升至井口的天然气放空，防止天然气直接进入控制屏，使控制屏产生电火花时引起爆炸。

8）压力传感器

压力传感器用于测量井下压力和温度。它可以确定井的产能，便于自动控制。

9）单流阀

单流阀一般装在泵上方2～3根油管处，如图2－3－7所示。当井液的气液比较高时，单流阀的位置还应上移，因为在停泵和防止气锁时，需要给泵内气体上升留出必要的空间。单流阀的作用是在泵内不工作时保持油管柱充满流体，易于起泵，消耗功率最小；操作安全可靠，地面关闸时油管柱内的气体易压缩，形成高压，操作不安全；防止停泵后液体倒流，使机组反转，这时启泵易烧毁电动机，损坏轴和轴承，发生脱扣现象。

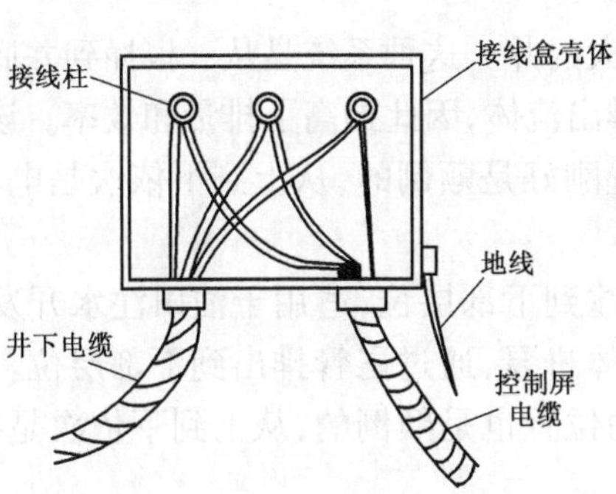

图2－3－6　接线盒示意图

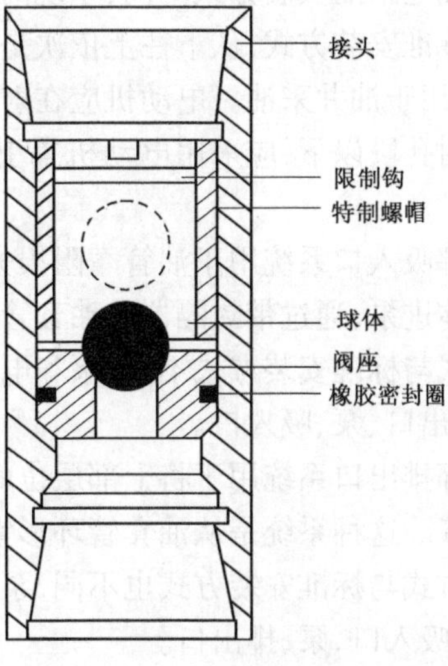

图2－3－7　单流阀结构示意图

10)泄油阀

泄油阀应装在单流阀上方一根油管处,它是一个剪切插销装置,如图2-3-8所示。泄油阀的作用是在泵的油管柱上装有单流阀时,必须同时在单流阀上方装一个泄油阀,以防止启泵时油管柱中的井液在卸油管时流到地面上。

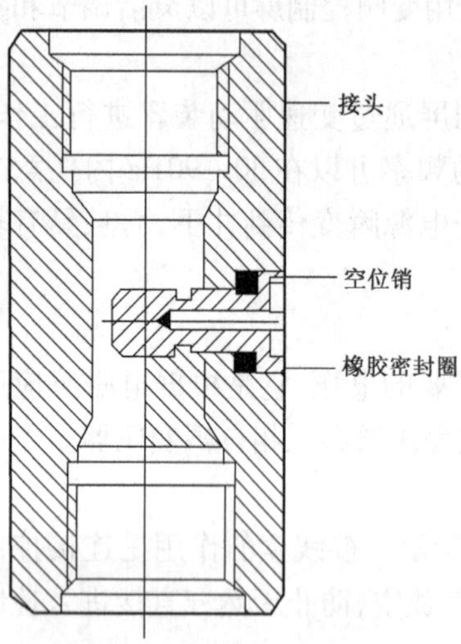

图2-3-8　泄油阀结构示意图

11)扶正器

扶正器对泵和电动机起扶正作用,使机组处于井筒中间,以便电动机很好冷却,防止电缆与管内壁摩擦损坏。扶正器应固定不动。

(五)电动潜油离心泵性能特征

1. 电动潜油离心泵主要参数

电动潜油离心泵主要参数如下:

(1)排量:单位时间内电动潜油泵所排出液体的体积(m^3/d)。

(2)扬程:电动潜油泵机组在打水时的水柱高度(m)(或单位重量的液体流过电动潜油泵后能量的增加值)。

(3)转速:单位时间内泵叶轮的回转数(r/min)。

(4)功率:潜油电动机输出功率(kW)。

(5)效率:泵的输出功率与电动机的输出功率之比(排量效率:油井实际产液量与额定排量之比的百分数)。

2. 电动潜油离心泵适用范围

应用电动潜油泵开采时,应尽量选择油层温度低、供液充足、不出砂、不结垢、气量少、原油物性好的井。

3. 电动潜油离心泵的安装方式

潜油电泵的主要安装方式分为标准安装方式、底部吸入口安装方式和底部排出口安装方式。潜油电泵的安装方式不同,系统的组成和用途不完全一样。

对标准安装方式,从下往上依次是电动机、保护器、气液分离器、多级离心泵及其它附属部件,主要用于油井采油。电动机应在射孔段以上,使井液从电动机旁流过,冷却电动机,如果电动机在射孔段以下,应采用电动机罩引导流体从电动机旁流过,电动机罩还起气液分离器的作用。

底部吸入口系统用于油管摩阻损失大或泵径大的井。这种系统是从一根插到井底的尾管吸入流体进泵,通过带封隔器的油套管环形空间排出流体,因此提高了排量和效率。该系统的安装方式与标准安装方式不同,泵和电动机的位置刚好是颠倒的,从上到下依次是电动机、保护器、排出口、泵、吸入口。

底部排出口系统用于将上部层位的地层水转注到下部层位,适用于油田注水开发或气井排水采气。这种系统是从油套管环形空间吸入流体进泵,通过尾管排出到下部层位。该系统的安装方式与标准安装方式也不同,泵和电动机的位置也是颠倒的,从上到下依次是电动机、保护器、吸入口、泵、排出口。

(六)变速泵的工艺技术

变速泵是运用变频控制柜和普通的电动潜油泵机组配套的一项电动潜油泵配套工艺技术。

1. 变速电动潜油泵的结构及工作原理

变速电动潜油离心泵是由井下电动潜油泵机组和地面电气设备两大部分组成。变速电动潜油离心泵是通过安装在变频控制柜内的变频系统和微机控制系统,进行自动跟踪改变电源频率,从而改变电动机的转速,调节多级离心泵的排量,使电动潜油离心泵的特性和油井生产能力相匹配。电泵频率升高,电动机转速增大,泵的排量增大,油井产量提高。

2. 变速电动潜油离心泵的特点

与普通电动潜油离心泵相比,变速潜油离心泵具有以下特点:

(1)运用变频控制柜,能够使频率在30~90Hz之间任意调节,扩大了电动潜油泵的工作范围。能够在超过频率50Hz的情况下运行,就意味着可以达到更高的生产水平。

(2)由于变频控制柜具有软启动功能,在启动时由低频率逐渐上升达到所需要的工作状态,消除了井下机械和电力冲击,有利于延长电泵机组的使用寿命。

(3)变频控制屏可使电动机从不平衡电压状态脱离开,而不停止运转(这种不平衡电压会使电动机产生高温)。

(4)变频控制屏可使电动机避免遭受井场发生的强电击和随时产生的瞬时电压变化所造成的危害。

(5)由于变频控制屏能够用泵吸入口压力来进行控制,自动跟踪改变电源频率,所以使潜油电动机组很少处于欠载状态运转,从而使潜油电泵机组长时间连续运转并减少启动次数。

二、电动潜油离心泵的生产管理与分析

(一)电动潜油离心泵开关井

1. 运行中启、停机组

下面以天津控制柜为例加以说明,如图2-3-9所示。

(1)经检查,井口流程和机组符合要求后,将井口倒换成生产流程。

(2)合上控制柜电源开关,检查主回路和控制回路电压应符合设计要求。

(3)将控制柜选择开关置"手动"挡位置。

(4)将控制柜中心控制器过载值调至最大。

(5)按控制柜启动按钮,同时观察启动电流和电压;绿色指示灯亮表明启动成功。

(6)观察油压和电流变化,并确认机组转向。如发现机组反转,应立即停机,变换相序。

(7)中心控制器调整:

① 调整过载保护值。将选择开关置过载(QL)挡,调整微调电位器至显示值为电动机额定电流

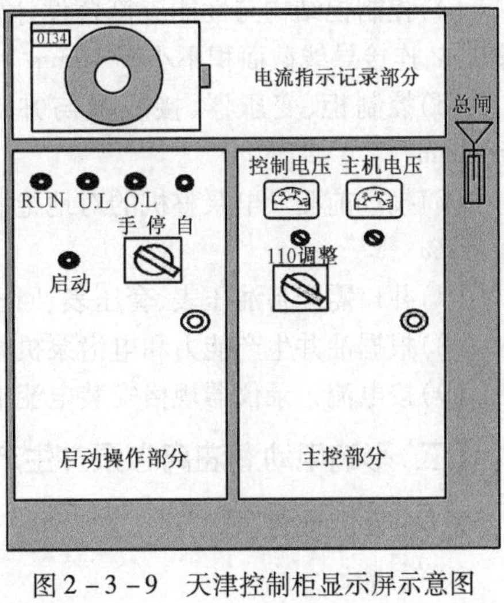

图2-3-9 天津控制柜显示屏示意图

1.2 倍。

② 调整欠载保护值。将选择开关置欠载(UL)挡,调整微调电位至显示值为电动机正常运行电流 0.8 倍,但不能小于电动机空载电流。

③ 调整欠载停机延时启动时间。生产运行如采用"自动"挡,则需根据油井动液面恢复情况调整欠载延时再启动时间。

(8)电动潜油离心泵投产后井口试压值应大于潜油多级离心泵的额定扬程计算值。

(9)机组如过载停机,应查明原因排除故障。再次启动前应测量机组对地绝缘电阻和相间直流电阻。三相直流电阻不平衡值应小于 2% 方可进行启动。

(10)正常运行机组在如下情况可进行启、停操作:

① 新井下泵和检泵投产时的启动。

② 停电后重新送电时启动泵(手动挡运行时)。

③ 维修设备、排除故障时的停、启机组。

④ 流程改造时的停、启机组。

⑤ 测压时的停、启机组。

⑥ 因经常性欠载停机而采用人工启动操作时、允许停机 30min 后再启动一次,如不能正常运转,应报专业人员进行处理。

(11)正常停机操作应做如下工作:

① 停机前要记录停机原因、油压、套压、电流和电压等。

② 停机进行维修,必须做好相序标记。

③ 停机时应先停机,再拉下总电源开关,不准带载荷拉总电源开关。

(12)启动正常运行 30min 后操作人员方可离开现场。

2. 潜油电泵井机组投运前的技术要求

(1)潜油电泵井机组安装质量应符合 GB/T 17388—2010《潜油电泵装置的安装》的要求。

(2)井口装置和集输管线安装正确,符合设计要求。所有阀门均应处在合适的操作位置。

(3)供电线路及变压器安装正确,牢固可靠。变压器次级输出电压挡调到与井下机组匹配的电压值、电压波动不超过 ±10% ,三相电压不平衡值不大于 2%。

(4)控制柜结构与性能应符合设计要求。井口电缆与控制柜之间应安装接线盒,接线牢固可靠,连接导线截面积不小于 $16mm^2$。

(5)控制柜、变压器、接线盒与井口采油树,都要进行可靠接地。接地线截面积不小于 $16mm^2$。

(6)投产前测量电泵整机的对地绝缘电阻值应不小于 100 MΩ,三相直流电阻不平衡值应小于 2% 。

(7)井口需配备油压表、套压表、回压表和套管放气阀。

(8)根据油井生产能力和电潜泵机组的排量选择适当的油嘴进行生产。

(9)按电流记录仪器规格安装电流卡片,记录笔尖应置于卡片零位。

(二)影响电动潜油离心泵井生产的主要因素

1. 抽吸流体性质

1)气油比

电动潜油离心泵井井底流压一般都较低,常低于饱和压力。井底附近将有大量气体脱出,这些游离的气体将严重影响泵的工作，使泵的扬程、排量、效率等大幅度降低，甚至有可能使泵无法工作。同时采用地面控制屏后，当气体影响严重时，机组将因欠载而频繁停机，造成保护器失灵导致机组损坏。为了保证井下机组正常运行，气油比控制在1：60以下较为合适。

2）油井出砂

由于电潜泵叶轮间隙很小，长时间运转，因砂与叶轮摩擦而使叶轮间隙变大，漏失增大，严重时会出现卡泵现象。所以要求电潜泵井原油含砂量在0.05%以下，否则要安装防砂管。

3）井液黏度

井液黏度较大时，与流道的摩擦阻力较大，会影响电泵的出油效率。

2. 电源电压

1）电压偏低

电压偏低会使电动机性能发生变化，寿命缩短，从而影响整个电泵装置的抽油效果。

2）电压不平衡

电源的相电压不平衡会使电动机转矩降低，转速减小，排量降低，使单位产液量的耗能增加，影响电泵的抽吸效果。

3）瞬间电压波动

电网中启动较大的电器或在雷雨天气等情况下，将引起瞬间电压波动。当波动严重时，可造成单相接地，电动机缺相运行，使绝缘破坏或烧毁。

3. 设备性能

电泵叶轮的磨损漏失、轴的断裂、配合尺寸不当等都会影响电泵的抽吸效率。

（三）电动潜油离心泵井运行维护管理

1. 运行管理及维护保养

（1）每天巡回检查地面设备和井口，检查电压、电流、油压和套压值，出现异常应及时处理。

（2）按时更换电流卡片。投产初期三天内生产试验阶段和查找处理故障期间应使用24h记录卡片。正常运行后使用七天记录卡片。

（3）每季度应对控制柜进行检查和维修保养。电流记录卡片应按时更换并存档。遇有停机情况必须在卡片上注明原因。

（4）应经常检查变压器，保证油面显示在规定范围内。每年应抽油样化验一次。发现不合格或干燥剂失效时应及时更换。

（5）检查校对电流记录仪，每七天应上一次发条，保证笔尖清洁、动作灵敏可靠。

（6）利用停机时间检查机组对地绝缘电阻和相间直流电阻及接线盒接触紧固情况。

（7）经常检查井口电缆密封情况并及时处理渗漏。

（8）机组正常运行时，除按规定进行检修和正常操作情况以外，不允许随意停机。

（9）进行电动潜油离心泵运行电流卡片分析。

（10）进行电动潜油离心泵运行的故障诊断与处理。

2. 安全质量要求

（1）控制柜距井口距离应大于10m，在户内使用应有防护措施。

（2）接线盒距离井口和控制柜不小于5m。

（3）井口至控制柜的接地线，应连接牢靠，导线截面积不得小于16mm^2，井场埋地电缆处须做标记。

(4)处理机组故障人员必须持证操作。

(5)需要停机时,不允许带载荷拉闸。

(6)采用刮蜡片清蜡或下压力计测压时,其深度应严格控制在测压阀或泄油阀以上10~20m。

(7)在测量电动潜油离心泵机组参数时,必须把控制柜总电源断开,并挂牌。

(8)电动潜油离心泵出现故障停机时,在没有查明原因排除故障前,不允许二次启动。

(9)更换电力变压器控制柜或电缆时,要做好相序标志。

(10)阴雨天电动潜油离心泵自动停机后,必须由专业人员排除故障。

(11)每口电动潜油离心泵井要配备应急灭火设备。

(四)电动潜油离心泵机组运行电流卡片电流变化的分析

电动潜油离心泵运行电流卡片是管理人员管理电动潜油离心泵井,分析井下潜油电泵机组工作状况的主要依据之一。运行电流卡片可以直接反映出潜油电泵运行是否正常,甚至发生极轻微的故障及异常情况,都可以在其上面显示出来。电流卡片所记录电流的变化与电动机工作电流的变化呈直线关系,因此可以认为电流卡片所记录的电流的变化情况就是电动机运行状况的变化,换言之,电流卡片可以直接反映电动潜油离心泵的运行情况。下面列举了14种具有代表意义的运行电流卡片。

1. 正常运行电流卡片

正常运行时,卡片上画出的是一条等于或近似于电动机额定电流值的圆滑、匀称曲线。与此正常运行电流曲线图形有任何偏差都是电泵机组或油井有变化的征兆,如图2-3-10所示。

2. 电源电压波动电流卡片

机组运行中工作电流与电压成反比变化。如果电源电压波动,则电流也波动以维持恒载荷。电流曲线上出现“钉子状”突变,就是电压波动的反映。电压波动最常见原因是主电源系统有周期性重载荷(供电线路上大功率柱塞泵突然启动;附近抽油机多口井同时启动;雷击现象等),是其他几种小的电压波动的组合。应避免多载荷同时启动,使其影响减至最小。电流尖峰常在雷电干扰中出现,如图2-3-11所示。

解决方法:在大面积停电来电后,等其他设备启动后再启动电动潜油离心泵;电动潜油离心泵井安装避雷器。

3. 气体影响的电流卡片分析

气体影响的电流卡片如图2-3-12所示。

1)曲线分析

电流卡片上电流曲线呈锯齿状,曲线呈小范围密波动,说明电动潜油离心泵选型基本符合设计要求,井液中含有较多气体。

2)产生原因

电流波动是由于井液中含有游离气体。在这种情况下,不但排量要降低,而且也容易烧坏电动机;另外,泵内的液体被气体乳化也可能引起电流波动。

3)防止方法

在泵吸入口加气锚或旋转式油气分离器;合理控制套管气;保证机组合理的沉没度(加深泵挂);井液中加入破乳剂。

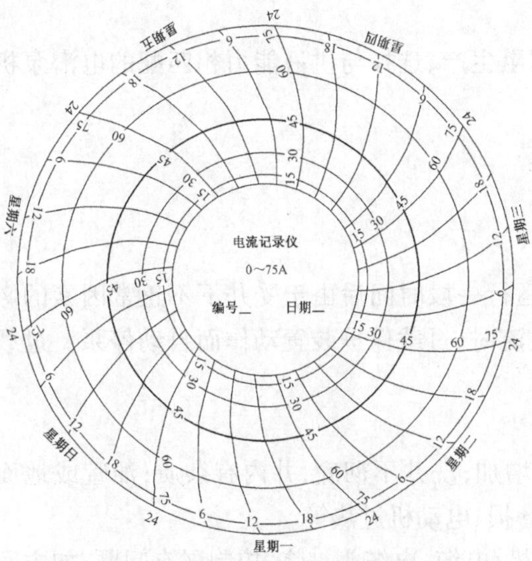

图 2－3－10　正常运行电流卡片

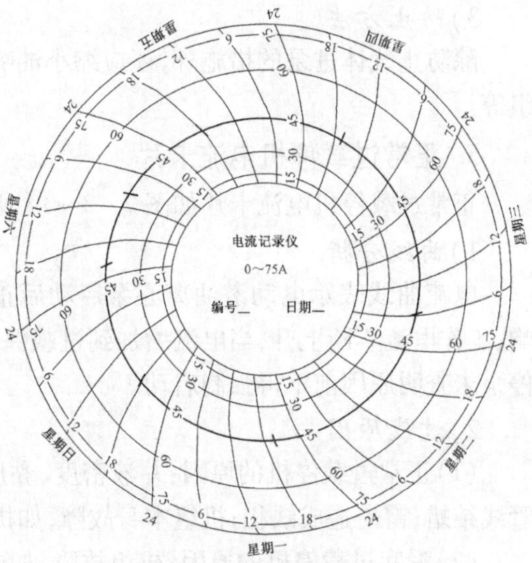

图 2－3－11　电源电压波动电流卡片

4. 发生气锁的电流卡片分析

发生气锁的电流卡片如图 2－3－13 所示。

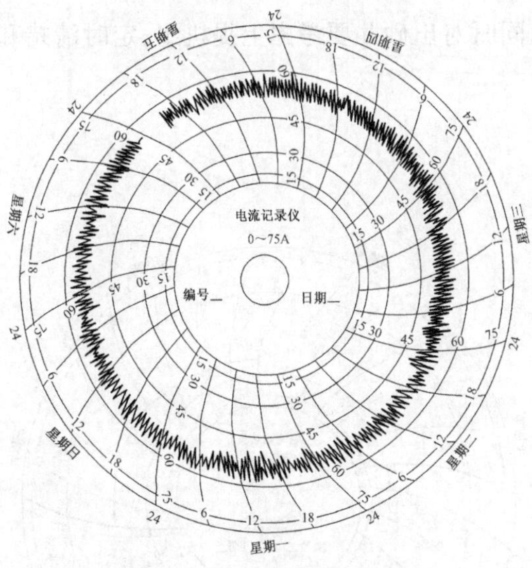

图 2－3－12　气侵的电流卡片

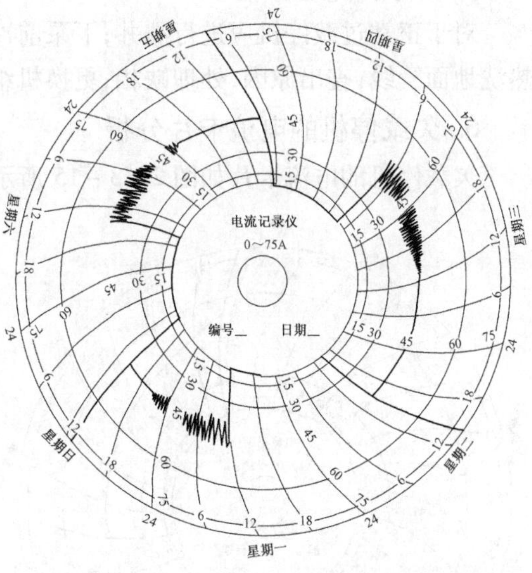

图 2－3－13　泵发生气锁的电流卡片

1）曲线分析

电流卡片表现为电动潜油泵刚启动，此时沉没度比较高，运行电流比较平稳，但是产量和电流都因液面的下降而逐渐减小，动液面基本接近设计值。随着液面的逐渐下降，电流也慢慢下降，然后因气体分离出来，电流出现上下波动，波动幅度随时间的延长越来越大。当液面接近泵的吸入口，电流波动最大，直到因气锁抽空而欠载停泵。

2）产生原因

电动潜油泵在运行过程中由于某些因素影响，使井液中大量气体进入泵内，造成因气锁抽空，欠载停泵。

3)防止方法

除防止气体进泵的措施外,还应缩小油嘴、间歇生产、选择与供液能力相匹配的电潜泵机组等。

5. 正常过载停机电流卡片

正常过载停机电流卡片如图 2-3-14 所示。

1)曲线分析

电流曲线表示电动潜油离心泵启动后正常运行一段时间后由于受井下不正常因素的影响,工作电流不断上升,当电流增加到过载保护电流时,过载保护装置动作而自动停泵。过载停泵未查明原因前不得强制启动。

2)过载原因

(1)正常过载停机的原因:井液密度、黏度的增加;洗井不彻底,井内有杂质;油管或地面管线结蜡;雷击造成缺相;机组本身故障,如机械磨损、电动机过热等。

(2)瞬间过载停机的原因:机组故障,如电动机、电缆、电缆头被烧;控制屏有问题,如主回路某一相或记录仪、主控线路虚接,熔断器被烧等;电干扰,如雷电、变压器输出电压低等;套管变形卡泵。

(3)过载电流值整定较低。

3)预防及处理方法

对于正常过载停机应进行洗井;下泵前冲砂,同时对出砂井要考虑上提机组;定时清蜡和热洗地面管线;查出原因,处理缺相;更换机组。

6. 欠载停机的电流卡片分析

欠载停机的电流卡片如图 2-3-15 所示。

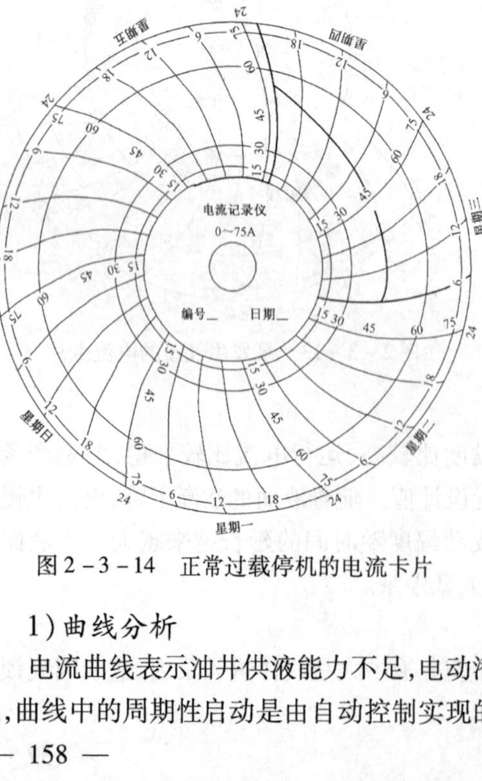

图 2-3-14　正常过载停机的电流卡片

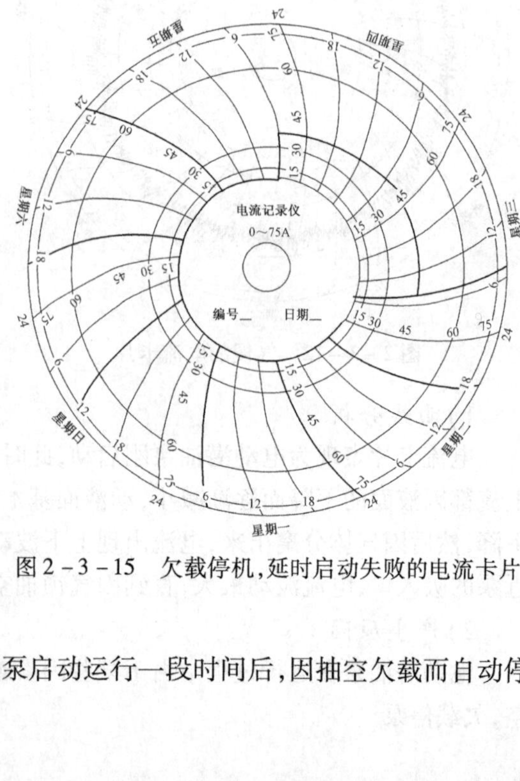

图 2-3-15　欠载停机,延时启动失败的电流卡片

1)曲线分析

电流曲线表示油井供液能力不足,电动潜油泵启动运行一段时间后,因抽空欠载而自动停机,曲线中的周期性启动是由自动控制实现的。

2）欠载原因

井液密度过低；产液量小，选泵不合理；延时继电器或欠载继电器部分出现故障；电动潜油泵运行电流值小于欠载电流整定值；泵轴断或花键套脱离等。

3）处理方法

检修延时继电器或欠载继电器；更换与该井相匹配的机电泵机组；改变采油方式，改选有杆泵采油或其他无杆泵采油方法；对于泵故障应起泵检查并更换电泵机组。

7. 欠电流停泵的电流卡片

欠电流停泵的电流卡片如图 2－3－16 所示。此电流卡片表示当泵启动后，运行了一个很短的时间，然后因欠电流而停机。由于有自动延时再启动装置，这一循环周而复始。这种情况一般有三个方面的原因：第一是由于井液密度过低或产量过少，而造成不足以使电流值高于欠载电流整定值以上而导致潜油电泵机组欠载停机；第二是由于延时再启动装置或欠载保护装置损坏所引起的；第三是由于泵轴断或花键套脱离所引起的。对于第一种原因需要重新进行选泵更换合适的潜油电泵机组，第二种原因可由电动潜油离心泵管理人员进行处理，第三种原因则需要起泵检查，并更换潜油电泵机组。

8. 欠载保护失灵的电流卡片

欠载保护失灵的电流卡片如图 2－3－17 所示。

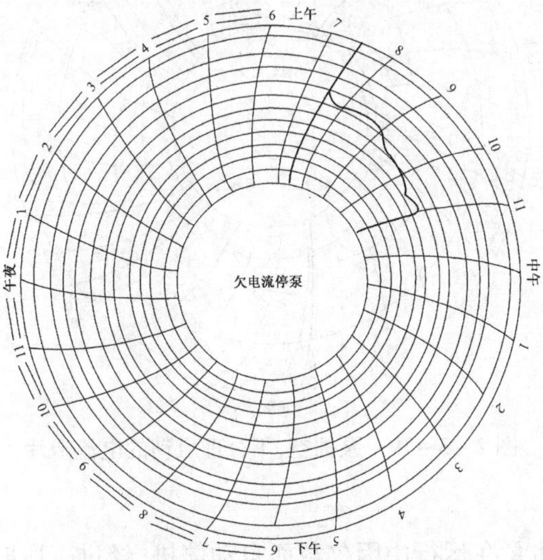

图 2－3－16　欠电流停泵的电流卡片

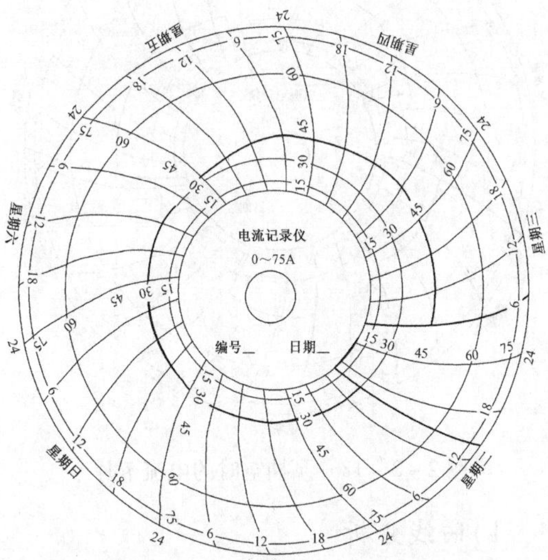

图 2－3－17　欠载保护失灵的电流卡片

1）曲线分析

电流曲线表示电动潜油泵启动后运行一段时间，电流慢慢下降，一直降到接近潜油电动机空载运行的电流，欠载继电器不动作，潜油电动机在空载条件下运行一段时间引起故障（电动机空转、温度升高导致电动机或电缆烧毁），过载停机。

2）产生原因

欠载继电器失灵；欠载保护电流过小。

3）处理方法

检修欠载继电器；调大欠载保护电流。

9. 泵抽空时的电流卡片分析

泵抽空时的电流卡片如图 2－3－18 所示。

1) 曲线分析

泵抽空时的电流卡片表明电动潜油泵由于抽空而自动停机，间隔一定时间后，又自动启动。启动电动潜油泵后，井内无游离气体析出，电动潜油离心泵运行正常，电流也比较平稳。当井中液面接近泵吸入口，产液量、电流值均下降，直到无井液进入泵的吸入口，达到欠载整定值而停机。

2) 产生原因

若发生在电动潜油泵井投产初期，为选泵不适当；若生产一段时间后出现，为供液不足所致。

3) 处理方法

缩小油嘴；加深泵挂；更换小排量电泵机组。

10. 泵抽空后不合理启动的电流卡片

泵抽空后不合理启动的电流卡片如图 2－3－19 所示。

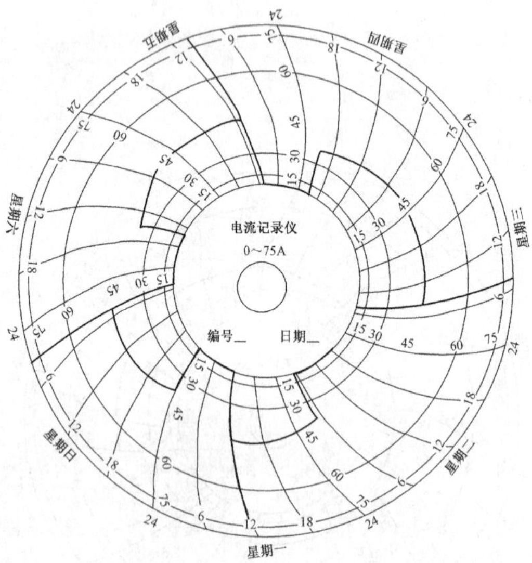

图 2－3－18　泵抽空时的电流卡片

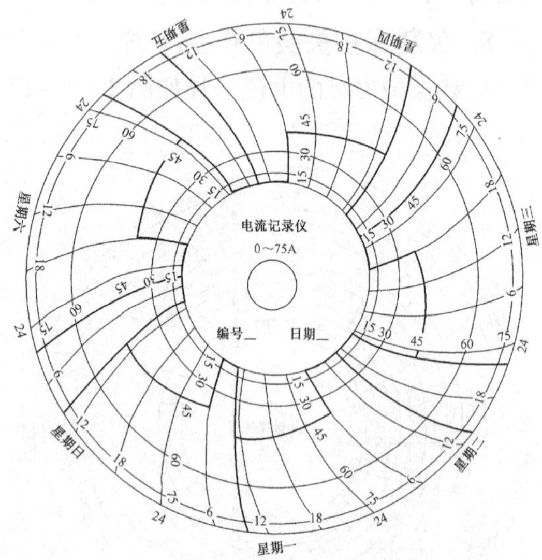

图 2－3－19　泵抽空，不合理启动的电流卡片

1) 曲线分析

泵抽空，不合理启动的电源卡片表明电动潜油泵在运行中因欠载而自动停机，经过一段时间后又重新启动，但未成功。这说明在泵抽空后，井内液面尚未恢复泵就开始启动，造成启动不成功。

2) 启动失败原因

延时启动时间不合理；泵排量过大。

3) 处理方法

适当延长延时启动时间（一般要求欠载延时启动时间不少于 40min）；缩小油嘴；加深泵挂；在修井施工中更换小排量电泵机组。

11. 延时时间太短的电流卡片

延时时间太短的电流卡片如图 2－3－20 所示。电流卡片所表示的是用液面控制开关的潜油电泵运行的电流曲线，用液面控制启停潜油电泵的方法是经常使用的，但是延时时间一定要设置合适。如果延时时间太短，当泵刚刚停运时，井液将通过泵叶导轮流道向下流动，会使泵发生倒转。假如正好泵在这时启动，将可能造成泵轴扭断事故。因此，一般要求延时时间不得低于30min。在这里给出的这张电流卡片就是一个延时时间太短的电流卡片，在这种情况下，应用这种控制是十分危险的。

12. 负载波动的电流卡片分析

负载波动的电流卡片如图 2－3－21 所示。

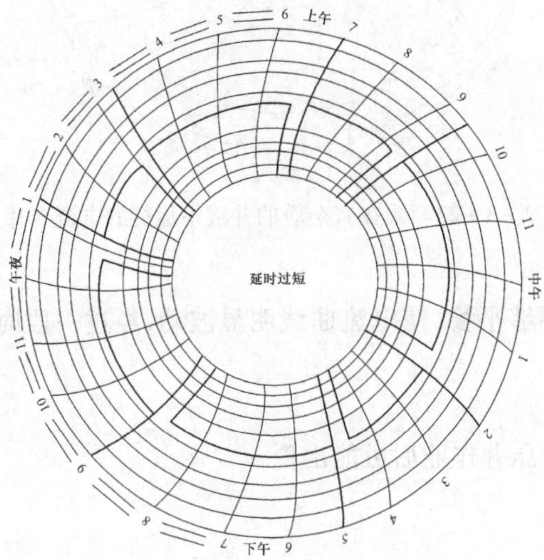

图 2－3－20　延时时间太短的电流卡片

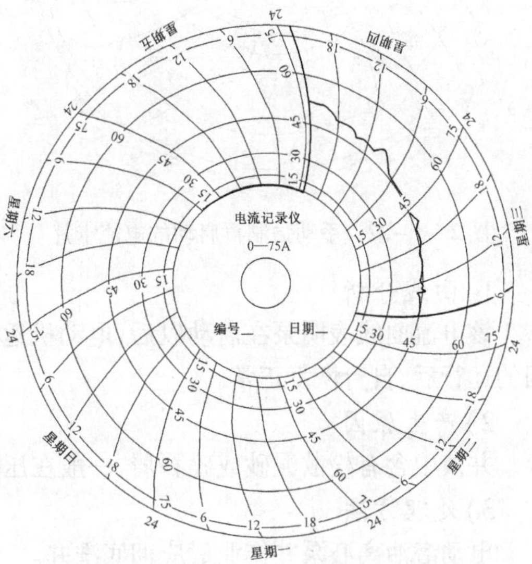

图 2－3－21　负载波动的电流卡片

1）曲线分析

电流曲线表明负载变化不规则、没规律。

2）产生原因

井液密度发生变化或地面回压过高。

3）处理方法

不宜手动再启泵，更不允许自动启泵，应由现场技术人员检查处理后，方可投入运行。

13. 手动强制再启动的电流卡片分析

手动强制再启动的电流卡片如图 2－3－22 所示。

1）曲线分析

该电流曲线表明泵启动以后，正常运行一段时间，出现电力波动，使机组过载停机。此卡片还表明进行了多次人工启动，均未成功。

2）产生原因

雷电；初级接头或熔断器被烧坏；机组偏载等。

3）预防及处理方法

如果一次人工启动不生效，应该马上请有关技术人员来检查处理，不允许强制再启动。

14. 泵在有杂质的井液中运行的电流卡片分析

泵在有杂质的井液中运行的电流卡片如图 2－3－23 所示。

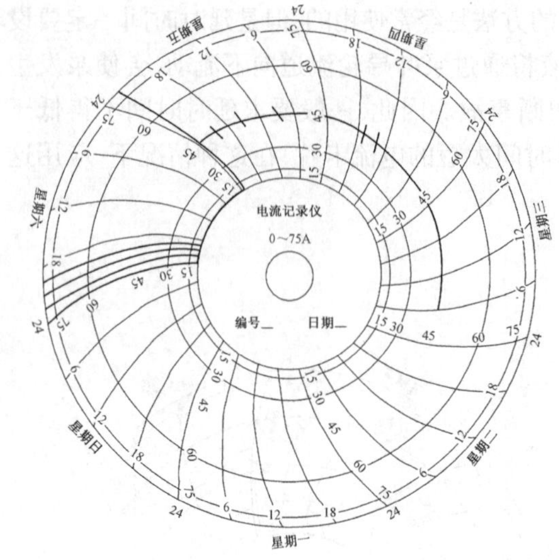

图 2-3-22　手动强制再启动的电流卡片

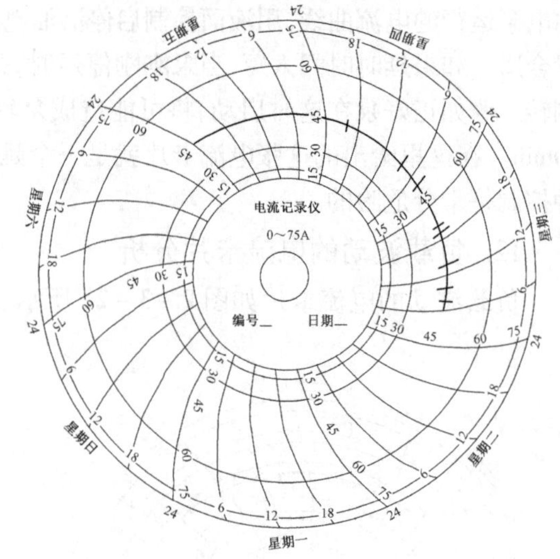

图 2-3-23　泵在有杂质的井液中运行的电流卡片

1)曲线分析

该电流曲线表明泵在启动以后,电动机运行不够平稳,使电流曲线明显波动,经过一段时间的运行后,自行恢复正常。

2)产生原因

井液中含有松散泥砂或碎石屑,一般在压井液压井作业后可能出现。

3)处理方法

电动潜油离心泵井作业后应彻底洗井。

三、电动潜油离心泵故障分析及处理方法

电动潜油离心泵井所出现的故障一般可分为两大类;一是在出现故障时,潜油电泵机组能够运转;二是在出现故障时,潜油电泵机组不能够运转。电动潜油离心泵井机组运行故障诊断与处理方法见表 2-3-1。

表 2-3-1　电动潜油离心泵井机组运行故障诊断与处理方法

序号	故障现象	故障原因	处理方法
1	机组不能运转	控制柜无电压	检查三相电源保险管
		网路电压低	根据电动机额定电压提升电压
		机组对地绝缘电阻过低	检查对地电阻,如过低起出机组
		机组(泵、保护器、电动机)卡死	采用换电源相序或提升电压,如启动不起来则起出更换
		油黏度大、死油或钻井液过多	用轻质油(火油)或清水洗、浸泡
2	过载停机或烧熔断丝	电缆、电动机继路或短路	起出机组检查
		熔断丝小或过载系数整定值过低	检查溶断丝型号、规格,重新调整过载值
		单相运行或电压不平衡,电压过低	检查各相的电流值、保险及三相电压
		泵选过小或井底有杂质	排液量如过高可缩小油嘴、减小泵载荷,如有杂物可冲洗井底

续表

序号	故障现象	故障原因	处理方法
3	欠载停机	机组某部位摩擦阻力太大	起出机组检查
		供电电压过低、压降太大	调整适当电压或更换电源线路
		中心控制器本身故障	更换、修理
		供液不足、泵抽空	缩小油嘴、延长停泵时间或更换小排量泵
		气油比太高、泵产生气蚀	放套管气、安装旋转分离器
		泵轴断裂	先彻底洗井、确定泵吸入口没堵,可以测电流、检查产液量或起出更换
		中心控制器本身故障或信号线松断	更换、修理
4	泵没有排量	泵轴断裂	起出泵、更换泵
		泵吸入口堵死	洗井或上提泵
		管柱蜡堵	用刮蜡片或化学清蜡
5	泵排量过小	管柱漏失或测压阀不严、泄油阀坏	起出泵检查或检查测压阀
		地面管线漏失	补漏
		管柱结蜡	清蜡
		气蚀	控制适当的套压
		泵吸入口堵塞	洗井或提泵检查
		泵叶轮、导壳结垢严重或磨损严重	酸洗或提泵检查
		电动机反转	调换相序
		泵轴断裂	起出检查
6	机组运转电流高或电流不平衡	机组在弯曲的井中运转	上提或下放几根油管
		电压过低或单相运行	检查电压、调整电压
		原油黏度过大或含砂量过多	加降黏剂或大排量洗井
		变压器电压不平衡	检查变压器三相直流电阻及三相电压或更换变压器
		控制柜主回路或接线盒接线接触不良	检查控制柜接线盒
7	电流记录仪停止工作	信号线开路	检查电流记录仪接线头或电流互感器
		记录纸不转	卡片没锁住、卡片纸过薄需加厚,检查时钟是否运转
8	电流卡片计时不准	时钟不准	调整时钟快慢
9	电流记录与实际不符	记录仪与互感器不匹配	换记录仪或互感器
		卡片量程不对	换与记录仪配套卡片
		记录笔尖压卡片过紧或过松	调整笔杆压力或控制柜垂直度
		卡片记录线条过粗	卡片纸受潮或记录笔笔尖磨损严重应更换

四、电动潜油离心泵井的案例分析

(一)【案例2-3-1】欠载整定值偏高

某电动潜油离心泵井供液能力稍差,井下机组排量为150m^3/d,额定工作电流为34A,因电潜泵机组烧毁而待作业。在查找原因时发现,该井的电流卡片上曾反映多次启、停机,原因是欠载(即电潜泵机组工作电流降至31A时就出现欠载停机),最后由于频繁的启、停机,使井下电潜泵机组烧毁而停产。试诊断该电动潜油离心泵泵况并处理。

1. 诊断过程

1)如果井下电潜泵机组的欠载整定值调整合适,井下电潜泵机组能够正常运行。一旦出现工作电流低于井下电潜泵机组的额定工作电流,可能是受供液能力稍差或气体等因素的影响。

2)从生产情况上看,该井供液能力稍差,使井下电潜泵机组欠载停机,并且井下电潜泵机组工作电流降至31A时就出现欠载停机。

3)电动潜油离心泵井下电泵机组烧毁是由于频繁的启、停机而造成的。

2. 诊断结果

欠载整定值偏高,造成电动潜油离心泵井的频繁的启、停机是烧毁电潜泵机组的主要原因。

3. 原因分析

有些井由于供液能力稍差或气体等因素的影响,使工作电流低于井下电泵机组的额定工作电流。如果井下电泵机组的欠载整定值调整过高,使一些油井不应欠载的出现了欠载。该井就是这种情况,稍出现欠载就使电潜泵机组停机,然后再启机。这样频繁的启机、停机对井下电潜泵机组寿命就有很大的影响,再加上井下电潜泵机组本身质量不太合格,就很容易在短时间内出现烧毁电潜泵机组的情况。

4. 处理措施

1)在电动潜油离心泵投产时,首先要检查过载、欠载电流整定值的调整情况,保证电动潜油离心泵井下电潜泵机组的工作电流在一个合理范围内。

2)认真分析电动潜油离心泵井下机组欠载停机的原因,针对具体原因采取相应措施。

3)准确录取电动潜油离心泵井生产数据,为准确分析电动潜油离心泵井的工作状况提供依据。

(二)【案例2-3-2】油管漏失

某电动潜油离心泵井生产一直比较稳定,但在一次量油时发现,该井的产液量大幅下降,油压下降,套压上升,动液面上升,回压下降,电动潜油泵电流值变化不大。试诊断电动潜油离心泵泵况并处理。

1. 诊断过程

(1)核实该井生产数据,经过连续三天量油、录取井口资料,证明数据准确无误。

(2)根据生产数据,该井油压下降,说明电动潜油离心泵的举升能力下降,泵的扬程下降。

(3)该井套压上升,动液面上升,说明油层的供液能力没有变化,即油层能量充足。

(4)该井回压下降,说明井口产液量减少,管线中的流量少。

(5)电动潜油离心泵的电流值变化不大,说明电动潜油离心泵工作正常。

(6)对该井进行憋压,憋压时油压上升缓慢,远远没有达到憋压要求,停泵后油压迅速下降,管柱不能形成封闭系统,说明油管有漏失情况。

2. 诊断结果

油管漏失导致油井产液量大幅度下降。

3. 原因分析

油管漏失会使油管、套管之间连通,电动潜油离心泵排出的部分流量通过漏失部位泄漏到油套管环形空间,再通过泵的吸入口吸入,形成往复循环。由于液体没有全部被举升到地面,所以井口产液量大幅度下降。油管漏失使井口排量减少,泵的扬程在井筒内损失,井口压力下降;憋压时油压上升缓慢达不到要求,停机后压力又会迅速下降。井口产液量下降,回压下降,油套管环形空间的液面就会上升,套压上升。

4. 处理措施

(1)进行检泵作业。

(2)在日常管理中,认真观察油井生产数据的变化,出现异常应立即查实电动潜油离心泵的工作状况。

【技能操作】(应会)

操作一:启动电动潜油泵井

启动电动潜油泵井是通过地面控制屏启动井下电动机,带动多级离心泵旋转,将井液举升到井口的一项管理电泵井的基本操作。

一、准备工作

(1)工具、用具:600mm 管钳 1 把、F 形扳手 1 把、油嘴扳手 1 把、150mm 游标卡尺 1 把、试电笔 1 支、绝缘手套 1 副。

(2)材料:合格油嘴 1 个、安全挂牌、电流卡片 1 张、笔、纸、棉纱等。

二、操作步骤

(1)倒通生产流程。

① 井口有加热炉的需提前半小时点火预热,有掺水的提前进行掺水扫线。

② 检查井口设备设施是否完好,有无渗漏,井口仪器仪表完好无损坏。

③ 检查油嘴是否符合生产要求。

④ 关闭取样放空阀门,打开进汇管阀门、回压阀门、井口生产阀门、油压表阀门。

⑤ 打开套管阀门控制套管气。

(2)检查控制屏,如图 2-3-9 所示。

① 用试电笔检查启动柜外壳是否带电,戴绝缘手套侧身合上控制柜总开关。

② 检查主机电压、控制电压是否符合要求,误差范围是否在 ±5% 以内。

③ 观察指示灯显示状态,黄灯亮,电路正常。(若红灯亮,说明电路或机组有故障)

④ 根据井下机组的额定电流,查看过、欠载整定值的设定是否符合启机要求。

(3)启动电动潜油泵井

① 戴绝缘手套侧身将选择旋钮转到手动位置。

② 戴绝缘手套侧身按下启动按钮。

(4)启动后检查电泵井控制屏。

① 观察录取油压、回压,听出油声音是否正常。新投产的井如果油压低、电流低,出油时间长,需停泵后调整接线盒相序,验证电泵是否反转。套压较高的井,需放掉套管气。

② 检查主机电压、控制电压、运行电流是否正常。

③ 根据正常运行电流,查看过、欠载电流是否符合要求。

(5)填写电流卡片。

① 检查电流记录仪是否正常工作,时钟是否需要上弦,笔尖是否正常出水。

② 安装电流卡片,检查起画时间、日期、井号填写是否正确。

③ 电流卡片上记录开井人姓名,开井时间、主机电压、控制电压、电流、油压。

④ 收拾工用具,填写报表。

三、技术要求

(1)主机电压、控制电压在额定电压 ±5% 以内。

(2)欠载电流保护值设定为运行电流的 0.8 倍,过载电流保护值设定为运行电流的 1.2 倍。

(3)运行电流不能超过电动机额定电流。

(4)如油压过高,需检查或更换油嘴。

(5)按先开低压再开高压的顺序倒通流程。

(6)如启动后过载,不允许二次启动,由电潜泵管理人员检查后方可再次启动。

(7)选择开关要旋转至手动位置。

四、操作安全要求

(1)操作过程中规范使用工、用具,避免造成物体打击。

(2)先用试电笔检查控制屏接地无电,再操作电器设备。

(3)倒通流程,避免憋压。

(4)侧身缓慢开关阀门。

(5)戴绝缘手套合闸,按启动按钮。

(6)启动电动潜油电泵时要有安全监护。

操作二:停止电动潜油泵井

停止电动潜油泵井是通过地面控制屏停止潜油电机转动,并关闭井口阀门切断井液压力的一项基本操作。

一、准备工作

工具、用具:F 形扳手 1 把、试电笔 1 支、绝缘手套 1 副。

二、操作步骤

(1)关井前检查。

① 井口有加热炉的需控制火势或停炉。

② 录取井口油压、套压、回压,检查油嘴过流声音及出油温度是否正常。

③ 检查、录取主机电压、控制电压、运行电流等生产参数。

(2)停止电动潜油泵。

① 用试电笔检查启动柜外壳是否带电,戴绝缘手套侧身按下停止按钮。

② 将选择开关拨到停止位置,侧身拉下控制屏总闸。

(3)倒停井流程。

① 侧身依次关闭生产阀门、回压阀门、套管阀门。

② 打开取样放空阀门,放净余压后关闭。

③ 冬季停机应根据情况决定是否采取掺水扫线措施,扫线后应关闭掺水阀门和下游汇管阀门。

(4)填写电流卡片。

① 电流卡片上填写停机前生产数据:主机电压、控制电压、电流、油压,注明停机原因及时间。

② 收拾工用具,填写报表。

三、技术要求

(1)主机电压、控制电压在额定电压 ±5% 以内。

(2)冬季长时间停机要采取扫线措施。

(3)按先关高压后关低压的顺序倒流程。

四、操作安全要求

(1)操作过程中规范使用工、用具,避免造成物体打击。

(2)先用试电笔检查控制屏接地无电,再操作电器设备。

(3)侧身缓慢开关阀门。

(4)戴绝缘手套侧身按停止按钮、拉总闸。

(5)人站在上风口打开放空阀门。

(6)严禁直接拉闸停泵。

(7)关井时要有安全监护。

操作三:电动潜油泵井巡回检查

巡回检查要按巡回检查路线进行巡查,通过巡回检查油井的工作参数,检查油井是否正常运行,从而为调整油井工作制度和油井护理措施提供依据,电泵井巡回检查是管理电泵井的一项基本操作。

一、准备工作

(1)工具、用具:600mm 管钳 1 把、200mm 活动扳手 1 把、F 形扳手 1 把、试电笔 1 支、绝缘手套 1 副。

(2)电流卡片、记录本、笔等。

二、操作步骤

(1)电动潜油泵井正常情况下每 2h 严格按照采油站制定的巡回检查路线进行巡回检查

一次。

(2)检查电力系统检查井口变压器的跌落开关有无跌落现象,发现后及时汇报。

(3)检查单井管线检查单井管线有无跑、冒、滴、漏现象,发现后及时汇报处理。

(4)检查接线盒的门是否锁好,有无倾倒现象,包扎是否完好。

(5)检查井口设备。

① 检查井口设备有无渗漏,流程是否正确。

② 观察油压是否正常,并记录油压、套压、回压。如果油压下降,出油声音微弱,说明供液能力下降,需要更换小直径油嘴。

③ 听出油声音、检查出油温度是否正常。

(6)检查控制屏。

① 观察控制屏指示灯工作状态,绿灯亮:正常运行。黄灯亮:欠载停机。红灯亮:过载停机。

② 检查主机电压、控制电压是否正常,误差是否在 ±5% 范围内。

③ 检查电流记录仪是否正常工作,时钟是否需要上弦,笔尖是否正常出水。

④ 检查电流卡片上的曲线是否正常,起画时间、日期、井号填写是否正确,曲线是否连续,并按照要求及时更换电流卡片。如果发现电流逐渐升高,需及时汇报,如电流异常超过过载值而未停机,需先停机再汇报。

⑤ 在电流卡片上记录查井时间、主机电压、控制电压、电流、油压、套压、查井人。

⑥ 检查接地设施是否齐全完好。

三、技术要求

(1)发现油压异常升高需打开另一侧流程降压,并检查油嘴是否堵塞。

(2)发现电流升高接近过载值时,应及时停机汇报。

(3)发现电流下降接近欠载值时,应调小油嘴。

(4)发现电泵井过载停机及时汇报,由专业人员处理。

四、操作安全要求

(1)操作过程中规范使用工、用具,避免造成物体打击。

(2)先用试电笔检查控制屏接地无电,再操作电器设备。

(3)戴绝缘手套侧身按停止按钮、拉总闸。

(4)侧身缓慢开关阀门。

(5)阴雨天巡回检查电泵井要远离变压器。

本操作说明视频观看方法:关注微信公众号“中国石化胜利油田”→屏幕底部“胜利新闻”→菜单“标准化”,观看系列视频 2[采油操作篇(二)]中第 12 项操作。

操作四:检查更换电动潜油泵井油嘴

检查更换电动潜油泵井油嘴是合理控制生产压差、调节油井产量、延长油井生产周期的管理电潜泵井的一项基本操作。

一、准备工作

(1)工具、用具:600mm 管钳 1 把、油嘴扳手 1 把、150mm 游标卡尺 1 把、通针、F 形扳手 1 把、试电笔 1 支、绝缘手套 1 副、污油桶。

(2)材料:合格油嘴 1 个、密封带 1 卷、黄油 1 袋、笔、纸、擦布等。

二、操作步骤

(1)更换油嘴前检查。

① 录取井口油压,检查油嘴过流声音及出油温度是否正常。

② 检查并录取主机电压、控制电压、运行电流等生产参数。

(2)倒流程。

① 按顺序打开另一侧备用流程的回压阀门和生产阀门。

② 确认备用生产流程畅通后再关闭生产阀门及回压阀门。

③ 打开放空阀门放净余压。

(3)检查更换油嘴,如图 2－3－24 所示。

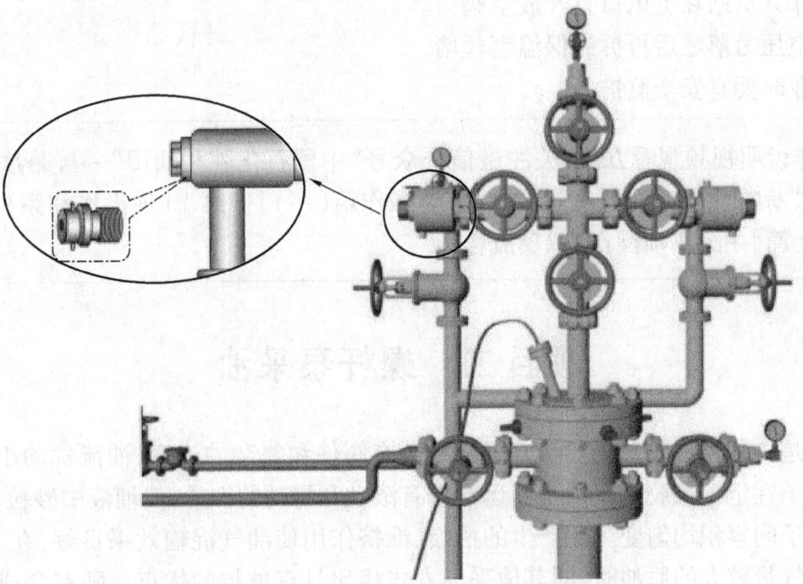

图 2－3－24　电泵井更换油嘴示意图

① 人站在侧面卸掉保温套丝堵。

② 通针试通油嘴。

③ 用油嘴扳手卸掉原油嘴,清理保温套。

④ 检查、测量新、旧油嘴。

⑤ 将合格的油嘴螺纹涂好黄油,用油嘴扳手装入保温套内。

⑥ 将丝堵涂好黄油,装在保温套上拧紧。

(4)恢复正常生产流程。

① 关闭放空阀门。

② 打开原生产一侧的回压阀门和生产阀门。

③ 关闭另一侧的生产阀门和回压阀门。

④ 听出油声是否正常，录取油压、套压、回压。

(5)填写电流卡片。

① 电流卡片上填写更换油嘴后生产数据主机电压、控制电压、电流、油压，并注明更换原因及时间。

② 收拾工具，填写报表。

三、技术要求

(1)用十字法测量油嘴直径，误差不超过0.1mm。

(2)安装保温套丝堵无渗漏。

(3)按先关高压后关低压的顺序倒更换油嘴流程。

四、操作安全要求

(1)操作过程中规范使用工用具，避免造成物体打击。

(2)按先开低压后开高压的顺序倒通侧翼生产流程。

(3)侧身缓慢开关阀门。

(4)操作人员站在上风口打开放空阀门。

(5)放空压力落零后再拆卸保温套丝堵。

(6)作业时要有安全监护。

本操作说明视频观看方法：关注微信公众号“中国石化胜利油田”→屏幕底部“胜利新闻”→菜单“标准化”，观看系列视频1[采油操作篇(一)]中第10项操作和系列视频9[采油操作海上篇]中第3项操作(双翼流程)。

项目二　螺杆泵采油

螺杆泵是一种容积式泵，它运动部件少，没有阀件和复杂的流道，油流扰动小，排量均匀。由于缸体转子在定子橡胶衬套内表面运动带有滚动和滑动的性质，使油液中砂粒不易沉积，同时转子—定子间容积均匀变化而产生的抽吸、推挤作用使油气混输效果良好，在开采高黏度、高含砂和含气量较大的原油时，同其他采油方式相比具有独特的优点。随着合成橡胶和黏结技术的发展，螺杆泵也成为稠油出砂冷采、聚合物驱油的油田主要的人工举升方式。所以螺杆泵已经成为一种新型的、实用有效的机械采油设备。

螺杆泵采油系统按驱动方式可划分为地面驱动和井下驱动两大类。

【知识目标】

(1)掌握螺杆泵采油装置的组成和工作原理；

(2)掌握螺杆泵井的生产管理与分析方法。

【技能目标】

(1)能进行螺杆泵井启停、巡回检查等日常维护操作；

(2)能分析、判断设备故障。

【所需知识】

一、地面驱动螺杆泵采油系统

（一）螺杆泵采油系统的组成

地面驱动井下单螺杆泵采油系统（简称螺杆泵采油系统）根据地面驱动螺杆泵的传动形式可分为皮带传动（图2－3－25、图2－3－26）及直接传动两种，其系统组成主要包括电控部分、地面驱动部分、井下螺杆泵部分、配套工具部分及配套设施等。

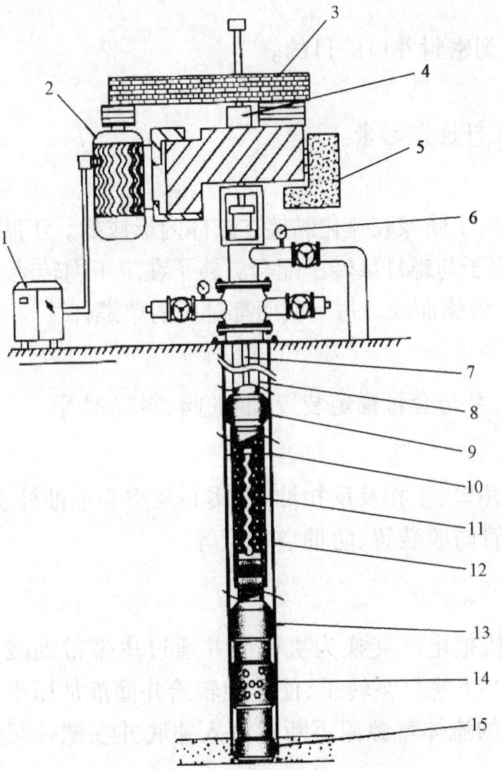

图2－3－25　地面驱动螺杆泵采油示意图（一）

1—启动柜；2—电动机；3—皮带；4—方卡子；5—平衡重；6—压力表；7—抽油杆；8—油管；9—扶正器；10—动液面；11—螺杆泵；12—套管；13—防转锚；14—筛管；15—丝堵

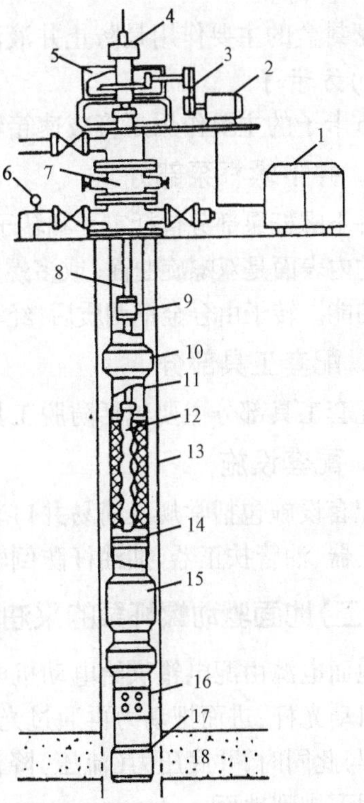

图2－3－26　地面驱动螺杆泵采油示意图（二）

1—电控箱；2—电动机；3—皮带；4—方卡子；5—减速箱；6—压力表；7—专用井口；8—抽油杆；9—抽油杆扶正器；10—油管扶正器；11—油管；12—螺杆泵；13—套管；14—定位销；15—油管防脱器；16—筛管；17—丝堵；18—油层

1. 电控部分

电控部分主要包括电控箱、电缆等。电控箱是螺杆泵井的控制部分，控制电动机的启、停。该装置能自动显示、记录螺杆泵井正常生产时的电流、累计运行时间等，有过载、欠载自动保护功能，确保生产井正常生产。

2. 地面驱动部分

地面驱动部分包括减速箱、皮带传动、电动机、密封盒、支撑架、方卡子等。地面驱动装置是螺杆泵采油系统的主要地面设备，是把动力传递给井下螺杆泵转子，使转子实现自转和公转，实现抽汲原油的机械装置。从变速形式上分类，地面驱动装置分为无级调速和分级调速。机械传动的地面驱动装置主要由以下几部分组成。

1）减速箱

减速箱的主要作用是传递动力并实现一级减速。它将电动机的动力由输入轴通过齿轮传递到输出轴，输出轴连接光杆，由光杆通过抽油杆将动力传递到井下螺杆泵转子。减速箱除了具有传递动力的作用外，还将抽油杆的轴向载荷传递到采油树上。

2）电动机

电动机是螺杆泵井的动力源，将电能转化为机械，一般采用防爆型三相异步电动机。

3）密封盒

密封盒的主要作用是防止井液流出，以达到密封井口的目的。

4）方卡子

方卡子的主要作用是将减速箱输出轴与光杆连接起来。

3. 井下螺杆泵部分

井下螺杆泵部分包括定子和转子。定子是由丁腈橡胶硫化黏接在缸体内形成的。丁腈橡胶衬套的内表面是双螺旋曲面（或多螺旋曲面），定子与螺杆泵转子配合。转子在定子内转动，实现抽汲功能。转子由合金钢调质后，经车铣、抛光、镀铬而成。每一截面都是圆的单螺杆。

4. 配套工具部分

配套工具部分主要包括防脱工具、防蜡器、泵与套管锚定装置、泄油阀、封隔器等。

5. 配套设施

配套设施包括常规及简易井口装置、专用井口、正扣及反扣油管、实心及空心抽油杆、抽油杆扶正器、油管扶正器、抽油杆防倒转装置、油管防脱装置、防抽空装置等。

（二）地面驱动螺杆泵的采油原理

地面电源由配电箱供给电动机电能，电动机把电能转换为机械能并通过皮带带动减速装置来启动光杆，进而把动力再通过光杆传递给井下螺杆泵转子，使其旋转给井筒液加压举升到地面；与此同时，井底压力（流压）降低，油层中的流体就源源不断地流入井底并在螺杆泵的举升作用下排到地面。

（三）螺杆泵工作原理

电动机及驱动装置使抽油杆产生顺时针方向旋转，抽油杆带动井下螺杆泵的转子在定子衬套内做行星运动；转子运动时，吸油密封腔沿轴向由吸油端上移，同时形成新的密封腔，其中被吸入的液体随着密封腔的上移由吸入端移至排出端，密封腔的不断形成、上移和消失，起到了泵的作用，将油、砂、水、气一起举升到地面。

（四）螺杆泵的理论排量

螺杆泵的理论排量是由螺杆泵的外径、转子偏心距、定子导程及其转速决定，其计算公式为

$$Q = 5760eDTn \qquad (2-3-1)$$

其中

$$D = 2R$$

$$T = 2t$$

式中 Q——螺杆泵的理论排量，m^3/d；

e——转子的偏心距，m；

D——转子截圆直径，m；

T——定子导程，m；

t——转子的螺距，m；

n——转子的转速，r/min。

螺杆泵的实际排量 Q' 为

$$Q' = Q\eta_v \tag{2-3-2}$$

式中 η_v——螺杆泵的容积效率，%。

由上面两个公式可以看出，螺杆泵的理论排量或实际排量与螺杆泵的结构参数 e、D、T 和工作参数 n 有关系。对现有螺杆泵的结构和作用情况进行分析表明，在 e、D、T 三者间存在一定的联系，就是在这三个参数维持一定比值的条件下，螺杆泵才能保证高效率的长期工作。

(五)电动螺杆泵的型号表示方法

电动螺杆泵的型号表示方法为

□ LB □—□ (　) □

- □ 空心转子用“K”；实心省略；等壁厚定子用“D”；金属定子用“J”
- (　) 转子与定子头数比，用阿拉伯数字表示，单头省略
- □ 泵的总级数
- □ 泵的几何排量，mL/r
- LB 单螺杆抽油泵，用“螺”和“泵”二字汉语拼音第一个字母LB表示
- □ 抽油杆地面驱动，用“杆”字汉语拼音第一个字母G表示；潜油电动机井下驱动，用“潜”字汉语拼音第一个字母Q表示

例如：GLB500—14K 为空心转子螺杆泵，每转排量 500mL，级数 14；GLB120—27(2:3)为多头螺杆泵，转子与定子头数比为 2：3，每转排量 120mL，级数 27。

(六)电动螺杆泵的特点

1. 电动螺杆泵的优点

节省投资；地面装置结构简单，安装方便；泵效高，节能，管理费用低；适应性强，可举升稠油；适应高含砂量、高含气井。

2. 电动螺杆泵的局限性

定子寿命短，检泵次数多；需要润滑；操作技术要求较高。

(七)螺杆泵采油配套工艺

(1)专用井口：起到保护光杆和密封井口的作用。

(2)光杆：用于井口密封。

(3)抽油杆扶正器：避免或减缓了抽油杆与油井的磨损。

(4)油管扶正器:可减小油管柱振动和磨损。

(5)抽油杆防倒转装置:防止抽油杆反转而倒扣。

(6)油管防脱装置:锚定泵和油管,防止油管脱落。

(7)防蜡器:延缓原油中石蜡和胶质在油管内壁的沉积速度。

(8)防抽空装置:地层供液不足会造成螺杆泵损坏,安装井口流量式或压力式防抽空装置可有效地避免此现象的发生。

(9)筛管:过滤油层流体。

(八)地面驱动螺杆泵采油井管理

螺杆泵采油井的管理与其他机械采油井的生产管理相比虽然简单,但也包括地面驱动装置漏油、皮带易断、防杆断脱,热洗较困难、测试、不压井作业等问题。

一般比较突出的是,停机时间不能长,如皮带断后未及时更换、测压长时间停机等都会使再次启泵困难。洗井时温度不能过高(超过定子橡胶所承受耐热温度)、排量不能过大,否则过大排量的洗井液就会使螺杆泵超速旋转,导致抽油杆柱承受的是退扣扭矩,造成杆柱退扣。

1. 螺杆泵井日常管理与维护

(1)认真做好巡回检查,发现问题及时处理,做好记录,并上报有关部门。

(2)在施工过程中,操作人员要互相配合,并穿戴好劳保用品,保证生产安全。

(3)严格保证用电安全,停机后一定要将空气开关断开。

(4)螺杆泵驱动头的护罩和电动机传动轮的护罩一定要保持完好。如有损坏,在未得到维修时严禁开机,以防旋转部位伤人。

(5)冷输管线回压在井口端不许超过1.5MPa,如回压过高,会对螺杆泵静密封造成伤害,严重时造成驱动头的损坏。因此,回压超过规定要求应停机,待回压降低到规定要求时开机。

(6)冷输井管线回压高,用泵车通管线时,必须停泵关闭阻杆器或关闭螺杆泵出口第一道生产阀门,确保螺杆泵密封系统不受泵车压力影响。

(7)在进行有关卸螺杆泵方卡子的所有操作,必须先释放光杆扭矩,防止油杆返弹力造成光杆高速扭转伤人,导致油杆脱落。

(8)螺杆泵调整防冲距后,光杆露出方卡子的高度不允许超过1m,防止螺杆泵高速运转将光杆甩弯或伤人。

(9)螺杆泵运行初期(投产后5d),每天测量并记录一次动液面和产量,同时记录井口油压、套压、电流、电压等数据,并根据动液面深度调整井下泵的工作转速,保证螺杆泵井合理沉没度。

(10)螺杆泵稳定运转时,要经常进行巡回检查,重点检查皮带、密封盒、减速箱、防反转装置等关键部分,发现问题立即整改。

(11)减速箱正常运转一个月后,应停机放掉减速箱体内齿轮油并清洗箱体,加入新的齿轮油后每三个月更换一次(所使用的齿轮油与抽油机减速箱所用润滑油相同)。

2. 地面驱动电动螺杆泵井常见故障诊断技术

由于螺杆泵采油的特殊性,各类故障的特征反应和诊断方法同其他采油方式有所不同。螺杆泵采油井常见故障有抽油杆断脱、油管脱落、蜡堵、定子橡胶脱落等,目前常用的故障诊断方法有电流法、憋压法和扭矩法等。

1）电流法

电流法就是通过测试驱动电动机的工作电流，根据工作电流大小来诊断泵况的方法。电流法可以诊断如表2-3-2中的各类故障。

表2-3-2　电流法诊断

工作电流	工况特征	故障形式
接近电机空载电流	无排量，油套不连通	抽油杆断脱
	油套连通	油管脱落或油管严重漏失，油管头严重漏失
接近正常运转电流	排量很小（相对泵的理论排量），液面较浅	油管漏、长期运转泵定子橡胶磨损严重、失效
	排量很小（相对泵的理论排量），液面较深	泵严重漏失，举升扬程不够，气影响，油层供液能力极差
接近正常运转电流	排量正常，油压正常	结蜡严重
	排量降低，油压明显升高	输油管线堵
	排量正常（投产初期）	定子橡胶溶胀大，定子不合格
周期性波动	脉动出液	转子不连续运转，泵不合格

2）憋压法

憋压法就是通过关闭采油树回压阀门进行憋压，观测井口油压和套压变化进行诊断井下泵况的方法，见表2-3-3。

表2-3-3　憋压法诊断

油压、套压	工况特征	故障形式
油压不上升且不同于套压	无排量	抽油杆断脱
油压不上升且接近套压或油压上升异常缓慢且与套压变化规律一致	无排量或很小	油管脱落，油管严重漏失
油压上升缓慢且不同于套压	排量小，泵效低，动液面较深	泵严重漏失，气影响，供液能力极差
油压与套压接近	油套连通	定子橡胶脱落

3）扭矩法

扭矩法是指测试光杆扭矩（即螺杆泵工作扭矩），根据光杆扭矩的变化来诊断油井故障的方法。

光杆扭矩可用光杆扭矩测试仪直接测得，也可用系统效率测试车测试驱动电动机的有功功率与转数间接获得。可测动扭矩，也可测静扭矩。光杆扭矩可用下式表示：

$$M = M_P + M_f + M_y \qquad (2-3-3)$$

式中　M——光杆实际扭矩；

M_p——满足实际举升高度所需的有功扭矩；

M_f——克服定子、转子间的摩擦扭矩；

M_y——克服抽油杆与举升液体间的摩擦阻力扭矩。

用扭矩法和轴向力法诊断油井故障汇总表见表2-3-4。

表 2-3-4 用扭矩法和轴向力法诊断油井故障汇总表

工作扭矩或轴向力	工况特征	故障形式
$M \approx M_y$	无排量，油套不连通	抽油杆底部断脱
	无排量，油套连通	油管脱落（定子脱离转子）
$M \approx M_f + M_y$	无排量或排量较小，油套连通	油管脱落，油管严重漏失（定子没有脱离转子）
	无排量或排量较小，液面不在井口	泵磨损严重，举升能力不稳，下部油管漏失
	排量正常，液面在井口	工况不合理，调参提高排量
M_f变化异常	无排量，液面在井口	定子橡胶脱落或定子橡胶被烧坏
$M = M_p + M_f + M_y$	排量小，泵效低，液面较深	泵漏失严重、举升高度不够、气影响、油层供液能力差等
$M_y \gg M_{y0}$	排量正常	结蜡严重
轴向力小于杆浮重	无排量	抽油杆底部断脱
轴向力明显小于杆浮重	无排量	抽油杆上部断脱
轴向力大于杆浮重	无排量，油套不连通	油管断脱（定子脱离转子）
	无排量，油套连通	油套连通
轴向力波动	有排量	防冲距偏小，转子磨挡销，抽油杆横振严重

注：M_{y0}为正常的摩擦阻力。

3. 地面驱动电动螺杆泵井常见故障处理

由于地面驱动螺杆泵采油系统主要由螺杆泵控制柜、驱动电动机、减速装置和光杆密封器、抽油杆、螺杆泵等构成，所以它出现的故障比电动潜油螺杆泵采油系统的多。其常见故障及处理方法见表 2-3-5。

表 2-3-5 地面驱动螺杆泵井常见故障及处理方法

序号	故障现象	故障原因	处理方法
1	螺杆泵电动机电流明显高于正常电流	油井结蜡严重	采取常规或高压热洗清蜡，重新制定热洗周期
		流程（管线）有堵塞	对管线解堵
		定子橡胶胀大	定子橡胶胀大，一般发生在新泵下井初期，正常运转一段时间后电流高的现象就会消失
2	螺杆泵电动机电流接近正常运转电流而排量效率较低	长期运转泵定子橡胶磨损严重、失效	检泵
		泵漏失严重	合理控制套压，调小冲次，换小泵
		气体影响或供液不足	
3	螺杆泵油管脱扣	转子顺时针转动时，转子与定子的摩擦对定子产生扭矩，导致定子上部正螺纹油管倒扣脱落	采取油管防脱技术，即安装锚定器（油管锚）或反螺纹油管
4	螺杆泵反转脱扣	载荷扭矩过大，抽油杆旋转时储存一部分弹性变形能，一旦停机，弹性能释放出来，使抽油杆高速反转而脱扣	安装机械防反转装置
		停机后，油管内液体回流，冲击转子反转脱扣	采取降压制动防反转，用电气控制原理，停机前先降低转速，使抽油杆弹性能释放一部分后再停机
		作业施工时抽油杆上扣不够紧	在螺杆泵吸入口处安装井下回流控制阀（单流阀）

续表

序号	故障现象	故障原因	处理方法
5	螺杆泵抽油杆断脱	井口无产量,憋泵时油压不升,工作电流接近空载电流	作业捞杆
6	螺杆泵减速箱产生异常响声	油面不在油标窗口以上	补加润滑油
		润滑油发黑	更换润滑油
		连接处有润滑油渗出	紧固连接处螺栓或涂抹密封胶
		箱体表面温度超过70℃	判断过载还是润滑油变质

(九)诊断案例

1.【案例2-3-3】油管脱落

某螺杆泵井,螺杆泵理论排量为90m³/d,实际产液量为80t/d,工作电流35A,生产比较稳定。该井生产一年后,在一次量油时发现油井不出油,工作电流21A。试诊断该井不出油的原因并处理。

1)诊断过程

(1)该井问题出现后,连续三天量油核实资料,该油井仍无产液量。

(2)观察油压变化:当关闭生产阀门进行憋压时,憋不起压力,说明螺杆泵没有起到抽油作用。

(3)观察油压与套压:当关闭生产阀门进行憋压时,油压和套压相等(均为0.95MPa),说明油管有漏失,造成油、套管连通。

(4)观察光杆运动情况:停机时,光杆没有出现反转现象,说明螺杆泵没有反向扭矩。

2)诊断结果

油管脱落使螺杆泵失去抽油能力。

3)原因分析

因为油管脱落后,螺杆泵转子和定子脱离,油、套管连通,油压、套压相等。而且因为螺杆泵定子和转子相互脱离,失去抽油能力,所以停机时光杆不反转。

4)处理措施

(1)进行检泵作业。

(2)认真观察螺杆泵井的生产数据变化,发现问题、故障及时诊断、处理。

2.【案例2-3-4】螺杆泵抽油杆断脱

某螺杆泵井,螺杆泵理论排量为33m³/d,实际产液量为28t/d,工作电流19A,生产比较稳定。该井生产半年后,在一次量油时发现产液量突然下降为9t/d。工作电流11A。试诊断该井产液量突然下降的原因并处理。

1)诊断过程

螺杆泵井的产液量变化有两种情况:一种是产液量突然发生变化,说明机、杆、泵、井突然出现问题与故障;另一种是产液量逐渐发生变化,说明油井在生产过程中由于磨损、结蜡等原因逐渐出现了影响生产的问题与故障。

(1)根据电动机工作电流明显降低的现象,初步诊断为抽油杆断脱。

(2)观察油压变化:当关闭生产阀门进行憋压时,油压缓慢上升,达不到憋压要求,说明螺杆泵抽油效果不好。

(3)比较油压与套压:当关闭生产阀门进行憋压时,油压和套压不一致,油压为0.35MPa,套压为0.95MPa,说明油、套管不连通。

(4)观察光杆运动情况:停机时,光杆没有出现反转现象,说明螺杆泵没有反向扭矩。

(5)进行停机量油,产液量为8.6t/d,说明该井有一定的自喷能力,而螺杆泵没有起到抽油作用。

2)诊断结果

抽油杆断脱使螺杆泵失去抽油能力。根据作业检查确认是抽油杆脱扣。

3)原因分析

抽油杆是传递动力给螺杆泵使其旋转进行抽油的。当螺杆泵井正常生产时,地面驱动装置带动抽油杆旋转,而井下螺杆泵在动摩擦的作用下旋转要比地面光杆滞后。当地面进行停机,抽油杆突然失去动力停止旋转时,螺杆泵滞后的扭矩就会带动抽油杆做反向旋转,即抽油杆倒转。为防止抽油杆倒转,螺杆泵井安装了防倒转装置,但是停机时抽油杆还是有短距离的倒转现象。抽油杆断脱后,螺杆泵失去抽油作用,因而停机时光杆不反转。但螺杆泵转子仍在定子内,油、套管不连通,所以憋压时,油压和套压不一致。由于该井有自喷能力,因此抽油杆断脱后油井的产液量为自喷产量;憋压时,油压缓慢上升。

4)处理措施

(1)进行检泵作业,恢复螺杆泵正常抽油能力。

(2)认真观察螺杆泵井的生产数据变化,发现问题、故障及时诊断、处理。

二、电动潜油螺杆泵采油系统

(一)电动潜油螺杆泵系统的组成及工作原理

电动潜油螺杆泵是一种结合了潜油电泵和螺杆泵优点的新型采油设备,将螺杆泵的地面驱动变成由电动机直接通过减速器驱动,去掉了抽油杆,解决了因抽油杆螺纹和接箍原因造成的脱扣、断杆及偏磨等问题。电动潜油螺杆泵与其他采油设备相比,具有适应井液范围广、没有杆柱磨损、管理简单、高效节能等优点,适用于常规抽油设备如杆式泵、电潜泵等难于运行的稠油井、含砂井、含气井;尤其是杆式泵难以适应的水平井和定向井的采油作业中。

1. 电动潜油螺杆泵系统的组成

电潜螺杆泵采油系统分为井下、地面及电力传送三部分。井下部分主要有螺杆泵、柔性轴、保护器、减速器和潜油电动机;地面部分主要有控制柜和井口等;电力传送部分有电缆和电缆卡子,如图3-3-27所示。

2. 工作原理

潜油电动螺杆泵工作原理是利用井下动力电缆将电力传送至井下潜油电动机,潜油电动机通过齿轮减速器和双万向节驱动螺杆泵在低速下转动,井液经过泵增压后,通过油管举升到地面。井下潜油螺杆泵由转子和定子组成。转子和定子相啮合形成一个个连续的密封胶室,当转子在定子内转动时,空腔从泵的入口端向出口端移动,空腔内的液体也随之从泵的吸入端送到排出端,通过油管输送到地面,从而起到泵送作用。

3. 潜油电动螺杆泵井下机组组成

潜油电动螺杆泵井下机组主要由四极潜油电动机、电动机保护器(如胶囊保护器)、行星齿轮减速器、减速器保护器、螺杆泵组成,如图2-3-28所示。

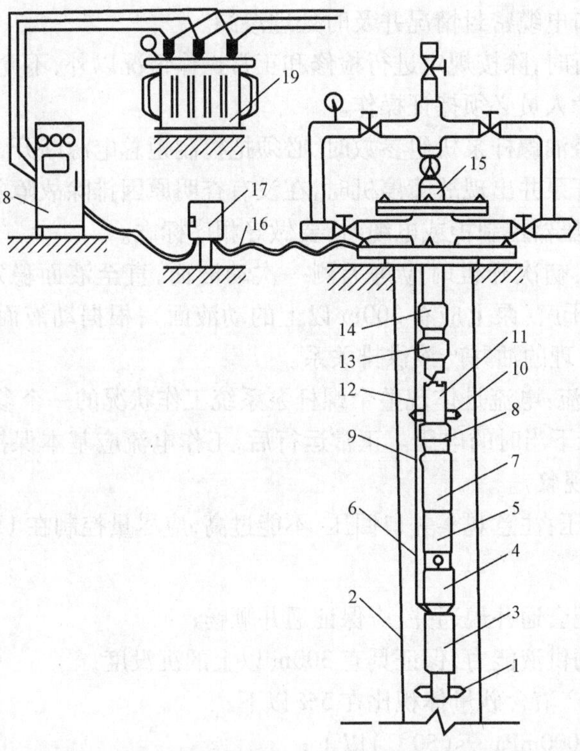

图 2-3-27　电动潜油螺杆泵系统组成示意图

1,10—扶正器;2—套管;3—潜油电动机;4—保护器;5—潜油减速器;6—电缆护罩;7—螺杆泵;8—螺杆泵排出头;9—引接电缆;11—油管;12—动力电缆;13—单流阀;14—泄油器;15—井口装置;16—地面电缆;17—接线盒;18—控制柜;19—变压器

4. 变频调速装置

采用针对电潜螺杆泵产品设计的变频调速控制装置,有效实现了电动机频率在 2~60Hz 内的自由调节,从而可有效满足井下电动机在不同油井状况下以不同速度运行的要求;并可有效实现电动机的软启动,消减频繁启动、停止对电动机、电缆、井下螺杆泵造成的损害,并有效地降低了运行能耗和设备的维护费用。

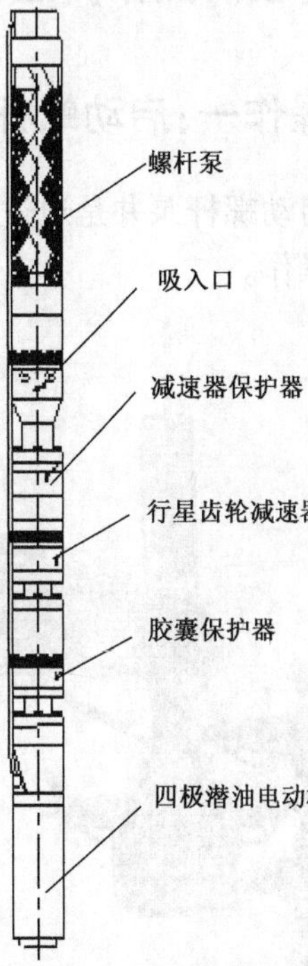

图 2-3-28　潜油电动螺杆泵井下机组

(二)电动潜油螺杆泵井管理与分析

电动潜油螺杆泵井管理可以参考电动潜油离心泵采油井管理办法。

1. 运行管理及维护保养

(1)每天巡回检查地面设备和井口,检查电压、电流、油压和套压值,出现异常应及时处理。

(2)每季度应对控制柜进行检查和维修保养。

(3)应经常检查变压器,保证油面显示在规定范围内。每年应抽油样化验一次。发现不合格或干燥剂失效时应及时更换。

(4)利用停机时间检查机组对地绝缘电阻和相间直流电阻及接线盒接触紧固情况。

(5)经常检查井口电缆密封情况并及时处理渗漏。

(6)机组正常运行时,除按规定进行检修和正常操作情况以外,不允许随意停机。

(7)处理机组故障人员必须持证操作。

(8)在测量电动潜油螺杆泵机组参数时,必须把控制柜总电源断开,并挂牌。

(9)电动潜油螺杆泵井出现故障停机时,在没有查明原因排除故障前,不允许二次启动。

(10)更换电力变压器控制柜或电缆时,要做好相序标志。

(11)测量动液面:初次开机时应每天测一次动液面,直至液面稳定为止,以后每周测1次。其目的是防止泵干磨(泵上应有300m以上的动液面);根据动液面的变化情况决定是否调整转速,以便建立合理的油井产液供排关系。

(12)测量工作电流:电流是体现整个螺杆泵系统工作状况的一个参数,因此,应注意观察工作电流,同时要记录下当时的电压。正常运行后,工作电流应基本保持不变(注意排除电压波动引起电流变化的现象)。

(13)检查井口回压:注意观察井口回压,不能过高,应尽量控制在1MPa以下。

2. 选井要求

(1)安装前要用配套通井规通井,应保证通井顺畅;

(2)油层有较好的供液能力,保证具有300m以上的沉没度;

(3)对于出砂井,产液含砂量体积比在5%以下;

(4)井液黏度在5000mPa·s(50℃)以下;

(5)油层温度小于120℃;

(6)含气量以及机组允许最大造斜速率等按厂家说明。

【技能操作】(应会)

操作一:启动螺杆泵井

启动螺杆泵井是通过启动地面设备,带动井下螺杆泵旋转,将井内原油举升到地面的一项基本操作。

图2-3-29 螺杆泵井井口装置

一、准备工作

工具、用具:600mm管钳1把、F形扳手1把、试电笔1支、绝缘手套1副、记录笔1支、记录纸等。

二、操作步骤

(1)螺杆泵井井口装置如图2-3-29所示。检查工艺流程如下:

① 检查井口设备设施是否完好,有无渗漏,井口仪器仪表完好无损坏。

② 关闭取样放空阀门,打开"T"接点阀门、回压阀门、井口生产阀门、压力表控制阀门。

③ 有加热炉的提前2h预热加热炉,有掺水的提前半小时倒通流程掺水。

(2)检查地面设备。

① 检查皮带松紧是否合适。

② 检查驱动头护罩和电动机皮带护罩完好紧固。

③ 盘车检查防反转装置是否灵活可靠。

④ 检查减速箱齿轮油位应在1/2~2/3处,箱体无渗漏。

⑤ 检查井口阻杆封井器(清蜡阀门),应处于开启状态,且两边手轮的开启圈数应一致。

⑥ 检查井口密封是否完好。

⑦ 检查光杆卡子及法兰盘螺栓等部件是否紧固。

(3)检查电气设备。

① 检查电控箱、电动机是否完好。

② 检查接地装置是否完好。

(4)启动螺杆泵井。

① 检查螺杆泵周围是否无障碍物。

② 用试电笔检查配电箱外壳是否无电,解锁,戴绝缘手套,侧身合闸送电。

③ 检查电压是否正常,按启动按钮启动螺杆泵。

(5)检查设备运行情况。

① 检查螺杆泵运转方向是否正确。

② 检查驱动装置是否有异响。

③ 检查电动机电流是否正常、平稳。

④ 若电流或地面设备振动过大,应立即停机查明原因,整改之后方可再启动。

(6)检查油井生产情况。

① 检查井口油压、掺水压力是否正常,油井是否正常出液。

② 观察密封盒有无渗漏。

③ 若电流或地面设备振动过大,要立即停机查明原因,整改之后方可再启动。

④ 收拾工具,清理现场,填写报表。

三、技术要求

(1)皮带紧固后,在皮带中间用手按压皮,皮带变形量小于6.0mm,此时的张紧力为合适。

(2)检查防反转装置是否灵活可靠。可用管钳逆时针旋转光杆(俯视),如转不动,则表明防反转装置工作可靠。

(3)减速箱中的齿轮油位为箱体油标处1/2~2/3处为宜。

(4)螺杆泵机组运转正常5min后方可离开。

四、操作安全要求

(1)接触电气设备前先用试电笔验电,戴绝缘手套侧身操作电气设备。

(2)操作过程中规范使用工、用具,避免造成物体打击。

(3)侧身缓慢开关阀门。

(4)井口旋转部位防护装置齐全完好。

(5)正确倒流程并确认。

操作二:停止螺杆泵井

停止螺杆泵井是通过停止地面设备运行,倒流程切断管道内压力来源,是管理螺杆泵井的基本操作。

一、准备工作

工具、用具:600mm 管钳 1 把、F 形扳手 1 把、试电笔 1 支、绝缘手套 1 副、停运牌 1 块、记录本 1 本、记录笔 1 支。

二、操作步骤

(1)检查油井生产情况。

① 检查井口油压、套压、回压是否正常并做好记录。

② 检查井口流程密封盒有无渗漏,阀门开关是否正确。

③ 检查密封盒有无渗漏。

(2)检查螺杆泵运转情况。

① 观察螺杆泵各连接部位和紧固件有无松动迹象。

② 听螺杆泵运转声音是否正常,有无碰挂声音。

③ 检查电动机外壳温度是否符合要求。

(3)停止螺杆泵。

① 用试电笔检测配电箱外壳无电,打开配电箱门,戴绝缘手套按停止按钮。

② 侧身拉闸断电,关好电控柜门,记录停井时间。

③ 待光杆静止后,关闭螺杆泵防倒转锁紧装置。

(4)倒井口流程。

① 侧身关闭井口生产阀门和回压阀门。

② 冬季关井要掺水循环,无掺水的井关井 2h 以上必须扫线。

③ 春、夏、秋季关井三个月以上的井要用压风机扫管线,长停井要组织回收电器、地面装置和井口有关设施。

④ 稠油井停抽时间较长,应倒通地下掺水。

⑤ 记录停井时间和原因,上锁挂牌。

三、技术要求

(1)如防反转装置失效,抽油杆柱高速反转,应立即关闭生产阀门,以延缓杆柱的反转速度。

(2)如果是井下杆柱问题,待修停机要关闭生产阀门,冬季要保证井口保温的正常工作。

(3)如果是故障停机,若问题没有处理完,要挂停机警示牌,防止其他人误操作。

四、操作安全要求

(1)现场停机后处理问题时要拉下电控箱总闸刀。

(2)按电控箱上的停机按钮,待光杆安全停止转动时,方可到井口进行各项作业。

(3)接触电气设备前先用试电笔验电,应戴绝缘手套侧身操作电气设备。

(4)操作过程中规范使用工、用具,避免造成物体打击。

(5)侧身缓慢开关阀门。

一、二操作说明视频观看方法:关注微信公众号“中国石化胜利油田”→屏幕底部“胜利新闻”→菜单“标准化”,观看系列视频2[采油操作篇(二)]中第20项操作。

操作三:螺杆泵井巡回检查

螺杆泵井巡回检查主要是检查井口设备运行是否正常,录取油井生产参数,为分析油井生产情况提供依据,是管理螺杆泵井的一项基本操作。

一、准备工作

工具、用具:250mm 活动扳手1把、F形扳手1把、试电笔1支、绝缘手套1副、记录本、记录笔。

二、操作步骤

(1)检查井口设施并录取生产数据。

① 检查流程是否正确,井口有无渗漏。

② 观察油压是否稳定,并记录油压、套压、回压。

③ 检查光杆密封装置无渗漏。

④ 录取掺水压力和温度并做好记录。

(2)检查井口设备运行情况。

① 检查设备有无缺损、松动、渗漏现象。

② 检查井口密封有无渗漏。

③ 检查安全防护罩是否完好。

④ 观察防脱卡子与光杆卡子之间距离大于50mm。

⑤ 观察皮带的松紧是否正常。

⑥ 检查减速箱有无异响。

⑦ 检查减速箱箱体有无渗漏,温度是否低于50℃。

⑧ 检查减速箱油位是否在看窗之间。

⑨ 检查防反转装置是否灵活好用。

(3)检查电气设备、设施。

① 检查电动机运行有无异常响声。

② 检查电动机外壳温度是否低于60℃。

③ 检查电动机接地线是否牢固。

④ 填写巡检记录和报表。

三、技术要求

(1)录取压力值要在压力表量程1/3~2/3之间。

(2)检查井口掺水是否正常,冲洗掺水管线,控制回油温度在35~38℃之间(特殊井特殊对待)。

(3)螺杆泵运行电流不能超过过载保护电流值。

(4)皮带松紧合适,不打滑、不冒烟。

(5)减速箱油位应在看窗的1/2~2/3之间,箱体温度不高于50℃为正常。

四、操作安全要求

(1)检查驱动装置是否有异常响声及渗漏。

(2)观测运转电流是否正常,是否平稳。

(3)若电流或地面设备振动过大,要立即停机查明原因,整改之后方可再启动。

(4)检查井场是否平整,有无油污,有无杂草,埋地管线有无裸露、渗漏。

项目三　其他无杆泵采油

由于油井开采的特殊性,需要匹配其他特殊无杆泵采油方式。其中水力活塞泵和射流泵是典型特殊采油设备。水力活塞泵对高气油比、出砂、高凝油、含蜡、稠油、深井、斜井及水平井具有较强的适应性;射流泵井下无运动部件,对于高温深井、高产井、含砂、含腐蚀性介质、稠油以及高气液比油井具有较强的适应性。本项目对水力活塞泵和射流泵采油作简单介绍。

【知识目标】

(1)了解水力活塞泵系统组成和工作原理;

(2)了解水力射流泵系统组成和工作原理。

【所需知识】

一、水力活塞泵采油

水力活塞泵是一种液压传动的无杆抽油设备,它是由地面动力泵将动力液增压后经油管或专用通道泵入井下,驱动液马达做上下往复运动,将高压动力液传至井下驱动油缸和倒向阀,来帮助井下柱塞泵抽油。

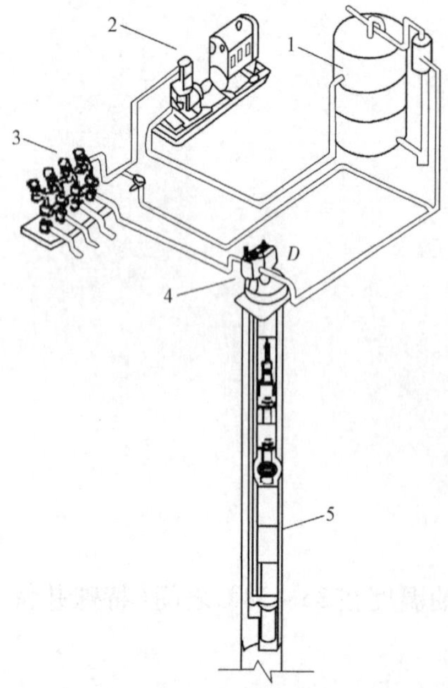

图 2-3-30　典型水力活塞泵采油系统

1—动力液罐;2—三缸高压泵;3—控制管汇;4—井口控制阀;5—井下泵

(一)水力活塞泵系统的组成及工作原理

1. 水力活塞泵系统的组成

水力活塞泵系统主要由地面部分、井下部分和连接地面和井下的中间部分组成。地面部分由地面动力液罐、三缸高压泵、控制管汇、井口控制阀组成,其主要作用是供给和处理动力液;井下部分是该系统的核心部件,由沉没泵、泵筒、固定阀三个部分组成,其主要作用是抽油;连接地面和井下的中间部分包括将动力液从地面部分送到井下机组的中心油管,以及将抽取的原油和工作过的废动力液一起排出地面的专门通道。典型水力活塞泵系统如图 2-3-30 所示。

2. 水力活塞泵系统的工作原理

地面动力液经井口装置从油管进入井下,带动井下水力活塞泵中的液马达做上下往复运动,进而带动抽油泵抽油,并使动力液与井液一起从油套环空排出井口。

(二)水力活塞泵装置组成

1. 井口装置

井口装置以常规采油树为主,并具备防喷、便于投捞(捕捉器)、正循环(油管进液、套管出液)可投入泵工作、反循环可起泵检修等功能。

2. 井下机组

水力活塞泵井下机组主要由液马达、泵和主控制滑阀三部分组成。液马达将动力液的压能转换为机械能带动泵工作,常用的是往复柱塞式液马达。泵将液马达传递给它的机械能转换成液体的压能,用来提高油层产出液的压能,常用的是往复柱塞泵。主控制滑阀是利用液压差动原理控制液马达和泵柱塞做往复运动的换向控制机构。

(三)水力活塞泵型号及其参数

1. 水力活塞泵型号

国产水力活塞泵型号表示方法如下:

SHB $\underline{\text{I}} \times \underline{\text{II}}/\underline{\text{III}}\,\underline{\text{IV}}\,\underline{\text{V}}$

其中 SHB——水力活塞泵代号,为汉语拼音字母;

Ⅰ——油管规格代号,用油管内径公称尺寸表示,in ;

Ⅱ——额定冲数时泵理论排量,m^3/d,用其数值与 10 的商表示;

Ⅲ——最高扬程,m ,用其数值与 100 的商表示;

Ⅳ——泵结构型式代号,用汉语拼音字母表示,见表 2-3-6;

Ⅴ——动力活塞类型、管柱及安装型式和泵功能的代号。

表 2-3-6　水力活塞泵结构型式代号

代号	A	B	C	D
意义	双作用	双泵端双作用	双动力活塞双作用	单作用

2. 水力活塞泵主要采油参数

(1)活塞直径:ϕ45mm、ϕ58mm、ϕ35mm;

(2)冲程:0.75m、1.24m、1.65m;

(3)冲次:50 次/min、53 次/min、40 次/min;

(4)最高额定排量:200m^3/d、300m^3/d、500m^3/d;

(5)动力液排量:3.0m^3/min、4.92m^3/min、11.11m^3/min。

(四)水力活塞泵的特点

(1)井下泵泵效高,总效率达 40%~60% 。

(2)扬程高,泵挂深度和产量的适应范围比较大,在直径 139.7mm 套管内使用,可达 30~500m^3/d。

(3)利用液体压力起下泵方便,检换泵时可不上作业机,节约作业费用。

(4)适用于斜井、弯曲井。

(5)适用于单井或多井。

(6)动力液可添加破乳剂、降黏剂等,并可系统加热,方便实现高黏、高凝油伴热开采。

(7)便于进行自动化管理。

(8)井口装置简单,适用于海上平台和丛式井以及地理环境恶劣地区。

(9)排量大,并可实现无级调速(日常控制方式)——井口控制动力液排量和调节动力液压力。

(五)水力活塞泵选井原则与条件

应用水力活塞泵时,选含砂量少的井,井液含砂一般应低于0.02%,最大杂质粒径小于15μm,原油黏度在10^3mPa·s以内(地面温度50℃时)。这类井,动力液可采用本井原油,经加热后使其黏度降低,一般规律为温升10℃,黏度降低40%~50%。水力活塞泵用于抽汲高凝油、稠油的井时必须安装加热器。某些井采出的原油经加热降黏,能达到动力液指标要求的可回用,有些井的原油经加热仍达不到动力液指标,则需要另找动力液来源。

(六)水力活塞泵动力液

一般采用油或水作动力液。

1. 油动力液

用相对密度为0.825~0.876的原油作动力液,杂质含量在15mg/L以下,油的润滑性较好,地面柱塞油泵的维护较少。

2. 水动力液

用水作动力液,要求杂质粒径小于15μm,含盐量小于1.2%(质量分数),水对环境污染小,安全性好,但水一般不具备润滑性,易产生腐蚀,黏度低,使井下泵更易漏失。

(七)水力活塞泵采油井故障分析

水力活塞泵在正常工作状态下,其主要技术参数均近似于理论技术参数,如工作压力、动力液流量、混合液流量、冲次等。如实测数据与此相等,则油井工作基本正常。如实测数据偏离理论数据,就要分析原因,排除故障,以保证正常工作。常见故障及其排除方法见表2-3-7。

表2-3-7 故障及其排除方法

故障	可能原因	消除方法
抽油泵容积效率明显降低	吸入阀、排除阀漏失;排出液和地层液间密封损坏;吸入阀、排出阀的端面不密封	起泵检查,修理或更换,压紧端面
沉没机组突然不工作,泵压突然上升憋压	拉杆和阀芯、阀芯和滑阀、滑阀和阀体、活塞和缸套被砂或脏物卡死	起泵检修,清洗或更换零件
泵突然不出油	地层出砂严重,造成油层砂堵	冲砂
多次检泵只能短期正常工作	泵座密封面损坏	起泵,更换泵座

二、水力射流泵采油

(一)水力射流泵采油系统的结构及工作原理

水力射流泵(简称射流泵)是一种特殊的水力泵。它是利用射流原理将注入井内的高压动力液的能量传递给井下产液的无杆水力采油装置。水力射流泵采油系统的组成与水力活塞泵采油系统的组成相似,是由地面储液罐、高压地面泵和井下射流泵组成。水力射流泵和水力活塞泵的井下总成可互换使用。水力射流泵的井下装置类型与水力活塞泵的一样,包括固定式装置和自由式装置,但水力射流泵只能采用开式动力液系统。

水力射流泵井下无运动部件,对于高温深井、高产井、含砂、含腐蚀性介质、稠油以及高气液比油井具有较强的适应性。

1. 水力射流泵的结构

水力射流泵是通过地面注入与地层产出的两种流体之间的动量交换实现能量传递来工作的。典型的套管自由式井下水力射流泵装置如图2－3－31所示。水力射流泵的主要特点之一是没有运动部件。水力射流泵的工作元件是喷嘴、喉管和扩散管。

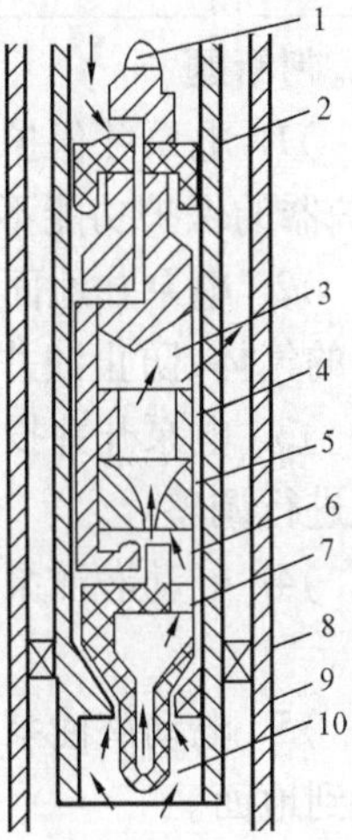

图2－3－31　水力射流泵装置

1—打捞头;2—提升皮碗;3—排油孔;4—扩散器;5—喉管;6—喷嘴;7—油管;8—封隔器;9—套管;10—尾管

2. 水力射流泵的工作原理

水力射流泵通过喷嘴将动力液高压势能转变为高速动能;在喉管内,高速动力液与低速产液混合,进行动量交换;通过扩散管将动能转变为静压,使混合物采到地面。

(二)水力射流泵的特点

水力射流泵没有运动部件,适合于举升含腐蚀和含砂流体;结构紧凑,适用于倾斜、水平井;自由投捞作业,维护费用低;产量范围大,控制灵活方便;能用于稠油开采,容易对动力液加热;能处理高含气流体;适用于高温深井;对非自喷井,可用于产能测试和钻杆测试。

练　习　题

一、填空题

1. 电泵井欠载停机时,控制屏________色指示灯亮,电流曲线逐渐________。

2. 当电泵井电流逐渐下降,低于________值时,电泵就会欠载停机。

3. 潜油电泵的井下部分主要由________、________、________、________四大件组成。

4. 通常情况下在电泵井下管柱结构中,为防止井液在油管中倒流,潜油泵上部安装有________阀。

5. 电泵井下的保护器主要作用是保护________的,最终目的是阻止________进入________。

6. 潜油电动机工作电压一般为________～________V,电流一般为________～________A。

7. 投产后正常运行的电泵井,应该合理设置过欠载整定值,通常情况下过载整定值设定为________电流的________倍。

8. 投产后正常运行的电泵井,应该合理设置过欠载整定值,通常情况下欠载整定值设定为________电流的________倍。

9. 螺杆泵采油系统主要有两种,一种是________驱动单螺杆泵采油系统,另一种是

__________驱动单螺杆泵采油系统。

10. 扭矩法是通过测试螺杆泵采油系统中__________部位的扭矩大小来诊断泵况。

11. 憋压法是在油井正常生产时通过关闭采油树回压阀门进行憋压，观测井口__________和__________的变化来诊断井下泵况。

二、判断题

( )1. 电泵井保护器在井下起到阻止井液进入潜油电动机，避免烧毁潜油电动机的作用；保护器的保护功能不受电泵井频繁启停机的影响。

( )2. 电泵井地面接线盒的作用是连接控制柜到井口之间的潜油电泵动力电缆，以排除电缆中的气体，防止油井中的易燃气体进入控制柜，发生火灾或爆炸。

( )3. 电泵开井投产时，启动电泵后应立即核实机组工作电流并在控制柜对机组过欠载整定值进行调整。

( )4. 电动潜油泵井的开关是指井口流程所处的状态，开井时生产总阀门、生产阀门必须打开。

( )5. 电动潜油泵井采油时在多级离心泵不断抽吸过程中，井底压力升高，从而使油不断采出到地面。

( )6. 电动潜油泵井电流卡片在装卡片时，就要在相应的位置填写上井号、安装日期，在卡片背面标注机组额定电流、过载保护电流、欠载保护电流等。

( )7. 电动螺杆泵的理论排量的计算公式为：$Q = 1440 \times e \times D \times T \times n$。

( )8. 电动螺杆泵井在采油过程中，随着井底流压不断升高液量不断被采出地面。

( )9. 单流阀可以使潜油电泵井停泵时离心泵反转。

( )10. 电动潜油泵井采油原理是地面电能通过电缆传递给井下潜油电动机，潜油电动机再把电能转换为机械能带动多级离心泵，把井内液体加压通过油管经采油树举升到地面。

( )11. 电动潜油泵井电流卡片在装好卡片以后的一周里，每天都要检查记录卡片上反映的电流运行情况和大小，如果有停机等原因就要及时在卡片相应的位置上标注清楚。

( )12. 潜油电泵装置中，控制屏是可以自动保护过载或欠载的设备。

( )13. 潜油电泵装置的油气分离器安装在单流阀的进口。

( )14. 潜油电泵是靠单流阀来保证在空载情况下能够顺利启动的；在停泵时可以防止油管内液体倒流而导致电动潜油泵反转。

( )15. 电动螺杆泵的地面驱动部分包括减速箱、皮带传动、电动机、密封填料盒、支撑架、方卡子等。

( )16. 电动螺杆泵井采油原理是地面电动机把电能转换为机械能并通过皮带带动减速装置来启动光杆，进而把动力再通过光杆传递给井下螺杆泵转子，使其旋转给井筒液加压举升到地面。

( )17. 在螺杆泵采油井的管理中停机时间不能长。

( )18. 在螺杆泵采油井的管理中，洗井时温度虽然不能过高，但排量可以大一些保证洗井质量。

三、简答题

1. 电泵井由哪七部分组成？

2. 保护器在潜油电泵机组中主要起到哪四个作用？

3. 影响电动潜油泵井生产的主要因素有哪些？

4. 通常电泵井生产异常或故障从电流卡片上反映出来有哪几种情况？
5. 潜油电泵井机组运行时电流值偏高的原因有哪些？
6. 潜油电泵井为何要设定过载值和欠载值？设定原则是什么？
7. 潜油电泵的控制屏是潜油电泵机组的专用控制设备,其功能是什么？
8. 潜油电泵井产量逐渐下降的原因有哪些？
9. 潜油电泵井欠载停机的原因有哪些？
10. 日常管理时在电泵井现场需要注意的检查内容？
11. 螺杆泵采油系统由哪儿部分组成？
12. 为什么螺杆泵适用于稠油开采？
13. 螺杆泵为什么具有较强的携砂能力？是否可以说螺杆泵适用于各种出砂井？

四、论述题

1. 为什么说减少停机次数是延长电泵井寿命的有效手段？
2. 分析造成电泵井欠载停机的各种原因和处理方法。

模块四 天然气开采

在油气井生产运行管理中，除了采气厂专门设置采气工岗位管理气井以外，其他采油厂的零散气井一般都是由采油工兼管。而油井和气井的生产管理方法是有区别的，本模块主要介绍气井生产维护与管理相关知识。

项目一 气井井口装置及工艺流程

气井的井口装置及其井口工艺流程是控制调节气井生产的重点。掌握井口装置组成及其工艺流程，识别并且能画出井口装置流程是采油、采气工应该掌握的基本技能。

【知识目标】

(1)掌握天然气基本性质；
(2)掌握气井井口装置；
(3)掌握天然气矿场集输流程。

【技能目标】

(1)会识读单井工艺流程示意图；
(2)绘制单井工艺流程示意图。

【所需知识】

一、天然气基本性质

(一)天然气的概述及分类

1. 天然气的概念

天然气是指自然界中天然存在的一切气体，包括大气圈、水圈和岩石圈中各种自然过程形成的气体(包括油田气、气田气、泥火山气、煤层气、页岩气和生物生成气等)。而人们长期以来通用的“天然气”的定义，是从能量角度出发的狭义定义，是指天然蕴藏于地层中的烃类和非烃类气体的混合物。

天然气是以烃类气体为主与少量非烃类气体组成的混合气体，以碳氢化合物为主要组分，具有可燃性。天然气中常见的烃类组分是甲烷、乙烷、丙烷、丁烷、戊烷等，非烃类气体有 H_2S、CO_2、N_2、H_2O 以及惰性气体 He、Ar 等。

2. 天然气的分类

天然气的分类方法很多，可以分为常规天然气(油田气、气田气)和非常规天然气(煤层气、页岩气、致密砂岩气和天然气水合物)。也可按照矿藏特点、烃类组成及酸气含量分类。

1）按矿藏分

气田气：$C_1>90\%$，$C_2 \sim C_4$不多，C_{5+}甚微，少量的非烃类组分；

油田气：（溶解气、气顶气）C_1含量70%~80%，$C_2 \sim C_4$约15%，少量的C_{5+}；

凝析气田气：C_1约75%，C_{5+}含量2%~5%，其余为$C_2 \sim C_4$含量；

煤层气，页岩气、致密砂岩气和天然气水合物也归于此类。

2）按组成分

富气：C_{3+}按液态计≥100mL/m^{3}的天然气；

贫气：C_{3+}按液态计<100mL/m^{3}的天然气；

湿气：C_{5+}按液态计>10mL/m^{3}的天然气；

干气：C_{5+}按液态计≤10mL/m^{3}的天然气。

3）按酸气含量分

净（洁）气：S≤20mg/m^3，不需要净化处理就外输。

酸性气体：S>20mg/m^3，需要进行净化处理才能达到管输。

（二）天然气性能参数

天然气是多组分的混合气体，不像纯物质那样可由分子式计算相对分子质量，也就不能像纯物质那样由分子式计算出其恒定相对分子质量。工程上，把标准状况（20℃，0.1MPa）下22.4m^{3}的天然气所具有的质量（kg）称为天然气的视相对分子质量。显然，天然气的相对分子质量是一种人们假想的相对分子质量，故称为视相对分子质量。

1. 天然气的视相对分子质量

天然气的视相对分子质量在数值上等于在标准状态下1mol天然气的质量（g），天然气相对分子质量可以由式（2－4－1）求得：

$$M = \sum_{i=1}^{n} (y_i M_i) \tag{2-4-1}$$

式中 M——天然气的摩尔质量，g/mol；

M_i——天然气中组分i的摩尔质量，g/mol；

y_i——气体组分i的摩尔分数。

天然气的视相对分子质量取决于天然气的组成。各气田的天然气组成不同，视相对分子质量也就不同。一般干气田的天然气视相对分子质量为16.82~17.98。

本项目中提到的天然气和空气的视相对分子质量不再冠以“视”字，简称相对分子质量。

2. 天然气的密度

天然气的密度是指单位体积天然气的质量。

$$\rho_g = \frac{m}{V} = \frac{pM}{RT} \tag{2-4-2}$$

式中 ρ_g——天然气的密度，kg/m^3；

p——气体的绝对压力，MPa；

V——气体所占体积，m^3；

T——热力学温度，K；

M——天然气的摩尔质量,kg/kmol;

R——通用气体常数,$R=0.008314510\text{MPa}\cdot\text{m}^3/(\text{kmol}\cdot\text{K})$。

在地层条件下,地下天然气的密度远大于地表温度与压力条件下的密度,一般可达150~250kg/m^3;凝析气的密度最大可达225~450kg/m^3。天然气在地下的密度随温度的升高而减小,随压力的增大而增大。

3. 天然气的相对密度

天然气的相对密度一般是指相同温度、压力条件下天然气密度与干燥空气密度的比值,或者说在相同温度、压力下同体积天然气与空气质量之比。相对密度是一个无因次量,常用符号d_g表示,即

$$d_g = \frac{\rho_g}{\rho_a} \tag{2-4-3}$$

式中 ρ_a——空气的密度,kg/m^3;

d_g——天然气的相对密度;

ρ_g——天然气的密度,kg/m^3。

因为空气的分子质量为28.96,故有$d_g=M/28.96$

一般天然气的相对密度在0.5~0.7之间,个别重烃含量多的油田或其他非烃类组分多的气田的天然气相对密度可能大于1。

4. 天然气的比容

天然气的比容是指天然气单位质量所占据的体积。

5. 天然气的偏差因子

天然气为真实气体,与理想气体存在偏差,偏差程度用偏差系数来表示。为了求得偏差因子,要了解理想气体状态方程、实际气体状态方程以及偏差因子的确定方法。

1)理想气体状态方程

在开始研究真实气体的性质时,一般考虑一种假想的气体,即忽略气体分子的体积、质量,以及气体分子之间相互没有作用力的一种气体。

低压状态下,多数气体呈现理想气体的性质,而且在正常的配气压力下,天然气十分符合理想气体定律,因此通常没有必要考虑与真实气体定律计算出现的偏差。然而在高压状态下,气体的真实体积与理想体积之间就可能出现很大的差别。

2)实际气体状态方程

由于天然气并非理想流体,而是实际流体,真实气体与理想气体定律都有偏差,因此,在天然气处于油气藏这样的高温高压条件下时,就需要对理想气体状态方程进行修正。

$$pV_{实} = ZnRT \tag{2-4-4}$$

式中 Z——偏差因子,或称为压缩因子。

3)天然气的偏差因子Z

实际气体对理想气体的偏差既考虑了实际气体分子间作用力的存在,同时也考虑了实际气体分子本身体积的不可忽略。天然气的偏差因子表示1mol真实气体的体积,在相同的温度压力下与理想气体体积的偏差,反映实际气体偏离理想气体的程度。

$$Z = \frac{V_{actual}}{V_{ideal}} \qquad (2-4-5)$$

式中 V_{actual}——在某一温度、压力条件下实际气体所占体积，m^3；

V_{ideal}——在同温、同压下同数量理想气体所占体积，m^3。

Z 数值：可等于 1、大于 1、小于 1。（对于理想气体，$Z=1$；对于实际气体，一般 $Z=0.3\sim1.7$）

6. 天然气的压缩系数

天然气等温压缩率一般简称压缩系数、弹性系数，是指在等温条件下天然气随压力变化的体积变化率，即压力每改变一个大气压时气体体积的变化率。

天然气的等温压缩系数以 C_g 表示，指当压力变化 1atm 时，气体单位体积的变化值。

7. 天然气的体积系数

天然气的体积系数是指在地层温度和压力条件下，气体所占的体积与同数量的气体在标准状态下所占体积之比，用 B_g 表示。

$$B_g = \frac{V_f}{V_s} \qquad (2-4-6)$$

式中 B_g——天然气的体积系数；

V_f——定量天然气在地层温度和压力条件下所占的体积，m^3；

V_s——定量天然气在标准状态下所占的体积，m^3。

天然气的体积系数 B_g 实质上描述了一定量气体由油气层状态变化到地面压力、温度条件时所引起的体积变化的换算系数。对于实际油气藏，地层压力远远高于地面压力，相差几十倍或几百倍，而地面与地面温度一般也相差几百倍，因此天然气由地下采到地面后体积会发生几十倍变化，甚至几百倍的体积膨胀，B_g 值远小于 1。

8. 天然气的膨胀系数

天然气在不同温度和压力条件下的密度、相对密度是不同的。天然气分子间的内聚力不大，分子的不规则运动使得有多大的容器天然气分子就能占据多大的体积，因此，天然气具有膨胀性。

对于实际油气藏，天然气从地层开采到地面上，其体积会发生很大膨胀，使得 B_g 值远小于 1。为了计算方便，引入体积膨胀系数这一概念，定义 B_g 的倒数为天然气的膨胀系数：

$$E_g = 1/B_g \qquad (2-4-7)$$

式中 E_g——天然气膨胀系数。

天然气膨胀系数反映了天然气从地层状态变化到地面状态时所引起的体积膨胀倍数。

9. 黏度

天然气的黏度是指气体的内摩擦力。黏度就是气体流动的难易程度。

黏度使天然气在地层、井筒和地面管道中流动时产生阻力，压力降低。气体黏度越大，阻力越大，气体流动就越困难。

10. 临界温度和临界压力

每种气体要变成液体，都有一个特定的温度，高于该温度时，无论加多大压力，气体也不能变成液体,该温度称为临界温度,相应于临界温度的压力称为临界压力。如甲烷的临界压力为4.64MPa,临界温度为190.67K。

天然气是混合气体,为了区分单组分气体和混合气体的临界参数,将天然气各组分的临界温度和临界压力的加权平均值分别视为视临界温度(T_c')和视临界压力(p_c')。天然气的临界温度为-82.3℃,临界压力4.58MPa。

11. 天然气的含水量

气藏形成过程中始终伴随地层水与其共存,即使没有边水、底水,至少也存在束缚水,因此,气藏的气态流体中也总是含有水蒸气,而且由于有共存水存在,所以水蒸气总是处于饱和状态。水蒸气含量高低主要与储层温度、压力、气体组成、液态水的含盐量等有关。

天然气在地层温度和压力条件下含有饱和水汽,天然气的水汽含水量取决于天然气的温度、压力和组成等条件。天然气含水汽量,通常用绝对湿度、相对湿度和水露点来表示。

1)绝对湿度

一定压力、温度下每立方米天然气中含有水蒸气的质量称为天然气的含水量或绝对湿度,用 e 表示。例如:某天然气的含水量为 $2g/m^3$,则其绝对湿度为 $2g/m^3$。

2)天然气的饱和含水量

一定压力、温度下,每立方米天然气中含有最大水蒸气的质量称为天然气的饱和含水量,用 e_s 表示。

当 $e=e_s$ 时,天然气刚好被水蒸气饱和;

当 $e<e_s$ 时,天然气未被饱和。

3)天然气的相对湿度

在一定温度和压力下,天然气绝对湿度和饱和含水量之比称为天然气的相对湿度。

4)天然气的水露点

天然气的水露点是指天然气在一定压力下析出第一滴水时的温度。

工程设计中普遍采用是查图法和公式法。

在采输气工程中,常用露点表示饱和含水量。露点就是在一定的压力下,天然气刚被水饱和时对应的温度。

例如:某一天然气的露点为-5℃,则表示天然气在时-5℃处于含水饱和状态,只要天然气温度低于-5℃,就会凝析出液态水。

5)天然气的烃露点

天然气的烃露点是指在一定压力条件下气相中析出第一滴"微小"烃类液体的平衡温度。

天然气的水露点可以用试验测定,也可由天然气的水含量数据查表得到。天然气的烃露点可由仪器测量得到,也可由天然气烃组成的延伸分析数据计算得到。与一般气体不同的是天然气的烃露点还取决于压力与组成,组成中尤以天然气中较高碳数组分的含量对烃露点影响最大。

12. 天然气的溶解度

在地层压力下,地层水中溶解有部分天然气。将 $1m^3$ 地层水中含有天然气的体积(m^3,标准状态),称为天然气的溶解度。天然气能不同程度地溶于水和石油两类溶剂中,具体数量取决于天然气和溶剂的成分以及天然气的压力、温度。由于天然气在地层中的扩散主要以溶解在水中的方式为主,因此可以用其在地层水中的溶解度来代替其浓度,溶解度是随着地层的温度、压力和地层水的矿化度而变化的。

13. 天然气的可燃性限和爆炸限

1) 可燃性限

可燃物和空气中的氧,化合而放出光、热的现象被称为燃烧。天然气燃烧时空气量过多、过少都不好。过少使燃烧不完全而降低了热值,同时生成一氧化碳等有毒气体,对人体产生毒害。空气量过多,使过剩空气被加热而降低了燃烧温度甚至使火焰熄灭。当甲烷在空气中的含量占总体积的5%~15%时,甲烷与空气的混合气体才能稳定燃烧。可燃气体与空气组成的混合物,可以稳定燃烧的最低浓度称为可燃性低限;最高浓度称为可燃性高限;低限和高限之间的浓度范围称为可燃性界限,简称可燃性限。

2) 爆炸限

燃烧与爆炸是同一性质的化学反应过程,但在反应强度上,爆炸比燃烧激烈。天然气爆炸是在一瞬间产生高压、高温(2000~3000℃)的燃烧过程,体积突然膨胀,同时发出巨大的声响,爆炸时波速可达2000m/s左右,具有很大的破坏力。

天然气与空气以一定比例组成的混合气体,在封闭的系统中,遇到明火就发生爆炸。可能发生爆炸的最低浓度称为爆炸低限,最高浓度称为爆炸高限。低限和高限之间的浓度范围,称为爆炸界限,简称爆炸限。

爆炸限与混合气体的压力温度有关,天然气与空气混合物的压力、温度越高,爆炸限范围越大。表2-4-1列出了甲烷在不同压力下的爆炸限。

表2-4-1 不同压力下甲烷的爆炸限

压力,1.01×10^2kPa	体积爆炸限,%	压力,1.01×10^2kPa	体积爆炸限,%
1	5~15	50	5.7~29.5
10	5.8~17	125	5.7~45.4

二、天然气水合物

(一)水合物的组成

水合物(也称水化物)是在一定压力和温度条件下,天然气中某些气体组分能和液态水生成的一种不稳定的、具有非化合性质的晶体。其外观类似松散的冰或致密的雪,密度为0.88~0.90g/cm^3。水合物的生成条件不同,其分子式也不同。甲烷水合物的分子式为$CH_4\cdot6H_2O$,即由1个甲烷分子和6个水分子组成;乙烷、丙烷及异丁烷水合物的分子式分别为$C_2H_6\cdot8H_2O$、$C_3H_8\cdot17H_2O$、$C_4H_{10}\cdot17H_2O$;硫化氢及二氧化碳水合物的分子式分别为$H_2S\cdot H_2O$、$CO_2\cdot6H_2O$。

水合物的分子结构为多面晶体,其中的质点是水分子,水分子在空间固定点上排成一定晶格,晶格中的空穴全部被气体分子占据,并依靠分子间的作用力保持分子的稳定。

(二)水合物在采气生产中的危害

水合物在油管中生成时,会降低井口压力,影响产气量,妨碍测井仪器的下入;水合物在井口节流阀或地面管线中生成时,会使下游压力降低,严重时堵死管线,造成供气中断或引起工艺设备超压放空、爆裂,引发生产事故。

(三)水合物的形成条件

1. 液态水的存在

液态水的存在是生成水合物的必要条件。天然气中液态水的来源有油气层内的地层水(游离水)以及气层中水的饱和水蒸气随天然气产出时温度下降而凝析出来的凝析水。

2. 低温

低温是生成水合物的重要条件。采气中,天然气从井底流到井口,经过节流阀、孔板等节流元件时,会因为压降而引起温度下降。由于温度下降,会使天然气中呈气态的水蒸气凝析,当节流后天然气的温度低于天然气中水蒸气露点时,就为水合物生成创造了条件。

3. 高压

高压也是生成水合物的重要条件。对组分相同的气体,水合物的生成概率随压力升高而升高,也就是说,压力越高,越容易生成水合物。

4. 流动条件的突变

高流速、压力波动、气流方向改变时结晶核存在(如杂质)引起的搅动是生成水合物的辅助条件。在阀门、弯头、异径管、节流装置等产生局部阻力的地方易形成水合物。

(四)防止水合物形成的方法和解堵措施

1. 水合物的预测

(1)图 2-4-1 是预测形成水合物的压力—温度曲线。已知天然气的相对密度,可确定天然气形成水合物的最低压力及最高温度。

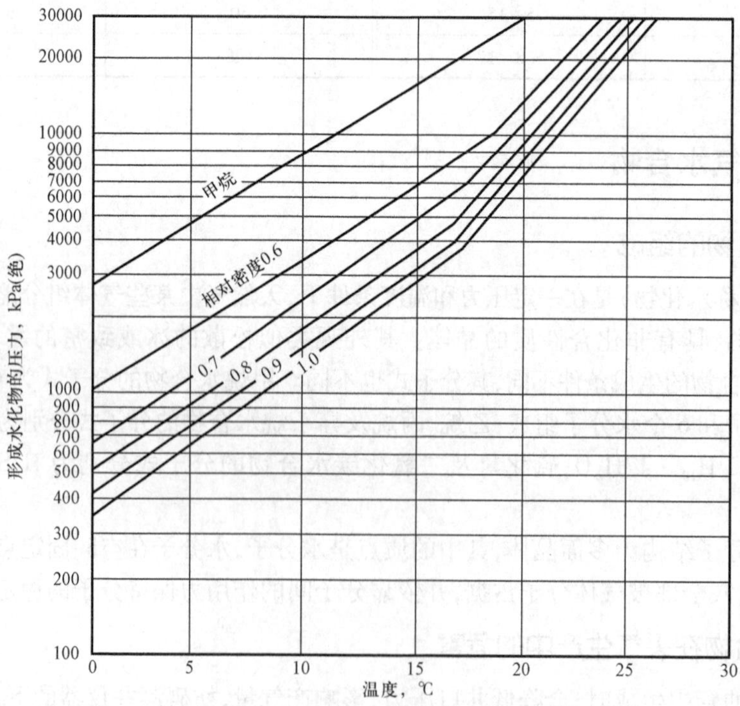

图 2-4-1 预测形成水合物的压力—温度曲线

(2)相对密度为0.6和0.7的天然气不生成水合物的允许压降可由图2-4-2进行预测。

例如，某井天然气的相对密度为0.6，节流前的压力为30MPa，节流后压力为15MPa，不生成水合物节流前的温度是多少？

查图2-4-2可知，从纵坐标上找到初始压力为30MPa的点，过该点向右做水平线；在横坐标上找到最终压力为15MPa的点，过该点向上做垂线，水平线与垂线相交于点A；从A点向左做温度内插弧线，弧线与纵坐标的交点就是要求的节流前温度，即40℃。

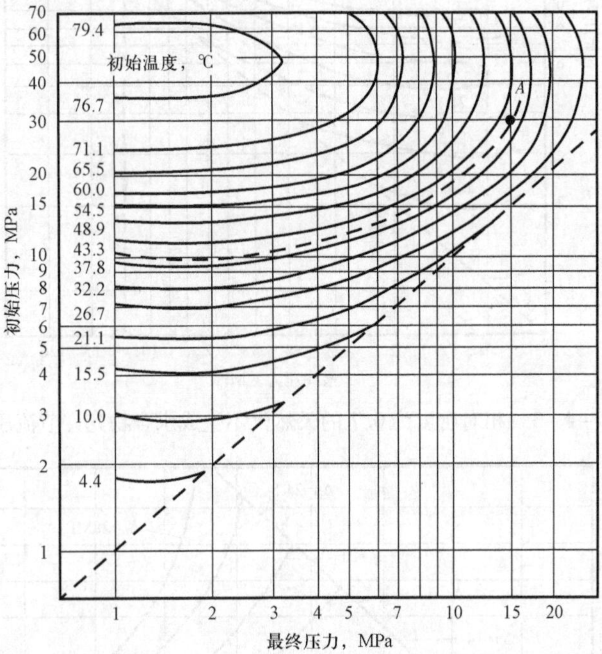

图2-4-2　相对密度为0.6的天然气不生成水合物允许节流压降

例如，某井天然气相对密度为0.7，节流前压力为20MPa，温度为37.8℃，节流后不生成水合物的压力是多少？

查图2-4-3可知，从纵坐标上找到初始压力为20MPa的点，过该点向右做水平线，与37.8℃的弧线交于点B，从B向下做垂线，与横坐标的交点就是节流后不生成水合物的最小允许压力，即12.5MPa。

(3)节流引起的温度下降情况可利用图2-4-4近似求得。

例如，某井节流阀前、后的压力分别为25MPa和11MPa，求节流过程中的温度下降是多少？

节流压差$\Delta p=25-11=14$MPa，在横坐标上找到压力为25MPa的点，从该点向上做垂线，与$\Delta p=14$MPa的曲线交于点C，过C点向左做水平线，与横坐标的交点就是温降，即29℃；如果节流前的温度为43℃，节流后的温度就为14℃。

2. 水合物的预防

预防水合物生成的方法很多，提高节流前天然气温度、加注防冻剂与干燥气体等都可预防水合物的生成。

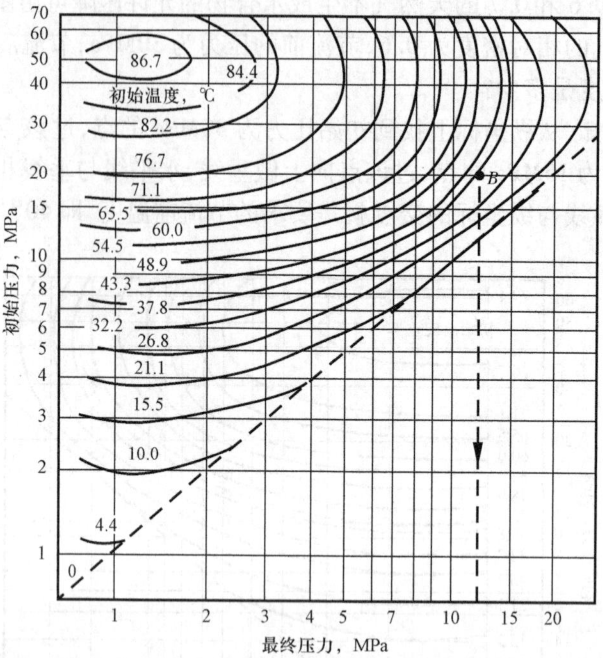

图2-4-3　相对密度为0.7的天然气不生成水合物允许节流压降

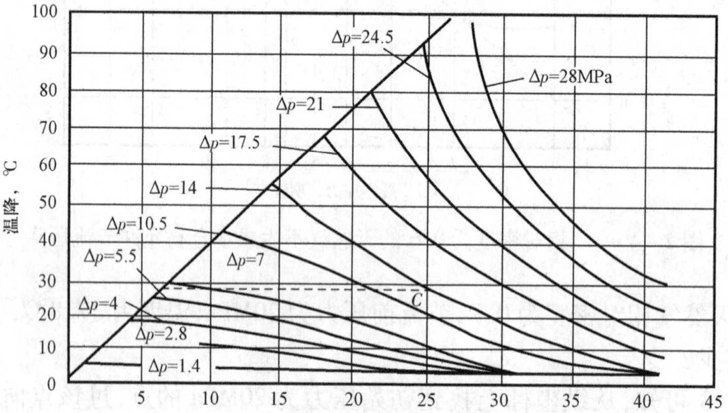

图2-4-4　天然气节流中压降与温降的关系曲线

1)提高节流前的天然气温度

提高节流前的天然气温度,使天然气在节流后的温度高于生成水合物的温度,从而防止在节流后生成水合物。井场常采用加热法对天然气加热,采用的加热设备主要有蒸汽加热、水套炉加热、电热带加热等。

2)在节流前注入防冻剂

在节流前注入防冻剂,可降低天然气露点,使天然气在较低的温度下不生成水合物。防冻剂的种类较多,有甲醇、乙二醇、二甘醇、三甘醇、氯化钙水溶液等。采气生产过程中使用最多的是乙二醇。防冻剂注入方法一般有自流注入法(低压)和泵注入法(高压连续)。

3. 解堵措施

井站设备或集气管线一旦生成水合物,则可用下列方法解堵:

(1)对站内设备可用加热法对生成水合物的部位进行加热,使已生成的水合物迅速分解。

(2)节流阀出口处生成水合物时,一是加热,二是调节节流压差,使节流前后的温降在不生成水合物的温度范围内。

(3)在设备和管线未被水合物堵死时,可注入防冻剂,使已形成的水合物分解。集气管线完全被水合物堵死时,可用降压法降低管线压力。降压时将管线内的天然气放空,使水合物分解。

(4)水合物分解后应对管线清管或吹扫。

三、气井井口装置

气井井口装置和油井井口装置类似,由套管头、油管头和采气树组成。其主要作用是悬挂油管;密封油管和套管之间的环形空间;通过油管或套管环形空间进行采气、压井、洗井、酸化、加注防腐剂等作业;控制气井的开关,调节压力、流量。气井井口装置如图2-4-5所示。

气井的油管头和套管头与油井的一样,请参考模块三对应部分的内容。

(一)采气树各部分的作用

1. 主控阀门

主控阀门安装在上法兰上,是控制气井的最后一个阀门,一般处于开启状态;如果要关井,可以关油管阀门。主控阀门一般有2个,以保证安全。

2. 小四通

小四通安装在主控阀门上面,通过小四通可以采气、放喷或压井。

3. 油管阀门

当气井用油管采气时,油管阀门控制开关气井。

4. 节流阀(针形阀)

节流阀用于调节气井的生产压力和气量。

5. 测压阀门

通过测压阀门,使气井在不停产的情况下进行下井底压力计测压、取样作业,其上接压力表可观察采气时的油管压力。

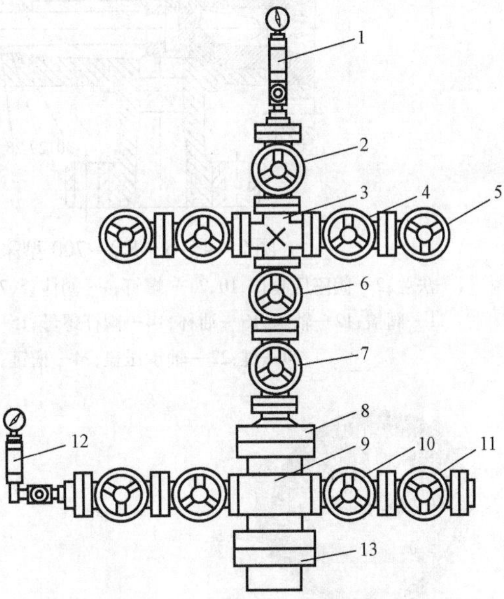

图2-4-5 气井井口装置结构示意图

1,12—压力表缓冲器;2—测压闸阀;3—小四通;4—油管闸阀;5—节流阀;6—二道主控阀门;7—一道主控阀门;8—上法兰;9—油管头(大四通);10,11—套管闸阀;13—底法兰

6. 压力表缓冲器

压力表缓冲器装在压力表截止阀与压力表之间,内装隔离液,隔离液对压力表启停起压力缓冲作用,以防止压力表突然受压损坏。在含硫气井上,隔离液能防止硫化氢进入压力表对压力表产生腐蚀。

7. 套管阀门

套管阀门是用于控制套管的阀门，一端接有压力表，可观察采气时的套管压力；从套管采气时，用于开关气井；修井时可作为循环液的进口或出口。

（二）采气树各部件的结构

1. 阀门

采气树常用阀门有楔式闸板阀、平行闸板阀与角式节流阀（针形阀）三种。

角式节流阀（针形阀），如图2－4－6所示，采用螺纹传动，阀芯采用锥形结构，可对气井的产量、压力进行无级调节；阀芯上堆焊了钨钴硬质合金，具有耐冲蚀和耐硫化氢腐蚀性能；阀杆采用明杆结构，可直接显示开关状态。

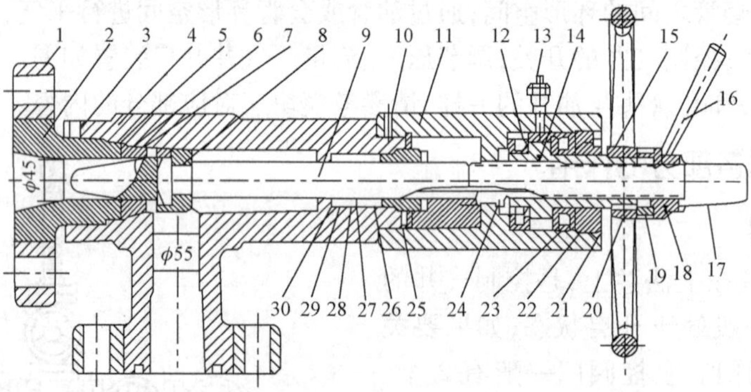

图2－4－6 KQ－700型采气井口角式节流阀结构示意图

1—法兰；2—阀座压套；3，10，21—螺钉；4—阀体；5，7，21，23，26，28，29—密封圈；6—阀座；8—阀针；9—阀杆；11—阀盖；12—轴承；13—油杯；14—阀杆螺母；15—手轮；16—手柄；17—护罩；18—锁紧螺母；19—螺母；20—键；22—轴承压盖；24—槽键；25—压帽；27—密封圈下座；30—垫片

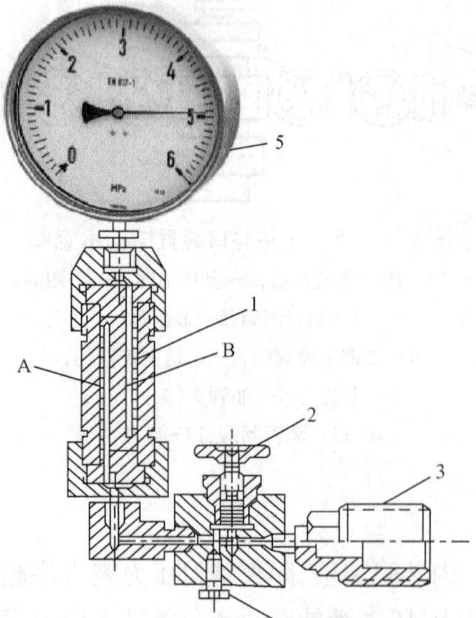

图2－4－7 压力表缓冲器示意图

1—缓冲器；2—截止阀；3—接头；4—泄压螺钉；5—压力表

2. 压力表截止阀和缓冲器

如图2－4－7所示，缓冲器内有2根小管A、B，缓冲器内装满变压器油，当开启截止阀后，天然气进入A管，并压迫变压器油进入B管，把压力传递到压力表；由于变压器油作为中间传压介质，硫化氢不直接接触压力表，使压力表不受硫化氢腐蚀。

泄压螺钉起泄压作用，当更换压力表时，关闭截止阀微开螺钉，缓冲器内的余压由螺钉的旁通小孔泄掉。

四、天然气矿场集输流程

把从气井采出的含有液（固）体杂质的高压天然气变成适合矿场集输的合格天然气从而外输的设备组合称为采气（工艺）流程。采气流程是对采气全过程各个工艺环节之间关系及管路特点的总说明。用图例符号表示采气全过程的图称为采气工艺流程图。

根据气井中采出天然气的性质以及矿场集输的要求，采气流程可分为单井（常温）采气流程、多井（常温）采气流程、低温回收凝析油采气流程等，部分采气流程中还加入天然气脱水工艺。

(一)单井(常温)采气工艺流程

在单个采气井井场，安装一套天然气加热、调压、分离、计量和放空等设备的流程称为单井（常温）采气工艺流程，如图2－4－8所示。

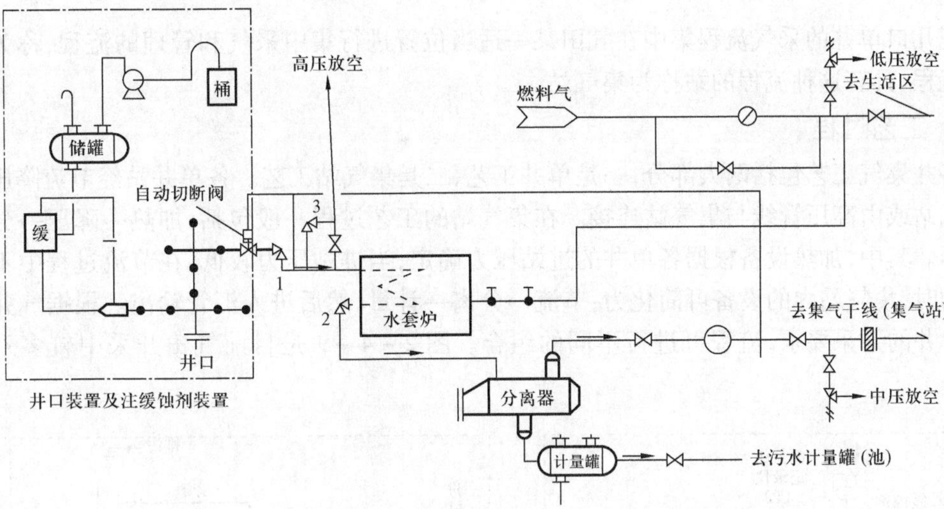

图2－4－8　单井(常温)采气工艺流程

1,2,3—节流阀

1. 工艺过程

如图2－4－8所示，从井中采出的天然气经采气树节流阀1调压后进入加热设备（水套炉、导管换热器、电热器）加热升温；升温后的天然气经节流阀2再一次降压到系统设定压力后进入分离器；在分离器中除去液体和固体杂质，天然气从分离器顶部出口出来进入计量管段，经计量装置计量后，进入集气支线输出。分离出来的液（固）体从分离器下部进入计量罐计量，再分别排入油罐和污水池中。如果气井不产油，则分离出的液体直接排入污水池，经过污水计量，再集中进行处理，而经处理后的污水排放或回注到地层。

对含硫化氢等腐蚀性气体较高的气井，在井口装有缓蚀剂注入装置，以便定期向井内注入缓蚀剂，起到防腐作用；对于含水气井，也可在井口安装注甲醇装置，以便向井中定期、定量注入甲醇，防止水合物的产生。

由于单井站各工艺设备区压力等级不同，为保证采气安全，在工艺设备各压力区（高压、中压、低压）分别安装有安全阀和放空阀，一旦设备超压，安全阀会自动开启泄压，同时启动井口自动切断系统，切断井口气源。

2. 单井(常温)采气工艺流程的应用

(1)单井（常温）采气工艺可用于气田边远地区的气井。

气田边远地区一般井数较少，如果用多井集气，则集气支线长，耗费管材多。

(2)单井(常温)采气工艺可用于产水量大的气、水同产井采气。

产水量大的气井必须就地把水分离后输出,如果气、水两相混输,会造成输气阻力增大,导致井口压力升高,产气量下降,严重时可能把气井“憋死”,造成水淹停产,同时气、水混输还会加快管线腐蚀。

(3)单井(常温)采气工艺便于气田后期低压采气。

由于气井井口压力低,气井生产受到集气干线压力影响,单井采气便于气井生产后期增压开采,保持产气稳定。

(二)多井集气工艺流程

把几口单井的采气流程集中在气田某一适当位置进行集中采气和管理的流程,称为多井集气流程,具有这种流程的站称为集气站。

1. 工艺过程

多井集气工艺包括两大部分,一是单井工艺,二是集气站工艺。各单井站经节流降压后输至集气站或由高压管线与集气站连接。在集气站的工艺过程一般包括:加热→降压→分离→计量等。其中,加热设备根据各单井的进站压力确定,当进站压力较低,在节流过程中不形成水合物时,集气站内的设备可简化为:节流→分离→计量,然后进入汇管输出。根据气井分布和各单井的开采要求,流程可进行不同的组合。图2-4-9是目前气田开采中较多采用的流程。

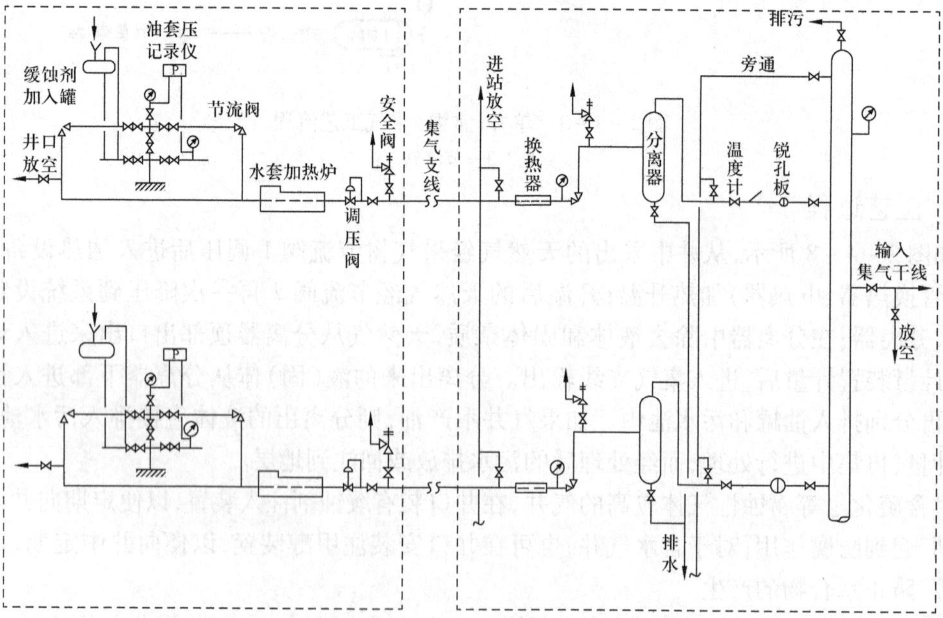

图2-4-9　多井集气站常温分离流程

2. 多井常温集气工艺流程的优点

(1)管理集中,方便气量调节和自动控制;

(2)减少管理人员,节省管理费用;

(3)可实现水、电、气和加热设备的一机多用,节省采气生产成本。

【技能操作】(应会)

操作一:绘制单井工艺流程示意图

熟悉气井工艺流程,能熟练绘制气井工艺流程图是油气井管理的一项基本的操作。

一、准备工作

(1)绘图仪器、工具用具1套。

(2)确定图纸的规格(规格有0号、一号、二号、三号、四号、五号)。

(3)根据井站工艺流程的繁简,按规定符号合理布图。

二、操作步骤

(1)将已确定规格大小的图纸,用透明黏胶带牢固地粘贴于图板上。

(2)根据井站生产工艺流程的走向分配各主要设备位置并逐件逐段地绘制。

(3)绘制内容。因各地区气田或构造的气体组分不同,气量和压力的等级不同,所设计安装的工艺流程也不同,但主要应包括以下内容:

① 井口装置(采气树);

② 角式节流阀;

③ 保温装置(锅炉、水套炉、套管式换热器、电热带等);

④ 紧急放空和安全阀;

⑤ 分离器、集液器;

⑥ 计量装置;

⑦ 液体计量罐。

(4)按流程顺序,画连接管线。根据要求画附属设备,完善全图。对阀件、设备、仪表等内容标注编号。

(5)将编号顺序整齐排列,填写于图纸的右下角标题框格内。

(6)图例和说明标注于图纸右上角位置。

三、技术要求

(1)绘制的单井工艺流程示意图应准确、清晰,不得有误。

(2)图应位于图纸合适的位置,与边框的距离要合适。

(3)要有图名、图例、标题栏,并分别位于规定位置。

(4)图线有交叉时,横不断竖断。

(5)流程示意图上各种阀件、管线和设备的图示应符合气田集输及站场设计手册上规定的流程图例要求,绘图层次要分明。

(6)图纸标题栏内的内容用仿宋体书写。

项目二　天然气开采工艺

天然气气藏不同其开采方式也不同,生产系统呈现不同的特征,同时也会产生不同的技术问题。掌握影响气井生产的因素分析,会对各类气井生产故障予以排除。会选择合理开采工艺和管理方法,提高气井的开采效果。掌握无水气井和有水气井的开采原理与工艺是采油、采气工的核心技能之一。

【知识目标】

(1)掌握天然气气井工作制度选择;

(2)掌握天然气开采工艺;

(3)常见气井故障分析与排除。

【技能目标】

(1)能进行气井开关井操作;

(2)能进行气井巡回检查。

【所需知识】

一、气井开采工艺

(一)概述

1. 气井合理工作制度概念

气井工作制度是指采气时气井的压力和产量所遵循的关系。气井工作制度体现了气井的合理生产方式,反映天然气从气层中采出时产量和压力的变化关系。

气井所选择的工作制度应保证在开采过程中能从气井得到最大的允许产量,并使天然气在整个采气流程(地层→井底→井口→输气管线)中的压力损失分配合理。常用的工作制度有气井产量为常数、井底压差为常数、井口压力为常数、定针形阀的开度等。

2. 气井工作制度种类

(1)定产量制度:即气井产量保持不变,适用于气藏开采初期。

(2)定井壁压力梯度制度:井壁压力梯度是指天然气从地层内流到井底时,在紧靠井壁附近岩石单位长度上的压力降。定井壁压力梯度制度就是在一定时间内保持这个压力降不变,适合气层岩石不紧密、易坍塌的气井。

(3)定生产压差制度:天然气从地层内部流到井底,是因为地层压力比井底压力大,也即存在压差。对一口气井来说,压差越大,产量越大。定压差制度就是在一定时间内保持压差不变,适合气层岩石不紧密、易坍塌的井以及有边底水的井。

(4)定井底渗滤速度制度:井底渗滤速度是指天然气从地层流到井底过程中通过井底的流动速度。定井底渗滤速度制度就是在一定时间内保持渗滤速度不变,适合疏松的砂岩地层。

(5)定井底压力制度:地层压力一定时,井底压力高,产量小;井底压力低,产量大。定井底压力制度就是在一定时间内保持井底压力不变,适合凝析气井。

3. 确定气井工作制度应考虑的因素

1)地质因素

(1)地层岩石胶结程度。

岩石胶结不紧密,地层疏松,在气流流速过高时砂粒脱落,容易堵塞气流通道,严重时可导致地层垮塌,出砂堵塞井底,使产量降低,甚至堵死气层而停产。另外,高速流动的砂子容易磨损油管、阀门和管线。因此,地层疏松的气井(如砂层)宜选择定井底流速或定井壁压力梯度采气,在地层不出砂、井底不被破坏的条件下生产。

(2)地层水的活跃程度。

在地层水活跃的气藏上采气,如果控制不当,容易引起底水锥进,影响正常采气。因此,在有水气藏上采气,宜选用定压差生产制度,控制气井不产地层水。这个能保持气井采气时不出地层水的压差称为临界压差,临界压差下的产量称为临近产量。随着气体不断采出,气水界面上升,临界压差和临界产量也越来越小,控制无水采气就越困难。无水产量太小时,就应放大气井压差转入带水采气。

2)工艺因素

(1)天然气在油管中的流速。

气井生产时必须保证天然气在油管中有足够的流速,以带出井底积液,防止流体在井筒中聚积。

(2)气体水合物的形成。

天然气中含水蒸气,在开采、输送途中,在一定压力、温度条件下会生成对采气极为不利的水合物。为了防止水合物生成,可根据天然气的组分确定出水合物形成的最高温度,并控制气井在高于水合物形成温度的条件下生产。

(3)凝析压力。

凝析油在地层内凝析后便无法采出,为此,要防止凝析油在地层内凝析,要求生产时的井底压力高于最高凝析压力。

3)井身技术因素

(1)套管压力的控制。

生产时的最低套压不能低于套管被挤毁时允许的压力,以防套管被挤坏,这对高压深井尤为重要。

(2)油管直径对产量的限制。

由于油管的品种少,常常不能按产量选择直径合适的油管,这也限制了气井的产量。

(3)还要防止井内压力过高,憋坏井口装置,使环形空间喷浆、窜气等。

4)其他因素

用户用负荷变化,气藏采气速度的大小,输气管线压力的高低等,都是影响气井工作制度选择的因素。因而制定气井工作制度时,应对影响气井工作制度的诸因素进行综合分析后而确立。气井工作制度确定后,还应在生产中体验该制度是否合理,必要时对原制度进行修正或调整,使气井生产更趋合理。

4. 气井采气量不合理的危害

气藏各井区压力下降不一致或气井产量不稳,达不到相对平衡都属于不均衡采气。不均衡采气及采气过小(低于气井合理产量)或过大(高于气井安全生产气量)都属于采气量不合理,它的危害主要表现为:

(1)不均匀开发造成气藏压降不均匀,形成压降漏斗,在压降快的地区造成边水舌进或底水锥进,缩短气藏无水采气期,影响气井生产寿命,使部分气藏产能大幅度递减,以至于枯竭。

(2)采气量过小,则开采时间过长,在时间、资源、设备利用率上不经济。

(3)采气量过大,则可能引起井底压差过大,发生井壁坍塌;带出地层中一部分松散岩屑、砂粒、污物,冲击地面设备或堵塞气流通道;存在边底水的气藏会引起边水舌进或底水锥进加剧,分割气藏,进一步引起气井过早水淹停产。

5. 气井合理产量的确定原则

1)采气速度合理原则

气藏相对长期稳定高产;气藏的单位压降采气量最大;气藏压力均衡、缓慢下降;气藏、气井无水采气期最长,无水采气量最大;气藏开采快,采气时间不长而采收率最高;打井少、投资少。

一般来说,底水气藏采气速度为3%左右,边水气藏可达8%,而纯气藏可达10%。

2)气井不受破坏原则

产气量过高,井底压差过大,会在井内造成高速气流破坏井底,降低气井产量,缩短气井寿命;产气量过低,则可能引起井下积液。因此,产量过高或过低都会引起气井的破坏。

3)井底不被水淹原则

有边水底水气田上的气井生产压差过大,会引起底水锥进或边水舌进,气层受水浸淹,引起气井过早出水,以至于造成不良后果。

4)平稳供气原则

气田的产量要保持基本稳定,能满足用户要求,实现平稳供气。

(二)无水气藏气井的开采

无水气藏是指气层中无边底水和层间水的气藏(也包括边底水不活跃气藏)。这类气藏主要靠天然气弹性能量进行消耗方式开采,开采过程中除产少量凝析水外,气井基本上产纯气(有的也产少量凝析油,但不属凝析气井)。

无水气藏气井常用的工作制度是定产量制度、定渗滤速度制度与定井口压力制度。

1. 无水气藏气井的开采特征

(1)气井的阶段开采明显。

① 产量上升阶段:仅井底受伤害,而伤害物又易于排出地面的无水气井才具有这个阶段的特征。在此阶段,气井处于调整工作制度和井底产层净化的过程,产量、无阻流量随着井下渗透条件的改善而增加。

② 稳产阶段:产量基本保持不变,压力缓慢下降。稳产期的长短主要取决于采气速度。

③ 递减阶段:当气井能量不足以克服地层的流动阻力、井筒油管的摩擦阻力和输气管道的摩擦阻力时,稳产阶段结束,产量开始递减。

④ 低压小产阶段:产量、压力均很低,但递减速度减慢,生产相对稳定,开采时间延续很长。

上述4个阶段的特征在采气曲线上表现得很明显。前3个生产阶段为一般纯气井开采所常见,而第4个阶段在裂缝孔隙气藏中表现特别明显。低压小产阶段中低渗透区的天然气不断向井底补给,致使压力和产量下降都十分缓慢。

(2)气井有合理产量。

气驱气藏是靠天然气的弹性能量进行开采的,因此充分利用气藏的自然能量是合理开发好气藏的关键。无水气井的合理产量一般宜控制在无阻流量的15%,最好不要超过20%。

(3)气井稳产期和递减期的产量、压力能够进行预测。

在现场实际生产中,由于气井生产制度变化较大,一般采用图解法预测产量、压力。

(4)采气速度只影响气藏稳产期的长短而不影响最终采收率。

影响气藏(气井)稳产期长短的主要因素是采气速度。采气速度高,则稳产年限短;反之,则稳产年限长。

2. 无水气藏气井的开采措施及管理

1)适当采用大压差采气

(1)增加大缝洞与微小缝隙之间的压差,使微缝隙内的气易排出;

(2)充分发挥低渗透区的补给作用;

(3)发挥低压层的作用;

(4)提高气藏采气速度,满足生产需要;

(5)净化井底,改善井底渗透条件。

2)确定合理的采气速度

在开采的早中期,举升能量充足,凝析液对气井生产的影响不大,气藏采取合理的采气速度,并以此确定各井合理工作制度,可安全平稳地采气。对某些井底有伤害、渗滤条件不好的气井,可适当采取酸化压裂等增产措施。

3)充分利用气藏能量

在晚期生产中,排液(主要是凝析液)能量不足,为了使晚期气井延长相对稳产时间,提高气藏最终采收率,应充分利用气藏能量,根据气井生产中的矛盾采取相应措施。

(1)调整地面设备。

对于不适应气藏后期开采的一些地面设备应予以除去,尽量增大气流通道,减小地面阻力,增大举升压差,增强气的携带能力,延长气井的稳产期。

(2)周期降压排除井底积液。

在气藏开采后期,凝析液在井底积聚,对无水气井的生产也是致命的,应定期排除井底积液。周期降压排除井底积液的常用方法有周期性降压生产和井口放喷。

① 周期性降压生产。气井生产一段时间后,生产压差减小,气量减少,气流不能完全把井底积液带出地面,需要周期性地降低生产压力,以排除井底积液。

② 井口放喷。降压生产有时要受到输气压力的限制,故有其局限性。当采用降压生产还不能将井底积液带出来时,为了延长气井生产寿命,最大限度地降低地面对气井的回压,可采用井口放喷的方法。井口放喷时,井口回压可接近当地大气压力,生产压差增大,带液能力增强;把井内积液放空后,转入正常生产,气井日产气量可得到恢复。井口放喷方法的缺点是每次放空要浪费一定量的天然气,且短期间断供气。

4)采用气举排液

对于下有油管的井,有条件时可采用外加能量的方法排除井底积液。如把某井的气管线与压力较高的长输管网气源连通,进行周期性(每1~2个月一次)气举,把井底积液举出来后,又转入正常输气,使井的日产气量保持在1.5×10^4~$2.5\times10^4m^3$,相对稳定生产。

对纯气藏和气层水(指边底水)不活跃的气藏,上述各种措施具有一定的代表性,在气藏开采末期使气井稳定生产都能起一些作用。

（三）产水气藏气井的开采

随着开采时间的延长和开发程度的加深，产水气田和气井不断增加，严重地威胁气井生产的稳定，严重时气井被水淹停产。因此，了解气田水的来源、气井出水原因、产水对气井生产的影响和危害，以及掌握气井带水生产工艺和气井排水采气工艺，对提高气田和气井最终采收率是很有必要的。

1. 概述

1）气井产水来源及出水类型

产水气藏气井产水来源主要有边水和底水。边底水在气藏中的分类及渗流特征如下：

（1）水锥型出水——产层结构以微裂缝、孔隙为主要通道，气藏渗流性较均匀，水流向井底表现为锥进。

（2）断裂型出水——产层流体通道以断层及大裂缝为主，边水沿大裂缝窜入井底。

（3）水窜型出水——气藏中水沿局部裂缝、孔隙较发育的层段流入井底。

（4）阵发型（或间歇型）出水——气藏局部区域中水随气流带入井底，水量时多时少（或时有时无），Cl^-含量时增时降。

（5）人为采水——人为地钻开气水界面，直接采水，或气水同采。

2）气井出水的原因

（1）气层渗透性好及气层孔道结构发育。如气层纵向大裂缝越发育，底水达到井底的时间越短。

（2）气井工艺制度不合理。气井产量过大，使边底水突进形成"水舌"或"水锥"，特别是裂缝发育的高渗透区，底水沿裂缝上升更容易形成"水锥"。

（3）气井钻在离边水很近的区域，或有底水的气井开采层段接近气水接触面。

（4）气水接触面已推进到气井井底，不可避免地要产地层水。

3）气井出水阶段

气井出水影响气井的产能有一定的过程，多数气井共存在3个明显的阶段。

预兆阶段：气井水中Cl^-含量上升，每升中由几十毫克上升到几千毫克、几万毫克；压力、气产量、水产量无明显变化。

显示阶段：水量开始上升，井口压力、气产量波动。

出水阶段：气井出水增多，井口压力、产量大幅度下降。

4）气井产水对生产的危害

（1）气藏出水后，在气藏上产生分割，形成死气区，加之部分气井过早水淹，使最终采收率降低。一般纯气驱气藏最终采收率可达90%以上，水驱气藏采收率仅为40%~50%。

（2）气井产水后，降低了气相渗透率，气层受到伤害，产气量迅速下降，递减期提前。

（3）气井产水后，由于在产层和自喷管柱内形成气水两相流动，压力损失增大，能量损失也增大，从而导致单井产量迅速递减，气井自喷能力减弱，逐渐变为间歇井，最终因井底严重积液而水淹停产。

（4）气井产水将降低天然气质量，增加脱水设备和费用，增加了天然气生产成本。

2. 治水措施

1）控水采气

在气井出水前和出水后，为了使气井更好地产气，都存在控制出水问题。对水的控制是通过控制临界流量或控制临界压差来实现，一般是指关小（或开大）阀门，提高（或降低）井口压力。对于有地层水显示或地层水产量不大的井，首先要考虑提高井底压力，控制压差，尽量延长无水采气期。

2）堵水

对水窜型异层出水，应以堵为主，在进行生产测井搞清出水层段的基础上，把出水层段封堵死；对水锥型出水气井，先控制压差，延长出水显示阶段。在气层钻开程度较大时，可封堵井底，使人工井底适当提高，把水堵在井底以下。

3）排水采气

为了消除地下水活动对气井产能的影响，可以加强排水工作，在水活跃区打排水井或改水淹井为排水井等，降低水向主力气井流动的能力。

3. 出水类型的特征及相应治水措施

出水的形式不一样，其动态特征和相应的治水措施也不同，见表2-4-2。

表2-4-2 各出水类型的特征及相应治水措施

序	出水类型	图示	动态特征	治水措施
1	水锥型出水（即慢型出水）	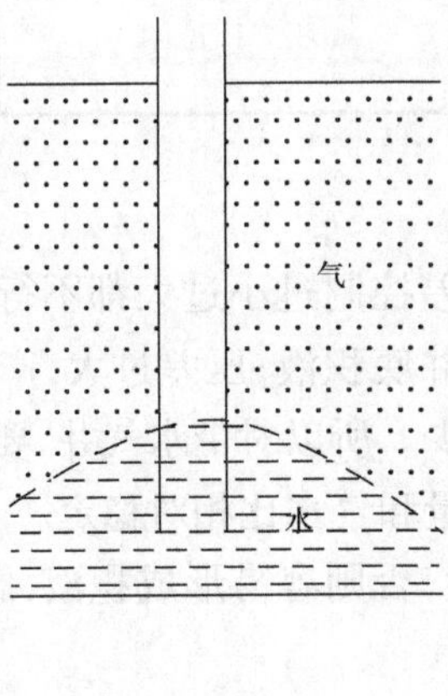	（1）井底大裂缝不发育。 （2）渗透性较差，水流动阻力大，水锥上升慢（一般0.1～10m/MPa），地层边、底水预兆阶段长，即产出水中Cl^-含量上升到接近边底水Cl^-含量的过程较长，一般一年以上。 （3）无水采气期相对较长，出水后Cl^-含量稳定。水量一般不太大，每天几立方米到$20m^3$。 （4）在出水显示阶段水量虽然不大，但水占据气层渗流通道，使气相渗透率降低，增大气体渗流阻力，井底附近地区，表皮阻力可达60%～90%，试井方程中的摩阻系数及惯阻系数剧增，使井底流压和产气量大幅度下降。 （5）关井后不能全部退回地层	（1）在临界压差下生产（忌大压差）控制（压）水采气。 （2）对气水同产井：排水采气；封堵下部出水层段、排水消锥等
2	断裂出水（即快型出水）	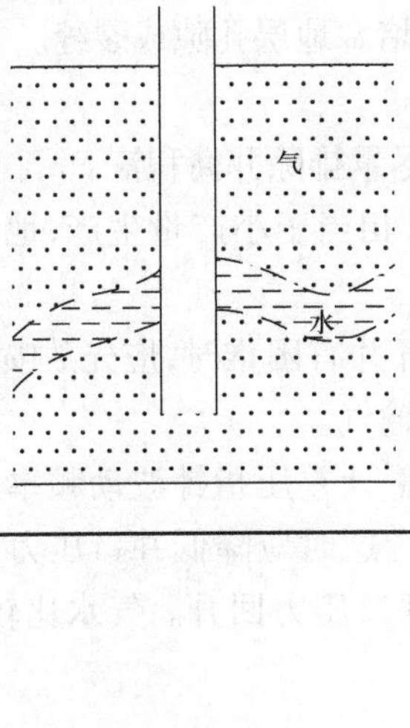	（1）井底有明显的裂缝显示（如在钻井中放空、井喷、井漏显示、岩屑中有明显的裂缝充填物等）。 （2）渗透性好，水流动阻力小，边底水沿大裂缝窜得快，单位压差上窜高度可达10～13m/MPa。水显示阶段很短（两年以下）。 （3）出水量突然增加很大，一般每天几十立方米以上。 （4）出水时井底压力很高。 （5）关井后，水退回地层	（1）控水采气。 （2）排水采气（水走水路，气走气路）。 （3）关井复压

续表

序	出水类型	图示	动态特征	治水措施
3	横向水窜型出水	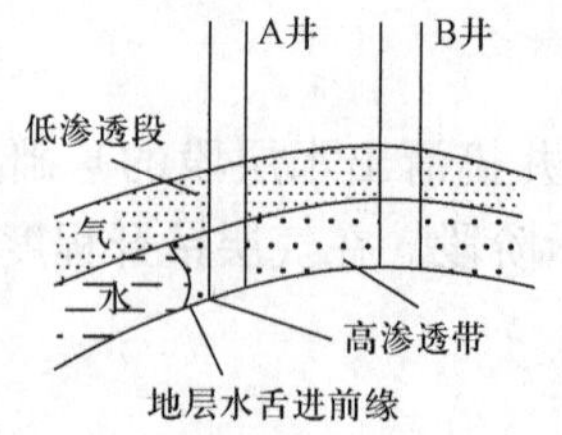	(1)井底穿过高渗透层段或高含水层段。 (2)同处高渗透带气井的 Cl^- 显示时间和水侵时间由外向内顺序排列如图中 A 井及 B 井。 (3)气井出水后水量一般稳定,Cl^- 含量稳定	(1)堵水:水路堵死。 (2)水淹后气井改为排水井
4	阵发性出水	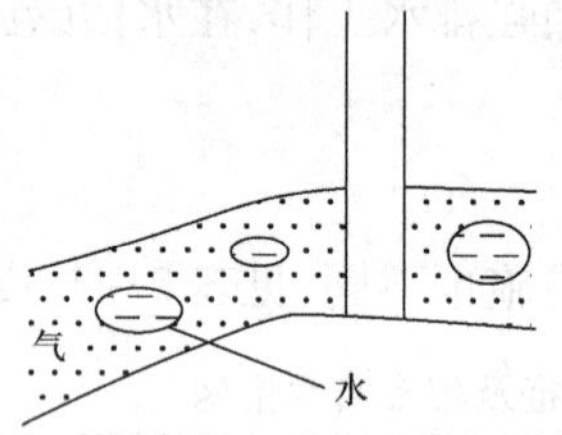	(1)气井出的水中 Cl^- 含量阵发性增加。 (2)日产水量短时增加后又下降,反复出现。 (3)气井出水对气井产能无明显影响	排水采气时注意井底不要液积,使气井稳定举升
5	人为采水	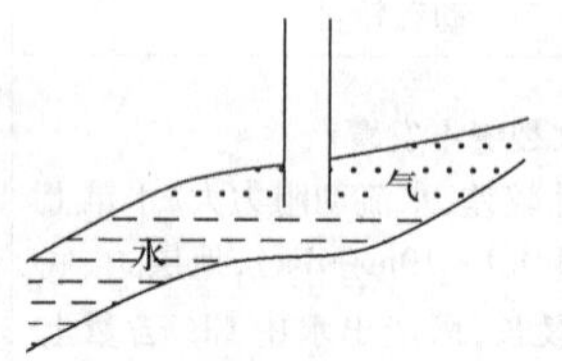	钻开气水界面直接采水或气水同采	排水采气

4. 气水同产井的管理

首先,带水采气井要控制合理压差进行采气,压差控制过小过大都不行。压差过小,井底回压大、产气量小,达不到带水采气的最低流量而使井底积液;压差过大,产水量增加,产气量却不一定相应增加,有时随着压差增大,产量还要减少。所以对带水气井,要选择合理的压差,使气井在该压差下采气时达到三稳定,即压力、产气量和气水比相对稳定。

其次,带水采气井生产稳定时不要随便改变产量,否则容易形成积液,影响正常采气。如果需要改变产量,操作必须注意以下几点:

(1)开关井要少、稳、慢、避免过多过猛地激动气井。

(2)一般不宜关井,要连续生产。因为关井后井筒积液不易压回地层,同时关井初期的井底压差仍然存在,地层水继续流入井底形成死水区,堵塞地层孔隙或裂缝。开井时远处的气流很难突破这种水堵,结果易导致气井水淹。

(3)关井前宜加产排液,必要时进行降压放喷,尽量排除井筒积液。

(4)关井后井口必须严密不漏。井口如果漏气,相当于小产量生产,地层水又带不出来,时间长了液柱升高,容易压死气层。

(5)关井后压力必须恢复到较高时才能开井。开井有困难时,应先放喷排液,待积液喷净或产水稳定时,再逐渐提高井口压力,转入生产管线输气。

(6)生产中如果出现油压下降,产水量减少,流量计差压指针波动频率下降,波动幅度加大等现象,说明带水不好,井筒液柱上升,生产恶化。这时应降低井口压力,增大压差强化带水。如果无效,应采取放喷措施排水,待积液排出,井口压力回升。气水比较稳定后再转入正常生产。

二、排水采气技术

天然气的开采要经过三个过程:一是从产层至井底的渗流;二是从井底至井口的垂直管流;三是从井口至用户的水平集输管流。对于产水气田,在天然气流动过程中不同程度地伴有产层水进入井底,如果气藏有足够的能量,它将随时把产层水带出井口;如果气流能量不足,产层水将逐渐在井筒及井底附近区域积聚,危害十分严重。井筒积液,使回压增大,井口压力下降,气井生产能力受到严重影响;井底近区积液,产层由于水侵、水锁、水敏性黏土矿物的膨胀等原因,使得气相渗透率受到极大伤害,这将严重影响气田最终采收率。

目前排水采气方法有优选管柱排水采气、泡沫排水采气、气举排水采气、活塞气举排水采气、游梁式抽油机排水采气、电潜泵排水采气以及射流泵排水采气等。排水采气是提高气藏采收率的根本措施。一般情况下,低产液量井通常使用优选管柱、泡排、柱塞气举排水采气工艺;中等产液量井通常选用柱塞气举、机抽排水采气工艺;高产液量井通常选用气举、电潜泵、射流泵排水采气工艺。

(一)优选管柱排水采气工艺

优选管柱排水采气工艺是在油气田开发中后期,气井已不能建立"三稳定"的带水采气制度,转入间歇生产,对这样的气井及时调整管柱,改换成较小直径管柱排水采气工艺的一种排水采气工艺。优选管柱排水采气工艺是一种自喷工艺,它施工简单到只需更换一次油管,而不需要人为地提供任何能量。

1. 优选管柱排水采气的工艺原理

随着气流沿着自喷管柱举升高度的增加,其速度也增大。为确保连续排出流入井筒的全部地层水,在井底自喷管柱管鞋处的气流流速必须达到连续排液的临界流速。如果这个速度能满足连续排液的条件,则在举升的整个过程中气流的连续排液都将能得到保证;当气流沿着自喷管柱流出时,必须建立合理的最大可能压力降,以保证井口有足够的压能将天然气输进集气管网和用户。

2. 优选合理管柱应考虑的因素

(1)对流速高,排液能力较好、产气量大的气井,可相应增大管径生产,以达到减少阻力损失,提高井口压力,增加产气量的目的。

(2)对于中后期的气井,因井底压力和产气能力均较低,排水能力差,故应更换较小管径油管,即采用小油管生产,以提高气流带水能力,排除井底积液,使气井正常生产,延长气井的自喷采气期。

(二)泡沫排水采气工艺

泡沫排水采气是一种助采工艺,它具有设备简单、施工容易、见效快、成本低等优点,在出水气井中得到广泛使用。

1. 泡沫排水采气的工艺原理

泡沫排水采气工艺原理如图 2-4-10 所示,就是向井底注入某种能够遇水产生泡沫的表面活性剂,当井底积水与化学药剂接触后,大大降低了水的表面张力,借助于天然气流的搅动,使水分散并生成大量低密度的含水泡沫,从而改变了井筒内气水流态,这样在地层能量不变的情况下提高了采气井的带水能力,把地层水举升到地面。同时,加入起泡剂还可提高气泡流态的鼓泡高度,减少气体滑脱损失,提高气流垂直举液能力。

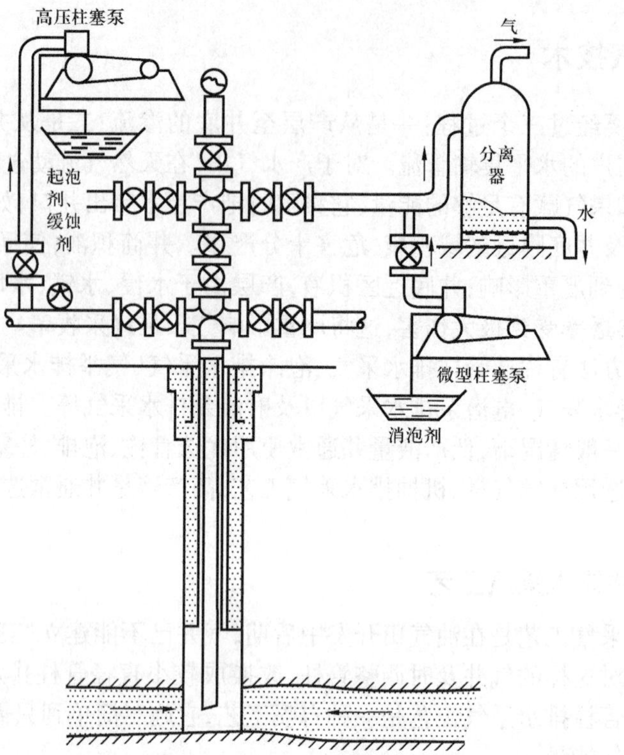

图2-4-10　泡沫排水采气工艺原理图

2. 泡沫排水采气的工艺技术

1）工艺流程

泡沫助采剂通常由井口注入，即由油管生产的气井从套管环形空间注入；由套管生产的气井则由油管注入；对于棒状助采剂，则经井口投入。消泡剂的注入部位一般是在分离器的入口处，与气水混合进入分离器，达到消泡和抑制泡沫再生的目的，便于气水分离。

2）发泡剂注入方法

发泡剂注入方法有平衡罐自流注入、泵注入以及泡排车注入。图2-4-11中左边显示罐自流注入，右边显示泵注入。

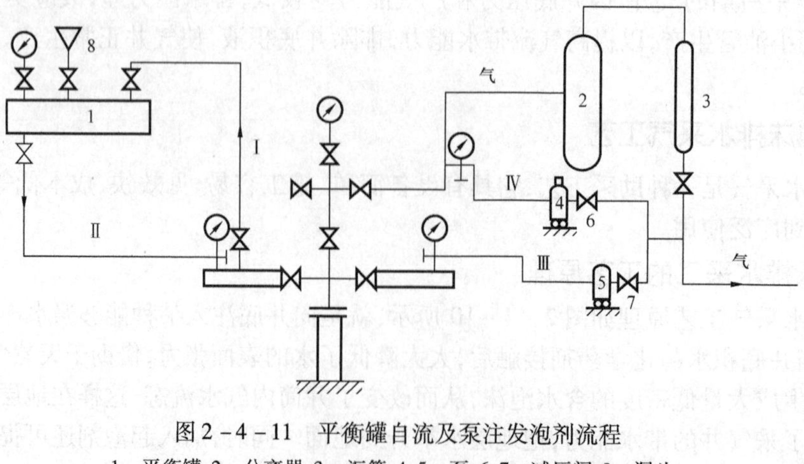

图2-4-11　平衡罐自流及泵注发泡剂流程

1—平衡罐；2—分离器；3—汇管；4，5—泵；6，7—减压阀；8—漏斗；

Ⅰ—平衡管线；Ⅱ，Ⅲ—注入管线；Ⅳ—消泡剂注入管线

(1)平衡罐自流注入。

发泡剂从漏斗加入平衡罐后，关漏斗下面的阀门，打开平衡管线Ⅰ两端的阀门，利用套管气平衡罐的压力，再打开发泡剂注入管线Ⅱ上的阀门，发泡剂便靠自重和高差流入套管内。平衡罐位置要高于套管四通3~5m，以保证有足够的静液柱压力。这种注入方法特别适用于依靠泡沫排水才能维持正常生产的气井，气井每天产水量应小于$5m^3$。

(2)泵注入。

发泡剂由泵5注入套管，消泡剂由泵4注入分离器进口管线，泵由来自汇管的天然气驱动。现场用GZ80－1型高压泵，驱动压力为0.68MPa，压缩比为1：50，出口压力最高达34.3MPa。泵入口前有减压阀(阀6、阀7)，可以调节天然气压力到0.68MPa。泵注入法用于不要求连续注入发泡剂的井上。除气动泵外，也可用电动柱塞泵等。

(3)泡沫排液棒自动投放。

泡沫排液棒通过井口将固体泡沫排水剂(即泡沫排液棒)从井口油管投入到井内。采用此方法可以使泡沫排水剂迅速到达井下地层水中产生泡沫，并可逐步释放出泡沫排水剂。

该方法的适用条件：井下有封隔器，产水量小于$5m^3$或间歇出水气井。

3. 泡沫排水采气井的管理

1)泡沫排水采气工艺参数

(1)优选泡排气速。

一般来讲，在气水两相垂直流动过程中，气速越大，排水能力就越好，但在泡沫排水中却不尽然。试验表明：气速为1~3m/s不利于泡排，因此，控制合适的气速可获得最佳的助采效果。现场施工时，应对气井进行生产动态分析，计算天然气在井筒内的流速，并根据生产情况进行必要的调整，以避开最不利排液的流速。

(2)最宜泡排的流态。

泡排中只考虑气流速度还不足以概括气井带水能力，而应分析油管中气水两相垂直流动状态，即所谓流态。把流态分为气泡流、段塞流、过渡流与环雾流4种。室内及现场试验表明：对于过渡流以上的环雾流，由于气井自身能量足，带水生产稳定，不需采用助采措施，泡沫排水的主要对象是环雾流以下的气泡流、段塞流与过渡流，其中尤以段塞流助采效果最佳。对于生产井，可根据气水流速、压降梯度及气水产量波动程度来判断流态。

(3)合理选择助采剂用量。

泡沫排水中助采剂的加入受到多种因素影响，如气体流动速度、产水量、井深以及助采剂的种类等，故不便作出统一的规定，而只能依各井的具体情况而定。总之，以既能正常带水，又不影响气水分离为原则，并尽量不采取消泡措施。

(4)日施工次数。

助采剂日用量确定之后，分几次加入也是施工中应考虑的问题之一。现场有两类气水井，一类属于纯气井，只是有些凝析水，或产地层水Q_w；对这类井，宜采用间歇排水方式，助采剂每隔数天、数月加入一次即可；另一类是地层水产量$Q_w > 30m^3/d$，对这类井泡沫助采剂需不间断地加入，助采剂在这些井上的加入周期越短越均匀越好，连续注入对大水量井效果更较明显。但实际上因涉及工作量问题，一般每日加2~3次即可维持气井的正常生产。

2)泡沫排水工艺起泡剂及其性能要求

(1)起泡剂的性能。

泡沫排水所用起泡剂是表面活性剂，因此，除具有表面活性剂的一般性能外，还要求具有以下特殊性能：起泡能力强；泡沫携液量大。

(2)起泡剂的类型。

在气井泡沫排水采气中所采用的起泡剂有离子型(主要为阴离子型)、非离子型、两性表面活性剂和高分子聚合物表面活性剂等。

4. 泡沫排水采气工艺的适用范围

(1)气水比大于 $180m^3/m^3$ 的井效果最佳。

(2)工艺井自身必须具有一定的自喷能力。

(3)排液能力一般在 $100m^3/d$ 以下。

(4)不同的注入方法,其适应的气水比不同:

① 泵注法气水比一般大于 $170m^3/m^3$。

② 平衡罐加注法气水比一般大于 $300m^3/m^3$。

③ 泡排车加注法气水比大于 $200m^3/m^3$。

④ 投注法气水比大于 $300m^3/m^3$,且日产水小于 $80m^3$。

(5)要求工艺井的油套管连通性好。

5. 泡沫排水采气井工艺实例

某泡沫排水采气井于1960 年5 月16 日投产,1973 年12 月10 日出水,1982 年11 月25 日开始进行泡沫排水采气,曾多次泡排和消泡试验,并摸索出一套合理制度。十多年来,在不停产的情况下采用过油管射孔,液氮、增压机气举,连续油管加螺杆钻具清砂解堵等工艺技术,五次救活这口气井,使泡排工艺顺利进行至 1998 年年底,泡排增产达 $5.02\times10^8m^3$,累产气达 $46.4\times10^8m^3$,泡排产量占总产量的 10.8%,如图 2-4-12 所示。

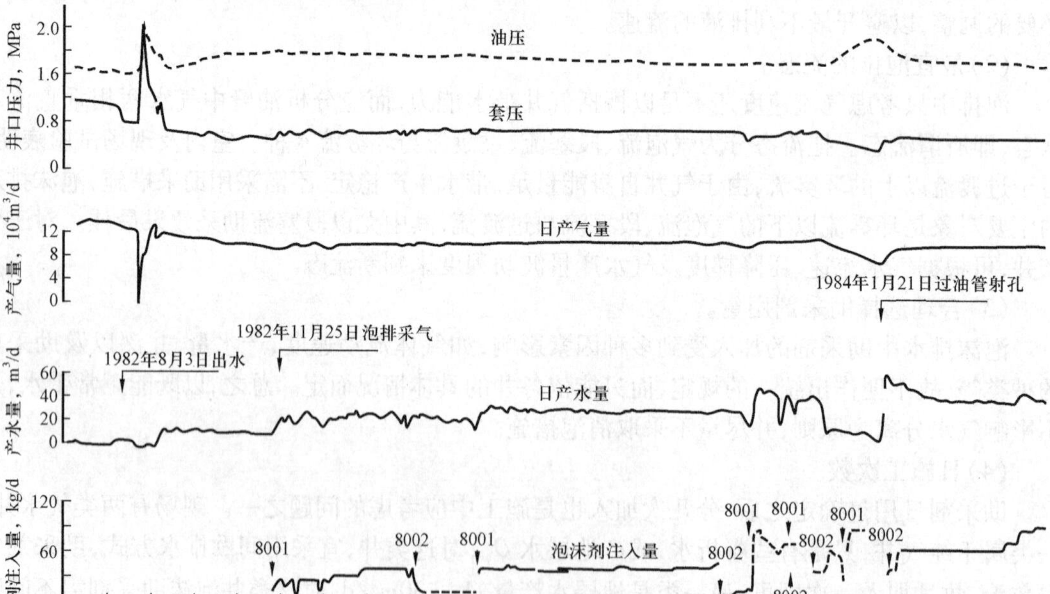

图 2-4-12 某泡沫排水采气井泡沫排水采气曲线

(三)气举排水采气工艺

气举排水采气是利用高压气井的能量或天然气压缩机为气举动力,借助于井下气举阀的作用，向产水气井的井筒内注入高压天然气，补充地层能量，排除井底积液，恢复气井的生产能力的一种人工举升工艺。

气举可分为连续气举和间歇气举两种方式。影响气举方式选择的因素有井的产能、井底压力、产液指数、举升高度及注气压力等。对井底压力和产能高的井，通常采用连续气举生产；对产能及井底压力较低的井，则采用间歇气举或活塞气举。气举的内容可以参考前面相关章节内容。

（四）活塞气举排水采气工艺

活塞气举是一种利用储层能量来携液的间歇人工举升方法。活塞是一个与油管匹配的可在油管里自由游动的活塞，它依靠井的压力上升，并在自身重力作用下落到井底。活塞气举是间歇气举的一种特殊形式，由于柱塞在举升气和采出液之间形成一个机械界面，因而减少了滑脱损失，同一般间歇气举相比，它能更有效地利用气体的膨胀能量，提高举升效率。国内气田活塞气举适用于产液量小于 $50m^3/d$，气液比大于 $50m^3/m^3$，带液能力较弱的自喷生产井。下面主要介绍柱塞气举主要设备、工艺流程以及柱塞气举井的管理。

1. 活塞气举的适应性及主要优点

能提高间歇气举的举升效率；无动力消耗，所需能量由本井提供；设备投资少，使用寿命长，维修成本低；地面设备的自动化程度较高，易于管理。

2. 活塞气举工艺的原理与流程

活塞气举是将活塞作为气液之间的机械界面，依靠气井原有的气体压力，以一种循环的方式使活塞在油管内上下移动，从而减少了液体的回落，消除了气体穿透液体段塞的可能，提高间歇举升的效率。活塞举升的工作循环情况如图 2－4－13 所示。

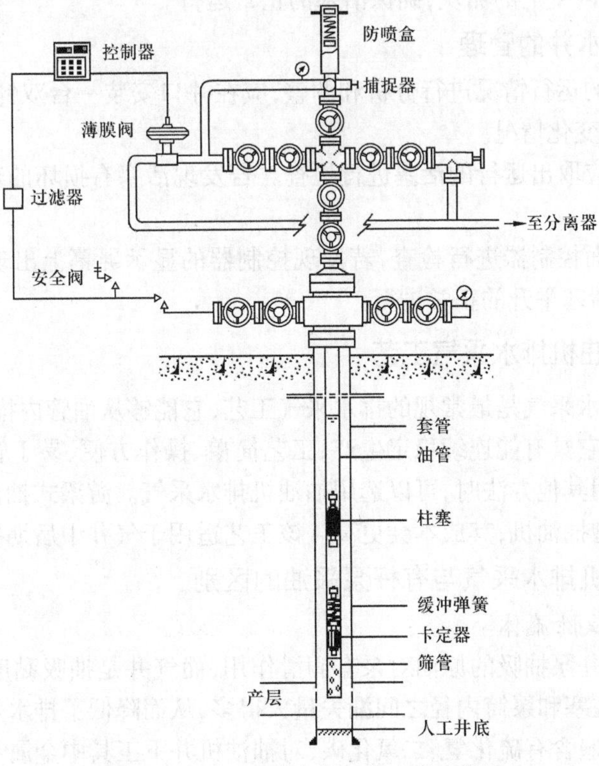

图 2－4－13　活塞气举工艺流程示意图

(1)当地面控制器控制薄膜阀关闭生产管线时，活塞在其重力的作用下穿过油管内的气液下落。

(2)活塞下落至油管卡定器处，撞击缓冲弹簧，这时液面开始上升。

(3)地面控制器打开薄膜阀后，油压下降，油管内液面上升，环空液面下降，天然气进入油管并推动活塞及活塞上部的液体上行。

(4)环空套压迫使活塞和活塞上部的液体上升，直到将液柱排出井口。

(5)油管关闭，活塞依靠其自重下落，此时完成一个行程周期。

3. 活塞气举排水应注意的问题

1)活塞类型的选择

活塞大致可分为刷式、金属膨胀式、摆动垫圈式、动密封式等类型。刷式活塞的下落速度较金属膨胀式活塞的下落速度快，刷式活塞在关井后30min即可下行到卡定器位置，而金属膨胀式活塞则需2.5~3h方可下行到卡定器位置。

活塞的下行速度直接关系到活塞运行参数的设置。在实际生产中，要根据气井自身的具体情况来确定所选活塞的类型。一般来说，压力恢复较快、尚有一定自喷能力的井应采用下行速度较快的活塞，而压力恢复较慢的间歇生产井则采用下行速度较慢的活塞。

2)高矿化度产水井的防垢

在高矿化度的产水气井中，随着气井的压力、温度等热力学条件发生变化，原有的平衡被打破，从而导致$CaCO_3$、$CaSO_4$、$BaSO_4$过饱和析出。这些析出的沉淀附着在油管内壁上，使得油管的流通面积减小，阻碍着活塞上下行程的运动，使活塞不能正常工作。对于这类井，在使用活塞排水采气后，应每隔一个月取出活塞，用不同直径的通井规由小到大地反复通过油管，以便清除附着在油管内壁上的垢块，确保活塞的正常运行。

4. 活塞气举排水井的管理

(1)为了对活塞的运行情况进行分析和调整，应在井口安装一台双针压力记录仪，以便记录井口油压和套压的变化情况。

(2)每隔一个月应取出运行的活塞进行检查。若发现活塞有损坏的现象，应及时更换，以确保举升效率。

(3)应经常对地面控制器进行检查，若发现控制器的显示屏幕上出现“HELP”字样，则应及时更换电池，确保活塞举升的正常进行。

(五)游梁式抽油机排水采气工艺

游梁式抽油机排水采气是最常规的排水采气工艺，它能够从油管内排水，从而使得气体从油套环形空间采出。它具有能连续稳定生产、工艺简单、操作方便、易于管理等优点。当气井产能较低，又不能采用其他方法时，可以选用抽油机排水采气。游梁式抽油机排水采气成本较高，如果不采用节能型抽油机，其成本会更高。该工艺适用于气井中后期排水采气。

1. 游梁式抽油机排水采气与有杆泵采油的区别

1)气井产出腐蚀性流体

油田上用有杆深井泵抽吸的原油对泵有润滑作用，而气井是抽吸黏度比原油小得多的盐水，盐水在深井泵的柱塞和泵筒内径之间漏失量大得多，从而降低了排水效果，影响泵效。

气井产出气中普遍含有硫化氢、二氧化碳，对抽油机井下工具中金属部件和零件以及油管和抽油杆会造成较为严重的腐蚀破坏，势必增加井下机械事故，使检泵作业频繁。

2) 存在高矿化度地层水

排水气井中抽排的水矿化度高，总矿化度为 75000 ~ 83000mg/L，其中 Cl^- 含量高达 45000 ~ 5000mg/L，深井泵抽吸的是含盐量高的水，使驴头负荷相对增加。

3) 高气液比

排水采气井的气液比比油井的高得多，深井泵抽排一段时间后，产层的天然气将和水一起进入泵内。由于气体的影响，降低了泵的充满系数，从而降低了泵效，且易形成气锁。

4) 不同的排液产气方式

有杆泵采油是由油管采油，游梁式抽油机排水采气是油管排水，油套环形空间采气。

5) 不同的井口压力和输压

抽油机排水采气井抽排一段时间后，套管压力上升得比油井高得多，井口的油压、套压都比较高，这是气井与油井的又一不同点。从井中采出的气经输气管线到集气站或用户所遇阻力大，因此要求井口输压较高，才能克服沿线的阻力，把气输到用户。

2. 游梁式抽油机排水采气的工艺原理、适用范围与流程及主要设备

1) 工艺原理

在排水采气时，首先将有杆深井泵连接在油管上下到井内适当的深度，将柱塞连接在抽油杆下端，通过安装在地面的抽油机带动油管内的抽油杆不停地做往复运动。该工艺原理如图 2－4－14所示。

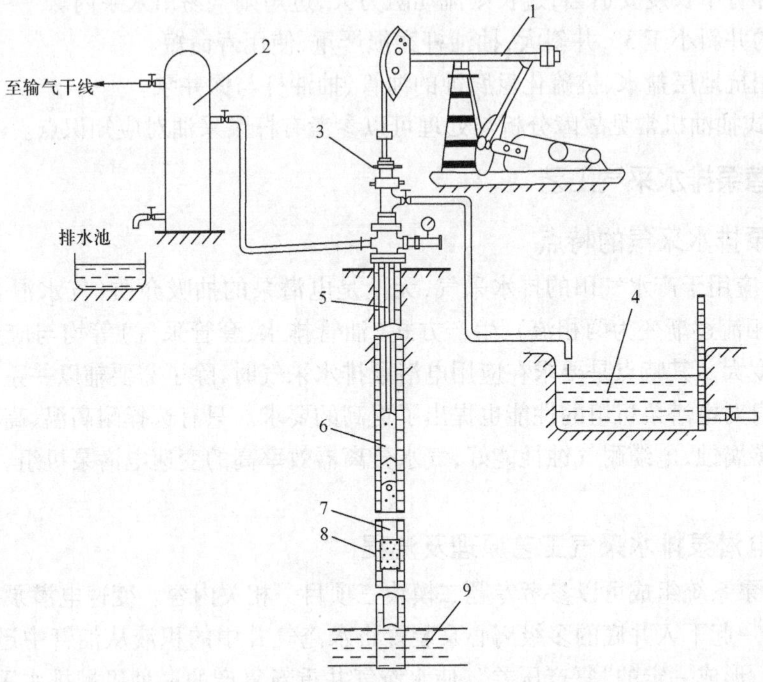

图 2－4－14　游梁式抽油机排水采气装置

1—抽油机；2—地面气水分离器；3—气井机抽井口装置；4—卤水计量池；5—抽油杆；6—深井泵；7—油管；8—井下气水分离器；9—产层

2) 适用范围

水淹气井和间喷井；日排水量为 10 ~ 100m^3；泵挂深度小于 1500m；地层压力为 2.4 ~

26MPa；温度低于100℃。

3）工艺流程

气井排水采气的工艺流程包括油管内排水的流程和油套环形空间采气的流程。它与采油的不同点在于：油田是油管采油；气井是油管排水，油套环形空间采气。

（1）油管排水流程。

产层水由井下分离器经过分离将气排到油套环形空间，将水排到软密封深井泵，地面抽油机连接抽油杆和柱塞。由于抽油机抽吸，使得水通过油管、油管头、高压三通、油管出口管线到地面排液计量池，如图2－4－14所示。

（2）采气流程。

从井下分离器和地层排出的气水混合物经过油套环形空间、大四通、高压输气管线进入地面气水分离器。如果压力不够，必须加压，分离后的气进入干线输送到用户或装罐，分离出的水进入排污池。

3. 游梁式抽油机排水采气井的管理

（1）抽油机排水采气应注意的问题。

① 气井停产前有一定的压力和产气量，产水量一般为30～50m^3/d，气井水淹后静液面足够高，抽油机的负荷能力能下到静液面以下300～500m。

② 下泵深度要保证抽水时造成一定的生产压差，能诱导气流入井。

③ 泵下部管串长度要适当，过长则流动阻力大，过短则气易窜入泵内。

④ 气井的井斜小于3°，井斜大，抽油杆磨损严重，使用寿命短。

⑤ 应选用抗地层盐水、抗硫化氢腐蚀的油管、抽油杆与深井泵。

（2）游梁式抽油机常见故障分析与处理可以参考有杆泵采油对应知识点。

（六）电潜泵排水采气工艺

1. 电潜泵排水采气的特点

将电潜泵应用于产水气田的排水采气，无论是电潜泵的抽吸介质（气水混合物），还是泵的工况（从单相流逐渐变为两相流）、生产方式（油管排水、套管采气）等均与应用电潜泵采油不同，工艺难度大。其特点是要求在应用电潜泵排水采气时，除了需要辅以一系列配套工艺措施外，工艺本身对电潜泵机组的性能也提出了更高的要求。只有选择耐高温、高压，抗卤水、硫化氢、二氧化碳腐蚀，电缆耐气蚀性能好，气水分离器效率高的变速电潜泵机组，才能获得好的效果。

2. 变速电潜泵排水采气工艺原理及流程

变速电潜泵系统组成可以参考专题二模块三项目一相关内容。变速电潜泵排水采气工艺是采用随油管一起下入井底的多级离心泵装置将水淹气井中的积液从油管中迅速排出，降低对井底的回压，形成一定的“复产压差”，使水淹气井重新复产的一种机械排水采气生产工艺。其工艺流程是在地面变频控制器的自动控制下，电力经过变压器、接线盒、电力电缆使井下电动机带动多级离心泵做高速旋转。井液通过离心式气体分离器、多级离心泵、单流阀、泄流阀、油管、特种采气井口装置被举升到地面排水管线，进入卤水池计量并处理；井复产后，气水混合物经油套环形空间、井口装置、高压输气管线进入地面分离器，分离后的天然气进入输气管线集输。图2－4－15是典型的电潜泵排水采气地面流程图。

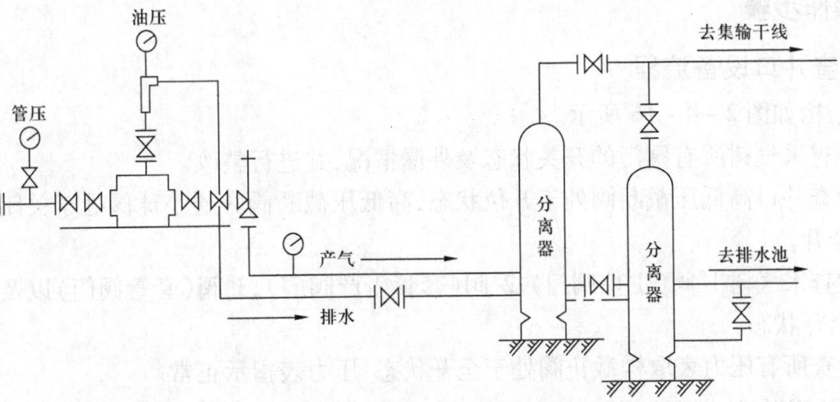

图2－4－15　典型　电潜泵排水采气地面流程图

3. 电潜泵排水采气井的管理

电潜泵排水采气的特点是排量范围大，扬程范围大，能大幅度降低井底流压而扩大生产压差，是气井强排水的重要手段；适用于开发中后期的气水井，由于地层压力低，产水量大，采用其他排水采气工艺都不能复产的水淹井。

1）适用范围

（1）气藏排水采气。适用于有边水、底水水体封闭的产水气藏排水，通过强排水，达到控制水侵，阻止边底水干扰气井生产，从而达到延缓气藏产量综合递减，提高有水气藏最终采收率的目的。

（2）单井排水采气。将变速电潜泵用于复活各类水淹井。特别适用于那些产水量大（$100m^3/d$ 以上）、扬程高（1500m 以上）、单井控制的剩余储量大的水淹气井复产。通过强排水，降低井底回压，使这类气水同产井保持足够的生产压差生产，实现边排水、边采气的目的。

（3）井场必须具备电源（高低压网路均可）。

（4）井底温度。目前国产变速电潜泵机组使用温度不高于120℃，国外进口变速电潜泵机组使用温度不高于149℃。

2）电潜泵故障原因分析与处理

电潜泵故障原因分析与处理可参考前面专题二模块三项目一相关内容。

排水采气方法除了考虑井的动态参数外，还要考虑其他开采条件，如产出流体性质、出砂、结垢等，而最终必须考虑经济投入，进行综合、对比分析，最后确定采用何种排水采气工艺。

【技能操作】（应会）

操作一：标准采气树开井操作

熟悉采气工艺流程，掌握气井开井的方法，正确完成气井开井是油气井管理基本操作。

一、准备工作

工具、用具准备：600mm 管钳 1 把，对讲机 1 对，验漏瓶 1 个，气体检测仪 1 个，棉纱适量，记录本、记录笔 1 套。

二、操作步骤

1. 检查井口设备流程

井口结构如图2－4－16所示。

(1)检查采气树所有阀门的开关状态及外漏情况,并进行整改。

(2)检查井口高低压截断阀处于开位状态,高低压截断阀旁通小球阀处于关闭状态,引压管小球阀全开。

(3)检查采气树1#阀(主控阀门)、2#阀(套管生产阀门)、3#阀(套管阀门)以及外输闸阀,确保处于全开状态。

(4)检查所有压力表取样截止阀处于全开状态,压力表指示正常。

2. 开井操作

(1)开采气树4#阀主控阀门。

(2)打开采气树8#油管生产阀门。

(3)打开采气树6#套管阀门。

(4)记录开井前井口油压、套压。

(5)缓慢打开10#阀门(井口针阀)向地面管线充压,充压时不可高于井口高低压截断阀整定压力(防止井口高低压截断网起跳),直到地面管线压力与井口压力相平且低于高低压截断阀整定压力,然后将井口针阀开度调整为50%。

(6)检查采气树阀门及井场流程阀门有无渗漏现象,通知集气站开井完毕,填写记录。确保正常后方可离开。

三、安全注意事项

(1)按要求填写各种记录,开井前后有关资料应取全取准,并记录无误。

(2)在开始计量前流量计应处于停表状态,气、油、水计算应同步进行,分别计量。

(3)开采气树阀门时,应由内到外(用油管生产时,先开油管阀门,后开节流阀;用套管生产时,先开套管阀门,后开节流阀)完全打开,严禁用采气树阀门调节气量。

(4)各级控制压力不准超过工作压力,同时注意防止节流阀处形成水合物堵塞,造成站场堵塞。

(5)按照调度指令,及时调整气井产量。

操作二:标准采气树关井操作

熟悉采气工艺流程,掌握气井关井的方法,正确完成气井关井是油气井管理基本操作。

一、准备工作

工具、用具准备:600mm管钳1把,对讲机1对,验漏瓶1个,气体检测仪1个,棉纱适量,记录本、记录笔1套。

二、操作步骤

1. 检查井口设备流程

检查采气树所有阀门的开关状态及外漏情况,并进行整改,井口结构如图2－4－16所示。

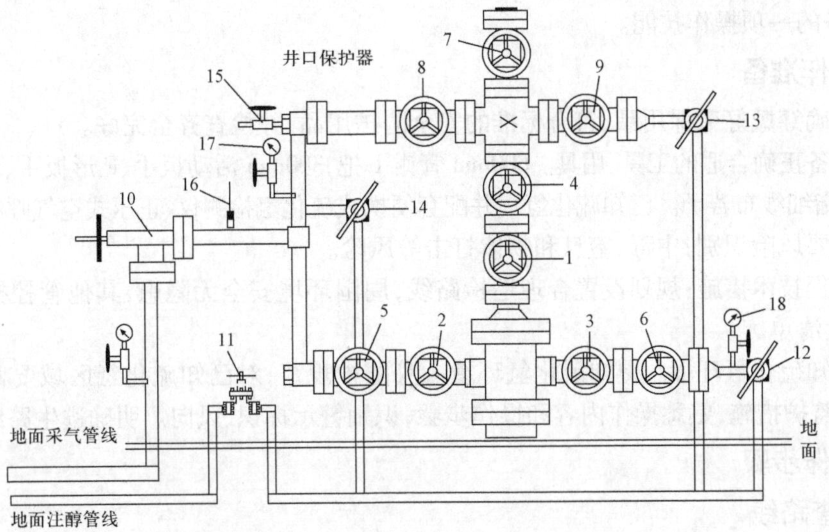

图 2-4-16　气井采气树结构示意图

1,4—总阀门;2—套管生产阀门;3—套管阀门;5—套管生产阀门;6—套管阀门;7—测试阀门;8—油管生产阀门;9—油管生产阀门;10—井口针阀;11—注醇总闸;12—套管注醇阀门;13—油管注醇阀门;14—地面注醇阀门;15—放空阀门;16—温度计;17—油压表;18—套压表

2. 关井

关井分短期关井和长期关井。短期关井一般是指4h以内的关井,不需要放空。长期关井是指超过四个小时的关井,需要放空。

(1)短期关井:准确记录关井前油压、套压。关采气树10#井口针阀。关采气树4#生产主控阀门。关下游闸板阀。记录关井时间。检查采气树阀门有无渗漏现象,通知集气站开井完毕,填写记录。确保正常后方可离开。

(2)长期关井:准确记录关井前油压、套压。关采气树10#井口针阀。关采气树4#生产主控阀门。全开采气树7#测试阀门并进行采气树放空。开采气树10#井口针阀,缓慢进行地面管线放空。确保地面管线压力放空为零后,关采气树7#测试阀门。关采气树8#油管生产阀门与10#井口针阀。记录关井时间。检查采气树阀门有无渗漏现象,通知集气站开井完毕,填写记录。确保正常后方可离开。

三、安全注意事项

(1)详细记录关井调度指令,关井前后有关资料应取全取准,并记录无误。

(2)关井后安全阀仍处于工作状态。

(3)流量计处于停表状态。

(4)采气树阀门关闭时应由外到内(用油管生产时,先关节流阀,后关油管阀门;用套管生产时,先关节流阀,后关套管阀门)操作,并完全关闭。

(5)放空时应缓慢操作设备。

(6)短期关井需要定期巡检。

操作三:气井巡回检查

气井巡回检查可以发现生产中的异常现象和各管、阀、配件的运行情况,便于及时处置。避免发生各类生产事故。有利于提升气井的安全环保管理水平,熟练气井巡回检查是采油、采气工应具备的一项操作技能。

一、操作准备

(1)正确穿戴好劳保用品、符合标准的安全防护用品,并检查齐全完好。

(2)准备正确合适的工具、用具。600mm 管钳 1 把,300mm 活动扳手、F 形扳手、气嘴扳手各一把,润滑脂细纱布若干。已知硫化氢气井配套便携式硫化氢检测仪、正压式空气呼吸器。

(3)主要风险识别:中毒、窒息和物体打击等风险。

(4)工程技术措施:规划设置合理巡检路线,周围环境安全无隐患,其他管控措施详见作业活动风险清单。

(5)熟知硫化氢环境。熟知硫化氢环境人身防护规范,对已知硫化氢区域要监测硫化氢浓度,明确监护措施,熟悉操作内容和操作步骤,识别警示标识、风向。明确逃生路线。

二、操作步骤

1. 检查路线

气井要严格按照制定巡回检查路线图进行巡回检查。

2. 井场检查

(1)井场检查井号,安全警示标识清晰醒目。

(2)检查井口采气阀门。检查井口采气阀门齐全规范,开关灵活无渗漏,检查压力表完好,在校验期内,记录油压、套压,检查节流装置无结霜、无冻堵。

(3)设备设施检查。使用水套加热的井,进、出口温度符合要求,检查水位为 1/2 ~ 2/3 之间,燃烧充分,附件齐全完好。检查分离器安全阀在校验期内,处于工作状态,无渗漏。检查分离器液位计的液位。

(4)检查计量及管网流程。巡检井口至集气站集气支线无穿孔、无渗漏。计量站通风良好,检查超声流量计完好,压力表在校验期内,齐全完好。检查确认流程正确、无渗漏。

3. 清理现场

录取相关资料,收拾擦拭工具用具,清理工作现场。

三、技术要求及注意事项

(1)严格落实安全防护措施。

(2)预防有毒有害气体中毒。

(3)侧身检查、调整加热炉,严禁身体正对炉口。

(4)发现问题及时处理,无法处理的及时汇报。

本操作说明视频观看方法:关注微信公众号“中国石化胜利油田”→屏幕底部“胜利新闻”→菜单“标准化”,观看系列视频 3[采油操作篇(三)]中第 20 项操作。

项目三　气井生产分析

【知识目标】

(1)掌握各类气井生产分析基本知识;

(2)掌握各类气井生产故障原因知识;

(3)掌握气井生产系统分析。

【技能目标】

(1)能进行气井排液操作;

(2)能进行气井动态生产分析。

【所需知识】

一、气井生产分析基础

(一)概述

天然气从地下储层流入井底,经过井筒、地面设备及管线不断供给用户的过程是一个完整的系统生产过程。分析研究气井生产系统的目的就是要按照开发方案的要求,充分有效地利用人力、物力、财力,通过计划、组织、指导和分析处理气井不同生产阶段系统出现的技术问题,合理选择采气生产工艺方式,使气井在合理的产量下保持较长时期相对稳产,气藏获得较高的最终采收率和良好的经济效益。

采气生产参数主要有地层压力、井底流动压力、油压、套压、日产气量、日产油量、日产水量以及出砂量等。

(二)井筒中的垂直管流

天然气从地层流到井底后,须从井底上升到井口采出地面,把天然气从井底流向井口的垂直上升过程,称为气井的垂直管流。在垂直管流中,由于压力和温度的不断下降,流体的流动形态不断发生变化,从而影响到举升效果。相关内容可以参考项目二自喷井流动过程及能量分析。

(三)采气生产参数间的关系

采气生产参数主要有地层压力、井底流动压力、油压、套压、日产气量、日产油量、日产水量以及出砂量等。

天然气从气层到计量站一般要经过气层渗流、井筒垂直管流、井口针阀的节流和地面管流4个过程。在这4个过程中,必须满足流量平衡和能量平衡两个基本规律,即气层渗流入井筒的流量应等于井筒的举升量,同时等于井口产量和集气管线的输送量;系统总的能量供应等于能量的总消耗。只有这样,气井生产才会协调,各种生产参数才会保持相对稳定,否则气井就会出问题,表现为某些参数的突变。

根据经验,气井生产时(油管生产)各种压力的关系为:地层压力>井底流压>套压>油压>计量前分离压力>流量计静压>输气压力。

(四)气井资料录取标准

1. 油压资料录取标准

(1)单井集气的气井每2h在井口录取1次油压,每天选用1个平均值;多井集气的气井每2h在站内录取1次油压,每天选用1个平均值。油压资料每个月有25d以上为全(不得连续缺3d)。

(2)压力值在压力表量程的1/3~2/3之间;每季度校对1次;用0.4级标准压力表;压力

值保留到小数点后两位为准。

2. 套压资料录取标准

(1)单井集气的气井每2h在井口录取1次套压,多井集气的气井(井口无人值守的)每2d去井口录取1次套压,每天选用1个平均值。套压资料每个月有25d以上为全(不得连续缺3d)。

(2)压力值在压力表量程的1/3~2/3之间;每季度校对1次;用0.4级标准压力表;压力值保留到小数点后两位为准。

3. 温度资料录取标准

(1)温度录取项目有井口温度、油嘴前后温度、锅炉温度、换热器温度、测气温度和外输温度。

(2)井口温度录取要求:多井集气的气井每2d到井口取1个井口温度资料。

(3)应录取的6种温度,除多井集气的井口温度每2d到井口录取1次外,其余温度要求每2h录取1次,每天选用1个平均值。温度资料每个月有27d以上为全(不得连续缺3d)。

(4)温度计使用量程适宜,每半年校对1次。

4. 外输压力资料录取标准

(1)外输压力每2h录取1次,每天选用1个平均值。外输压力资料每个月有25d以上为全(不得连续缺3d)。

(2)压力值在压力表量程的1/3~2/3之间;每季度校对1次;用0.4级标准压力表;压力值保留到小数点后两位为准。

5. 产气量资料录取标准

(1)针对所有生产气井按地质工艺研究所制定的合理工作制度生产,产气量资料每月有25d以上为全(不得连续缺3d)。

(2)计量仪表量程合适,压差计读数在量程的1/3~2/3之间,不适合应及时调整;CWD系列差压计要求每半年校对1次;漩涡流量计每半年校对1次为全准。

(3)需要调整产量和开关井要请示地质工艺研究所开发动态人员。

6. 产液量资料录取标准

每天用分离器液位计计量产液量,产液量每个月有25d以上为全(不得连续缺3d)。分离器液位计不好用的气井每10天用桶和罐车量1次产液量为全准。对措施井加密量取,每天不少于1次。

7. 取样录取标准

(1)气井定期取气、水样。

(2)正常生产的气井每月取1次气样,用排空气法,每次取600mL为全准。

(3)正常生产的产水气井每月取1次水样,每次取500mL为全准。

8. 流压资料录取标准

(1)对于产纯气的气井,可以用井口压力折算流压,也可以实测流压;对于产水(油)的气井,要实测井底流压。

(2)正常生产气井流压每季度录取1次,同时录取油嘴大小、井口油套压力、井口温度资料为全。

(3)进行弹性二相法计算动态储量的气井要连续录取,或采取相同时间间隔定点录取,周期由具体气井情况而定。

(4)压力和温度同步录取。

(5)测流压时,要求在井口、气层中部及中部以下100m梯度,压力计精度不低于0.2%,压力计量程合适为准。

9. 静压资料录取标准

(1)新投产的气井投产初期每半年测1次静压(包括压力恢复);从第4次开始,每年测1次。

(2)正常生产气井按动态监测方案每年或隔年测1次静压(包括压力恢复),同时录取井口油套压力为全。

(3)具有边水的气藏,距边水最近的气井要求每年进行1次探边试井。

(4)因其他原因不能生产而关井的气井每半年测1个静压点为全。

(5)长期关井的气井每年用静压点作为静压为全。

(6)连通性好、物性较好的气井在气井生产期内要进行井间干扰试井1次。

(7)要求静压与温度同步测试。

(8)对井底积液气井的探边测试(或压力恢复测试),在测试前、后要分别进行压力梯度测试,研究积液对气井压力恢复的影响。

(9)测静压时,要求井口、气层中部、气层中部以下100m梯度,压力计精度不低于0.2%,压力计量程合适为准。

二、气井生产分析内容和方法

(一)气井生产分析内容

1. 概述

气井生产分析是气井生产管理的重要手段,它是利用气井的静态、动态资料,结合气井的生产史及目前生产状况,用数理统计法、图解法、对比法、物质平衡法和渗流力学等方法,分析气井的各项生产参数(地层压力、井底流动压力、油压、套压、输气压力、流量计静压、差压、气油比、气水比、日产气量、日产油量、日产水量以及气井出砂量等)之间关系变化的原因,从而制订相应的措施,以便充分利用地层能量使气井保持稳产高产,提高气藏的采收率。

分析程序可分为收集资料、了解现状、找出问题、查明原因、制定措施等步骤。分析的方法应从地面到井筒,再到地层;从单井到井组,再到全气藏。

2. 气井分析内容

气井是认识气藏的窗口,气井生产状况分析是气藏动态分析的基础。为了深入细致地分析每一口气井的生产状况,并且进一步与气藏动态联系起来,应进行如下工作:

(1)收集气井的全部地质和生产技术资料,编制气井井史,绘制采气曲线。

(2)已经取得的地震、测井、岩心、试油及物性等资料是气藏动态分析的重要依据,应综合考虑各方面的认识。

(3)分析气井气、油水产量与地层压力、生产压差之间的关系,寻求它们之间的内在联系和规律,推断气藏内部的变化。

(4)通过气井生产状况和试井资料,结合静态资料分析井周围储层及整个气藏的地质情况,判断气藏边界和驱动类型。

(5)分析气井产能和生产情况,建立气井生产方程式,评价气井和气藏的生产潜力。

(6)提供气藏动态分析工作所需的各项资料,包括地层压力、地层温度及流体性质变化等。

(二)气井生产分析方法

气井生产分析主要是把产量和压力总和起来进行综合分析,排除干扰,抓住主要矛盾,提出解决方案和措施。气井生产分析方法有用试井资料分析气井动态、用气井生产资料分析气井动态和用采气曲线分析气井动态。

1. 用气井生产资料分析气井动态

生产资料是指气井生产过程中的一系列动态和静态资料,包括压力,产量,温度,油、气、水物性,气藏性质以及各种测试资料。气井生产资料是气井、气藏各种生产状况的反映。气井某些生产条件的改变,引起气井某一项或多项生产数据的变化,而某一项生产数据的变化又往往与多种因素有关。因此,利用这些变化,可找出引起变化的原因,从而制订出相应的措施。

1)用生产资料(油压、套压)分析井筒情况

(1)气井生产时,油压和套压的大小与采气方式有关。油管采气时,套压大于油压;套管采气时,油压大于套压;油管、套管合采时,油压约等于套压。

(2)当井内无液柱油管生产时,套压直接反映了井底流压的大小,观察套压的大小可以分析气井的生产能力和生产压差。

(3)气井关井压力稳定后,油压和套压的关系是:井筒内无液柱时,油压 = 套压;油管液柱高于环空液柱时,油压 < 套压;油管液柱低于环空液柱时,油压 > 套压。

(4)油管在井筒液面以上断裂,关井油压等于套压。开井油管生产,油压、套压差比正常时减小,甚至相等。

2)用生产资料判断气井产水类别

气井产出水一般有两类,一类是地层水,包括边水、底水等;另一类是非地层水,包括凝析水、泥浆水、残酸水、外来水等。不同类别水的典型特征见表 2-4-3。

表 2-4-3 不同类别水的典型特征

序号	名称	典型特征
1	地层水	Cl^- 含量高(可达每升数万毫克)
2	凝析水	Cl^- 含量低(一般低于 1000mg/L)
3	泥浆水	浑浊、黏稠,Cl^- 含量不高,固体杂质多
4	残酸水	有酸味,矿化度高,pH 值 < 7,Cl^- 含量高
5	外来水	根据水的来源不同,水型不一致
6	地面水	pH 值 ≈ 7,Cl^- 含量低(一般低于 100mg/L)

地层水中 Cl^- 含量高,且含烃类物质;非地层水一般不含有机物质。根据 Cl^- 含量可以区别地层水和凝析水。区别地层水与外来水(非气层的地层水)还需要结合其他资料分析确定。

3)用生产数据资料分析是否是有边(底)水侵入

(1)钻井资料证实气藏存在边水、底水。

(2)井身结构完好,不可能有外来水窜入。

(3)气井产水的水性与边水一致。

(4)采气压差增加,可能引起底水锥进,气井产水量增加。

(5)历次试井结果对比：指示曲线上开始上翘的“偏高点”（出水点）的生产压差逐渐减小，证明水锥高度逐渐升高，单位压差下的产水量增大。

4）用生产数据资料分析是否有外来水侵入气井

(1)钻探知道气层上面或下面有水层。

(2)气井固井质量不合格，或套管下得浅，裸露层多，以及在采气过程中发生套管破裂，提供了外来水入井通道。

(3)水性与气藏水性不同。生产时，井底流动压力高于水层压力时气井不出水，低于水层压力时则出水。水量的大小除受压力控制外，还受水层的渗透性能及井深结构的破坏程度所控制，故水气比不像同层水那样有规律，水性及产水量可能突然变化。

(4)井底流压高于水层压力下生产时，气井不出水，低于水层压力时则出水。

(5)气水比规律出现异常。生产制度固定后，如果流入井中的水可完全带至地面，则油压、套压较稳定，气水比变化不大，反之则相反。

2. 用采气曲线分析气井动态

采气曲线是生产数据与时间的关系曲线。利用它可了解气井是否递减、生产是否正常、工作制度是否合理、增产措施是否有效等，是气田开发和气井生产管理的主要基础资料之一。

采气曲线一般包括日产气量、日产水量、日产油量、油压、套压、出砂量等与生产时间的关系曲线。

1）从采气曲线划分气井类型和特点

通过采气曲线可划分出水气井和纯气井（图2－4－17、图2－4－18）。

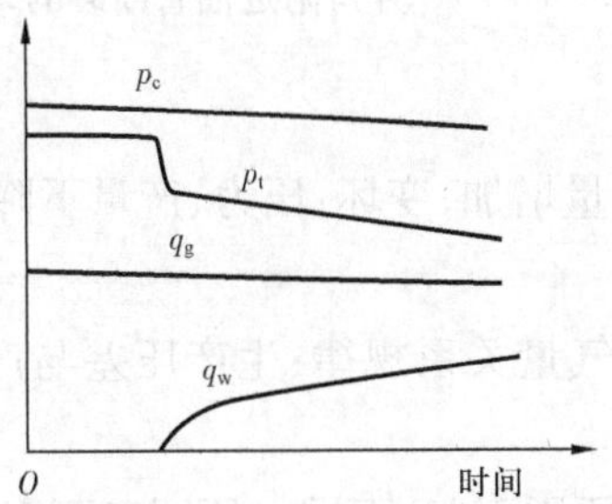

图2－4－17　出水气井采气曲线

p_c—套压；p_t—油压；q_g—产气量；q_w—产水量

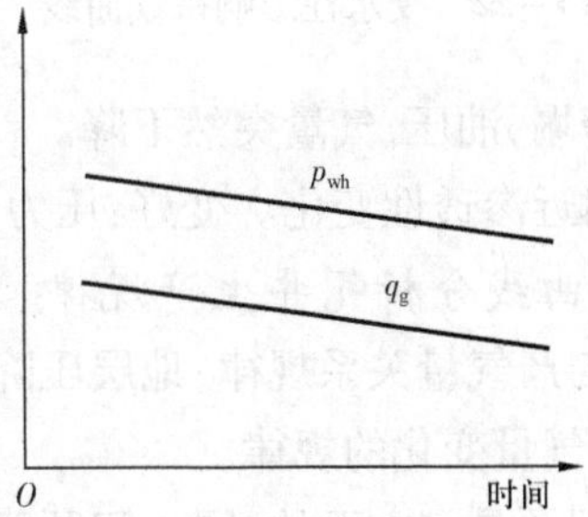

图2－4－18　纯气井采气曲线

p_{wh}—井口压力；q_g—产气量

通过采气曲线可把气井划分成高产气井、中产气井与低产气井（图2－4－19、图2－4－20与图2－4－21）。

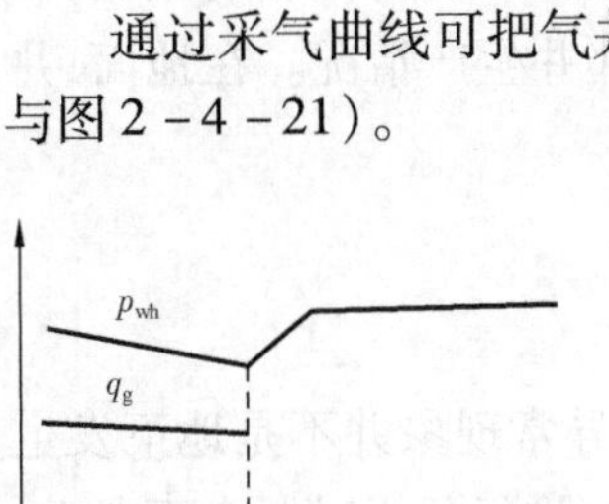

图2－4－19　高产气井采气曲线

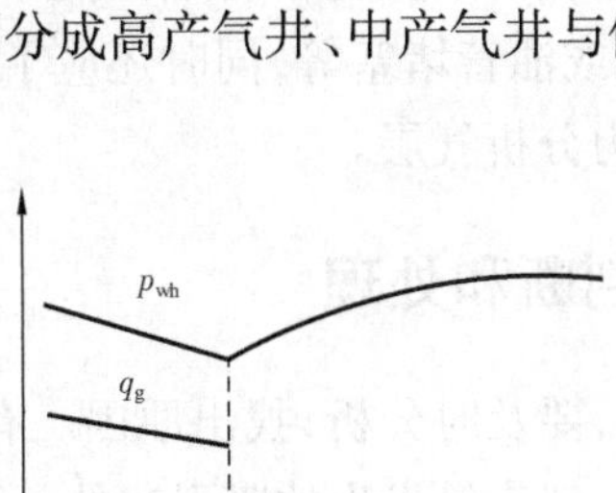

图2－4－20　中产气井采气曲线

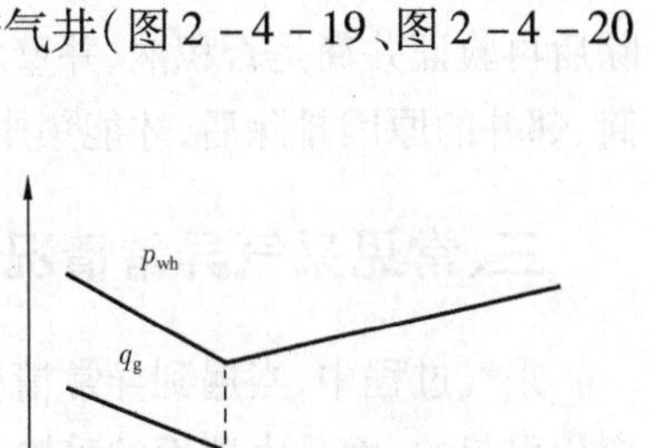

图2－4－21　低产气井采气曲线

(1)高产气井的特点:渗透性好,关井压力恢复快;生产过程中,压力和产量稳定;产量大,在 $30\times10^4m^3/d$ 以上。

(2)中产气井的特点:关井压力恢复较快(渗透性较好);生产过程中,压力、产量缓慢下降;产量一般为 $(10\sim30)\times10^4m^3/d$。

(3)低产气井的特点:关井压力恢复慢,经过较长时间后转稳定;生产中压力、产量下降快;产量一般小于 $10\times10^4m^3/d$。

2)用采气曲线判断井内情况

(1)油管有水柱影响的采气曲线如图2-4-22所示。当油管内有水柱时,将使油压显著下降;产水量增加时油压下降速度相对加快。

(2)井口附近油管断裂的采气曲线如图2-4-23所示。曲线特征:产量不变,油压上升,油压、套压相等。

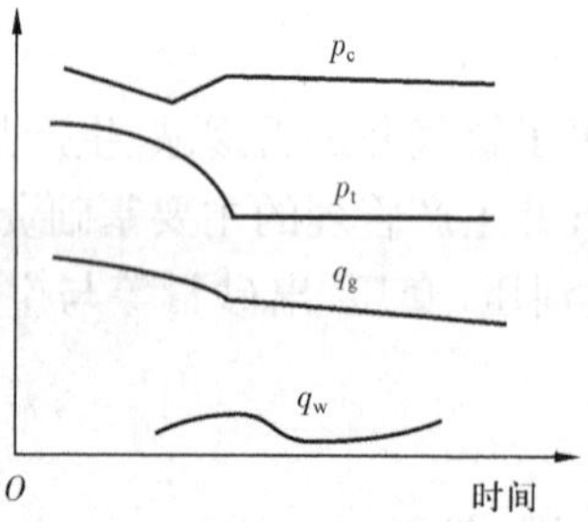

图2-4-22 受水柱影响采气曲线

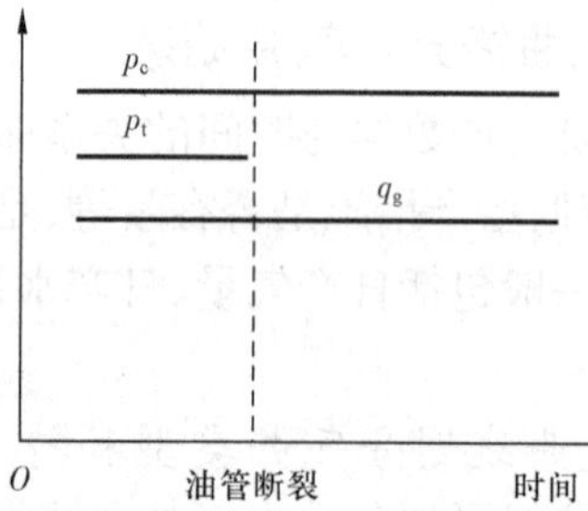

图2-4-23 井口附近油管断裂的采气曲线

(3)井壁垮塌,油压、气量突然下降。

(4)井底附近渗透性变化。变好:压力升高,产量增加;变坏:压力、产量下降速度增快。

3)用采气曲线分析气井生产规律

井口压力与产气量关系规律;地层压降与采出气量关系规律;生产压差与产量关系规律;气水比随压力、气量变化的规律。

气井出现问题是多方面的,同一问题可由不同原因引起,而同一原因又可引起多个生产数据的变化。如产量的大幅度下降既可能是地面故障,也可能是井下故障,还有可能是地层压力下降和水的影响等造成的。因此,在进行原因分析时,应先地面后井筒再气层逐次分析、排除。如首先分析是否有多井集气干扰和输气压力变化影响,集气管线、阀门、设备等是否有堵塞,排除后再验证井筒是否积液、井壁垮塌或油管堵塞等,同时还应了解邻井生产情况。在地面、井筒、邻井的原因排除后,才能集中全力分析气层。

三、常见采气异常情况的判断和处理

采气过程中,当遇到异常情况时,要及时分析,找出原因。有些异常现象并不是地下发生变化引起的,而是由地面的采输设备、仪表等发生故障引起的。因此,进行分析时要全面考虑,综合地质、工程多方面资料分析,才能使认识更符合客观实际。采气异常现象的判断与处理举例见表2-4-4。

表2-4-4　采气异常现象的判断和处理举例

序号	异常现象	原因	处理
1	Cl^-↑$Q_气$↓	(1)压力和水量变化不大,可能是出边水、底水的预兆; (2)压力和水量波动($K_水$↑),是出边水、底水的显示; (3)气量下降幅度大,p↓,水量增加反映出边底水	取水样分析,以确定是否有地层水,是否控制井口压力、产量等
2	未动操作,油压突然下降,套压下降不明显	(1)边(底)水已窜入油管内,水的密度比气的密度大(此时Q↓,H↓,Cl^-↑,$Q_水$↑); (2)压力表损坏	(1)滴定Cl^-含量,研究治水措施; (2)更换压力表
3	Q↓ p↓ (油压、套压)	(1)井底垮塌堵塞; (2)井内液多; (3)井底受伤害	(1)检查分离器砂量增加与否; (2)排积液; (3)油气层保护
4	生产时套压等于油压	(1)油管、套管阀门同时开着(或未下油管); (2)压力表有误; (3)井口油管在离井口不远的地方断脱; (4)井口油管挂螺纹及锥塞封闭不严,窜漏	(1)检查有关设备; (2)检查压力表; (3)修井捞油管; (4)解除窜漏
5	未动操作而油压、套压均上升	(1)井底附近脏物、积液带出,渗透性改善(Q↑); (2)井下带出的脏物在节流阀或输气管中形成堵塞(Q↓); (3)单井生产中因用户用气量减少,引起产量下降,使油压、套压上升; (4)针形阀等处水合物堵塞	(1)看差压H是否增加; (2)检查差压H是否下降,查堵、解堵; (3)检查差压是否下降; (4)解除水合物堵塞
6	关井后油压、套压不一致	(1)油压、套压表处有漏气的地方; (2)压力表有误; (3)井筒内有积液(油管和套管环形空间液面不一样); (4)井下有垮塌堵塞,套管内有封隔器;套管破、水泥环窜漏等; (5)取压处有堵或未开旋塞阀	(1)查漏; (2)校表; (3)排积液; (4)进一步分析验证; (5)打开旋塞阀,解除导压管堵塞
7	井场输气压力$p_输$↓, 静压$p_静$↓, H↑(超百格)	(1)输气管断裂; (2)输气门开大	(1)判断、关气、抢修; (2)检查有关阀门
8	$p_输$↑ $p_静$↑ H→0	(1)输气管堵塞; (2)用户停止用气	(1)解堵; (2)与用户联系
9	H→0 以下	(1)上流分离器放水; (2)流量计故障,差压笔杆松动,计量上流导压部分漏气(或下流导压部分堵塞)等	(1)注意平稳操作; (2)检查计量系统,查漏、吹扫导压管
10	差压波动大	(1)井底来水; (2)管线内有水; (3)导压管内有水; (4)污物堵塞了一部分气流通道; (5)分离器水翻塔(水位超过进口管); (6)集气站所属某口大气量井气量波动,引起汇管压力波动	(1)控制井口; (2)吹扫; (3)吹扫; (4)解堵; (5)分离器放水; (6)分析、落实

表2-4-4中符号说明如下：Cl^-表示氯根；Q、($Q_气$)表示日产气量；$K_水$表示水的渗透率(相对)；$Q_水$表示日产水量；$p_输$表示输气压力；$K_气$表示气体的渗透率(相对)；$p_静$表示流量计表上的静压值；H表示流量计表上的差压值；↑表示上升或增加；↓表示下降或减少。

从表2-4-4可见，同一异常现象可以由不同的原因造成。分析时，应先地面再井筒，最后地下，由表及里，有层次地逐一分析。因为地面的原因容易找，在排除地面干扰后，再验证井筒是否有问题。若井筒没有问题，才能确定气井发生的异常变化是地下情况变化所引起的。最后根据产生的原因提出相应的处理措施。

【技能操作】(应会)

操作一：气井综合动态分析的资料收集

学会收集气井综合动态分析资料是油气井管理的核心技能之一。

一、准备工作

(1)选择一口典型的气井。

(2)将该井从钻井到开发生产历年来的资料集中起来。

二、操作步骤

(1)摘录有关的静态资料：

① 各产层岩性及气田构造特点。

② 各产层及其他变化。

③ 各产层渗透率及其他变化。

④ 各产层间上、下、左、右的连通情况。

⑤ 气层、水层情况。

⑥ 纵横向流体性质的变化情况。

⑦ 断层情况。

⑧ 原始数据。

(2)整理该井历年或近期生产资料：

① 压力资料(油压、套压、地层压力)。

② 产量资料(油、气、水的产量)。

③ 分析资料(油、气、水、砂样分析资料)。

④ 温度资料(温度梯度和油、气层温度、气流温度)。

(3)整理该构造上的观察井资料(井口压力、地层压力和井温、液面位置等)。

(4)整理与邻井相关的资料(压力、产量和油、气、水分析资料等)。

(5)整理试井、试采资料等。

三、技术要求

(1)气井的静态资料和动态资料要齐全准确。

(2)编制整理的该井日综合记录表、综合月报表、气田综合日报表和气田气井采气情况汇总表；气井采气曲线图、气藏的综合采气曲线图和其他动态曲线图等要详尽，数据要齐全准确。

操作二：用采气曲线划分气井生产阶段

学会用采气曲线划分气井生产阶段是采油采气工的基本技能之一。

一、准备工作

(1)选择一口生产气井。

(2)收集整理该气井几年(或更长的时间)来生产动态资料。

(3)作出采气曲线图。

二、技术要求

(1)用采气曲线划分气井生产阶段,应根据气井的具体特征综合分析,应能具体、形象地表述气井的动态特征。

(2)作步骤中所划分的几个生产阶段,仅仅是一些基本的生产阶段,在生产现象还可根据气井的动态特征,划分出较多的其他生产阶段。

采气阶段的主要指标是 Cl^- 含量不高,日产水量少,井口的油压、套压压差小。若气井生产中出现地层水后,Cl^- 含量高,日产水量相应增多,井口的油压、套压压差逐渐明显增大,则应划分气、水同产阶段。

产阶段的主要指标是井口压力、日产气量、气水比相对稳定。气井的日产气量或井口压力递减很快或井口压力、日产气量都下降较快,则应视为递减阶段。

压生产阶段的主要指标是井口流动压力较低,产出气量相对减少,为提高采收率,通过论证可建立压缩机站采气生产。

除以上生产期内,同样可用气井的其他指标划分生产阶段。

练　习　题

一、填空题

1. 天然气是以__________为主和少量非烃类气体组成的混合气体,以碳氢化合物为主要组分,具有可燃性。天然气中常见的烃类组分是__________等,非烃类气体有__________以及惰性气体 He、Ar。

2. 天然气中各种组分在天然气中所占数量的比例,称为__________。天然气组成有__________、__________和__________ 3 种表示方法。

3. 按天然气中 H_2S 和 CO_2 分类,分为__________和__________。

4. 天然气为真实气体,与理想气体存在偏差,偏差的程度用__________来表示。

5. 在等温条件下,天然气随压力变化的体积变化率称为__________。

6. 在地层温度和压力条件下,气体所占的体积与同数量的气体在标准状态下所占体积之比称为__________。

7. 气、水同产井,气液混合物在上升过程中,其流动形态不断变化,一般要经历__________、__________、__________、__________几种流态。

8. 气井中的滑脱损失与__________、__________、__________有关。

9. 气井工作制度__________、__________、__________、__________、__________。

10. 气井产水来源有__________、__________,出水类型有__________、__________、__________、__________。

11. 排水采气法有__________、__________、__________、__________、__________、__________、__________。

二、简答题

1. 什么是天然气?

2. 垂直管流中举升能量的主要来源和消耗主要有哪些方面?

3. 气井井口装置的组成及作用是什么？
4. 节流阀的作用是什么？
5. 什么是水合物？
6. 水合物的生成条件是什么？
7. 防止和解除水合物堵塞的方法有哪些？
8. 什么是采气流程？
9. 气井工作制度是什么？
10. 气井常用的工作制度有哪些？
11. 气井生产压差制度适用于哪些气井？
12. 什么是气水同产井？
13. 地层水有什么特点？
14. 有水气藏中气井出水有哪些类型？
15. 气井出水应采取哪些治水措施？
16. 目前排水采气工艺主要有几种方法？
17. 泡沫排水采气原理是什么？
18. 泡沫排水采气工艺主要有哪些优点？
19. 水合物在采气中的危害是什么？
20. 什么是采气曲线？
21. 什么是气井生产分析？
22. 气井分析的内容是什么？
23. 气井生产时,油压等于套压的原因及处理办法是什么？
24. 气井生产中,产气量下降,油套压均下降的原因及处理办法是什么？
25. 什么是气井动态分析？
26. 气井过早出水,产层受地层水伤害,造成哪些不良后果？
27. 气井出水,多数气井都存在哪三个明显阶段？其特征是什么？
28. 气藏的采气速度要合理,应满足的条件是什么？

模块五　采油新技术

随着油气开采的不断进行,采油新技术的发展取得了令人瞩目的成绩,它不断推陈出新,与时俱进,为石油开采行业带来了革命性的变革。我们选取一些新技术进行介绍。

项目一　微生物采油技术

微生物采油技术,也称为微生物强化采油,是将微生物及其营养源注入地下油层,使微生物在油层中生栖繁殖,一方面利用微生物对原油的直接作用,改善原油物性,提高原油在地层孔隙中的流动性;另一方面利用微生物在油层中生长代谢产生的气体、生物表面活性物质、有机酸、聚合物等物质来提高原油采收率。微生物采油技术主要包括油井微生物清防蜡技术、微生物选择性封堵技术、微生物吞吐采油技术、微生物驱油技术。

【知识目标】

(1)了解微生物采油技术;
(2)了解微生物采油机理和主导机理;
(3)了解微生物采油技术适用条件;
(4)了解微生物采油工艺。

【所需知识】

一、微生物采油机理

由于微生物采油中涉及微生物生理、生化、物理、化学等诸多过程,因此微生物采油的机理相应地变得异常复杂,可从以下 6 个方面理解微生物提高采收率的机理。

(一)微生物作用

微生物在油层中繁殖,形成生物聚集体,可堵塞油层中的大孔道和分流注入水,从而改变流动方向,扩大波及体积,提高波及系数,增大扫油效率;微生物的黏膜能够改善孔道壁面的润湿性;微生物可将高分子的石油烃类降解为低分子的烃类,降低原油黏度及凝点;微生物可黏附原油和乳化原油。

(二)气体作用

微生物代谢产物中的气体(CO_2、CH_4、H_2、H_2S 等)能够提高油层压力,增加地层能量,从而提高产能;CO_2、CH_4等气体在一定压力条件下可以溶于原油,降低原油黏度,改善流度比,提高采收率;气体使原油膨胀,体积增大,有利于驱出原油,增加产量;此外 CO_2气体可以溶解地层中的碳酸盐,增加岩石的孔隙度和渗透率。

(三)有机酸作用

微生物代谢产物中的有机酸溶解石灰岩及岩石的灰质胶结物,从而提高油层的渗透率和孔隙度;有机酸与灰质反应产物(CO_2)可降低原油黏度;但有机酸具有分散黏土矿物、使黏土运移、降低渗透率等不利的一面。

(四)有机溶剂作用

微生物代谢产物中的有机溶剂能够溶解石油中的蜡及胶质,降低原油黏度,提高原油流动性;此外还可以溶解孔道中的长链原油,增加油相渗透率。

(五)生物聚合物作用

微生物代谢产物中的生物聚合物可以堵塞大孔道,迫使注入水产生分流作用,提高注入水的波及系数;同时生物聚合物具有极高的黏性,可以增加水相黏度,改善水驱流度比;生物聚合物的吸附或滞留作用可以降低水相渗透率,提高原油分流量。

(六)生物表面活性剂作用

微生物代谢产物中的生物表面活性剂可以降低油水界面张力,提高驱油效率;改变岩石润湿性,使岩石亲水;可以消除岩石表面上的油膜,使油藏残余油饱和度降低,提高油相流动能力;可以分散乳化原油,降低原油黏度。

二、微生物采油适用条件

油藏的物理化学性质对微生物的生存繁殖和代谢活动都有决定性的影响,大量的研究表明,地层的深度、温度、压力,以及地层水的化学组分、矿化度、pH 值等参数在适当范围内时,应用微生物采油才能获得增产效果。

(1)温度。各种地层条件中,温度是关键指标。油层温度以 30~50℃最为合适,嗜热菌可以在 50~90℃条件下生存。

(2)压力。在 10~30MPa 的压力条件下微生物生存很好,压力达到 50MPa 时对微生物生存有害,但是,厌氧菌在 140MPa 下能培养成活,在 180MPa 时能催活。

(3)pH 值。pH 值在 4~9 范围内微生物都能存活,pH 值为 7 的环境最适合微生物生长。很多微生物的耐酸碱性很强。

(4)矿化度。地层水的矿化度小于 15×10^4mg/L 时适宜微生物的生存。地层水的矿化度高,在注微生物前应进行地层淡化处理。

(5)深度。地层深度一般小于 1500m 时适宜微生物的生存。

(6)岩石物性。微生物的生存运移需要地层具有一定的孔隙度和渗透率,微生物的直径一般为 0.5~10μm,一般要求地层的孔喉直径不小于 0.5μm。

(7)剩余油饱和度。剩余油饱和度在 20% 以上,相对丰富的资源量,才能保证经济可行性。

(8)井网。井网完善,注采对应率高,保证微生物驱油技术实施的可行性。

三、微生物采油工艺

(一)地面法微生物采油工艺

地面法微生物采油工艺是在地面上建立发酵反应罐,为微生物提供必需的营养物质,通过微生物代谢作用生产生物产物(主要是生物表面活性剂和生物聚合物),将生物产物注入地层，将油层中的残余油采出，从而达到提高采收率的目的。这种方法的优点是发酵在地面进行，所以微生物的生长和代谢活动不受地层条件影响；缺点是微生物生产的化学剂注入地层后受到本源细菌的降解而逐步失去其特性。

（二）油层法微生物采油工艺

油层法微生物采油工艺是指直接将微生物注入到油层，使其在油层中就地产生各种代谢产物，提高采收率。只要供给微生物足够的营养物质，代谢产物的产生速度就会大于被微生物降解的速度。该工艺的优点是驱油增产效果持续时间长，施工成本低。但油层法所注入的微生物必须要适应于油层的温度、压力、矿化度、pH 值以及其他的物理化学条件，因此，微生物筛选及营养液的配制是相当重要的问题。

目前油层法微生物采油工艺按其注入、生产方式大致分为微生物吞吐采油、微生物驱油、微生物选择性封堵和微生物压裂液压裂等。

1. 微生物吞吐采油

微生物吞吐采油技术是将微生物发酵液和其营养物注入到油井内，关井一段时间，使其在井筒周围及近井地带发酵，并与原油和地层作用，然后再开井生产，周而复始，所以该方法也称为“吞吐法”或“周期性处理”采油技术。

2. 微生物驱油

微生物驱油是将微生物发酵液和营养物同注入水一起注入到油层，使微生物在油层中生长、繁殖，并产生多种代谢产物。其代谢作用及产物通过物理化学作用将岩石表面黏附的原油和岩石孔隙中的原油释放出来，使原来不能流动的原油以油水乳状液的形式随水驱输送到采油井中，达到增产的目的。微生物水驱能够通过注采井网的布局实现对整个油层的处理，有效地启动残余油，提高产量和采收率，该技术又称为微生物强化水驱技术。现场微生物驱油从注水井挤注微生物，处理对象是大面积地层，对微生物的要求与单井吞吐相同，只是微生物及营养物的用量都比单井吞吐大得多。

3. 微生物选择性封堵

微生物封堵油层是将形体较大且产生表面黏稠物质的微生物菌种从注入井中注入，微生物可以送移到大孔道或有溶洞的储油岩层部位，通过微生物的生长繁殖和代谢作用，产生大菌体细胞和细胞分泌的表面黏稠物质，在地层的岩石表面形成一层生物膜，有效地封堵大孔道或溶洞，可导致地层渗透率降至零。这种方法比注入人工合成有机聚合物或凝胶更为有效，细菌产生的机械封堵会使驱油液从高渗区转向未波及区，提高波及系数，防止注入水“指状”流动，提高原油采收率。

4. 微生物压裂液压裂

将在厌氧条件下大量产生有机酸的微生物及营养物高压注入孔隙度甚小，渗透率很低的储油层，微生物生长过程中产生大量有机酸，可以溶解岩层使之形成缝隙，提高渗透率，利于原油流动，提高原油采收率。利用微生物压裂液压裂地层技术施工时，需先将所用的菌株及营养物注入到地下油层，再用凝胶填充油管和产层附近的空间，然后加压，当压裂后，油层的压力降低，关井一段时间后，再次开采，此时的产油量大大增加。

项目二　纳米驱采油技术

纳米驱采油技术又称纳米液驱采油技术、纳米膜驱采油技术,它是利用了纳米材料巨大的比表面积,降低油水界面张力,改变油藏润湿性,提高油藏采收率的技术。纳米液是一种具有热稳定性、呈透明或半透明的均相分散体,其液滴尺寸范围在 10~100nm,相当于胶体粒子的尺寸,因此称为纳米液。最常用的纳米液是经改性后的纳米 SiO_2,纳米粒子润湿性可通过控制粒子表面上的硅烷醇基团的数量来调节。纳米液黏在岩石表面后就形成了纳米膜,纳米膜可以使物体脱离胶束的状态。此外纳米材料还可以帮助一些生物科学新材料发挥作用,纳米材料和生物材料结合在一起可以帮助石油从其他物质上面脱离下来,大幅降低采油工作的难度,提高工作效率。

【知识目标】

(1)了解纳米驱采油技术、纳米液、纳米膜;

(2)了解纳米液驱采油机理;

(3)了解纳米液驱油效率;

(4)了解纳米液驱采油技术前景。

【所需知识】

一、纳米驱采油机理

纳米驱采油的主要作用机理是岩石、原油和驱替液三相界面效应的调节,结合纳米颗粒抗高温、高盐、抗稠油的特性,以及纳米颗粒在油水岩石三相界面的吸附、解吸附和运移等作用,形成楔形挤压效应、润湿反转、界面张力降低等提高采收率的作用机理。

(一)楔形挤压效应

纳米颗粒在油滴和固体基质之间形成的楔形薄膜三相接触区域范围内形成二维层状结构。首先,楔形物中纳米颗粒浓度大于周围悬浮液中的纳米颗粒浓度,因此会产生渗透压,分离两个界面,使它们之间的楔形深度增加。其次,薄膜张力向着楔形的顶点增加,促使楔形尖端处产生液体扩散的额外动力。同时,由于固体表面的静电排斥力存在不平衡现象,在亲水表面的油相接触角远大于水相接触角,使三相接触区自动形成一个楔形结构,进而将原油等从岩石表面剥离。形成楔形挤压效应是纳米材料提高原油采收率最重要的理论支撑。这种楔形结构产生的向前驱动力,结合纳米分散液产生的润湿性反转、毛细管力降低等辅助作用,可综合提高采收率。

(二)润湿性转变

对于亲水性的岩石表面,毛管力是驱替原油的动力;对于疏水的表面,毛管力则是驱替原油的阻力。对于亲水岩石,水分布在细小孔道、死孔道内或者岩石表面,这种分布方式对原油的渗透率影响很小;对于亲油岩石,在相同饱和度条件下,地层水以水流、水滴的形式分布在孔道内阻碍油相的渗流。其黏附功计算公式为

$$W = \delta(1 - \cos\theta) \quad (2-5-1)$$

式中 W——黏附功,J/m^2;

δ——油水界面张力,$10^{-3}N/m$;

θ——水与岩石润湿角,(°)。

水驱油的过程,相当于将油与岩石在水中分离,由式(2-5-1)可知,θ越小,即岩石越亲水,黏附功越小,油越容易被剥离驱替;油水界面张力越小,黏附功越小,驱油效率也越高。因此,增加油层岩石表面水湿强度可以降低油相在岩石表面的黏附功,降低油水界面张力,最终提高水驱效率,达到提高采收率的目的。

(三)降低油水界面张力

毛管力是影响原油采收率的决定性因素,它由岩石表面润湿性和流体间表面张力共同决定。由于纳米颗粒表面活性高,表界面效应强,颗粒稳定于油水界面,从而降低油水之间的界面张力,提升高黏度油相在低黏度驱替相中的分散运移性能。界面张力的降低可以增加毛管数,从而提高微观波及系数。毛管数是衡量驱动力与毛细管力比值的一个无量纲参数,是表示被驱替相所受到的黏滞力与毛细管力之比的一个无量纲数,反映了多孔介质两相驱替过程中不同力间的平衡关系,即

$$N_C = \mu_w \times v_w / \delta \quad (2-5-2)$$

式中 N_C——毛管数;

μ_w——驱替液黏度,mPa·s;

v_w——流体渗流速率,m/s;

δ——油水界面张力,$10^{-3}N/m$。

实验表明,原油采收率与毛管数呈类指数关系,当毛管数N_C的值超过10^{-4}时,采收率将迅速提高。一般注水(气)开发的油田,N_C值为10^{-6}左右,只有将N_C值增加到10^{-3}~10^{-2},才能显著提高采收率。通过式(2-5-2)可以看出,增加驱替液黏度和渗流速率或降低油水界面张力均可以增加毛管数,毛管数越大,驱油效率越高,这也是三次采油的基本原理。

另一方面纳米颗粒尺寸越小,颗粒表面原子数所占比例越大。其数据见表2-5-1。

表2-5-1 纳米颗粒尺寸与表面原子数关系

纳米颗粒尺寸,nm	包含原子数	表面原子所占比例,%
10	30000	20
4	4000	40
2	250	80
1	30	90

由表2-5-1可以看出,随着纳米微粒直径的变小,表面原子数迅速增多。这是由于微粒直径小,表面积急剧变大所致。表面原子数增多,原子配位不足,使这些原子具有大的比表面积、高的表面活化能。当大量的纳米液注入油层以后,高的表面活化能大大降低了油水界面张力,同时还可以乳化剥落原油形成小液滴,这些被驱替液驱替出来,流向生产井,从而提高了原油的采收率。

由于油藏岩石的表面是非常粗糙的,因此岩石表面的油膜并不是完整的。特别是油田实

施过注水开发以后，由于水驱作用，油膜的不完整性进一步强化，当向油藏中注入纳米液之后，可以使油水的界面张力降低，降低了孔道对油滴的黏滞阻力，使原油易于剥落和流动，并且在低界面张力作用下，油滴容易变形，从而降低了将它经孔隙喉道排出所做的功，增加了它在地层孔隙中的移动速度。

纳米液可使选择性润湿接触角变小，即可以使水对岩石的润湿性增强。润湿角的变小和油水界面张力的降低会导致岩石表面对原油的束缚能大大减小（为原来的1/6～1/10）。

二、纳米驱油效率

（一）实验研究情况

（1）硅质矿物表面与水接触后表现。因形成负电基团而使固—水界面带负电荷，因静电感应油—水界面也带有一定量的负电荷，两电性相斥使静电力具有较大正值，水膜厚度随之增加，如图2－5－1(a)所示。

（2）在煤油中加入沥青组分后表现。沥青组分中一些带正电基团的物质吸附于油—水界面使之带正电荷，而与带负电荷的固—水界面静电吸引使具有较大负值，水膜厚度随之减小以至破裂（变为仅几个水分子厚度），沥青质由此吸附于固面，如图2－5－1(b)所示。

（3）在水中加入纳米膜剂表现。纳米膜剂吸附于油—水界面使之带正电荷，而与带负电荷的固—水界面静电吸引，使静电力具有较大负值，水膜厚度也随之减小至破裂，此时无论煤油中有无沥青组分，因纳米膜剂对硅质表面的吸附比沥青质强，所以其结果将是纳米膜剂吸附于固面。沥青质为带有烷烃支链的盘状稠环芳香烃，覆盖率大，吸附后使固面强亲油；而纳米膜剂中疏水基适中，可使固面接近无润湿或中间偏水润湿，如图2－5－1(c)所示。

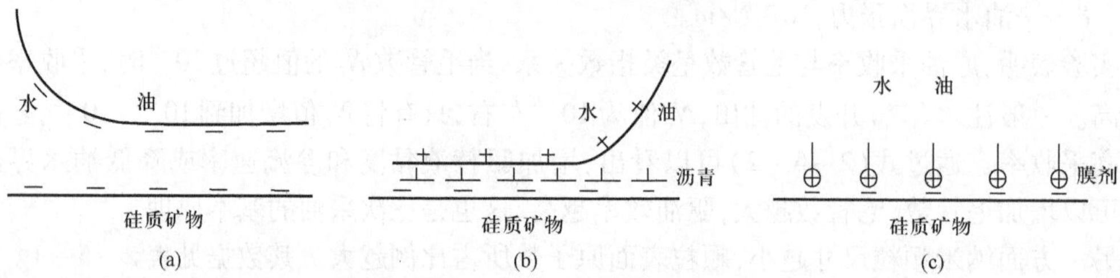

图2－5－1　硅质矿物表面上水膜(a)、油膜(b)和纳米膜(c)示意图

（4）实验研究结论。加入纳米液后，洗油效率会大幅提升，在静态（无搅拌、剪切）情况下加入0.6%浓度的纳米液，洗油效率即可达到79.2%，洗油能力提升明显。在矿场注入试验中，纳米液提高采收率并非单一的作用机理，而是上述多种机理协同作用，从而实现对原油的高效剥离、驱替。无论水湿或油湿，高渗砂岩或超低渗（达$0.2\times10^{-3}\mu m$）砂岩，纳米膜均可使水的驱油效率提高30%以上。

（二）驱油效率计算

在孔隙结构复杂的多孔介质中开展水驱油，将会形成无数条微观的通道，各个通道内的油水界面以不同的速度向前推动。只有部分孔隙可形成水的连续通道，这些孔道中的油成为可动油，同时，仍有一些孔隙中存在着小油区。因此，宏观水所波及到的区域内仍然存在着水未能洗动的油。一般用微观驱油效率E_D来描述注入液的微观洗油能力，它定义为在驱油剂波及范围内，所驱替出的原油体积与总体含油体积的比值。其计算方法为

$$E_D = \frac{\frac{q_{oi}}{\rho_o}}{S_{oi}V_p} \times 100\% \quad (2-5-3)$$

式中 E_D——驱油效率；

q_{oi}——岩心中驱替出的油量，g；

ρ_o——原油密度，g/cm^3；

S_{oi}——岩心含油饱和度，%；

V_p——岩心孔隙体积，cm^3。

三、纳米驱采油技术展望

在传统的采油过程中，原油与储层岩石之间的黏附力会导致原油难以被完全抽取，造成40%~60%的油仍滞留在储层中。纳米膜可以吸附原油中的烃类物质，降低其与岩石的黏附，使原油更容易被释放和采收，从而提高油田的采收率。

纳米液驱采油技术有望在难动用油藏中发挥重要作用，特别是对于特低渗透油藏及重质油藏等难以开采的油田，传统的采油方法效果有限，纳米膜技术的应用将改变这一格局。由于其高度选择性和渗透性，纳米液可以在各种油藏条件下提高采油效率，使得本来被认为难以开采的油田变得更具潜力。

这项技术有望提高采油工程的经济效益。随着全球能源需求的不断增长，提高采油效率成为关键。纳米膜驱采油技术的应用，将减少原油储量损失，降低能源和设备的消耗，减少采油工程的成本。这将为石油企业带来更高的盈利能力，并有助于提高石油工业的可持续性。

项目三　CCUS 与二氧化碳驱油技术

【知识目标】

(1) 了解 CCUS；

(2) 了解二氧化碳驱油技术；

(3) 了解 CO_2 提高采收率的作用机理。

【所需知识】

CO_2捕集、利用与埋存（简称 CCUS）是指将 CO_2从工业排放源中捕集分离后加以利用的同时，实现 CO_2减排的工业过程。CO_2作为优良的驱油介质是油藏开发利用的宝贵资源，将 CO_2驱油与 CCUS 结合起来，可实现 CO_2资源化利用，具有社会效益与经济效益“双赢”特性，已获得国际社会的普遍认同。二氧化碳驱油技术就是把二氧化碳注入油层中以提高采油率。国际能源机构评估认为，全世界适合二氧化碳驱油开发的资源为3000 亿~6000 亿桶。

一、CO_2驱油技术的作用机理

二氧化碳驱油技术的作用机理可分为 CO_2混相驱和 CO_2非混相驱。稀油油藏主要采用 CO_2

混相驱，而稠油油藏主要采用CO_2非混相驱。CO_2提高采收率的作用机理包括以下九个方面。

（一）降低原油黏度

CO_2溶于原油后，降低了原油黏度，原油黏度越高，黏度降低程度越大。原油黏度降低时，原油流动能力增加，从而提高了原油产量。

（二）改善原油与水的流度比

大量的CO_2溶于原油和水，将使原油和水碳酸化。原油碳酸化后，其黏度也随之降低，大庆勘探开发研究院在45℃和12.7MPa的条件下进行了有关试验，试验表明，CO_2在油田注入水中的溶解度为5%（质量分数），而在原油中的溶解度为15%（质量分数）；由于大量CO_2溶于原油中，使原油黏度由9.8mPa·s降到2.9mPa·s，使原油体积增加了17.2%，同时也增加了原油的流度。水碳酸化后，水的黏度将提高20%以上，同时也降低了水的流度。因为碳酸化后，油和水的流度趋向靠近，所以改善了油与水流度比，扩大了波及体积。

（三）使原油体积膨胀

CO_2大量溶于原油中，可使原油体积膨胀，原油体积膨胀的大小，不但取决于原油分子量的大小，而且也取决于CO_2的溶解量。CO_2溶于原油，使原油体积膨胀，也增加了液体内的动能，从而提高了驱油效率。

（四）使原油中轻烃萃取和汽化

当压力超过一定值时CO_2混合物能使原油中不同组分的轻质烃萃取和汽化，降低原油相对密度，从而提高采收率。萃取和汽化现象是CO_2混相驱油的重要机理。在试验中还发现，当压力超过10.3MPa时，CO_2才使原油中轻质烃萃取和汽化；当压力超过7.85MPa时，采收率就可达到90%以上。

（五）混相效应

混相的最小压力称为最小混相压力。最小混相压力取决于CO_2的纯度、原油组分和油藏温度。最小混相压力随着油藏温度的增加而提高；最小混相压力随着原油中C_5以上组分分子量的增加而提高；最小混相压力受CO_2纯度（杂质）的影响，如果杂质的临界温度低于CO_2的临界温度，最小混相压力减小，反之，如果杂质的临界温度高于CO_2的临界温度，最小混相压力增大。CO_2与原油混相后，不仅能萃取和汽化原油中轻质烃，而且还能形成CO_2和轻质烃混合的油带。油带移动是最有效的驱油过程，可使采收率达到90%以上。

（六）分子扩散作用

非混相CO_2驱油机理主要建立在CO_2溶于油引起油特性改变的基础上。为了最大限度地降低油的黏度和增加油的体积，以便获得最佳驱油效率，必须在油藏温度和压力条件下，要有足够的时间使CO_2饱和原油。但是，地层基岩是复杂的，注入的CO_2也很难与油藏中原油完全混合好。而多数情况下，CO_2是通过分子的缓慢扩散作用溶于原油的。

（七）降低界面张力

残余油饱和度随着油水界面张力的减小而降低；多数油藏的油水界面张力为10~20mN/m，要想使残余油饱和度趋向于零，必须使油水界面张力降低到0.001mN/m或更低。界面张力降到0.04mN/m以下，采收率便会明显地提高。CO_2驱油的主要作用是使原油中轻质烃萃取和汽化，大量的烃与CO_2混合，大大降低了油水界面张力，也大大降低了残余油饱和度，从而提高了原油采收率。

（八）溶解气驱作用

大量的CO_2溶于原油中，具有溶解气驱作用。降压采油机理与溶解气驱相似，随着压力下降，CO_2从液体中逸出，液体内产生气体驱动力，提高了驱油效果。另外，一些CO_2驱替原油后，占据了一定的孔隙空间，成为束缚气，也可使原油增产。

（九）提高渗透率

碳酸化的原油和水，不仅改善了原油和水的流度比，而且还有利于抑制黏土膨胀。CO_2溶于水后显弱酸性，能与油藏的碳酸盐反应，使注入井周围的渗透率提高。可见碳酸盐岩油藏更有利于CO_2驱油。

二、CO_2驱油技术广泛的适用性

注CO_2开发油藏提高采收率技术在国内外已形成一系列成熟完善的先进技术和工艺，适用范围比较广泛，驱油效果很好，受到世界各国的普遍重视。该技术不但适用于普通常规油藏，而且对低渗透、特低渗透油藏等难动用储量具有重要的开发利用价值，可以明显提高原油采收率。

目前，CO_2驱是三次采油技术中比较重要的技术之一，已经成为解决低渗透油田、致密油藏、稠油油藏等非常规、难动用储量资源的重要技术。特别是在稠油油藏开发方面，注CO_2驱油具有降低原油黏度、补充地层能量以及破乳等特点，使得CO_2在超稠油、特超稠油油藏的开采中能够广泛应用，其开采方式主要包括CO_2吞吐、蒸汽吞吐后转CO_2吞吐、CO_2辅助蒸汽吞吐、CO_2辅助蒸汽驱等。

美国和加拿大的许多油田开展现场CO_2吞吐作业，尤其是针对稠油油藏注CO_2吞吐，原油采收率显著提升。1981年，美国威明顿油田首次进行CO_2吞吐技术开发稠油油藏试验，结果发现原油日产量较吞吐之前提高了2～3倍，同时油井产水率降低了90%以上。土耳其是大规模使用CO_2非混相驱开发稠油油田的国家，其巴蒂拉曼油田CO_2非混相驱是最典型的例子。自2000年以来，中国陆续开展了不同类型油藏CO_2驱油现场试验，主要在大庆油田芳48块、吐哈油田、中原油田濮城区块、江苏草舍油田、胜利油田高89－1区块、吉林油田黑59块等区域实施了CO_2开采技术，取得重大成果。

随着油气田开发的进一步深入，中高渗透等常规油气资源不断减少，储采矛盾加大，而新探明的石油地质储量中多为低渗透、致密油气藏等非常规难采油气资源。全球约38%、中国约46%的油气类型以低渗透油气资源为主。低渗透致密油藏常规水驱开发存在单井产量低、注入压力高、注入能力低、补充地层能量困难，以及难以建立起有效驱替系统等难题。由于CO_2具有易流动、可降低原油黏度、可降低界面张力，以及使原油体积膨胀等作用，注CO_2驱油技术能有效解决注不进、采不出、采油速度低、采收率低等难题。近年来，致密油开发成为新的热点，新疆发现的玛湖砂砾岩致密油藏也在积极探索CO_2驱和CO_2吞吐的开发方式。

三、CO_2驱油技术存在的问题

CO_2混相驱的采收率明显高于非混相驱，但是目前大多数油藏CO_2与地层原油难以混相，

驱替效果较差。特别是中国的大部分低渗透油藏原油组成中的轻烃含量低，CO_2与原油混相压力高，在现有的地层压力条件下难以实现混相驱替，CO_2驱替效果不佳。如何对低渗透油藏等难采油气资源最大限度实现混相驱，是 CO_2驱油技术亟须解决的问题。此外，CO_2气体黏度、密度小，以及储层非均质强等因素对 CO_2驱替效果存在严重影响，如易产生气窜、地层连通性较差等，均会降低 CO_2驱开发效果。

项目四　采油智能化技术

【知识目标】

(1)了解区块链技术；

(2)了解井联网智能开采；

(3)了解动液面智能开采技术；

(4)了解井下存储技术。

【所需知识】

一、区块链技术

采油工程是高度数据密集型的领域，其中包含了大量的敏感信息，如地质勘探、生产监测、油井操作等。这些数据的安全性和可信度至关重要，因为数据的失误或被篡改可能导致生产事故、损失以及环境风险。区块链技术的引入为采油工程数据的安全管理带来了全新的解决方案。一是区块链是一个去中心化的分布式账本系统，数据存储在网络的每个节点上，而不是集中在单一服务器上。这意味着数据不易被篡改或破坏，因为攻击者需要同时修改网络中的多个节点才能成功篡改数据。对于采油工程而言，这种去中心化的特性可以确保地质信息、生产数据等不受恶意干预。二是区块链的不可篡改性保证了数据的完整性。一旦数据被写入区块链，就无法再被修改，只能添加新的数据块。这意味着任何人都可以验证数据的来源和历史，确保数据没有被篡改。在采油工程中，这一特性可以确保监测数据的可信度，防止潜在的数据伪造。最后，区块链可以提供可追溯性。每个数据块都包含了前一块数据的引用，因此可以追溯数据的历史。

二、井联网智能开采

井联网技术的广泛应用正在带来采油工程的巨大变革。这一趋势旨在使油田开采更加智能化，通过井下传感器、自动控制系统和实时数据监测，实现对井下油气产量的智能调控，以提高采收率、降低能耗，并实现更高效的生产管理。井下传感器的使用使得油井可以实时监测各种关键参数，如油压、温度、产量等。这些数据将与井联网系统相连，通过数据采集和传输，迅速传送到数据中心进行分析。这意味着任何异常或潜在问题都可以迅速被检测到，从而能够采取及时的措施，减少可能的停产和损失。自动控制系统的运用使得油田开采更加精确和高效。井下设备可以根据实时监测到的数据自动调整，以满足不同产层的需求，最大程度地提高油井的产量和采收率。这种自动化系统还能够降低运营成本，减少人工干预，提高生产效率。

需要注意的是，实时数据监测是井联网智能开采的核心。这一技术通过将数据上传至云端，使生产监测不再受限于时间和地点。生产管理人员可以随时随地访问和分析数据，进行实时决策。

三、动液面智能开采

动液面智能开采技术代表了采油工程领域的一项重要进展，它通过实时监测地下油水界面的位置，为油田的地层管理和油井的生产调控带来了新的可能性。这一技术的发展具有多重益处，将有望改善油井的产能、采收率，降低浪费，并降低整体开采成本。动液面智能开采技术实现了对地下油水界面位置的高精度监测。传感器系统能够连续监测地下油水界面的变化，迅速响应任何变化。这有助于优化油井的抽油泵工作状态，以保持油井压力和产量的平衡。通过智能调整，油井能更有效地采出原油，从而提高采收率。动液面智能开采技术可以减少浪费和资源消耗。传统上，油井运营常常面临过度采收、过度抽水等问题，导致原油和水资源的浪费。动液面智能开采技术可以精确控制采油和注水的比例，以避免这些浪费，提高资源利用效率。最重要的是，动液面智能开采技术有望降低油田的开采成本。通过更加智能和精确的地层管理，不仅能够提高生产效率，还能够减少不必要的维护和操作成本。这意味着油田可以更高效地运营，降低了总体生产成本。

四、井下存储技术

利用了计算机编程器，并采用科学合理的方式对井内的智能开关进行技术设置，同时通过利用智能开关中所嵌入的控制信号实现了智能分析，科研人员也能够更简单地利用它来了解井下各个采油工艺的运行阶段及其进展状态，并及时定位各层的出水层位置，利用计算机进行控制反馈的数据为卡水的设计提出准确信息。注水井储存测试，就是通过在配水机芯片上的内存控制器、流量监测传感器和采集控制器通过微电脑的进行数据交换，把设备安装到井下，将整个设备采集的到各种信息储存到这里，等数据返回时，在电脑上对设备的信息进行分析计算，实现井下储存计算。

5G＋智慧油井

物联网赋能“老油田”

项目五　压驱注水技术

压驱注水技术是指通过超高压快速注入水或加表活剂的水，短时间内提高近井地带地层能量，在渗吸作用下提高整个井组地层能量，提高生产压差及油井产能；同时提高波及系数和驱油效率，进而提高油藏采收率的开发技术。压驱注水技术能够实现注水井大量注入、快速增能；水井大量注入后焖井，注入水能够有效扩散，同时大规模地渗吸置换，油井见效。

【知识目标】

(1)了解压驱注水技术;
(2)了解压驱注水技术的机理;
(3)了解压驱注水的适应性;
(4)了解压驱注水的选井选层条件;
(5)了解压驱注水的注入参数优化。

【所需知识】

一、压驱注水技术的见效机理

目前压驱注水技术的机理主要有裂缝增渗、高压促吸、渗吸采油以及建立有效驱替。

(一)裂缝增渗

裂缝增渗主要表现在超过破裂压力条件下注水,岩石应力增加,易形成大量的裂缝。由于大液量快速注水条件下,天然裂缝开启,温度效应诱发大量微裂缝。当地层存在天然裂缝时,随着注入水不断进入,压力达到天然裂缝开启压力时,原本闭合的天然裂缝会重新张开,注入水可以冷却地层岩石,温度效应改变天然裂缝周围的应力分布,从而诱发大量微细缝。同时,高压水进入微裂缝后,可以进一步拓展微裂缝宽度,裂缝渗透率明显增大。

(二)高压促吸

高压促吸主要表现在压驱注水制造高压力场,促进小孔隙低渗带吸水,改变了常规压差下的油水运动规律,减弱了非均质性的影响,提高了波及系数及驱油效率。注入水黏度很低,更容易渗滤进入岩石基质孔隙中,孔隙压力不断增加,连通的孔隙和喉道数增加,孔隙和喉道尺寸变大,地层孔隙度和渗透率会有较大提高。

(三)渗吸采油

渗吸采油的主要开发机理是在毛细管压力作用下基质孔隙与裂缝、基质小孔隙与大孔隙之间的流体交换。由于常规压裂仅在井筒附近产生有限的裂缝,注水开发时,渗吸作用弱,流体交换速度慢,渗吸采油量低,渗吸采油在油田开发中只起到从属和辅助作用。在井筒附近较大范围内形成复杂裂缝后,基质与裂缝之间的接触面积大幅度增加,两者之间的流体交换速度和数量发生了质变,渗吸作用急剧加强。

(四)建立有效驱替

建立有效驱替主要表现在大压差大排量注入,形成长距离上的有效联通,使得老油田在固定注采井距下能建立有效的注采驱替,提高水驱波及体积。

二、压驱注水的适应性

压驱注水技术适用于低渗透油藏、稠油油藏、断块油藏、二氧化碳驱油藏等不同条件的油藏。

低渗透油藏利用压驱注水技术可以解决水井注不进、地层亏空大、油井液量低、注采波及差等难题。稠油油藏利用压驱注水技术可以解决降黏剂注入难、降黏剂波及差、油井产能低等难题。断块油藏利用压驱注水技术可以解决封闭断块能量低、能量补充周期长、剩余油富集缓慢等难题。二氧化碳驱油藏利用压驱注水技术可以解决老区能量亏空大、注气恢复成本高、达到混相压力难等难题。

三、压驱注水的选井选层条件

综合油藏地质特征及现场应用，考虑以下三个方面的因素。

（一）地面条件

压驱注水需要高压注入，因此地面设备需要满足；同时水源要充足，以便于前期大排量注入；工程配套相对简单，节约成本，利于大规模推广。

（二）井筒条件

高压注入对井筒要求比较高，不能有套损，否则会对套管造成较大的损坏；固井质量合格且无管外窜，防止注入水窜入其他层，目的层得不到能量补充。

（三）油藏条件

首先考虑能量不足、采出程度低、油水井静态对应关系好、高压欠注或注不进的井组；其次考虑到断块的封闭性，在平面和纵向上需要距离断层有一定的距离；最后考虑该断块平面非均质性，结合裂缝监测及生产动态数据，初步判断压驱裂缝的延展方向是否与井网匹配，若油井在裂缝水窜方向上，需结合调堵尽可能扩大水驱波及体积。

四、压驱注水注入参数优化

（一）注入量的优化

结合地层亏空体积，根据压裂监测资料，确定椭球体的水驱半径，利用物质平衡法设计注入量，水驱前缘不应超过油井井距。先按照驱替半径 $r=0.2R$、$0.4R$ 设计两个阶段的注入量，根据注入井组的动态变化，在第二阶段注入完毕后，若井组有见效特征且压力未达上限值（20MPa），则分周期逐级追加注入，每级追加注入量为 $0.1R$ 的注水量，若追加注入后对应油井动态变化不大，则停止注入，开始焖井。

（二）注入排量的优化

根据压驱注水裂缝增渗机理研究，结合注采对应、井距等，采取变排量设计，即先大排量注入造主裂缝，然后控制排量造微裂缝，形成复杂缝网，以控制水线推进速度，从而提高水驱体积。在非均质性较强的油藏，控制排量高压注入造微裂缝，逐步提高排量，扩大水驱波及。

3. 开井时机的优化

通过岩心焖井渗吸实验结果表明，焖井 24d 后剩余油饱和度基本稳定。因此开井时机首先初步制定焖井时间 30d，观察井口压力是否稳定，稳定时说明注入水已扩散停止；再试抽，监测排出液 Cl^- 是否稳定，若稳定，则说明注入水和地层流体已实现置换，恢复正常生产。为了最大限度地利用地层能量，兼顾放大生产压差引效，优化开井顺序为先开未明显见效井，后开明显见效井，逐井启机，观察油井产量和液面变化。

练　习　题

简答题

1. 什么是微生物采油技术？
2. 微生物采油机理有哪些？主导机理有哪些？
3. 微生物采油技术有哪些适用条件？
4. 微生物采油工艺有哪些？
5. 什么是纳米驱采油技术？
6. 纳米液驱采油机理是什么？
7. 纳米液驱油效率指什么？
8. 什么是 CCUS？
9. 什么是二氧化碳驱油技术？
10. CO_2 提高采收率的作用机理包括哪些？
11. 什么是区块链技术？
12. 什么是井联网智能开采？
13. 什么是动液面智能开采技术？
14. 什么是井下存储技术？
15. 什么是压驱注水技术？
16. 压驱注水技术的机理有哪些？
17. 压驱注水技术适应哪些油藏类型？
18. 压驱注水的选井选层条件有哪些？

专题三

油层改造

油层的储量可观的情况下，因储集物性差导致采收率不高，对油层进行针对性改造后可以提高采收率。常见的提高采收率的措施有注水、水力压裂和酸化等。对于油井出砂、出水和原油黏度大等常见油层现象，对它们进行防砂、堵水和稠油开采工艺的对应改造，也能改善储层的物性，提升油田的最终采收率。

模块一　注　　水

通过注水井向油层注水补充能量,保持油层压力,是一项重要的开发措施。经过多年的实践,在多油层、小断块、低渗透和稠油油藏进行注水开发方面逐步形成了适合油藏特点的配套技术。近些年来,在注水油田高含水期为实现"控水稳油"发展了以注水井调剖为核心的注水配套新工艺。

项目一　注水系统

【知识目标】

(1)了解水源类型,熟悉油田对注入水的要求;
(2)熟悉注水系统的组成和流程;
(3)掌握注水井井口的结构和组件名称;
(4)熟悉配水间的常见流程;
(5)掌握注水井的投注程序;
(6)掌握注水井巡回检查要点。

【技能目标】

(1)会巡回检查注水井;
(2)会开关注水井;
(3)会调整注水量。

【所需知识】

一、注入水水源

油田注水要求水源的水量充足、水质稳定。水源的选择既要考虑到水质处理工艺简便,又要满足油田日注水量的要求及设计年限内所需要的总注水量。

(一)水源类型

不论是在海上还是在陆地上,作为注入水的水源主要有油田生产采出水、水源井水等。海上石油生产中还可选择海水作为水源,而陆上石油生产中还可选择地面水作为水源。

1. 地面水源

地面水源是指江、河、湖、泉的地面淡水,其特点是水质随着季节变化很大,含氧量高,携带大量悬浮物和各种微生物。

海水资源丰富,但是含氧量和含盐量高,腐蚀性强,悬浮的固体颗粒随季节变化大。

2. 地下水源

地下水源包括浅层地下水和深层地下水。浅层地下水一般产于河流冲积和沉积层中，水量丰富，水质较好。深层地下水的矿化度比地面水的高，水中含有铁、锰等离子。对于含铁较高的水应进行除铁。

地下水源的特点是水量稳定，水质变化不大，通常无腐蚀性；由于自然过滤，混浊度不受季节影响；水中含氧稳定，便于处理。

需要注意的是，不同水层的水作注入水时彼此不能产生化学反应而结垢。

3. 油田采出水

油田采出水一般偏碱性，硬度较低，含铁少，矿化度高。含油采出水必须经过水质处理后才能回注到地下油层或外排。由于这部分水随着油田开发时间延长，采出水量不断增多，已成为油田注水的主要水源。油层采出水既能作为注入水的水源，同时采出水回注又是环境保护的重要措施。

除上述三种水源之外，还有工业废水等可利用的水源。

（二）选择水源的原则

好的水源是排量大而成本低的水源。因此，选择水源时，首先应按标准（SY/T 5329—2022）分析和评价水源，结合注入油层的水质标准，综合考虑水处理、防腐、施工成本及由此增加的开发成本等因素，进行全面的经济评价。选择水源应遵循以下基本原则：

（1）水量充足，供水量稳定。

（2）水质良好或相对良好，水处理工艺相对简单或水处理技术可行。

（3）优先考虑含油采出水，以减少环境污染。

（4）应考虑水的二次或多次利用，减少资源浪费。

二、注入水的水质

水质是指对注入水所规定的质量指标，是储层对外来注入水适应程度的内在要求。

劣质注入水会严重伤害油层，特别是低渗透油层。其造成的油层伤害主要有堵塞、腐蚀和结垢三大类型。对注水水质的基本要求是不堵塞孔隙，不产生沉淀，没有腐蚀性，具有良好的洗油能力。

因此，制定合理的水质标准是保证油田正常注水的前提。对水质的要求应根据油藏的孔隙结构与渗透性分级、流体的物理化学性质以及水源的水型并通过实验来确定。

石油行业标准 SY/T 5329—2022《碎屑岩油藏注水水质指标要求及分析方法》对水质的基本要求如下：

（1）水质稳定，与油层水相混不产生明显沉淀；

（2）水中不得携带大量悬浮物；

（3）对注水设施腐蚀性小。

同时该标准（SY/T 5329—2022）给出了注入水推荐水质主要控制指标和辅助性检测项目及指标，分别如表 3－1－1 和表 3－1－2 所示。如果水质的主要控制指标已达到注水要求，可以不考虑辅助性指标；若达不到要求，为了查明其原因可进一步检测辅助性检测项目及指标。

表 3-1-1 推荐水质主要控制指标

注入层平均空气渗透率 K, μm²		$K \leqslant 0.01$	$0.01 < K \leqslant 0.05$	$0.05 < K \leqslant 0.5$	$0.5 < K \leqslant 1.5$	$K > 1.5$
控制指标	悬浮固体含量,mg/L	≤1.0	≤2.0	≤5.0	≤10.0	≤30.0
	悬浮物颗粒直径中值,μm	≤1.0	≤1.5	≤3.0	≤4.0	≤5.0
	含油量,mg/L	≤5.0	≤6.0	≤15.0	≤30.0	≤50.0
	平均腐蚀率,mm/a	≤0.076				
	SRB,个/mL	≤10	≤10	≤25	≤25	≤25
	IB,个/mL	$n \times 10^2$	$n \times 10^2$	$n \times 10^3$	$n \times 10^4$	$n \times 10^4$
	TGB,个/mL	$n \times 10^2$	$n \times 10^2$	$n \times 10^3$	$n \times 10^4$	$n \times 10^4$

注:(1)$1 < n < 10$。

(2)清水水质指标中去掉含油量。

(3)SRB、IB、TGB 分别指硫酸盐还原菌、铁细菌、腐生菌。

表 3-1-2 推荐水质辅助性控制指标

辅助性检测项目	控制指标	
	清水	油层采出水
溶解氧含量,mg/L	≤0.50	≤0.1
硫化氢含量,mg/L	0	≤2.0
侵蚀性二氧化碳含量,mg/L	$-1.0 \leqslant C_{CO_2} \leqslant 1.0$	

注:(1)侵蚀性二氧化碳含量等于零时此水稳定;大于零时此水可溶解碳酸钙并对注水设施有腐蚀作用;小于零时有碳酸盐沉淀出现。

(2)水中含亚铁时,由于铁细菌作用可将二价铁转化为三价铁而生成氢氧化铁沉淀,当水中含硫化物(S^{2-})时,可生成 FeS 沉淀,使水中悬浮物增加。

指标的测定方法详见石油行业标准 SY/T 5329—2022《碎屑岩油藏注水水质指标要求及分析方法》。

三、油田采出水处理

根据处理后注水水质的要求不同,油田采出水处理通常分为常规含油采出水处理和深度含油采出水处理。根据油田开采方式的不同,又可分为水驱含油采出水处理和三次采油含油采出水处理两种。

(一)处理流程

在油田生产采出水处理过程中,主要工艺流程有多种划分方式。按采出水动力形式,可分为含油采出水处理重力流程和含油采出水处理压力流程。按采出水处理主要设施的数量,可分为含油采出水两段处理流程、三段处理流程、四段处理流程等。按采出水处理主要设备类型,可分为含油采出水处理合一装置组合流程、含油采出水处理水力旋流器流程和含油采出水两次过滤深度处理流程等。

1. 重力流程

重力流程(gravitational process)是利用含油采出水液位高低不同所产生水位差将含油采出水中油及其他杂质分离出来的工艺流程。利用原油脱水站采出水外输泵的余压(0.15~0.3MPa)作为动力源,利用流程中各设备间从前至后逐步降低的水位差保持位实现含油采出水的逐级处理。其主要设备有自然沉降罐、混凝沉降罐和过滤罐,如图3-1-1所示。沉降罐通过重力沉降除油;重力过滤罐的水面与大气相通,依靠滤层上的水深,以重力方式进行过滤。

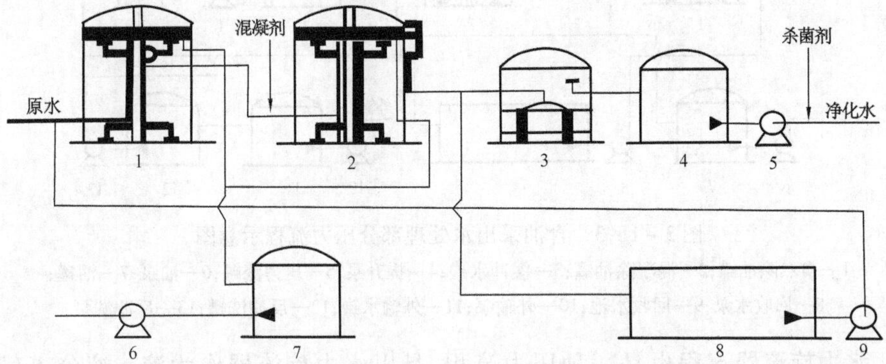

图3-1-1 含油采出水处理重力流程示意图

1—自然除油罐;2—混凝除油罐;3—单阀滤罐;4—缓冲水罐;5—外输泵;6—油泵;7—油罐;8—回收水池;9—回收水泵

含油采出水处理重力流程是含油采出水处理工艺中最典型、最常用的工艺流程。在含油采出水不含聚合物、含油采出水量较大及处理后水质要求不高的情况下,普遍使用此采出水处理流程。重力流程工艺简单、操作方便。

2. 压力流程

压力流程(pressurized process)是含油采出水依靠原油脱水站采出水外输泵所提供的压力作为动力源,或者靠采出水处理站自设缓冲罐和提升泵作为动力源实现含油采出水的逐级处理的工艺流程。高效的压力除油设备种类很多,如横向流除油器是在斜板除油技术的基础上发展起来的。

(1)完全压力流程。含油采出水依靠原油脱水站采出水外输泵所提供的压力(≥0.3MPa)作为动力源,进行压力沉降及压力过滤,实现含油采出水逐级处理,如图3-1-2所示。

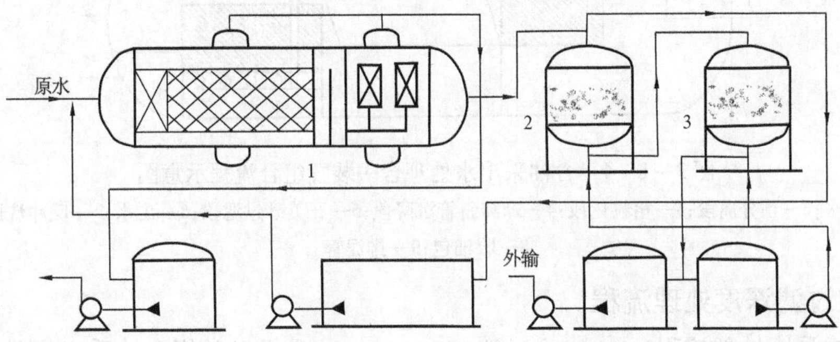

图3-1-2 含油采出水处理完全压力流程示意图

1—横向流除油器;2—次压力滤罐;3—二次压力滤罐;4—油泵;5—油罐;6—回收水泵;7—回收水池;8—外输泵;9—缓冲水罐;10—反冲洗罐;11—反冲洗泵

(2)部分压力流程。含油采出水依靠原油脱水站采出水外输泵所提供的压力(一般小于0.3MPa),进入重力除油罐中进行除油,出水进入过滤缓冲罐,靠过滤提升泵进行压力过滤实现含油采出水逐级处理,如图3-1-3所示。

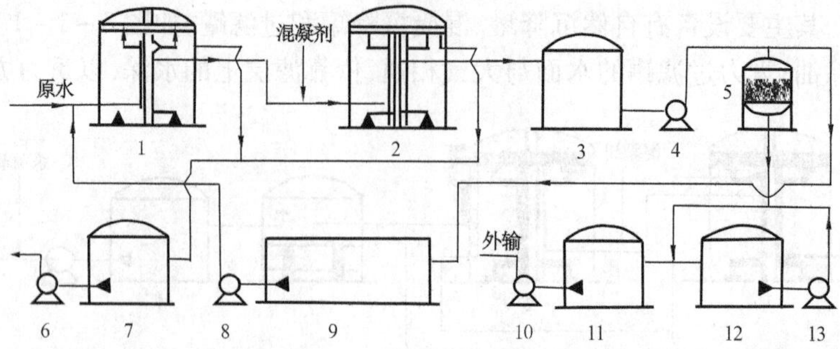

图 3－1－3　含油采出水处理部分压力流程示意图

1—自然除油罐；2—混凝除油罐；3—缓冲水罐；4—提升泵；5—压力滤罐；6—油泵；7—油罐；8—回收水泵；9—回收水池；10—外输泵；11—外输水罐；12—反冲洗罐；13—反冲洗泵

另外，水力旋流器流程也是一种压力流程，是以水力旋流器作为液—液分离（除油）或液—液—固分离（油—水—悬浮固体）设备的含油采出水处理工艺流程。

在液—液分离水力旋流器流程中，水力旋流器的作用主要是除油，悬浮固体的去除由后一段压力过滤器来完成，在含油采出水处理工艺中应用较多。液—液—固三相分离的水力旋流器在含油采出水处理流程中应用得很少。液—液分离水流旋流器适用于原油密度小，油、水密度差大，原油乳化程度低的含油采出水处理。对于海洋油田石油平台含油采出水处理，因平台的使用空间限制，采用水力旋流器流程较为适宜。

3. 合一装置组合流程

合一装置组合流程（integrated process）是在含油采出水处理中，将沉降和过滤工艺技术有效地组合在除油—过滤合一装置中形成的工艺流程，如图 3－1－4 所示。

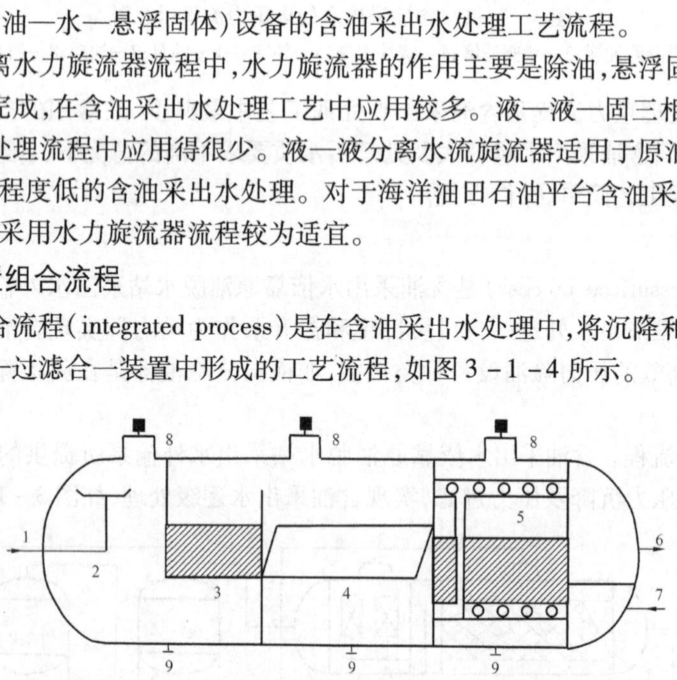

图 3－1－4　含油采出水处理合一装置组合流程示意图

1—来水；2—预分离段；3—相粒化段；4—蜂窝斜管沉降段；5—石英砂过滤段；6—出水；7—反冲洗进水；8—收油包；9—排泥管

4. 两次过滤深度处理流程

两次过滤深度处理流程（two－stage filtering process）是经过常规含油采出水处理工艺处理后的采出水，再经过两级压力过滤设备深度处理，使处理后的采出水水质满足油田低渗透油层注水水质指标的含油采出水处理工艺流程。

（二）处理工艺

1. 重力分离

重力除油的特点是利用油、悬浮固体和水的密度差，依靠重力进行油、悬浮固体和水的分离（图 3－1－5）。该工艺由自然除油、化学絮凝、过滤等处理技术组合组成。

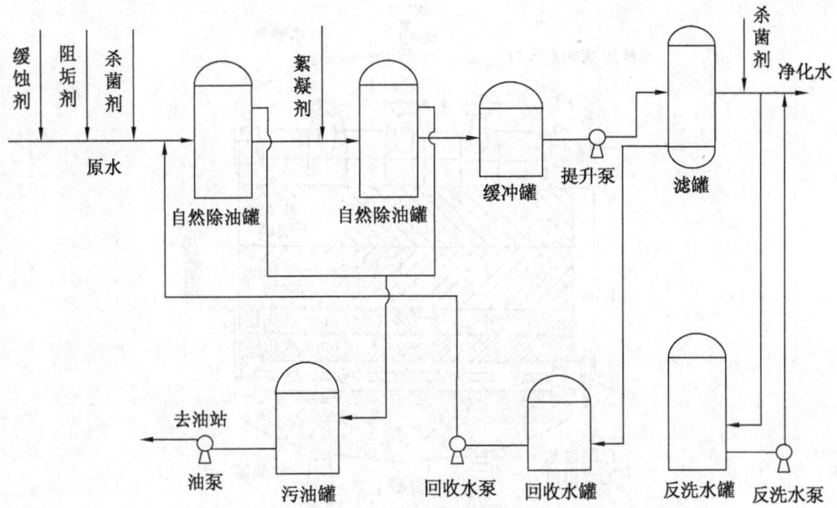

图 3-1-5　重力式采出水除油工艺示意图

该工艺简单,应用广泛。其优点是对原水含油量变化的适应性强;缺点是当处理大量水时,滤罐数量多,流程相对复杂,自动化程度低,出水水质难以满足低渗透油藏注水需要和外排水质要求。

2. 气浮分离

气浮分离技术的工作原理是利用大量的微气泡黏附于油珠上,形成油滴—气泡聚合体,然后利用浮力使其上升到液面,实现油水分离。根据气泡产生的方式不同,又可分为溶气浮选和吸气气浮。

3. 水力旋流

水力旋流技术以其独有的重量轻、体积小、处理速度快等特点,广泛应用于油田采出水处理。它属于离心沉降,其原理是利用不同密度、不相溶的两相在水力旋流器中高速旋转时产生的离心力差异而达到油水分离。由于它对进水水质要求不高,可处理含油浓度较高的采出水,且其处理速度大。通过几台设备并联即可大大提高水处理能力。这些优点对于陆上高含水油田开发是十分有益的。

4. 过滤

过滤的目的是去除采出水中的机械杂质,减少其含量,并将油层所不允许的大直径颗粒去除。过滤一般用于水处理流程的末段。传统的过滤技术采用粒状材料为滤料(如石英砂和无烟煤),由于滤料的粒径限制(若粒径小于现在传统使用的粒径,滤池将无法进行有效反洗),不可能靠减小粒径来提高过滤精度。由于进水口的采出水含油仍然较高,使得滤料经常被污染、毒化。

随着纤维材料的发展和应用,由纤维材料代替粒状滤料,正逐渐用于油田采出水的深度过滤处理。目前已开发出的纤维滤料过滤器有纤维球过滤器和纤维束过滤器,可使水中悬浮物降至 1.5~2.0mg/L。图 3-1-6 是双滤料向下流过滤器结构示意图。

5. 膜分离

膜分离技术包括电渗析、反渗析、超滤、微孔过滤、自然渗析等。

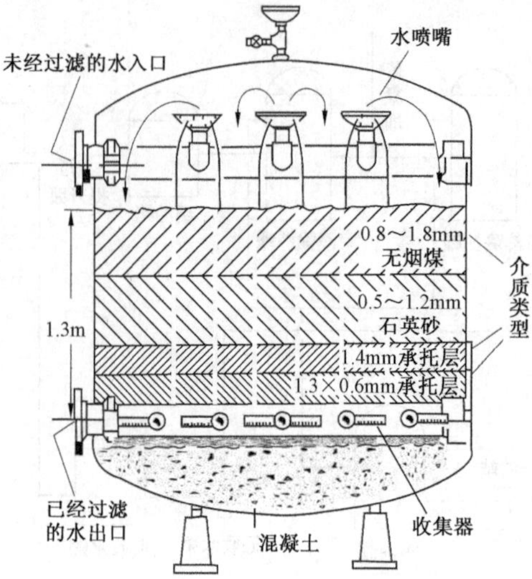

图3－1－6　双滤料向下流过滤器

目前，国内外均有利用微滤、超滤、反渗透深度处理油田采出水用作回注和热采蒸汽锅炉给水的实例，甚至作为饮用、灌溉用水的实例。混合过滤是利用一对多孔滤膜将油水分离，膜孔一般在1μm以上，超滤膜的平均孔径一般在0.005～0.01μm之间。

6. 脱氧

当水中含有氧时会腐蚀与水接触的管道及设备，生成固体氧化物；氧也能使细菌在水中繁衍而腐蚀设备，生成固体悬浮物，堵塞地层，造成注水困难，所以要将注入水脱氧。

油田注入水脱氧通常采用三种方法：第一种是真空脱氧；第二种是用天然气或惰性气体逆流气提脱氧；第三种是用亚硫酸钠或亚硫酸氢铵与氧进行化学反应除氧。典型的设计是用物理方法脱氧（气提或真空脱氧），脱到含氧0.3mg/L左右，由于利用真空达到彻底脱氧是不经济的，所以剩余的少量氧再用化学法脱除，使水中含氧浓度达到0.1～0.05mg/L或更低，使其符合注入水水质要求。

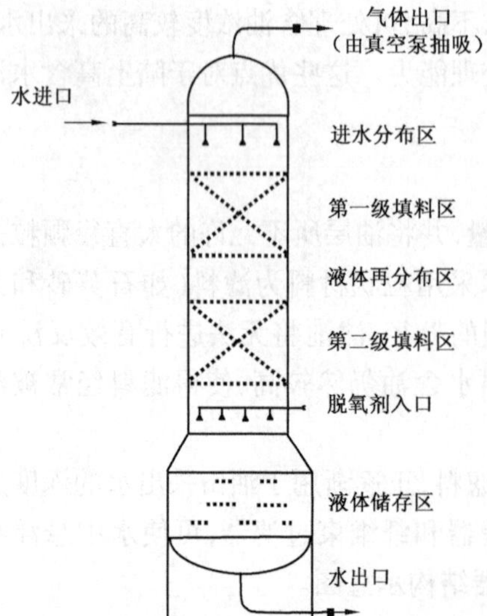

图3－1－7　真空脱氧塔示意图

图3－1－7是真空脱氧塔示意图。自塔的上部至下部由6部分组成，分别是进水分布区、第一级填料区、液体再分布区、第二级填料区、缓冲区（在脱氧剂入口上下）及液体储存区。

四、注水地面系统

从水源到注水井的注水地面系统通常包括水源泵站、水处理站、注水站、配水间和注水井。水源水经过处理达到油田注水水质标准后，被送到注水站。

（一）注水系统的主要设备

1. 注水站

注水站是注水系统的核心，主要作用是将来水升压，以满足注水井对注入压力的要求。站内注水工艺流程主要考虑满足注水水质、计量、操作管理及分层注水等方面的要求。图3－1－8为注水站的流程示意图,其工艺流程为:水源进站→计量→水质处理→储水罐→泵出。

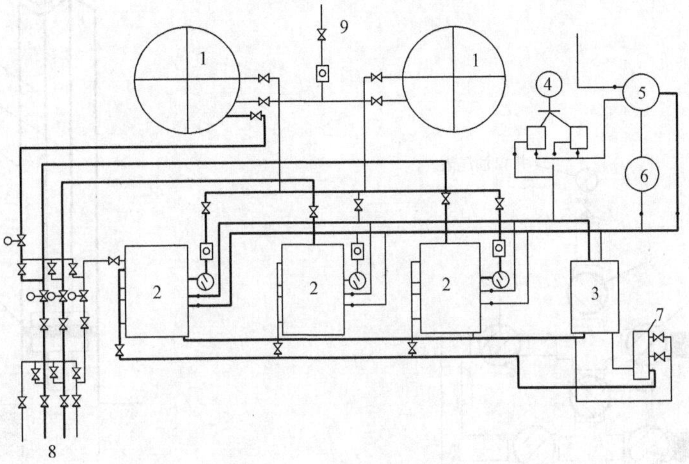

图3－1－8　注水站流程示意图

1—储水罐;2—高压注水泵;3—润滑油供应系统;4—冷却水泵;5—冷却水罐;6—冷却塔;7—缓冲器;8—去配水间;9—净化站来水

注水站的主要设施有储水罐、高压泵组、流量计、分水器等。

储水罐的主要作用有储备、缓冲和分离。储水罐的储备作用表现在,能够为注水泵储备一定水量,防止因停水而造成缺水、停泵。储水罐的缓冲作用表现在,能够避免因供水管网压力不稳定,影响注水泵正常工作及其他系统的供水量及水质。储水罐的分离作用表现在,使水中较大的固体颗粒物质、砂石等可沉降于罐底;含油采出水中较大颗粒的油滴可浮于水面,便于集中回收处理。

高压泵组可以是多级离心泵或柱塞泵,用于为注入水提供高压。

流量计用于计量水量,分水器用于将高压水向各配水间分配。

2. 配水间

用来调节、控制和计量一口注水井注水量,主要设施为分水器、正常注水和旁通备用管汇、压力表和流量计。配水间一般分为单井配水间和多井配水间两种。

3. 注水井

注水井的井口装置与自喷井的相似,不同点是无清蜡阀门,不装油嘴,同时承压高,如图3－1－9所示。它的主要作用是悬挂井内管柱;密封油、套环形空间;控制注水和洗井方式,如正注、反注、合注、正洗、反洗和进行井下作业。除井口装置外,根据注水要求(分注、合注、洗井)还会在注水井内下有相应的注水管柱,如图3－1－10所示。

(二)注水工艺流程

向地层内注水有多种流程,目前国内注水工艺流程主要有以下几种。

1. 单管多井配水流程

如图3－1－11所示,注水站将水经单管配水干线送到多井配水间,分别计量后进注水井。这种流程的特点是配水间可与计量间合建,便于管理,也易于调整管网。该流程适用于油田面积大、注水井多、注水量大的注水开发区块。

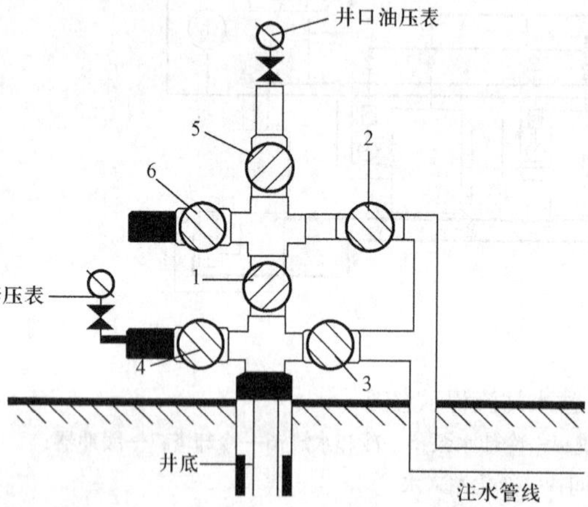

图 3-1-9　注水井井口装置

1—总阀门;2—油管注水阀门;3—套管注水阀门;4—套管测试阀门;5—油管测试阀门;6—油管放空阀门

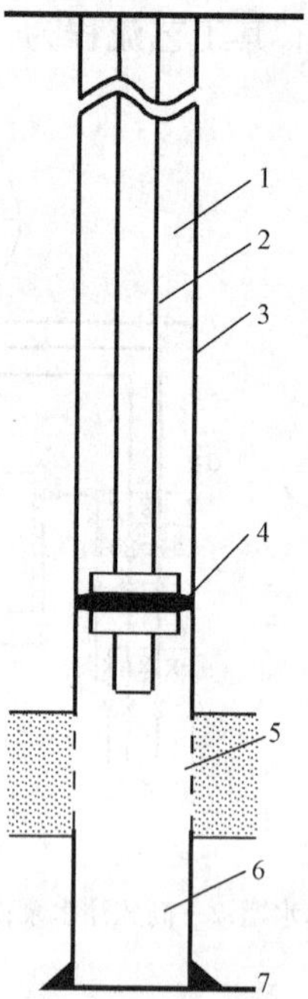

图 3-1-10　注水井井下管柱

1—环形空间;2—油管;3—套管;4—封隔器;5—射孔层段;6—口袋;7—人工井底

2. 单管单井配水流程

如图 3-1-12 所示,配水间在井场,每条干线辖几十口井,分层测试方便,适用于油田面积大、注水井多、注水量较大的行列注水开发区块。

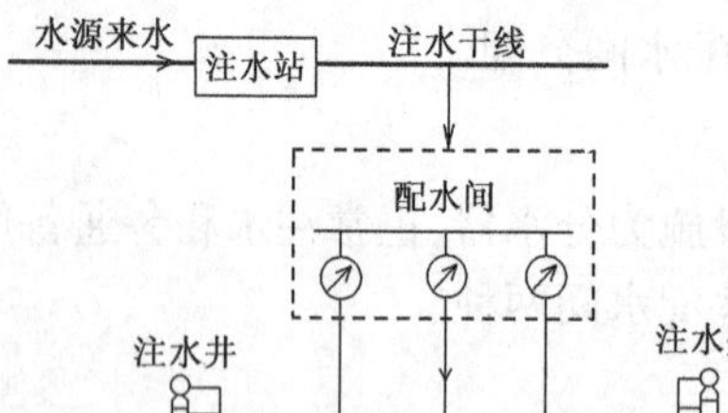

图 3-1-11　单管多井配水流程

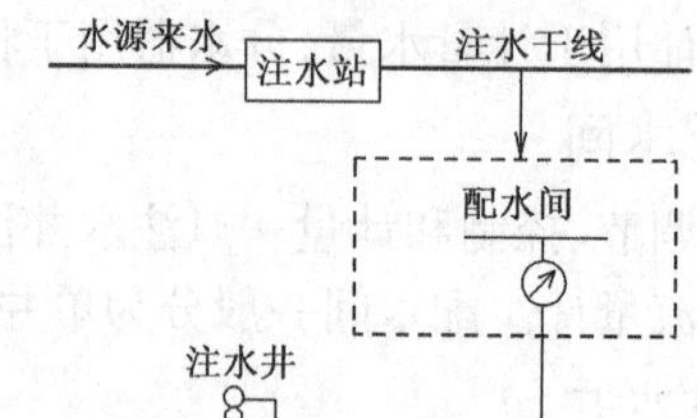

图 3-1-12　单管单井配水流程

3. 双管多井配水流程

如图 3-1-13 所示,该流程从注水站到配水间有两条干线,一条用于注水,另一条用于洗井。该流程适用于单井注水量较小的区块,有利于保持水质;对于洗井次数多和酸化、压裂较多区块,可考虑使用该配水流程。

4. 分压注水流程

如图 3-1-14 所示,当多油层油田的油层渗透率差别很大时,需采用压力不同的两套管网,对高、中渗透层和低渗透层实施分压注水。

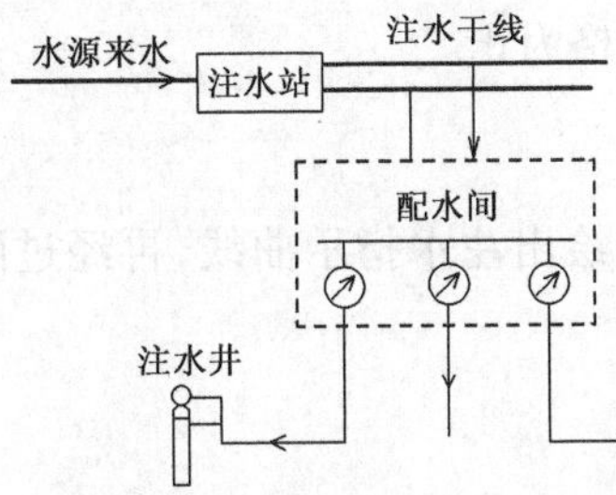

图 3－1－13　双管多井配水流程

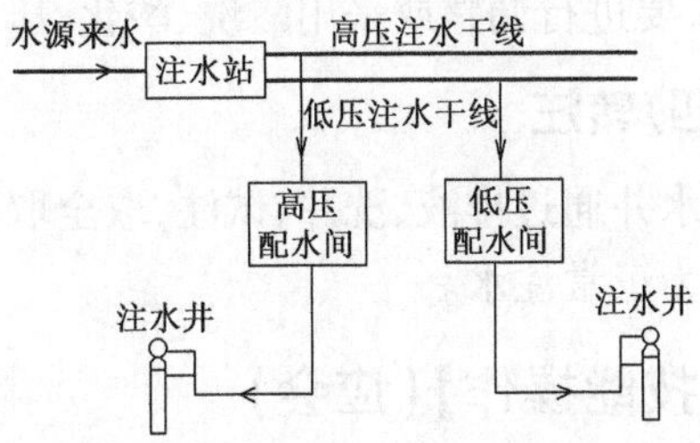

图 3－1－14　分压注水流程

5. 增压注水流程

如图 3－1－15 所示，对于同一区块内少部分低渗透层的注水井，可采取阶梯式增压注水工艺。根据井网半径大小，可使几口井集中增压或单井增压。

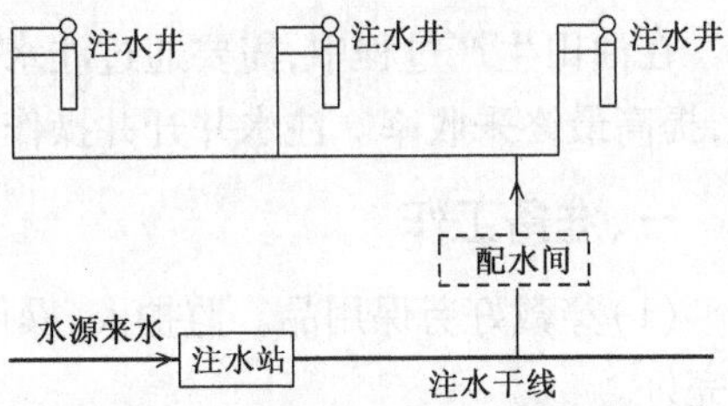

图 3－1－15　增压注水流程

五、注水井投注程序

注水井的投注程序为排液、洗井、试注、转注。注水井从完钻到正常注水，一般要经过排液、洗井、试注之后才能转入正常注水。

按注入通道不同，注水工艺可分为正注、反注、合注。从油管注水称为正注；从油套环形空间注水称为反注；从油、套管同时注水的称为合注。

按是否分层，注水工艺可分为笼统注水和分层注水。

（一）排液

注水井在投注前，通常要经过排液（也可不排液）。排液的目的在于清除油层内的堵塞物；在井底附近造成适当的低压带，为注水创造有利条件；采出部分弹性油量，减少注水井或注水井附近的能量损失。

排液时间可根据油层性质和开发方案来决定，排液的强度以不伤害油层结构为原则，含砂量应控制在 0.2% 之内。

（二）洗井

注水井在排液之后还需要进行洗井。洗井的目的是把井筒内的腐蚀物、杂质等污物冲洗出来，避免油层被污物堵塞，影响注水。

洗井方式有两种：正洗和反洗。正洗是指水从油管进井，从油套环形空间返回地面。反洗是指水从油套环形空间进井，从油管返回地面。

井下有封隔器的井只能反洗。洗井时要严格注意进入和返出的水量及水质，要求油层达到微吐，严防漏失。

为防止黏土颗粒的膨胀和运移，在注水井投注或油井转注前需进行防膨处理。

（三）试注

试注的目的在于确定能否将水注入油层并取得油层吸水启动压力和吸水指数等资料，然后根据所要求的注入量选定注入压力。因此，试注时要进行水井测试，求出注水压力和地层吸水压力。地层吸水能力大小一般用吸水指数表示。如果试注效果好,即可进行转注。如果效果不好,要进行调整或采用酸洗、酸化、压裂等措施,直至合格为止。

(四)转注

注水井通过排液、洗井、试注,取全取准试注的资料,并绘出注水指示曲线,再经过配水就可以转为正常注水。

【技能操作】(应会)

操作一:注水井开井

在油田生产过程中,需要通过注水井向油藏注水,保持或恢复油层压力,实现油田稳产高产,提高最终采收率。注水井开井操作是管理的一项常规工作。

一、准备工作

(1)穿戴好劳保用品。监护人、操作人需正确穿戴好符合标准的安全防护用品,并检查齐全完好。

(2)主要风险识别,如物体打击、泄漏等风险。

(3)工程技术措施。防控措施齐全,阀门灵活好用,正确倒流程。其他管控措施详见作业活动风险清单。

(4)熟知硫化氢环境人身防护规范,对已知含硫化氢区域要监测硫化氢浓度,明确监护措施。

(5)熟悉操作内容和操作步骤,识别警示标识风向,明确逃生路线。上报安全生产指挥中心开井井号、操作内容等信息。

(6)准备好合适的工具、用具。600mm 管钳、F 形扳手、润滑脂、纱布。已知含 H_2S 井配套便携式 H_2S 检测仪、正压式空气呼吸器。

二、操作步骤

(1)操作前设备检查。检查阀组及井口阀门、流量计、压力变送器完好。检查各部位阀门处于关闭状态。

(2)根据注水方式正确倒流程。侧身开注水井井口总阀门;侧身开注水井井口油管生产阀门;侧身开注水井井口来水阀门;侧身开阀组单井上流阀门;侧身开阀组单井下流阀门。

(3)按配注要求调节注水量。

(4)开行后巡检管线无泄漏并做好记录。

① 新投井、转注井、停注超过 24h 的井,开井前需先进行管线冲洗和洗井操作。

② 合注井先开油管注水阀门注水,再开套管阀门。

(5)录取相关资料上报安全生产指挥中心。收拾、擦拭工具用具,清理施工现场。

三、技术要求及注意事项

(1)按操作规程倒流程,防止损坏井下工具或引起地层压力。

(2)开关阀门时一定要侧身平稳操作,完全打开阀门后顺时针回半圈

(3)多井开井时,应根据各井压力的高低,确定开井次序,先开低压井,后开高压井。

本操作说明视频观看方法:关注微信公众号“中国石化胜利油田”→屏幕底部“胜利新闻”→菜单“标准化”,观看系列视频12[注入操作篇(一)]中第3项操作。

操作二:注水井稳流注水停注

稳流注水是油田稳产和精细开发的基础,在生产过程中需对注水井进行控制操作,达到合理注水、有效注水的目的。

一、准备工作

(1)正确穿戴好劳保用品。监护人、操作人需正确穿戴好符合标准的安全防护用品,并检查齐全完好。

(2)主要风险识别,如物体打击、泄漏等风险。

(3)工程技术措施。防控措施齐全,阀门灵活好用,正确倒流程。其他管控措施详见作业活动风险清单。

(4)熟知 H_2S 环境人身防护规范,对已知含硫化氢区域要监测硫化氢浓度,明确监护措施。

(5)熟悉操作内容和操作步骤,识别警示标识风向,明确逃生路线。上报安全生产指挥中心开井井号、操作内容等信息。

(6)准备好合适的工具、用具。600mm 管钳、F 形扳手、润滑脂、纱布。已知含 H_2S 井配套便携式 H_2S 检测仪、正压式空气呼吸器。

二、操作步骤

(1)停注。远程调配时向安全生产指挥中心汇报。由注采管控人员在 SCADA 系统里将该水井配注量设置为0。本地调配时,将自控仪设置到调整注水量界面,调节流量为0。

(2)正确倒流程。侧身先后关闭相应注水井下流阀门、上流阀门。长期停注还需关闭注水井井口注水阀门、总阀门。

(3)录取相关资料上报安全生产指挥中心。收拾、擦拭工具用具,清理施工现场。

三、技术要求及注意事项

(1)开关阀门时一定要侧身平稳操作,完全打开阀门后顺时针回半圈。

(2)严格按操作规程倒流程,防止损坏井下工具或引起地层压力激动。

(3)多井同时关井时,应依次停注。

本操作说明视频观看方法:关注微信公众号“中国石化胜利油田”→屏幕底部“胜利新闻”→菜单“标准化”,观看系列视频12[注入操作篇(一)]中第4项操作。

操作三:调整注水井注水量

调整注水井注水量,满足配注要求是管理注水井注好水、注足水的一项重要操作。

一、准备工作

(1)监护人、操作人需正确穿戴好符合标准的安全防护用品,并检查齐全完好。

(2)主要风险识别,如物体打击、泄漏等风险。

(3)工程技术措施、防护措施齐全。阀门灵活好用。操作间内通风换气设施符合要求。其他管控措施详见作业活动清单。

(4)熟知硫化氢环境人身防护规范,对已知含硫化氢区域要监测硫化氢浓度,明确监护措施。

(5)熟悉操作内容和操作步骤。识别警示标识、风向,明确逃生路线。

(6)上报安全生产指挥中心,准备调整注水量井号、类别,确认现场流量自控仪远程/手动状态。

(7)准备好合适的工具、用具。600mm 管钳、F 形扳手、专用调节扳手、纱布。已知含 H_2S 井配套便携式 H_2S 检测仪、正压式空气呼吸器。

二、操作步骤

(1)调整前检查。远程操作时视频检查要确定注水流程完好,各连接部件齐全,无渗漏,确认井号。现场人工操作前,打开门窗,通风换气,确保安全通道畅通。检查注水流程完好,各连接部件齐全,无渗漏,确认井号。

(2)手动调整注水量。核对调配通知单有关数据。并记录干压、油压。现场观察流量计读数,确定调整措施。调整注水量,用专用调节扳手调整流量自控开度,直至水量达到配注要求。待稳定 5min 后,记录油压和干压。调整时应采用由大到小的调整方式。

(3)远程调整注水量,注采管控岗根据日配注通知单,通过 SCADA 系统远程调整注水量。观察流量自控仪自动调整状态,直至水量达到配置要求。记录油压和干压。

(4)录取资料。录取瞬时水量、水表底数等资料。检查流量自控仪状态,PLC 信号传输是否正常。上报安全生产指挥中心,汇报注水量调整情况。

(5)收拾、擦拭工具用具,清理施工现场。

三、技术要求及注意事项

(1)调整自控仪开度时侧身平稳操作。

(2)调整注水量时要平稳操作,防止压力波动过大。

(3)操作结束要观察压力正常后方可离开。

本操作说明视频观看方法:关注微信公众号“中国石化胜利油田”→屏幕底部“胜利新闻”→菜单“标准化”,观看系列视频 12[注入操作篇(一)]中第 6 项操作。

操作四:更换配水间流量计

水井流量计是油田注水系统的计量装置,也是实现精准注水的关键设备。更换配水间流量计操作是油水井管理岗的一项常规工作。

一、准备工作

(1)正确穿戴好劳保用品、符合标准的安全防护用品,并检查齐全完好。

(2)主要风险识别,如物体打击、泄漏等风险。

(3)工程技术措施、防护措施齐全。阀门灵活好用。正确倒流程,其他管控措施详见作业活动清单。

(4)熟知硫化氢环境人身防护规范,对已知含硫化氢区域要监测硫化氢浓度,明确监护措施。

(5)熟悉操作内容和操作步骤。识别警示标识、风向,明确逃生路线。

(6)上报安全生产指挥中心,更换配水间流量计井号,操作内容、预计操作耗时准等信息。

(7)准备好合适的工具、用具。绝缘手套1副,500mm撬杠1根,F形扳手1把、24mm×27mm梅花扳手2把、250mm捞钩1个、200mm螺丝刀1把、校检合格流量计1台、排污桶、润滑脂、密封垫1个、密封圈1个、试电笔1支、250mm、200mm活动扳手各1把、记录笔、记录纸、纱布。已知含H_2S井配套便携式H_2S检测仪、正压式空气呼吸器。

二、操作步骤

(1)操作前检查。打开门窗,通风换气,确保安全通道畅通。检查配水间内流程正确。各连接部位不渗不漏,管线液体流向标识清晰,确认井号。

(2)倒流程,拆下表头端盖。将自控仪由自动切换到手动,手动关闭自控仪流量为0。侧身关闭下流阀门,侧身关闭上流阀门。侧身打开放空阀门,放净压力。手动打开自控仪,放净余压。

(3)拆旧流量计。打开数据采集箱门。侧身拉闸断电。关闭采集箱门,放置警示牌,观察表头确认断电。断开表头外接电源及通讯线。取下流量计表头,记录好旧流量计底数和表头编号。卸松法兰螺栓2~3扣。撬起流量计芯子,放净余压。将法兰螺栓卸掉,取下法兰盘。取出流量计芯子,记录流量计芯子钢号。取出上部密封圈和底部密封垫。检查清理干净流量计总成。

(4)安装新流量计。记录新流量计的芯子钢号及表头编号、底数。将新密封圈均匀涂抹黄油,放入流量计总成内。将新密封垫均匀涂抹黄油,放入新流量计芯子上并将芯子放入水表总成内。安装法兰盘,对角上紧螺栓,并使上下法兰盘平行,保养螺栓。关闭放空阀门,打开流量计自控仪。侧身稍开上流阀门,试压,不渗不漏。将上流、下流阀门全部打开。连接流量计表头与流量计芯子,确保表头方向便于观测数据。接好电源线及通信线。

(5)恢复流程。打开数据采集箱门,合闸送电,观察设备仪表工作正常,通信正常。将自控仪由手动切换到自动。观察注水正常。

(6)填写资料。录取相关资料,上报安全生产指挥中心。

(7)收拾、擦拭工具用具,清理施工现场。

三、技术要求及注意事项

(1)确认余压放净,方可进行下一步操作。

(2)开关闸门需侧身、缓慢、平稳操作。

(3)需切断电源后方可进行流量计拆卸。

本操作说明视频观看方法:关注微信公众号"中国石化胜利油田"→屏幕底部"胜利新闻"→菜单"标准化",观看系列视频12[注入操作篇(一)]中第8项操作。

【技能操作】(观摩)

操作一:配水间水质取样标准化操作

操作二:注水井井口取水样标准化操作

操作三:注水站储水罐标准化操作

操作四:注水站高压分水器标准化操作

> 以上操作说明视频观看方法:关注微信公众号“中国石化胜利油田”→屏幕底部“胜利新闻”→菜单“标准化”,观看系列视频12[注入操作篇(一)]中第1、2、5、7项操作。

操作五:倒注水井正注流程

操作六:注水井反洗井

项目二　注水井吸水能力分析

【知识目标】

(1)掌握吸水能力的含义;

(2)熟悉表示吸水能力的参数或图表;

(3)熟悉分析吸水能力的方法。

【技能目标】

(1)会定量描述吸水能力;

(2)会根据注水指示曲线判断吸水能力变化。

【所需知识】

一、吸水能力的定量表征

保持和提高注水井吸水能力是完成配注指标、保证注水开发效果的一个重要手段,也是油田高产稳产的重要保障。油田上常用以下几个指标表示注水井的吸水能力。

(一)注水指示曲线

稳定流动条件下注入压力随注水量的变化曲线称为注水井指示曲线,如图3-1-16所示。在分层注水情况下,分层指示曲线是表示各分层注入压力(经过水嘴后的压力)与分层注水量之间的关系曲线。

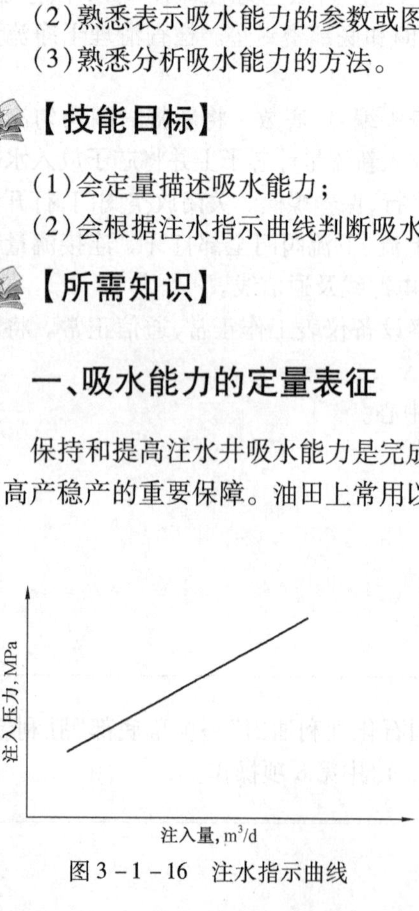

图3-1-16　注水指示曲线

(二)吸水指数

吸水指数是指单位注水压差下的日注水量,常用K表示,单位是$m^3/(d \cdot MPa)$。

$$K = \frac{q}{p_{wf} - p_r} \tag{3-1-1}$$

式中 p_{wf}——注水井井底流压,MPa;

p_r——注水井静压,MPa;

q——日注水量,m^3;

K——吸水指数,$m^3/(d \cdot MPa)$。

吸水指数的大小反映了地层吸水能力的好坏。正常注水时不可能经常关井测压,为了求取吸水指数,常采用测指示曲线的方法,测量在不同流压下的日注水量,然后按下式计算出吸水指数:

$$K = \frac{q_1 - q_2}{p_{wf1} - p_{wf2}} \tag{3-1-2}$$

式中 q_1, q_2——井底流压为 p_{wf1}、p_{wf2} 时的注水量,m^3/d。

因此,吸水指数在数值上等于注水井指示曲线斜率的倒数。

在进行不同地层吸水能力对比分析时,需采用"比吸水指数"或"每米吸水指数"为指标,它是指地层的吸水指数与地层有效厚度的比值。

(三)视吸水指数

求吸水指数时,需要先测得注水井的流压数据。在注水井日常管理分析中,为了及时掌握油层吸水能力的变化,常采用视吸水指数。视吸水指数 K_s 是指日注水量与井口压力的比值,单位为 $m^3/(d \cdot MPa)$。

$$K_s = \frac{q}{p_t} \tag{3-1-3}$$

式中 K_s——视吸水指数,$m^3/(d \cdot MPa)$;

p_t——井口压力,MPa。

井口压力很容易测得,因此现场上常用视吸水指数反映吸水能力的大小。

在未进行分层注水的情况下,若采用油管注水,则上式中的井口压力取套管压力;若采用套管注水,则上式中的井口压力采用油管压力。

(四)相对吸水量

相对吸水量是指在同一注入压力下,某小层的吸水量占全井总吸水量的百分数。

$$\text{相对吸水量} = \frac{\text{某小层吸水量}}{\text{全井吸水量}} \times 100\% \tag{3-1-4}$$

相对吸水量是表示各小层相对吸水能力的指标。有了各小层的相对吸水量,就可以由全井指示曲线绘制各小层的分层指示曲线,而不必进行分层测试。

二、注水指示曲线

按实测井口压力绘制的实测指示曲线,不仅反映油层吸水情况,而且还与井下配水工具的工作状况有关。因此,通过对实测指示曲线的形状及斜率变化的情况进行分析,就可以掌握油层吸水能力的变化，分析井下配水工具的工作状况，作为分层配水、管好注水井的重要依据。

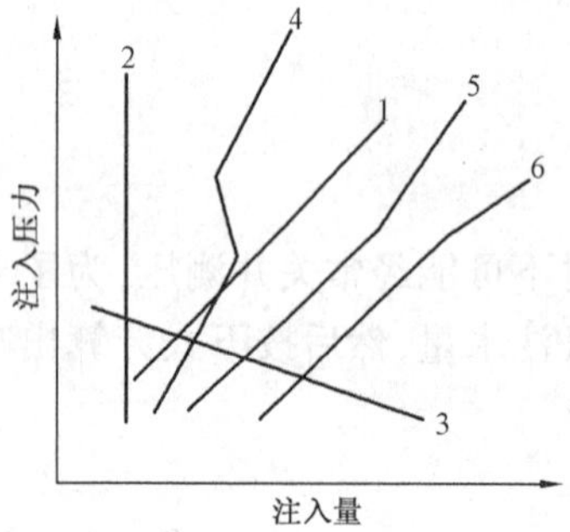

图 3－1－17　指示曲线的典型形状

（一）曲线的形状

图 3－1－17 所示为分层测试时可能遇到的几种指示曲线的形状。

图中指示曲线 1 表示油层吸水量与注入压力成正比关系。

出现图中第二种指示曲线 2 的原因有以下几种：油层渗透性较差，虽然泵压增加，但注水量并没有增加；仪表不灵或测试有误差；井下管柱有问题，如水嘴堵死等。

出现图中指示曲线 3、4 的原因是仪表设备等存在故障，因此这种情况的曲线不能用。

出现图中指示曲线 5 的原因，除了与仪表、设备有关外，还与油层性质有关，即当油层条件差、连通性不好或不连通时，注入水不易扩散，使油层压力逐渐升高时，注入量的增值逐渐减小，造成指示曲线上翘。

图中指示曲线 6，表示在注入压力高到一定程度时，有新油层开始吸水，或是油层产生微小裂缝，致使油层吸水量增大。因此，这种曲线是正常指示曲线。

综上所述，直线式和折线式是常见的，它反映了井下和油层的客观情况。而垂直式、曲拐式、递减式则主要受仪表、设备的影响。因此，不能反映注入时井下及油层的客观情况。

（二）用指示曲线计算吸水指数

如图 3－1－18 所示，在注水指示曲线上任取两点（注水压力 p_{t1} 和 p_{t2} 及相应的注水量 q_1 和 q_2），用下式可计算出油层的吸水指数 K。

$$K = \frac{q_1 - q_2}{p_{t1} - p_{t2}} \qquad (3-1-5)$$

式中　K——吸水指数，$m^3/(d \cdot MPa)$；

q_1, q_2——两点的注入量，m^3/d；

p_{t1}, p_{t2}——两点的井口注入压力，MPa。

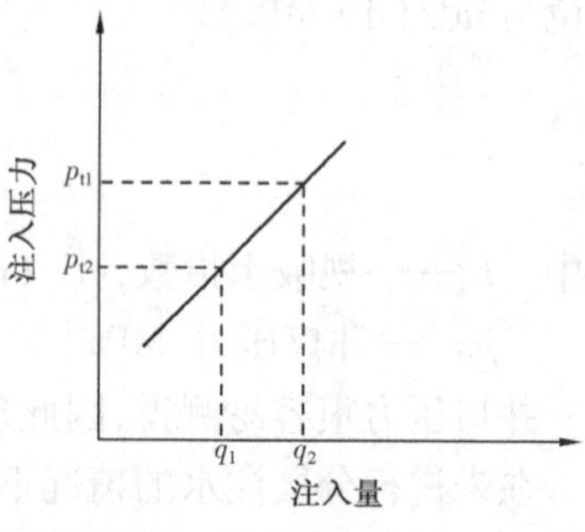

图 3－1－18　用指示曲线求吸水指数

由上式可以看出，在数值上，吸水指数等于直线斜率的倒数。

（三）用指示曲线分析油层吸水能力变化

正确的指示曲线可以看出油层吸水能力的大小，因而通过对比不同时间内所测得的指示曲线，就可以了解油层吸水能力的变化。以下就几种典型情况进行简要分析。

在图 3－1－19 至图 3－1－22 中，Ⅰ代表先测的曲线，Ⅱ代表过一段时间所测得的曲线。

1. 指示曲线右移右转，斜率变小

这种变化说明油层吸水能力增强，吸水指数增大，如图 3－1－19 所示。从图上可看出：在同一注入压力 p_2 下，原来的注入量为 $q_{Ⅰ2}$，过一段时间后的注入量为 $q_{Ⅱ2}$，$q_{Ⅱ2} > q_{Ⅰ2}$，说明在同一注入压力下注入量增加了，即油层吸水能力变好了。

设原先的吸水指数为 I_1，则 $K_1 = \dfrac{q_{\text{I}2} - q_{\text{I}1}}{p_2 - p_1} = \dfrac{\Delta q_{\text{I}}}{\Delta p}$

后来的吸水指数为 I_2，则 $K_2 = \dfrac{q_{\text{II}2} - q_{\text{II}1}}{p_2 - p_1} = \dfrac{\Delta q_{\text{II}}}{\Delta p}$

因曲线的斜率变小，因此有 $K_2 > K_1$，即吸水指数变大。

产生这种变化的原因可能是油井见水以后，阻力减小，引起吸水能力增大；也可能是采取了增产措施导致吸水指数增大。

2. 指示曲线左移左转，斜率变大

这种变化说明油层吸水能力下降，吸水指数变小，如图 3－1－20 所示。

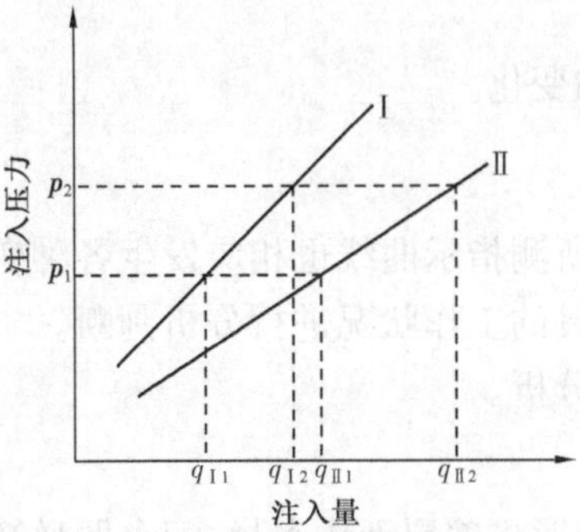

图 3－1－19　指示曲线右移右转

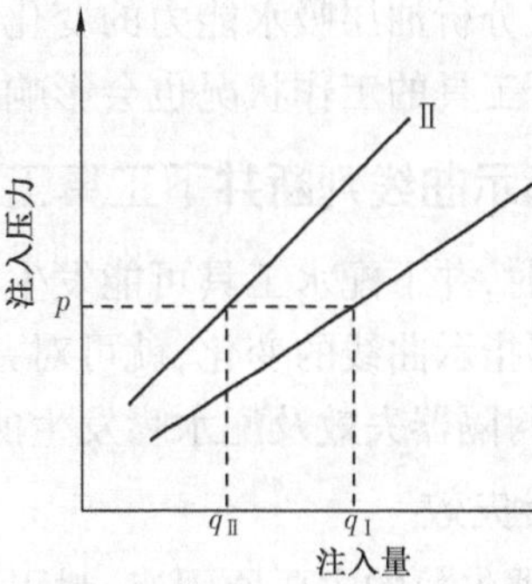

图 3－1－20　指示曲线左移左转

从图中可看出，在同一注入压力 p 下，注入量减少，曲线靠近纵坐标轴，曲线斜率增大了，因此曲线左移说明吸水指数变小了。

产生这种变化的原因可能是地层深部吸水能力变差，注入水不能向深部扩散，或是地层堵塞等等。

3. 曲线平行上移

如图 3－1－21 所示，由于曲线平行上移，斜率未变，故吸水指数未变化，但同一注水量所需的注入压力却增加了；说明曲线平行上移是油层压力增高所导致的。

产生这种变化的原因可能是注水见效（注入水使地层压力升高）或注采比偏大等。

4. 曲线平行下移

如图 3－1－22 所示，曲线平行下移，油层吸水指数未变。但同一注水量所需的注入压力却下降了，说明地层压力下降了。

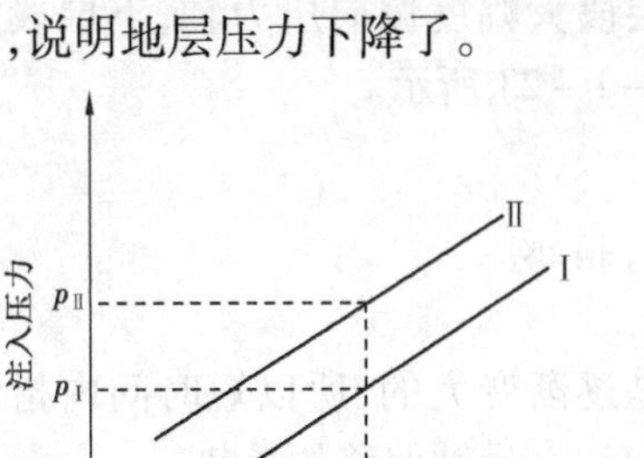

图 3－1－21　指示曲线平行上移

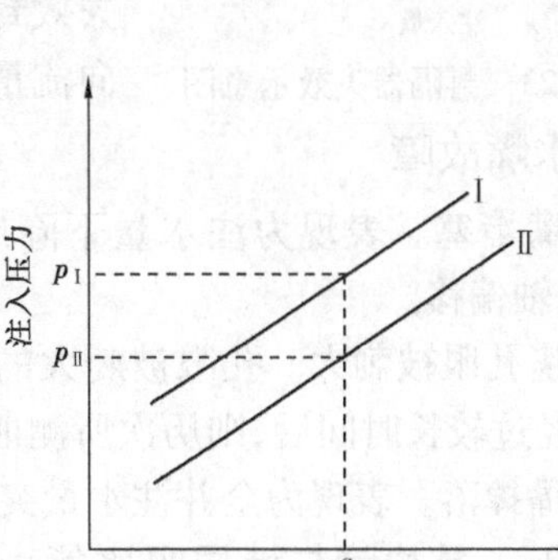

图 3－1－22　指示曲线平行下移

产生这种变化的原因可能是地层亏空，即注采比偏小，注入水量小于采出的液量，从而导致地层压力下降。

以上是四种典型曲线的变化情况及产生的原因分析。

5. 注意事项

严格地说，分析油层吸水能力的变化，必须用有效压力绘制油层真实指示曲线。

若用井口实测的压力绘制指示曲线，必须是在同一管柱结构的情况下所测的，而且只能对比吸水能力的相对变化。

同一注水井在前、后不同管柱情况下所测得的指示曲线，由于管柱所产生的压力损失不同，因此不能用于对比油层吸水能力的变化。只有校正为有效井口压力并绘制成真实指示曲线后，才能对比分析油层吸水能力的变化。

此外，井下工具的工作状况也会影响指示曲线的变化。

（四）用指示曲线判断井下工具工况

分层配注时，井下配水工具可能发生各种故障，所测指示曲线也相应发生各种变化。

因此，根据指示曲线的变化，就可对井下配水工具的工作状况进行分析判断。

以下仅就封隔器失效及配水嘴发生的故障进行分析。

1. 封隔器失效

造成封隔器失效的主要原因有：封隔器胶皮筒变形或破裂无法密封；配水器弹簧失灵及管柱底部阀不严；使油管内外达不到封隔器胶皮张开所需要的压力差。

封隔器失效的判断方法如下：

（1）第一级封隔器失效的判断。一般下水力压差式封隔器的注水井，油、套管压差需保持0.5~0.7MPa。正注井如果出现油、套管压力平衡或套压随油压变化，注水量增加，则可判断为由于封隔器失效导致上下窜通，使吸水能力高的控制层段注水量增加。

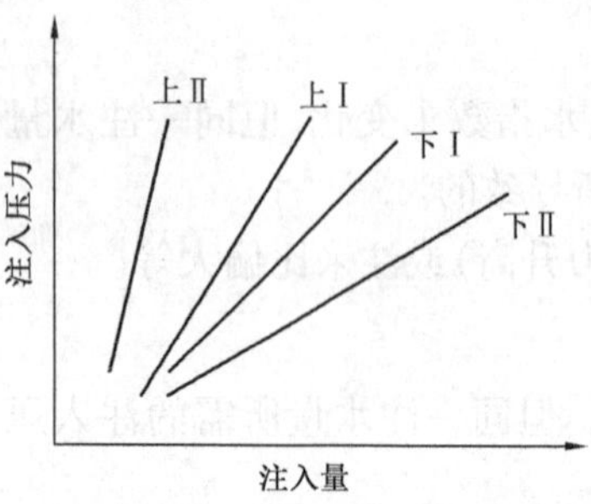

图3－1－23　封隔器失效示意图

第一级封隔器失效后，控制层段的吸水量将上升，导致全井吸水量上升，套压上升，油压下降，油套压接近平衡。

（2）第一级以下的各级封隔器失效的判断。多级封隔器一级以下某级封隔器不密封，则表现为油压下降（或稳定），套压不变，注水量上升。若要确定是哪一级不密封，则需通过分层测试来判断。在投球测试的分层指示曲线上，失效封隔器的上层段大幅度偏向压力轴，下层段大幅度偏向流量轴，如图3－1－23所示。

2. 配水嘴故障

（1）水嘴堵塞。表现为注水量下降或注不进水，指示曲线向压力轴偏移。

（2）水嘴孔眼被刺大。孔眼被刺大的过程一般是逐渐变大的，所以短时间内指示曲线变化不明显；经过较长时间后，则历次所测曲线有逐渐向注水量轴偏移的趋势。

（3）水嘴掉落。表现为全井注水量突然增加，层段指示曲线向注水量轴偏移。

3. 井下工具故障与地层吸水能力变化的区别

利用指示曲线分析注水井工作时，应将井下工具工作状态与油田生产情况联系起来进行分析。

例如，当发现某井的注水量下降时，引起的原因可能是多种。若是地层堵塞所致，则吸水指数逐渐降低；若是注水见效所致，则吸水指数不变，地层压力上升；若是水嘴堵塞引起的，则吸水指数突然降低。

又如，某水井注水量上升，引起的原因也可能是多种。若是因油井见水所致，则在油井上会有显示，且吸水指数会增加；若是地层亏空引起的，则吸水指数不变，且地层压力下降；若是水嘴被刺大，则吸水指数逐渐增大；若是水嘴脱落，则吸水指数会突然增大。

三、吸水剖面

（一）含义

吸水剖面（water injection profile），也称注水剖面，用相对吸水量来反映分层吸水能力的大小，用于表示注水井各吸水层段的吸水量分布情况。

吸水剖面是确定对注水井是否进行调剖措施的一项重要依据，也是注水井调剖后，检查验证调剖工艺措施成功与否的主要依据。吸水剖面资料为制定和调整注水井的配注方案、调剖和增产措施提供依据，也为油藏动态描述、指定和调整注水油田开发方案和提高采收率等提供依据。

（二）放射性同位素法测吸水剖面

该方法是先在井筒沿吸水剖面测 γ（伽马）曲线作基线，再注入放射性同位素，然后测放射性强度变化的曲线；两条曲线不重合部分的异常面积代表了小层的相对吸水量。

由于岩层本身具有不同的自然放射性，将注同位素前后所测得的两条放射性测井曲线进行对比，注同位素以后的放射性曲线上所增加的异常值就反映了相应层位的吸水能力，如图 3－1－24所示。

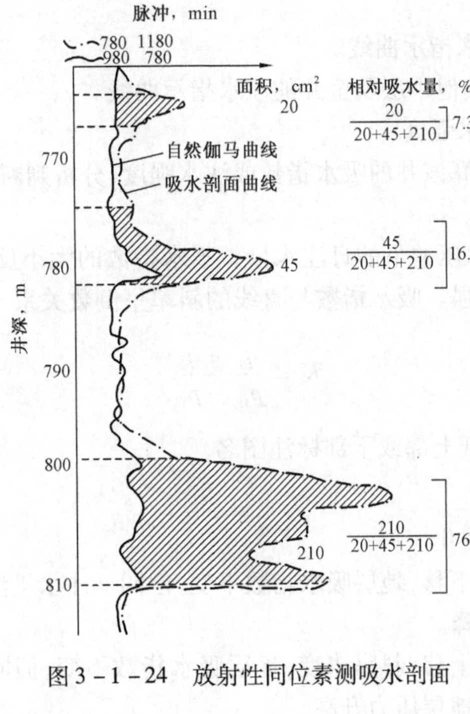

图 3－1－24　放射性同位素测吸水剖面

从图中可以看出，自然伽马曲线与同位素曲线不重合的曲线异常部分即为吸水层位。两曲线未重合所包围的面积与相对应层段的吸水量成正比，因此可用不重合的阴影面积计算对应分层的相对吸水量。

$$相对吸水量 = \frac{该层不重合的阴影面积}{全井不重合的阴影总面积} \times 100\% \tag{3-1-6}$$

【技能操作】(应会)

操作一：注水指示曲线的绘制与分析

注水指示曲线是指注水井注水压力与日注水量之间的关系曲线。

一、准备工作

(1)注水井分层测试资料及注水井单层资料。

(2)绘图纸、直尺、铅笔、橡皮、绘图笔等。

二、操作步骤

(一)曲线的绘制

1. 建立直角坐标系

在图纸上选择适当处，作直角坐标系。横坐标为日注入量(m^3)，纵坐标为注入压力(MPa)，在横坐标和纵坐标旁标注项目和单位。

2. 标点数据，连接各点

根据测试资料，选用一个层资料，在坐标上标注各标点，并将各数据标注在坐标上，连接各点。

3. 绘制小层及全井注水指示曲线。

按上述方法绘制本井其他小层及全井的注水指示曲线。

4. 计算吸水指数或注水强度

根据注水指示曲线，计算该井的吸水指数或注水强度，分析判断本井的井下状况和地层吸水能力，从而指导今后工作。

吸水指数是指单位注水压差下的日注水量。吸水指数的大小反映油层吸水能力的强弱。吸水指数越大，吸水能力越强。吸水指数与直线的斜率呈倒数关系。

$$K = \frac{q_1 - q_2}{p_{t1} - p_{t2}} \tag{3-1-7}$$

5. 标注图名。在绘图纸上部或下部标注图名。

(二)曲线的分析

1. 分析油层吸水能力变化

(1)注水指示曲线平行下移，地层吸水指数不变，但同一注水量注水压力由原来的 p_1 下降为 p_2，注水层的地层压力下降。

(2)注水指示曲线平行上移，斜率未变，地层吸水指数不变，但同一注水量注水压力由原来的 p_1 上升为 p_2 注水层的地层压力升高。

(3)注水指示曲线右移,斜率变小,说明吸水能力增强,吸水指数变大。在同一注水压差下,注水量上升。

(4)注水指示曲线左移,斜率变大,说明吸水能力下降,吸水指数变小。在同一注水压差下,注水量下降。

2. 判断井下工具工作状况

(1)配水器水嘴堵。

配水器水嘴堵后,全井注水量下降或注不进水,指示曲线向压力轴方向偏移。发现水嘴堵后应立即采取反洗井的措施解除。

(2)水嘴孔眼被刺大。

水嘴孔眼被刺大不是突然形成的,而是天长日久逐渐被磨损所造成的。因此在短时间内指示曲线变化不大。在历次所测试的曲线上,有一个逐渐向水量轴方向偏移的变化过程,曲线的斜率有所变缓,吸水指数增大。若水嘴被刺大,应立即捞出配水器,更换新水嘴。

(3)配水器水嘴掉。

配水器水嘴掉后,全井注水量突然上升,层段指示曲线明显向水量轴方向偏移。处理方法:捞出配水器,重新装牢水嘴,或起油管重新安装。

(4)球与球座不密封。

球与球座不密封,使注入水从油管末端进入油套环形空间,可造成封隔器不密封,水量上升,油压下降,指示曲线明显右移。这样的井要交作业处理。

(5)封隔器失效。

封隔器失效后,一般表现为该封隔器上部层段的指示曲线大幅度偏向水量轴方向。下部层段的日注水量下降,指示曲线偏向压力轴方向,而且会出现压力变化不大的趋势。

(6)管柱脱节或刺漏。

在配注井段处管柱脱节或刺漏时,全井注水量明显增大,层段注水量等于全井注水量。

三、技术要求及注意事项

测试数据要准确,力求指示曲线真实。测试数据要有5个对应值。针对问题,提出相应的措施。

操作二:分析典型案例——定量描述吸水能力

某注水井两次测试资料数据见表3-1-3。

(1)根据测试成果,绘制注水指示曲线。

(2)分析:

① 对比注水指示曲线,分析吸水能力变化。

表3-1-3　某注水井两次测试数据

5月10日		10月15日	
油压,MPa	日注水,m^3	油压,MPa	日注水,m^3
11.5	80	11.0	65
10.5	70	10.0	55
9.5	60	9.0	48

② 分析判断注水指示曲线变化原因。

(3)提出整改措施。

分析如下：

(1)根据生产数据，以注水量为横坐标，注水压力为纵坐标，绘制注水指示曲线，如图3－1－25所示。

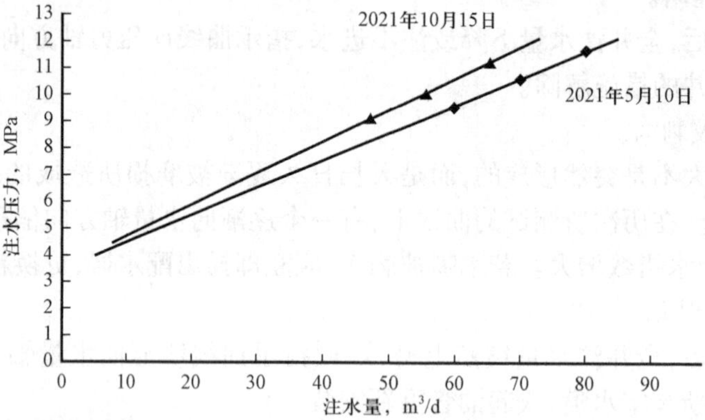

图3－1－25　注水指示曲线

(2)对比分析结果如下：

① 对比注水指示曲线可以看出：注水量相同时，10月15日的注水压力高于5月10日的注水压力，注水指示曲线的斜率变大了，因此吸水指数变小了，也就是吸水能力下降了。

② 注水指示曲线发生这种变化的原因有多种，如水嘴堵塞、水质不合格堵塞油层等。具体是哪种或哪些原因，需要结合该水井这段时间的注水数据和资料信息，才能得出更准确的判断。

(3)提出整改的措施：若水嘴堵塞，则需要洗井或重新测试；若油层堵塞，则需要吐水或化学解堵。总而言之，需要针对具体原因，才能提出有效的整改措施。

项目三　分层注水

【知识目标】

(1)了解分层开采的含义、实现途径；

(2)熟悉分层注水管柱的结构、组件；

(3)掌握分层测试方法。

【技能目标】

(1)会设计分层注水管柱；

(2)会分析分层测试数据。

【所需知识】

一、分层开采的目的和含义

为使注水开发的油田获得更高采收率，普遍采用分层注水与分层采油的方法，即把一口注水井的所有注水层段按油层性质、含油饱和度、压力等相近、层与层相邻的原则，按开发方案要求划分为几个注水层段，通常与采油井的开采层段对应，采用一定的井下工艺措施，进行分层注水，以达到保持地层压力提高油井产量的目的。

因此，所谓分层注水，就是指用注水封隔器把多油层油田中性质差异较大的油层分隔开，再用配水器进行分层配水，使高渗透率油层注水量得到限制，中低渗透率油层注水量得到加强，使各类油层都能发挥作用的一种注水方式。

分层注水可调整层间差异(层间矛盾)，扩大波及体积，改善注水效果。

二、分层注水管柱

目前最常用的分层注水管柱是单管多层分注管柱，主要由封隔器、配水器、挡球或球座、筛管、丝堵等组成。利用不同型号的封隔器与配水器组合，就构成了不同功能的分层注水管柱。

进行分层注水的管柱，按配水器结构可分为固定注水管柱和活动注水管柱，前者已基本不用，后者又分为空心注水管柱和偏心注水管柱。空心注水管柱可用于注水层段划分较少、较粗的油田开发初期，偏心注水管柱适用于注水层段划分较多、较细的中、高含水期。另外，小直径分层注水管柱适用于套管变形的注水井。

(一)空心活动式注水管柱

空心活动注水管柱是由油管将封隔器、空心活动配水器及底部球座等井下工具串接而成的，如图 3－1－26 所示。

(1)水流通道。注入水进入油管后，由于被油管底部单流阀堵住，高压水进入配水器和封隔器。向下进入配水器，压缩配水器的弹簧，造成压力损失，当配水器的定压阀上、下压差达到一定数值时，封隔器的胶筒在压差作用下张开，从而密封油套管环形空间。同时进入配水器的高压水通过水嘴推动定压阀，上推弹簧，使注入水进入油套管环形空间而进入地层。

(2)封隔器。封隔器是用来封隔油、套管的环形空间，起到封隔油层、保证分层注水顺利实施的作用。注水常用的封隔器有水力扩张式(压差式)封隔器和水力压缩式封隔器。封隔器的密封元件是封隔器上的胶皮筒。

(3)空心配水器。空心配水器由工作筒(固定部分)和水芯子(活动部分)两部分组成。水嘴安装在水芯子上，调换水嘴时只要将水芯子打捞出即可，不用动管柱，如图 3－1－27 所示。配水器水芯子的上端有 25°圆锥斜面，作为投球测试的球座，如图 3－1－28 所示。

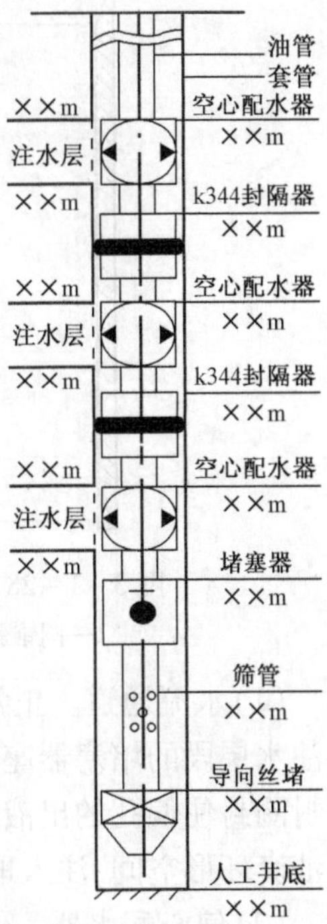

图 3－1－26　空心活动式注水管柱示意图

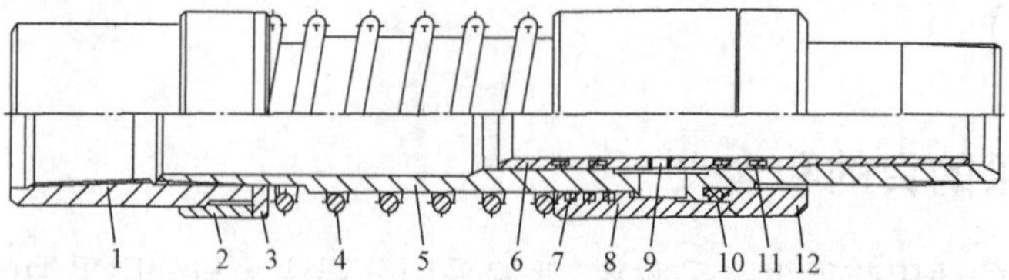

图 3 - 1 - 27　空心配水器结构示意图

1—上接头;2—调节环;3—弹簧垫圈;4—弹簧;5—中心管;6—活动芯子;7—密封垫圈;8—阀;9—水嘴;10—T 形密封圈;11—芯子密封圈;12—固定套

该管柱要求各级配水器的开启压力大于 0.7MPa;各级空心配水器的芯子直径由上而下,从大到小,故应由下而上逐级投送,由上而下逐级打捞。

(二)偏心活动式注水管柱

如图 3 - 1 - 29 所示,偏心注水管柱是由封隔器、偏心配水器、撞击筒、底部单流阀等组成,由油管连接下入井内。

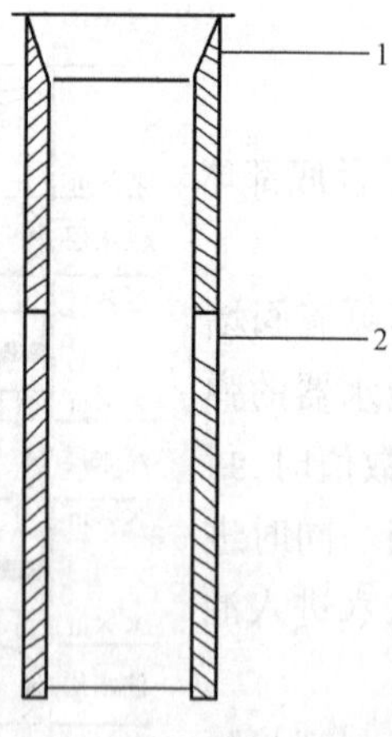

图 3 - 1 - 28　水芯子示意图

1—圆锥斜面;2—水嘴

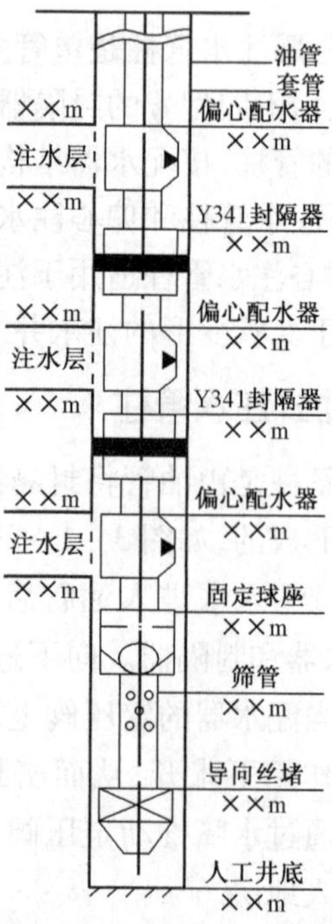

图 3 - 1 - 29　偏心注水管柱的结构示意图

(1)水流通道。正常注水时,封隔器的胶皮筒处于张开状态,把油层分成若干注水层段。各注水层段的堵塞器座于工作筒的偏孔内,凸轮卡于偏孔上部扩孔部位,堵塞器上下两组四道密封圈封住偏孔的出液孔。注入水经各堵塞器的滤网、水嘴、密封段出液槽及偏孔的出液孔进入油套环形空间,注入地层。

(2)偏心配水器。偏心配水器主要由工作筒和堵塞器两部分组成,其中堵塞器坐在工作筒内,水嘴安装在堵塞器上,起控制流量大小的作用,如图 3 - 1 - 30 所示。

桥式偏心配水器也是由工作筒和堵塞器两部分组成,其工作筒的结构如图 3 - 1 - 31 所示。

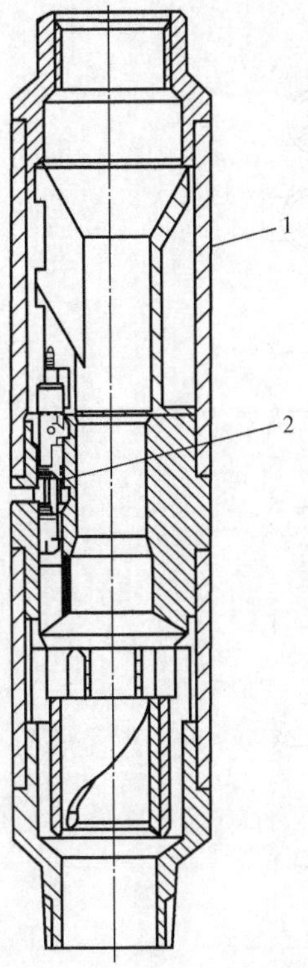

图3－1－30　偏心配水器结构示意图

1—工作筒；2—堵塞器

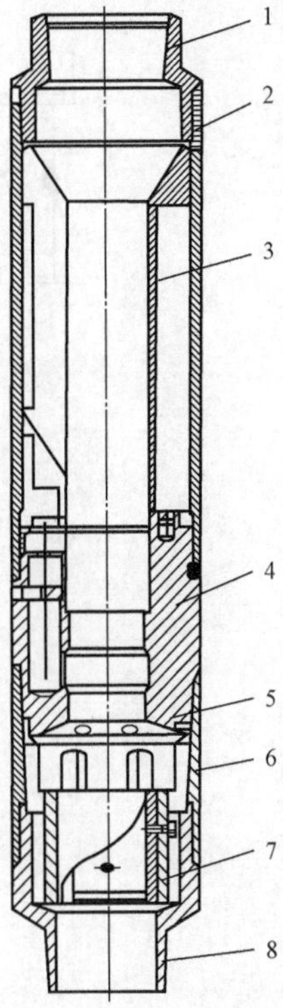

图3－1－31　桥式偏心配水器工作筒示意图

1—上接头；2—上连接套；3—扶正体；4—工作筒主体；5—桥式通道；6—下连接套；7—导向体；8—下接头

在施工过程中，要求封隔器按照编号顺序下井，各级配水器的堵塞器编号不能混淆，以免数据资料混淆不清。

（三）缆控分层注水管柱

缆控分层注水是指应用单芯电缆及载波传输技术为井下缆控配水器供电，以及提供缆控配水器和地面控制装置或远程控制系统双向通信，达到分层注水状态下层段流量、压力、水嘴开度及温度参数实时采集和层段注水量的实时调整。

（1）管柱系统组成。注水管柱系统从下向上由导向丝堵、筛管、固定球座、缆控配水器、过电缆封隔器、井下电缆连接器、单芯电缆、井口密封器和地面控制装置等组成，如图3－1－32所示。

（2）缆控配水器。缆控配水器是一种具备流量调控，流量、压力、水嘴开度和温度检测功能的，可通过单芯电缆与地面控制装置通信的井下配水工具。同时，缆控配水器具备注水井井下各层段实时注入量、水嘴嘴前和嘴后压力、温度、水嘴开度的监测功能。水嘴开度能够在线调节，具有过载保护功能。

三、分层测试与调配

注水井的分层测试经历了投球测试、集流式流量计测试、外流式流量计测试、验封加流量一体化测试的发展过程。

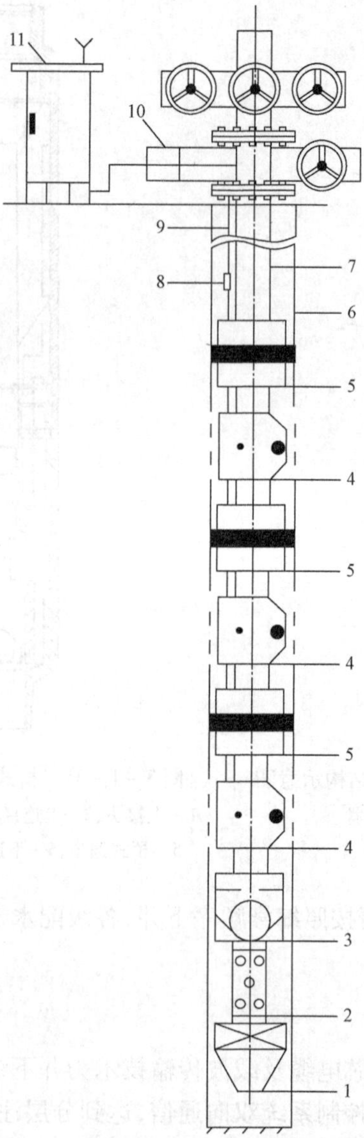

图 3－1－32　缆控分层注水技术工艺系统示意图

1—导向丝堵；2—筛管；3—固定球座；4—缆控配水器；5—过电缆封隔器；6—套管；7—油管；8—井下电缆连接器；9—单芯电缆；10—井口密封器；11—地面控制装置

(一)投球法测试与调配

投球测试法适用于空心注水管柱的测试。所用测试管柱主要包括油管、封隔器、配水器、球座、底部阀等。

1. 测全井指示曲线

采用投球法进行分层测试，需要首先测出全井指示曲线。全井指示曲线一般要测 4～5 个点，即由大到小(也可由小到大)改变注水压力，测 4～5 个不同注入压力及相应的全井注水量，两者的关系曲线即为全井注水指示曲线。一般测试压力点的间隔为 0.5～1.0MPa，每点压力对应的注水时间一般需稳定 30min 左右。

2. 测分层指示曲线

在测得全井注水指示曲线后，便开始分层测试，所用的钢球与球座的规格如表3－1－4所示。

表3－1－4 球、座配套

配合级数	钢球直径，mm	球座孔径，mm
一	47.5	45
二	43	40
三	38	35
四	33	30
五	28	25

在投球法测试时需改变原注水方式；工序烦琐，测试时间长；若球杆座封不严，易造成资料反差大；测试中用水表计量水量，计量准确性差。因此，目前投球测试仅在配合验证管柱问题时使用。

（二）钢丝投捞法测试与调配

按照石油行业标准SY/T 5733—2016《注水井完井作业及分层注水测试调配方法》的要求，钢丝投捞法包括仪器安装和下入、分层流量测试、仪器起出、捞堵塞器、分层流量调配、投送堵塞器等工序。

在仪器下放过程中连续观察转数表计数器、张力、系统压力等变化情况，发现问题应立即停车，待处理正常后，方可继续操作。

1. 分层测试

进行分层流量测试时，非集流式流量测试、偏心集流式流量测试、同心集流方式测试的要求不同，且每点至少测试5～10min，测试时应观察记录井口水量和注水压力的变化，不稳定时应适当延长测试时间。

2. 分层调配

先检查捞出的堵塞器上的水嘴。然后利用嘴损曲线法选配水嘴，具体步骤是：

根据测得的分层指示曲线，求出各层配注量下的注水压差，然后在嘴损曲线图版（参见石油行业标准SY/T 5906—2012《配水嘴嘴损曲线图版制作方法》）上查出对应水嘴尺寸。图3－1－33所示是以PS－114×46×20×70/15P－A型偏心配水器配水嘴为例绘制的嘴损曲线图版。

对于水量调整不大的层段，按下式选配水嘴：

$$d_2 = d_1\sqrt{k\frac{q_1}{q_2}} \tag{3-1-8}$$

式中 d_2——调整后的水嘴直径，mm；

d_1——目前的水嘴直径，mm；

q_1——实际注水量，m^3/d；

q_2——配注量，m^3/d；

k——调配系数，加强层的k取1.1，限制层的k取0.9，接替层的k取1。

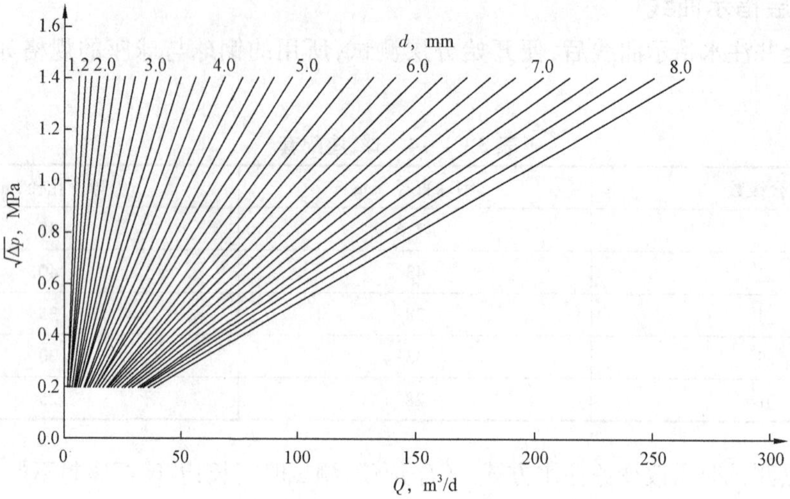

图 3－1－33　偏心配水器配水嘴嘴损曲线图版

注意:各层调配完成后,再复测各层段实际注水量,按实际配注误差合格范围检查各层段实际注水量是否满地质配注要求,若不能满足要求且水嘴还可调,则对不合格水嘴进行调换,直到各层段流量达到配注方案要求。

(三)电缆法测试与调配

按照石油行业标准 SY/T 5733—2016《注水井完井作业及分层注水测试调配方法》的要求,电缆法测试调配包括仪器安装和下入、分层流量测试和调配、起出仪器等工序。

1. 分层流量测试

使用单流量计测调仪时,是自上而下依次在配水器上部 3～5m 处停测 5～10min。使用双流量计测调仪时,则是自上而下依次在配水器上部 2～3m 打开测调仪的定位爪,下放坐入配水器后停测 5～10min。

2. 分层流量调配

根据地质配注需求和分层流量测试结果,确定需要调配的层段,按先加强层后限制层的顺序进行调配。

实测流量与地质配注流量相差较小时可选择全自动方式调配。如果实测流量与地质配注流量相差较大,则应选择手动方式调配。

调配完成后,偏心测调仪需依次收回测调仪的调节臂、扶正臂和导向舌,同心测调仪需收回定位爪,然后调配下一层。

(四)实时测调仪法测试与调配

按照石油行业标准 SY/T 6797—2020《注水井分层流量实时测调仪》的要求,实时测调仪是根据各油层的渗透性不同,对油层进行分层配注时,通过地面控制仪对井下仪器的控制,实现对调节阀开度大小的控制及流量测重。该方法把测试和调配结合起来,实现在一次下井过程中完成井下各层流量测试和目标层位流量的自动配注任务。

实时测调仪由地面控制仪和井下仪器组成。根据井下仪器调节对象的不同,实时测调仪可分为偏心测调仪和同心测调仪两种,分别用于偏心配水器和同心配水器。

(五)分层调配质量要求

测指示曲线时,泵压应保持稳定(波动幅度不大于0.2MPa),测试仪表要准确。

测试曲线形态应与测试过程相符,流量、压力与时间曲线应连续无间断,图形光滑适中,无异常现象,停测台阶明显,压力台阶、流量台阶应为一相对水平直线。测试曲线质量不合格应重测。

分层注水井的各层段注水量按地质配注方案要求配注,实际配注误差合格范围规定如下:

(1)加强层——地质配注量×(1-10%)~地质配注量×(1+30%)。

(2)限制层——地质配注量×(1-30%)~地质配注量×(1+10%)。

(3)接替层——地质配注量×(1±10%)。

四、分层配水

由于分层注水是通过调整井下配水嘴的"节流损失"而改变注水压差,从而对高渗透率油层进行控制注水,中、低渗透率油层进行加强注水,以此调节不同渗透率油层的吸水量差异。

分层配水主要包括两方面:一方面是根据动态分层配水原则确定注水井的分层配注量;另一方面是按照一定的原则和经验选择合适的水嘴。

注采比是分层配水中的重要参数。所谓注采比,是指地层条件下注入量与产出量之比。对于低于饱和压力开采的油藏,在计算时应考虑采出的自由气的体积。通常使用的注采比有月注采比、季注采比、年注采比、累积注采比,是研究注采平衡状况和调整注采关系的重要依据,也是油田配产配注的一项重要指标。

所谓动态分层配水原则,是以小层、井组为基础,根据水淹状况、注水井与采油井的相关关系(注水受效方向及在油砂体中所处位置等),确定各层需要的注采比,从而确定调配类型,即加强注水、平衡注水或限制注水。

(1)加强注水,也称为强化注水,常用大水嘴提高注水量,注采比大于1。此类型常用于中低渗透层。

(2)平衡注水,也称为接替注水,对注水量既不限制也不加强,注采比约等于1。此类型常用于中等渗透率的地层。

(3)限制注水,也称为控制注水,常用小水嘴限制注水量,注采比小于1。此类型常用于高渗透率的地层。

分层注水的控制都是利用配水管柱、封隔器及配水嘴来实现的。表3-1-5所示为油层注水强度与渗透率的关系。

表3-1-5 油层注水强度与渗透率的关系

水井层 / 油井层	高渗透层	中渗透层	低渗透层
高渗透层	限制层	限制层	加强层
中渗透层	限制层	接替层	加强层
低渗透层	加强层	加强层	加强层

【技能操作】(应会)

操作一:根据资料绘制注水井管柱图

注水井管柱图是形象而准确地描述注水井井下管柱结构状况的示意图,是注水井施工设计、作业施工、注水分析过程中的重要依据。采油工人应能够依据所给井下管柱数据准确地绘制出符合施工要求的管柱图。

一、准备工作

(1)用具的准备。直尺、铅笔、橡皮、绘图纸。

(2)准备水井射开层段、注水层段等油层资料,包括射开层段、注水层段的顶界和底界的深度以及套管接箍的深度和人工井底深度等资料。

(3)数据资料。

某注水井顶部动态停注,分两层注水,注水井套管直径139.7mm,绘制出合理的注水井生产管柱图,注水层位置:沙一层:1744~1748m;沙二层:1756~1761m;沙三层:1778~1784m;套管接箍位置:1732.87m、1742.97m、1752.41m、1772.53m。

二、操作步骤

(1)首先核对给定的管柱设计数据与注水层段数据是否相符,确认无误后准备正式画图。本操作以空心注水管柱为例。

(2)画基线,填图头名称。在所用图纸的正上方适当位置画一横基线,并把"××注水井管柱示意图"填写在基线上方。

(3)画垂直基线,定油、套管线。在基线向下垂直方向,图幅中央偏左画一点画线,并在两侧对称位置画4条垂直直线,最外2条为套管(绿色线),内2条为油管(红色线),每条线间隔8mm。

(4)画间断线。在基线下方10mm左右的位置画出管柱间断线,要求间距为3~5mm。

(5)画注水层段(油层位置)。在套管线左侧标定画出给定的注水层段(几段、顺序等),位置在整个管柱高度的下1/3~2/3处,这是很关键的一步,它直接影响整幅图布局是否合理等。标注油层顶界、底界的深度。

(6)画配水器及封隔器。在油管线内对应注水层段位置画出配水器。在油层与油层之间画出封隔器,封隔器的位置一定要避开套管接箍的位置。

注意:配水器一定要画在本注水层段内。

(7)画底筛堵(底球、筛管和丝堵)。在油管的最末端画出底筛堵。

(8)画人工井底。在套管线最下端连横线,即为人工井底。

(9)自上而下标注各井下工具的名称、规格及下入深度。

标注时要求:① 底筛堵一同标注;② 封隔器的标注线在密封段上界面,其他井下工具标注线在下界面;③ 标注线上面写井下工具的名称、规格,下面写下入深度;④ 标注人工井底深度。

三、技术要求及注意事项

(1)封隔器的下入深度应避开接箍位置、套管变形及破损位置。

(2)线条清晰,比例适中,字迹工整,符号、数据准确。

操作二:注水井单井动态分析

注水井动态分析是通过大量的水井第一手资料来认识油层中油气水的运动规律。它是采油技能操作中一项综合性较强的内容,也是采油工应掌握的技能项目。

一、准备工作

注水井生产数据及测试资料、纸、笔、橡皮、尺、计算器。

二、操作步骤

(1)统计整理生产数据和测试资料。统计整理注水井的注水时间、方式、注水压力、日注水量、配水量、合格率等资料。

(2)绘制注水井的注水井曲线。具体步骤参见“绘制注水曲线”。

(3)初步分析注水井。分析注水井各小层实际注水量与配注水量的吻合情况,结合注水井分析油井生产指标随注水量变化的规律。

注:水井注水量一般分为以下几种情况:

① 最好。实际注水量与配注水量接近,全井及分层吸水量均达到方案要求,要继续保持下去。

② 较好。两者差值幅度在 ±10% 范围内。

③ 较差。两者差值幅度超出 ±20% 范围。其中 +20% 的为超注,易导致油井含水的上升,是开发方案不允许出现的,要找出人为调整注水量的原因。-20% 的为欠注,易导致地层能量的降低,是单井分析的主要内容。

(4)综合分析注水井。进行综合分析,找出主要问题。分析注水井欠注是否有以下原因造成,如计量仪表不准、注水干线压力偏低、水嘴堵塞、注入水质不合格等。若水井长时间欠注,分析是地质原因还是配水量偏高。

(5)提出相应措施。根据注水井分析结果,针对存在问题,提出相应措施。

三、技术要求及注意事项

所用资料真实,对比分析清楚。

操作三:分析典型案例——单井动态分析

某分层注水井,在巡回检查、录取该井的井口数据时发现,油压与上一天相比,有较大幅度的上升,而注水量没有变化。连续核实三天录取的数据基本一样,变化前后的数据见表 3-1-6。

表 3-1-6　某注水井分层注水资料

日期	泵压 MPa	油压 MPa	配注 m^3/d	实注 m^3/d	分层数据					
					偏 1, m^3/d		偏 2, m^3/d		偏 3, m^3/d	
					配注	实注	配注	实注	配注	实注
5 月 12 日	14.5	11.7	150	140	40	37	30	27	80	76
5 月 13 日	14.5	11.6	150	138	40	35	30	24	80	69
5 月 14 日	14.7	12.5	150	140	40		30		80	
5 月 15 日	14.7	12.6	150	142	40		30		80	
5 月 16 日	14.5	12.7	150	139	40		30		80	

注:地层破裂压力为 14.3MPa。

一、数据分析

(1)基本信息。从生产数据表中可以看出,该井在13日前泵压为14.5MPa,油压为11.6MPa左右,全井配注水量是150m^3/d,实注水量为138m^3/d,分层注水合格率达到100%。

(2)压力变化。14日开始,泵压为14.7MPa,较前两天上升了0.2MPa;油压却由11.6MPa上升到12.5MPa,上升了0.9MPa。而且,此后油压持续缓慢上升。

(3)水量变化。配水量不变,实注水量是140m^3/d,仅上升2m^3/d。由于油压上升超过原分水压力界限而不能计算分层注水量,使注水合格率降为0。此后,连续三天对其进行核实,注水泵压保持在14.5MPa,油压在12.5MPa以上,实际注水量仍然在140m^3/d左右。

(4)数据落实。为查清油压上升原因,也为恢复原注水状况,于17日对该井首先进行反洗井。洗井后的注水压力、注水量等与上升后的相比,变化不大。然后,于18日对该井检配测试,发现偏1没有水量,与原来的测试资料相差甚大,具体数据见表3-1-7。

表3-1-7 某分层注水井的分层测试资料

层段	性质	配注 m^3/d	水嘴 mm	测试压力 MPa	实注 m^3/d	与配注差 m^3/d
偏1	接替	40	4.2	12.5	0	-40
偏2	限制	30	3.6	12.5	57	27
偏3	加强	80	7.5	12.5	82	2
全井		150		12.5	139	-11

二、诊断结果

诊断结果:偏1水嘴堵塞。

检配后捞出偏1堵塞器,发现水嘴的孔眼被死油堵死。更换水嘴后重新投入堵塞器,然后恢复正常注水,此时油压又降回到原来的压力水平。经测试检配,各层段注水恢复到原状况。

三、原因分析

(1)分层注水井各小层的注水量是按其水嘴大小进行分配的。

(2)在正常情况下,注水压力应该是稳定的,全井及各小层的吸水量不会出现大的变化。

(3)当井口油压突然升高,而全井注水量不变时,说明井下小层注水量出现了比较大的变化。这是因为注水压力上升,水嘴两端的压差增大,全井及各小层注水量必然要上升。

(4)如果是注水压力上升,而全井水量变化不大,这时井下小层的水量就会出现较大变化,有的层增多,有的层就会减少,甚至不吸水,这种情况只会出现在小层水嘴发生堵塞时。

练 习 题

一、填空题

1. 注入水水源通常有__________、__________和__________。

2. 注入水的水质控制指标主要有__________、__________、__________、__________、

__________、__________、__________七个。

3. 注水井从完钻到正常注水，一般要经过__________、__________、__________之后才能转入正常注水。

4. 正注是指注入水从__________流到__________并进入地层。

5. 反洗是指洗井水从__________进入井底，然后从__________上返出井口的洗井方式。

6. 吸水指数是指单位注水压差下的__________，单位是__________。

7. 人们把地层的吸水指数与地层有效厚度的比值称为__________。

8. 注水指示曲线的横坐标是__________，纵坐标是__________。

二、判断题

(　)1. 注入水的水源优先选择地面水源。

(　)2. 单位注水压差下的日注水量称为吸水指数。

(　)3. 用注水指示曲线可以计算出吸水指数。

(　)4. 指示曲线右移右转，斜率变小，如果没有采取过增注措施，原因是水嘴脱落。

(　)5. 指示曲线平行上移是由于油层堵塞所致。

三、简答题

1. 油田生产采出水的处理主要有哪些流程？

2. 分层注水有哪些优点？

3. 偏心配水管柱主要由哪些井下设备及工具组成？

4. 注水指示曲线可用来进行哪些分析工作？

5. 什么是吸水剖面？通常吸水剖面是如何表示的？

6. 什么是注采比？

四、计算题

1. 某注水井今日注水 24h，实际注水 $306m^3/d$，结算报表时的水表底数 8459，那么该井昨日水表底数是多少？如果该井于上午 9:00～10:00 洗井，其井口溢流量为 $22m^3$，结算报表时的水表底数仍是 8459，那么该井今日实际注水又是多少？

2. 某注水井油层中部深度为 1200m，关井 72h 后测得井口压力为 2.4MPa 且保持不变，求地层静压（注入水密度 $1.05t/m^3$，重力加速度 g 取 $10m/s^2$）。

3. 某注水井用降压法测得注水压力为 5.0MPa、4.0MPa 时的日注水量分别为 $60m^3$、$40m^3$，求该注水井的吸水指数是多少？

模块二　水力压裂技术

水力压裂是利用地面高压泵组，将高黏液体以大大超过地层吸收能力的排量注入井中，在井底憋起高压，当此压力大于井壁附近的地应力和地层岩石抗张强度时，便在井底附近地层产生裂缝；继续注入带有支撑剂的携砂液，裂缝向前延伸并填以支撑剂，关井后裂缝闭合在支撑剂上，从而在井底附近地层内形成具有一定几何尺寸和高导流能力的填砂裂缝，使井达到增产增注的目的。

【知识目标】

(1)掌握造缝机理；

(2)掌握压裂液的性能；

(3)掌握支撑剂的性能；

(4)了解压裂设备与施工工艺。

【所需知识】

一、几个基本概念

压裂增产倍数：压裂后与压裂前油井的采油指数之比。压裂增产倍数越大，压裂效果越好。

地层系数：原地层的渗透率与有效厚度的乘积 Kh，代表原地层允许流体通过的能力。

导流能力：形成的填砂裂缝宽度与缝中渗透率的乘积 $W_f K_f$，代表填砂裂缝允许流体通过的能力。

水力压裂增产的机理为：

(1)形成的填砂裂缝的导流能力比原地层系数大得多，可大几倍到几十倍，大大增加了地层到井筒的连通能力。

(2)由原来渗流阻力大的径向流渗流方式转变为单向流渗流方式，增大了渗流截面，减小了渗流阻力。

(3)可以沟通独立的透镜体或天然裂缝系统，增加新的油源。

(4)裂缝穿透井底附近地层的污染堵塞带，解除堵塞，因而可以显著增加产量，如图3－2－1所示。

二、造缝机理

在水力压裂中，了解裂缝的形成条件、裂缝的形态（垂直或水平）、裂缝的方位等，对有效地发挥裂缝在增产、增注中的作用是很重要的。在区块整体压裂改造和单井压裂设计中了解裂缝的方位对确定合理的井网方向和裂缝几何参数尤为重要，这是因为有利的裂缝方位和几何参数不仅可以提高开采速度，而且可以提高最终采收率，相反，则可能会出现生产井过早水窜，降低最终采收率。

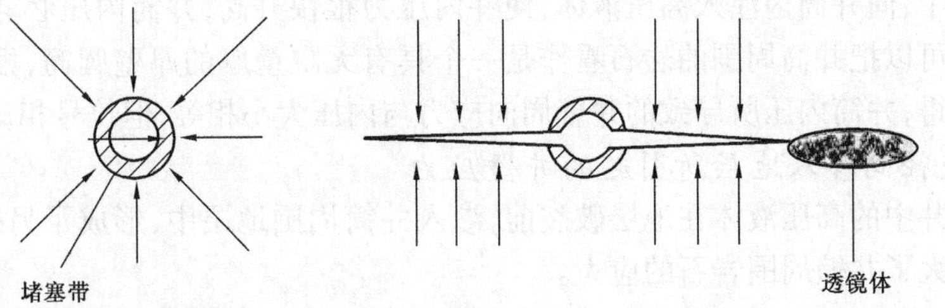

图 3－2－1　压裂增产原理示意图

(一)地层的破裂压力及其影响因素

地层开始形成裂缝时的井底注入压力称为地层的破裂压力 p_F。破裂压力与地层深度的比值称为破裂压力梯度 $\alpha = p_F/H$。

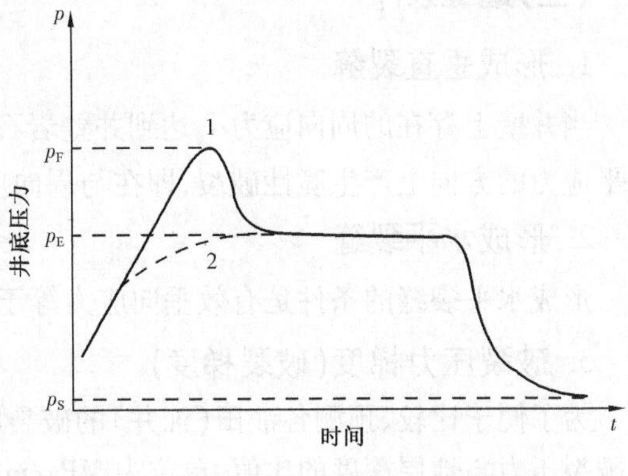

图 3－2－2　压裂过程中井底压力变化曲线

1—致密岩石;2—微裂缝、高渗岩石

图 3－2－2 是压裂施工过程中井底压力随时间的变化曲线。图中 p_F 是地层破裂压力,p_E 是裂缝延伸压力,p_S 是油藏压力。在致密地层内,当井底压力达到较高的破裂压力 p_F 后,地层发生破裂,如图 3－2－2 中的曲线 1 所示,然后在较低的裂缝延伸压力 p_E 下,裂缝向前延伸。对高渗或微裂缝发育地层,压裂过程中无明显的破裂显示,破裂压力与延伸压力相近,如图 3－3－2 中的曲线 2 所示。

1. 沉积地应力

一般情况下,地层中的岩石处于压应力状态,作用在地下岩石某单元体上的应力为垂向主应力 σ_z 和水平主应力 σ_H(可分为两个相互垂直的主应力 σ_x、σ_y)。作用在单元体上的垂向主应力 σ_z 来自上覆层的岩石重量,它的大小可以根据密度测井资料计算。由于油气层中有一定的孔隙压力 p_S(即油藏压力或流体压力),孔隙中的流体对岩石骨架有支撑作用,故作用在岩石骨架上的有效垂向主应力为垂向主应力 σ_z 与孔隙压力 p_S 的差值。一般情况下水平主应力 σ_x、σ_y 数值相等,但如果岩石处于弹性状态,并考虑到构造应力等因素的影响,两个水平主应力可能不相等。

2. 井壁上的应力

1)井筒对地应力及其分布的影响

在地层中钻井以后,井壁上及其周围地层的应力分布受到井筒的影响,这种影响是复杂的,为了简化,将地层中三维应力问题改用二维方法来处理。在这种情况下,与弹性力学中双向受力的无限大平板中钻有一个圆孔的受力情况相近。在无限大平板上钻了圆孔之后,将使板内原来均匀的应力重新分布,造成圆孔附近的应力集中。压裂后裂缝的形态和方位与周向应力有密切的关系,具体可参见弹性力学中双向应力状态下圆孔周向应力的计算结果。

2）井眼内压所引起的井壁应力

压裂过程中，向井筒内注入高压液体，使井内压力很快升高，井筒内压必然导致井壁上产生周向应力。可以把井筒周围的岩石看作是一个具有无限壁厚的厚壁圆筒，根据弹性力学中的拉梅公式可得，井筒内压所导致的井壁周向应力与内压大小相等，但符号相反。

3）压裂液径向渗入地层所引起的井壁应力

由于注入井中的高压液体在地层破裂前，渗入井筒周围地层中，形成了另外一个应力区，它的作用是增大了井壁周围岩石的应力。

4）井壁上的最小总周向应力

在地层破裂前，井壁上的最小总周向应力应为地应力、井筒内压及液体渗流所引起的周向应力之和。

（二）造缝条件

1. 形成垂直裂缝

当井壁上存在的周向应力$\overline{\sigma}_\theta$达到井壁岩石的水平方向的抗拉强度σ_t^h时，岩石将在垂直于水平应力的方向上产生脆性破裂，即在与周向应力相垂直的方向上产生垂直裂缝。

2. 形成水平裂缝

形成水平裂缝的条件是有效垂向应力等于负的岩石垂向抗张强度σ_t^v，即$\overline{\sigma}_{zt} = -\sigma_t^v$。

3. 破裂压力梯度（破裂梯度）

为了便于比较、预测各油田（油井）的破裂压力，常使用破裂压力梯度α来表示，它是指地层破裂压力与地层深度的比值，单位为MPa/m。

理论上，裂缝破裂时的有效破裂压力除以压裂层的中部深度即可得到破裂梯度值，但实际上各油田的破裂梯度值都是根据大量压裂施工资料统计出来的，破裂梯度值的一般范围为$(1.5 \sim 1.8) \times 10^{-2}$MPa/m。

有些井破裂时并没有明显的破裂压力峰值，如图3－2－2中的曲线2所示，可能原因如下：两个水平应力的比值较大时，井壁上的周向应力就小，例如，当两个应力的比为3时，破裂压力肯定很低；地层中有微裂隙、井经过预处理、地层渗透率较高等都会有这样的现象。

4. 人工裂缝方向

在天然裂缝不发育的地层，裂缝形态（垂直缝或水平缝）取决于其三向应力状态。根据最小主应力原理，裂缝总是产生于强度最弱、阻力最小的方向，即岩石破裂面垂直于最小主应力轴方向。当σ_z最小时，形成水平裂缝；当σ_z最大时，形成垂直裂缝。若$\sigma_z > \sigma_x > \sigma_y$，裂缝面垂直于$\sigma_y$方向；若$\sigma_z > \sigma_y > \sigma_x$，裂缝面垂直于$\sigma_x$方向，如图3－2－3所示。

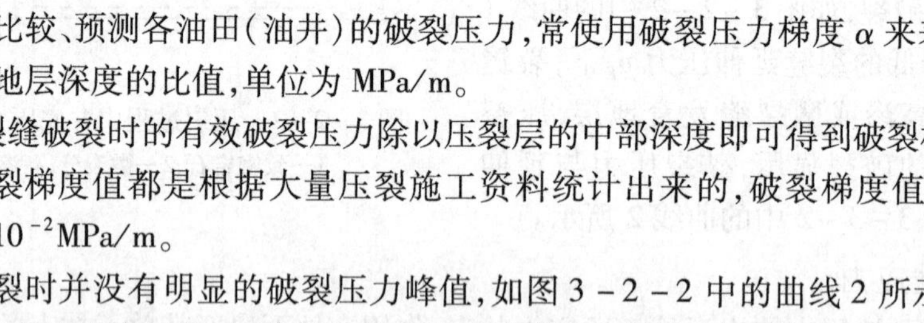

图3－2－3　人工裂缝方向示意图

三、压裂液

影响压裂施工成败的诸因素中,压裂液的性能是其中的主要因素之一。对大型压裂来说,这个因素更为突出。这是因为压裂施工的每个环节都与压裂液的类型和性能有关。

(一)压裂液的作用及对压裂液的要求

1. 压裂液的作用

在压裂过程中注入的液体统称为压裂液,根据压裂过程中注入井内的压裂液在不同施工阶段所起的作用不同,可把压裂液分为前置液、携砂液、顶替液三种。

(1)前置液。它的作用是破裂地层并造成一定几何尺寸的裂缝,以便后面的携砂液进入到温度较高的地层里,它还可起一定的降温作用。有时为了提高前置液的工作效率,在前置液中还加入一定量的细砂(粒径 100~140 目,砂比 10% 左右)以堵塞地层中的微隙,减少液体的滤失。

(2)携砂液。它起到将支撑剂带入裂缝中并将支撑剂填在裂缝内预定位置上的作用,在压裂液的总量中,这部分比例很大。携砂液和其他压裂液一样,有造缝及冷却地层的作用。携砂液由于需要携带密度很高的支撑剂,必须使用交联的压裂液(如冻胶等)。

(3)顶替液。中间顶替液用来将携砂液送到预定位置,并有预防砂卡的作用;注完携砂液后要用顶替液将井筒中全部携砂液替入裂缝中,以提高携砂液的效率和防止井筒沉砂。

2. 对压裂液的性能要求

根据压裂不同阶段对液体性能的要求,压裂液在一次施工中可能使用一种以上性能不同的液体,其中还加有不同使用目的的添加剂。对于占总液量绝大多数的前置液及携砂液,都应具备一定的造缝能力并使裂缝壁面及填砂裂缝有足够的导流能力。所以,为了获得好的水力压裂效果,对压裂液的性能要求如下:

(1)滤失少。这是造长缝、宽缝的重要条件,压裂液的滤失性主要取决于它的黏度与造壁性,黏度高则滤失少;在压裂液中添加防滤失剂,能改善造壁性,大大减少滤失量。

(2)悬砂能力强。压裂液的悬砂能力主要取决于黏度,压裂液只要有较高的黏度,支撑剂(常用砂粒或陶粒)即可悬浮于其中,这对支撑剂在缝中的分布是非常有利的。

(3)摩阻低。压裂液在管道中的摩阻越小,则在设备功率一定的条件下,用于造缝的有效功率也就越大。摩阻过高会导致井口施工压力过高,从而降低排量甚至限制压裂施工。

(4)稳定性好。压裂液应具备热稳定性,不能由于温度的升高而使黏度有较大的降低。液体还应有抗机械剪切的稳定性,不会因流速的增加而发生大幅度的降解。

(5)配伍性好。压裂液进入油层后与各种岩石矿物及流体相接触,不应发生不利于油气渗流的物理—化学反应。

(6)低残渣。要尽量降低压裂液中水不溶物(残渣)的数量,以免降低油气层和填砂裂缝的渗透率。

(7)易于返排。施工结束后大部分注入液体应能返排出井外,以减少压裂液的伤害,排液越完全,增产效果越好。

(8)货源广,便于配制,价钱便宜。

(二)压裂液的类型

目前常用的压裂液有水基压裂液、酸基压裂液、油基压裂液、乳状及泡沫压裂液等。

1. 水基压裂液

水基压裂液是用水溶胀性聚合物(称为成胶剂)经交链剂(又称交联剂)交链后形成的冻胶。常用的成胶剂有植物胶(瓜尔胶、田菁、皂仁等)、纤维素衍生物羟乙基纤维素、羧甲基羟乙基纤维素等)以及合成聚合物(聚丙烯酰胺、聚乙烯醇);交链剂有硼酸盐和钛、锆等有机金属盐等。

2. 油基压裂液

对水敏性地层,使用水基压裂液会导致地层黏土膨胀影响压裂效果,对此,可使用油基压裂液。矿场原油或炼厂黏性成品油均可作油基压裂液,但其悬砂能力差,性能达不到要求。目前多用稠化油,基液为原油、汽油、柴油、煤油或凝析油,稠化剂为脂肪酸皂(如脂肪酸铝皂、磷酸酯铝盐等),矿场最高砂比可达30%(体积比)。

油基压裂液虽然适用于水敏性地层,但受价格昂贵、施工困难和易燃等问题的影响,应用受到一定的限制。

3. 泡沫压裂液

泡沫压裂液是用于低压低渗油气层改造的压裂液。其特点是易于返排、滤失少、摩阻低等。基液多用淡水、盐水、聚合物水溶液;气相为二氧化碳、氮气、天然气;发泡剂用非离子型活性剂。泡沫干度为65%~85%,低于65%则黏度太低,超过92%则不稳定。

四、支撑剂

支撑剂的作用在于支撑、分隔开裂缝的两个壁面,使压裂施工结束后裂缝能够得到有效支撑,从而消除地层中大部分径向流,使井液以线性流方式进入裂缝。

填砂裂缝的导流能力是指油层条件下填砂裂缝渗透率与裂缝宽度的乘积,常用FRCD表示,导流能力也称为导流率。

(一)支撑剂的性能要求

(1)粒径均匀,密度小。一般地,水力压裂用支撑剂的粒径并不是单一的,而是有一定的变化范围,如果支撑剂分选程度差,在生产中,细砂会运移到大粒径砂所形成的孔隙中,堵塞渗流通道,影响填砂裂缝导流能力,所以对支撑剂的粒径大小和分选程度是有一定要求的。

(2)强度大,破碎率小。为了保证填砂裂缝的导流能力,在不同闭合压力下,对各种目数的支撑剂的强度和破碎率有一定要求。

(3)圆度和球度高。支撑剂的圆度表示颗粒棱角的相对锐度,球度是指砂粒与球形相近的程度。圆度和球度常用目测法确定。

(4)杂质含量少。支撑剂中的杂质对裂缝的导流能力是有害的。天然石英砂的杂质主要是碳酸盐、长石、铁的氧化物及黏土等矿物质。一般用水洗、酸洗(盐酸、土酸)消除杂质,处理后的石英砂强度和导流能力都会提高。

(5)来源广,价廉。

(二)支撑剂的类型

支撑剂按其力学性质分为两大类:一类是脆性支撑剂,如石英砂、玻璃球等,特点是硬度大,变形小,在高闭合压力下易破碎;另一类是韧性支撑剂,如核桃壳、铝球等,特点是变形大,承压面积随之加大,在高闭合压力下不易破碎。目前矿场上常用的支撑剂有两种:一是天然砂;二是人造支撑剂(陶粒)。

1. 天然砂

自从世界上第一口压裂井使用支撑剂以来,天然砂已广泛使用于浅层或中深层(1500m)的压裂中,而且都有很高的成功率。另外石英砂资源很丰富,价格也便宜。

2. 人造支撑剂(陶粒)

最常用的人造支撑剂是烧结铝矾土,即陶粒。它的矿物成分是氧化铝、硅酸盐和铁—钛氧化物;形状不规则,圆度为0.65,密度为3800kg/m^3,强度很高。在70.0MPa的闭合压力下,陶粒所支撑缝的渗透率约比天然砂的高一个数量级,因此它能适用于深井高闭合压力的油气层压裂。对于一些中深井,为了提高裂缝导流能力也常用陶粒作尾随支撑剂。

3. 树脂包层支撑剂

树脂包层支撑剂是中等强度,能承受56.0~70.0MPa的闭合压力,适用于低强度天然砂和高强度陶粒之间强度要求的支撑剂。其密度小,便于携砂与铺砂。它的制作方法是用树脂把砂粒包裹起来,树脂薄膜的厚度约为0.0254mm,占总重量的5%以下。

(三)支撑剂的选择

支撑剂的选择主要是指选择支撑剂的类型和粒径,选择的目的是达到一定的裂缝导流能力。

影响支撑剂选择的因素有以下几方面。

1. 支撑剂的强度

选用支撑剂首先要考虑其强度。如果支撑剂的强度不能抵抗闭合压力,它将被压碎并导致裂缝导流能力下降,甚至压裂失败。一般来说,对浅地层(深度小于1500m),闭合压力不大时使用石英砂;对于深层,闭合压力较大时多使用陶粒;对中等深度(2000m左右)的地层,一般缝中用石英砂,在缝口尾随部分陶粒。

2. 粒径及其分布

在低闭合压力下,砂子的粒径越大,支撑的填砂裂缝的渗透率越高,但还要视地层条件而定。

3. 支撑剂类型及浓度

不同类型支撑剂在不同闭合压力和铺砂浓度条件下,支撑裂缝的导流能力相差很大,从试验中可以看到:在低闭合压力下,陶粒和石英砂支撑裂缝的导流能力相近,在高闭合压力下,陶粒要比石英砂所支撑裂缝的导流能力大一个数量级;同时也可以看到铺砂浓度越大,导流能力也越大,如图3-2-4所示。

4. 其他因素

支撑剂的嵌入也是影响裂缝导流能力的一个因素,颗粒在高闭合压力下嵌入岩石中,由于增加了抗压面积,有可能提高它抵抗闭合压力的能力,但由于嵌入而使裂缝变窄,从而降低了导流能力。

其他因素如支撑剂的质量、密度,以及颗粒圆度、球度等也都会影响裂缝的导流能力。

五、压裂设备

压裂设备和工具是完成压裂施工的重要手段。随着压裂工艺的不断发展,对设备工具的

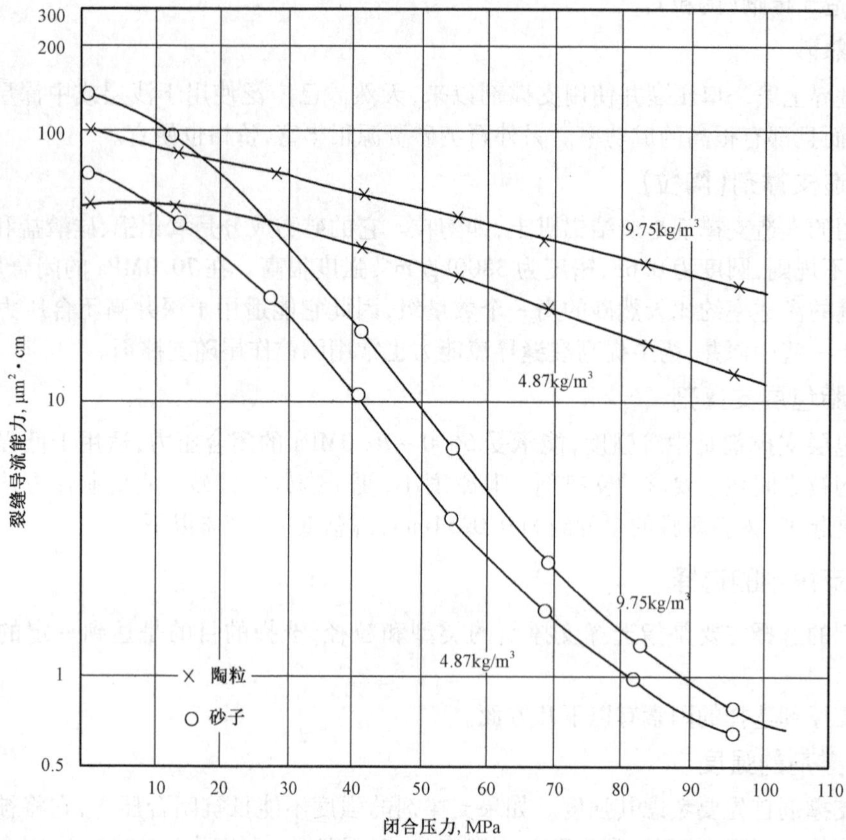

图 3-2-4　石英砂与陶粒的导流能力对比图

要求也越来越高。为此,国内外制造了许多专门的水力压裂设备及工具。下面仅对其中主要部分作简要介绍。

(一)地面动力机械设备

压裂用的动力机械设备很多,仅专用特殊施工车辆就达数十辆之多。这些设备能造成高压条件,泵送高压液体,快速均匀搅拌混砂液体。根据它们在压裂施工中的不同功能,分别称为压裂车、混砂车、平衡车、仪表车等。

1. 压裂车

压裂车是压裂的主要设备,它的作用是向井内注入高压的压裂液,将地层压开,并把支撑剂挤入裂缝。压裂车主要由运载、动力、传动、泵体、操作面板五大件组成。压裂泵是压裂车的工作主机。绝大多数压裂车装备的压裂泵为卧式三缸单作用柱塞泵。

2. 混砂车

混砂车的作用是根据施工设计要求,将压裂液和支撑剂按一定比例混合后供给压裂车泵入井。混砂车主要由供液系统、输砂系统及传动系统三部分组成,一般用运载汽车的发动机做动力。所有压裂车均由混砂车供给压裂液。

3. 平衡车

平衡车从油套管环形空间注入一定压力的液体,平衡封隔器的部分压差,改善封隔器的工作条件，主要起保护封隔器的作用。另外，当施工中出现砂堵、砂卡等事故时，平衡车可立即进行反洗或反压井，排除故障。

4. 仪表车

仪表车是在压裂施工时供现场工程技术人员准确、及时地掌握各种施工参数，帮助了解和判断井下施工情况，正确指导施工的特种车辆。仪表车上装有计量压裂参数的各种仪表，如计量压力、液量、排量、砂量、混砂比等的仪表装置。此外还装有扩大器、送活器等通信联络装置。

5. 管汇车

管汇是压裂时高压液流汇集通过的总机关，由高压三通、四通、单流阀、控制阀等部件组成。因为是组装在汽车上的，所以称管汇车。要求管汇耐高压、机械强度高、适应性好。

(二)井下工具

为实现压裂工艺要求，除了地面设备外，还必须有一套适应压裂的井下工具，这就是以井下压裂封隔器为主体的井下压裂管柱，包括压裂封隔器、喷砂器、水力锚等，如图3-2-5所示。压裂时，液体的传压作用，使封隔器胶筒张开分隔层段，水力锚的锚体伸出紧贴套管壁，起固定管柱的作用。油管内的压力增加到一定值时，喷砂器开启，压裂液流向目的层。

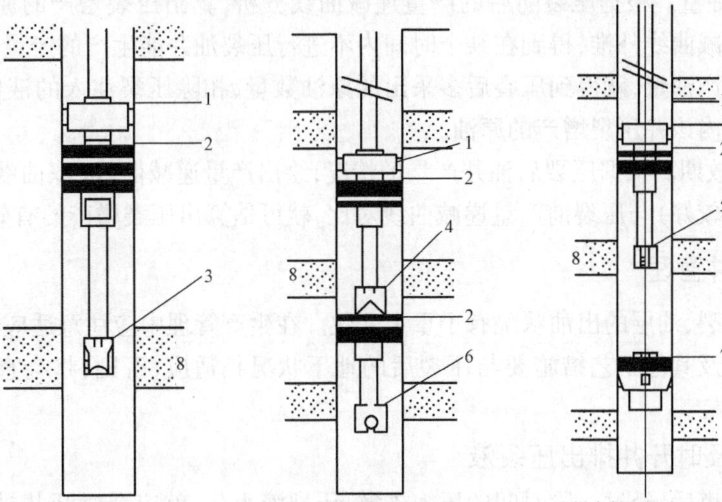

(a) 单封隔器分层压裂　(b) 双封隔器分层压裂　(c) 桥塞封隔器分层压裂

图3-2-5　封隔器分层压裂管柱结构示意图

1—水力锚；2—封隔器；3—喷砂器；4—导压喷砂器；5—节流喷砂器；6—球座；7—桥塞封隔器；8—压裂层

1. 压裂封隔器

压裂封隔器是封隔井的压裂层段的主要井下工具。各油田根据井的特点使用的压裂封隔器各有不同，主要有水力压差式、水力机械式和水力压缩式等。以K344-114水力压差式封隔器为例，其结构是由上接头、下接头、密封圈、钢碗、中心管、胶筒、滤网等部分组成。

2. 喷砂器

喷砂器的作用：一是向地层喷砂液；二是造成节流压差，保证封隔器所需的坐封压力。目前有弹簧式和喷嘴式两种。

3. 水力锚

压裂时，为了防止因压力波动而引起的封隔器上下蠕动，避免因上、下封隔器不协调或下部封隔器损坏而引起的油管上顶，可下入水力锚来固定井下管柱，以保证施工正常进行。水力锚的主要结构是由主体、扶正器、密封圈、外弹簧、内弹簧、锚体、扶正器套等组成。

六、压裂效果评价及压裂井管理

（一）压裂效果评价

油井压裂后的生产动态，有四种情况：(1)压裂后油井持续增产，递减曲线平缓；(2)压裂后油井持续高产，递减速度与压裂前大致相同；(3)产量暂时上升，时间从1~2个月至几个月不等，然后按处理前的递减趋势下降；(4)压裂后不增产，仍以原来的一般生产状况生产。压裂油井的生产动态表明，无论属于哪种情况，压裂对油井都是无害的，多数可达到油井增产的目的。

为了对压裂的技术经济效果作出全面分析，可从下面三个方面来评价：

(1)增产倍数。根据压裂前后的实际产量，计算采油指数比$\frac{J}{J_0}$。

(2)增产原油量。根据压裂前后的产量递减曲线分析，算出压裂增产的原油量。先按压裂前井的产量递减曲线外推，得到在某个时间内不进行压裂油井能生产的产量，然后统计出在此阶段压裂后的产油量，就得到压裂后多采出的原油数量，扣除压裂注入的液体量，剩下的原油量就是此阶段内该井压裂增产的原油。

(3)增产有效期。根据压裂后油井产量的情况，绘出产量递减曲线(双曲线型的递减曲线与生产数据吻合较好)与压裂前产量递减曲线对比，就可估算出压裂增产的有效期。

（二）压裂井管理

油井经过压裂，油层的出油状况有了重大变化。在生产管理中应注意适应这一新的情况，使井的工作制度及其他工艺措施要与压裂后的地下状况相适应，否则，将会直接影响井的生产，降低压裂效果。

1. 压裂后及时开井排出压裂液

压裂施工结束后，经过一段时间的压力扩散、压裂液水化，就应及时开井排出进入油层的压裂液，使油井正常生产。

2. 选择合理的工作制度

经压裂后，油井的生产状况发生了变化，和压裂前相同的油嘴对比，压裂后一般规律是采油指数增加，见水井含水量下降。油管压力、流动压力上升，生产压差变小。因此，压裂后初开井生产时，生产压差不能过大，防止砂子倒流回井筒，掩埋油层或使井壁缝口闭合，影响出油。

3. 取全取准各项生产资料加强井的观察分析

生产中的各项数据是油井综合分析的依据，必须定期取全取准，不放过任何一个新的变化，定期综合分析，及时采取合理管理措施。

4. 压裂井不得轻易采用压井措施

如果进行其他工艺作业不得不采用压井时，对压井液的性能要严格选择，压井后要酸处理以消除压井液对油层的伤害。

练习题

一、填空题

1. 常用的压裂工艺有合层压裂、__________、一次压裂多条裂缝__________、深层压裂、__________。

2. 压裂液分为__________、__________、__________三种。

3. 为实现压裂工艺要求，除了地面设备外，还必须有一套适应压裂的井下工具，这就是以井下为主体的井下__________。

4. 为了对压裂的技术经济效果做出全面分析，可从增产__________、增产__________、增产__________三个方面来评价。

二、判断题

(　)1. 当井壁上存在的周向应力$\bar{\sigma}_\theta$达到井壁岩石的水平方向的抗拉强度σ_t^h时，岩石将在平行于水平应力的方向上产生脆性破裂。

(　)2. 对水敏性地层，使用油基压裂液会导致地层黏土膨胀影响压裂效果。

(　)3. 目前矿场上常用的支撑剂有两种：一是天然砂；二是人造支撑剂(陶粒)。

(　)4. 压裂施工中的特殊车辆主要有压裂车、混砂车、平衡车、仪表车等。

(　)5. 合层压裂处理井段小，压裂强度及处理半径相对增高，能够充分发挥各产层的潜力，因而增产效果比较好。

(　)6. 压裂施工结束后，经过一段时间的压力扩散、压裂液水化，就应及时开井排出进入油层的压裂液，使油井正常生产。

三、简答题

1. 水力压裂增产机理是什么?
2. 水力压裂选井应考虑哪些因素?
3. 压裂液应具有什么性能?
4. 支撑剂的作用及性能要求是什么?
5. 以 K344－114 水力压差式封隔器为例论述压裂封隔器的工作原理。
6. 合层压裂、分层压裂的区别是什么?

模块三　酸化技术

酸化是通过向地层注入一种或几种酸液及添加剂，利用酸与地层中某些矿物的化学反应，溶蚀储层中的连通孔隙、天然裂缝及人造裂缝壁面岩石，增加流体在孔隙、裂缝中的流动空间，与井底附近孔隙中的堵塞物质发生反应，解除污物堵塞，达到增加油气井增产和注水井增注的目的。

【知识目标】

(1)掌握酸化增产原理；
(2)掌握油气层的酸处理；
(3)了解酸液及添加剂；
(4)了解酸化工艺技术。

【所需知识】

一、酸化增产原理

(一)酸化分类

酸化是一切以酸作为工作液对油、气、水层进行的增产增注措施的统称。

1. 按工艺分类

1)酸洗

酸洗是一种清除井筒中的酸溶性结垢或疏通射孔孔眼的工艺。它是将少量酸液注入预定井段，溶解井壁结垢物或射孔孔眼堵塞物。

2)基质酸化

基质酸化，也称常规酸化，即施工时井底压力低于岩层破裂压力，将酸液注入地层，溶蚀并扩大天然孔隙或裂缝及溶解渗流通道中的堵塞物，使油气井增产、注水井增注。

3)压裂酸化

压裂酸化，也称酸压，即施工时井底压力高于岩层破裂压力，将酸液挤入地层，靠酸液的水力作用和溶蚀作用，在处理层段形成人工裂缝，改善渗流条件，使油气井增产。

压裂酸化不加支撑剂，在裂缝形成过程，靠酸液的不均匀溶蚀作用把裂缝壁面刻蚀成凹凸不平的表面，停泵卸压后，裂缝不会完全闭合，保持较高的导流能力，从而增加油流的通道，达到增加产量的目的。压裂酸化的增产原理与水力压裂的基本相同。

2. 按施工所用酸液体系分类

按处理液类型可分为盐酸及其改性酸液类(如乳化酸、胶凝酸、泡沫酸等)和土酸两大类；还可按施工方式分为全井酸化、分层酸化、暂堵酸化等。但现场应用最多的还是盐酸和土酸酸化。

(二)酸化增产原理

1. 基质酸化增产原理

基质酸化增产作用主要表现在:

(1)酸液挤入孔隙或天然裂缝并与其发生反应,溶蚀孔壁或裂缝壁面,增大孔径或扩大裂缝,提高储层的渗流能力。

(2)溶蚀孔道或天然裂缝中的堵塞物质,破坏钻井液、水泥及岩石碎屑等堵塞物的结构,疏通流动通道,解除堵塞物的影响,恢复储层原有的渗流能力。

2. 压裂酸化增产原理

压裂酸化是碳酸盐岩储层增产措施中应用最广的酸处理工艺。压裂酸化施工中酸液壁面的非均匀刻蚀是由于岩石的矿物分布和渗透性的不均一性所致。沿裂缝壁面,有些地方的矿物极易溶解(如方解石),有些地方则难以被酸所溶解,甚至不溶解(如石膏、砂等)。易溶解的地方刻蚀得厉害,形成较深的凹坑或沟槽;难溶解的地方则凹坑较浅;不溶解的地方保持原状。

二、碳酸盐岩地层的盐酸处理

(一)盐酸与碳酸盐岩的化学反应

碳酸盐岩地层的主要矿物成分是方解石($CaCO_3$)和白云石[$CaMg(CO_3)_2$]。其中,方解石含量多于50%的称为石灰岩类;白云石[$CaMg(CO_3)_2$]含量多于50%的称为白云岩类。

酸处理中,主要的工作介质是盐酸,盐酸进入地层孔隙或裂缝后,将与裂缝壁面发生化学反应。现以石灰岩的主要成分方解石为例,盐酸与碳酸钙的化学反应方程式如下:

$$2HCl + CaCO_3 \xlongequal{\quad} CaCl_2 + H_2O + CO_2\uparrow \tag{3-3-1}$$

盐酸与白云岩[主要成分为$CaMg(CO_3)_2$]的化学反应方程式如下:

$$4HCl + CaMg(CO_3)_2 \xlongequal{\quad} CaCl_2 + MgCl_2 + 2H_2O + 2CO_2\uparrow \tag{3-3-2}$$

(二)酸液的溶解能力

酸液的溶解能力指单位体积酸液与岩石完全反应后,所能溶解的岩石体积。

常见酸液与碳酸盐岩的溶解能力见表3-3-1。

表3-3-1 常用酸液对碳酸盐岩的溶解能力(X)

反应矿物	酸液类型	酸液浓度,%(体积分数)			
		5	10	15	30
方解石	盐酸	0.026	0.053	0.082	0.175
	甲酸	0.02	0.041	0.062	0.129
	乙酸	0.016	0.031	0.047	0.096
白云石	盐酸	0.023	0.046	0.071	0.152
	甲酸	0.018	0.036	0.064	0.112
	乙酸	0.014	0.627	0.041	0.083

(三)影响盐酸与碳酸盐反应速度的因素

影响盐酸与碳酸盐反应速度的因素主要有酸液的类型、酸液的浓度、酸岩系统的面容比、酸液的流速、地层温度、压力和岩性等。

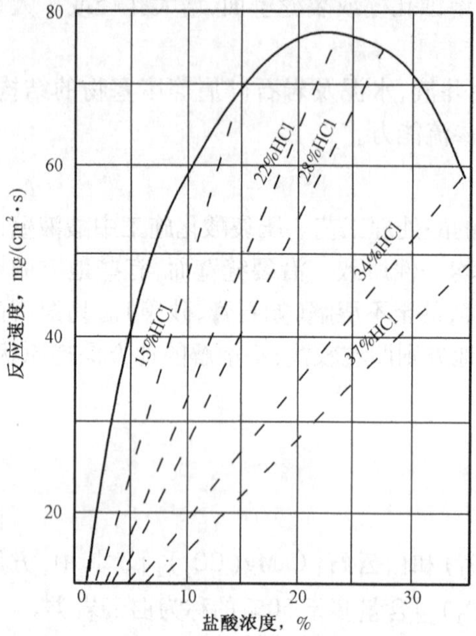

图 3－3－1　盐酸浓度对反应速度的影响

1. 酸液的类型

根据酸液反应的一般概念，酸液中氢离子浓度越大，反应速度就越快。采用强酸时反应速度快，采用弱酸时反应速度慢。

虽然弱酸(如甲酸、柠檬酸等有机酸)可延缓反应速度，但其溶解岩石的能力低、价格贵。所以，盐酸仍是酸处理中最广泛使用的酸类，但需采取加入添加剂的办法使其缓速。

2. 酸液的浓度

酸液的浓度是影响反应速度的主要因素。盐酸与碳酸盐岩反应中，盐酸浓度对反应速度的影响如图 3－3－1 所示。

3. 面容比

盐酸与碳酸盐岩的反应速度与面容比有关。面容比是指单位体积酸液所接触的岩石表面积。当其他条件不变时，面容比越大，反应速度就越快。

渗透性差的孔隙性地层，面容比很大。常规酸处理时，挤入地层孔隙的酸液与岩石孔隙的接触面积很大，酸液几乎是瞬时就反应完毕，活性酸深入地层的距离仅几十厘米就变为残酸。

4. 酸液的流速

由实验可知，酸液在层流范围内流动时，酸液流速的变化对反应速度并无显著的影响；在湍流流动时，由于酸液液流的搅拌作用，H^+的传递作用显著增加，但酸岩反应速度增加的倍比小于酸液流速增加的倍比，酸液来不及反应完毕就已经流入地层深处，故提高注酸排量可以增加活性酸深入地层的距离。

5. 地层温度

温度升高，酸液中离子的热运动加快，岩石反应速度也加快，同时也加快了对管线的腐蚀，因此，对高温深井施工时，不但要采用有效的防腐剂，在必要时还要采取冷却措施，以减缓反应速度。

6. 其他因素

压力不影响酸岩反应速度。岩石的化学组分、物理化学性质及酸液的黏度等都影响酸岩反应速度，酸液的黏度越高，反应速度越慢。

三、砂岩地层的土酸处理

(一)砂岩的组成

砂岩地层通常采用以解堵为目的的常规酸化处理，而不适宜酸化压裂。这与碳酸盐岩酸处理有所不同,其原因是砂岩由砂粒和粒间胶结物所组成,其中砂粒主要是石英和长石,胶结物主要为硅酸盐类(如黏土)和碳酸盐类。

(二)砂岩地层的土酸处理原理

氢氟酸对砂岩中的一切成分(石英、黏土、碳酸盐)都有溶蚀能力,又是溶解硅酸盐类的唯一普通酸。因此,所有用于砂岩酸化的配方都包含氢氟酸或其化合物。最常采用的是土酸,即10%~15%浓度的盐酸和3%~8%浓度的氢氟酸与添加剂所组成的混合酸液。但不能单独使用氢氟酸,其原因如下:

(1)氢氟酸与硅酸盐类以及与碳酸盐类反应易产生沉淀。

氢氟酸与硅酸盐类以及与碳酸盐类反应时,其生成物中有气态物质,也有可溶性物质,也会生成不溶于残酸液的沉淀。

例如,氢氟酸与碳酸钙的反应方程式如下:

$$2HF + CaCO_3 \longequal CaF_2\downarrow + CO_2\uparrow + H_2O \quad (3-3-3)$$

氢氟酸与硅酸钙铝(钙长石)的反应方程式如下:

$$16HF + CaAl_2Si_2O_8 \longequal CaF_2\downarrow + 2AlF_3\downarrow + 2SiF_4\uparrow + 8H_2O \quad (3-3-4)$$

在上述反应中生成的 CaF_2,当酸液浓度高时处于溶解状态,当酸液浓度降低后即会沉淀。酸液中若含有 HF 时,依靠 HCl 维持酸液在较低的 pH 值,可以提高 CaF_2 的溶解度。

(2)氢氟酸与砂岩中各种成分的反应速度各不相同。

氢氟酸与碳酸盐的反应速度最快,与硅酸盐(黏土)的反应速度次之,与石英的反应速度最慢。因此当氢氟酸进入砂岩地层后,大部分氢氟酸首先消耗在与碳酸盐的反应上,不仅浪费了大量价值昂贵的氢氟酸,并且妨碍了它与泥质成分的反应。但是盐酸和碳酸盐的反应速度比氢氟酸与碳酸盐的反应速度要快,因此土酸中的盐酸成分可先将碳酸盐类溶解掉,从而能充分发挥氢氟酸溶蚀黏土和石英成分的作用。

(三)土酸对砂岩矿物的溶解能力

表3-3-2给出了不同浓度配比的土酸对砂岩矿物(石英和硅酸盐)的溶解能力值。

表3-3-2　不同浓度配比的土酸对砂岩矿物的溶解能力

酸液组成(质量分数),%		溶解能力,m^3/m^3	
HF	HCl	Na_4SiO_4	SiO_2
2.1	12.9	0.017	0.007
3.0	12.0	0.024	0.010
4.2	10.8	0.033	0.014
6.0	9.0	0.047	0.020

对比表3-3-1和表3-3-2可以发现,土酸对砂岩矿物溶解能力比盐酸对碳酸盐岩的溶解能力弱得多。因此对砂岩地层的酸化,一般只会在井筒很近的地层中进行。

四、酸液

酸液与添加剂的混合液是酸化处理工作液。合理地选择、配制及使用,对酸处理增产效果起着重要作用。否则,增产效果差,甚至会对油气层造成新的伤害。因此,对酸化工作液性能一般要求有:(1)溶蚀能力强,与地层配伍性好,不产生二次伤害等;(2)物理化学性质能满足施工要求;(3)残酸液易返排,易处理;(4)运输、施工方便,安全;(5)价格便宜、货源广等。

目前酸化施工使用的酸液主要有两大类:无机酸包括盐酸、氢氟酸、氟硼酸、磷酸;有机酸包括甲酸和乙酸。

(一)盐酸

我国的工业盐酸是以电解食盐水得到的氯气和氢气为原料,用合成法制得氯化氢气体,再溶解于水得到氯化氢的水溶液(即盐酸液)。工业盐酸浓度为31%~34%,工业盐酸标准见表3-3-3。

表3-3-3 工业盐酸标准

指标	氯化氢含量	铁含量	硫酸含量	砷含量
浓度,%(质量分数)	≥31	≤0.01	≤0.07	≤0.00002

(1)性能:无色或淡黄色透明液体,在空气中发烟,有刺激性酸味。盐酸溶于水、乙醇和乙醚,并能与水任意混溶,是一种具有强腐蚀性的强酸还原剂。

(2)适用条件:适用于碳酸盐地层及含碳酸盐成分较高的砂岩油层的酸处理。

(3)主要缺点:与石灰岩反应速度快,特别是高温深井,由于地层温度高,盐酸与地层作用太快,因而处理不到地层深部。此外,盐酸会将金属坑蚀成许多麻点斑痕,腐蚀严重。H_2S 含量较高的井,盐酸处理易引起钢材的氢脆断裂。

(4)盐酸的用量,很难在理论上进行计算,已有的近似公式意义也不大。通常各油田都有经验用量数据,一般可根据处理方式、地层性质,并结合地区施工实践的经验数据加以确定。当按设计要求确定盐酸浓度和用量后,可按下式算出配制该盐酸溶液所需的浓盐酸数量:

$$V_{HCl} = \frac{V\rho C}{\rho_{HCl} C_{HCl}} \tag{3-3-5}$$

$$m = \frac{V\rho C}{C_{HCl}} \tag{3-3-6}$$

式中 V——需配稀酸的体积,m^3;

ρ——稀酸的密度,t/m^3;

C——稀酸的浓度,%(质量分数);

ρ_{HCl}——商品浓酸的密度,t/m^3;

C_{HCl}——商品浓酸的浓度,%(质量分数);

V_{HCl}——所需商品浓酸的体积,m^3;

m——所需商品浓酸的质量,t。

配制稀酸液所需的清水量(包括添加剂)则为:

$$V_{H_2O} = V - V_{HCl} \tag{3-3-7}$$

式中 V_{H_2O}——清水量,m^3。

(二)氢氟酸

氢氟酸为氟化氢气体的水溶液。

(1)性能:无色透明液体,具有强酸性,对金属和玻璃有强烈的腐蚀性,我国工业用氢氟酸其浓度一般为40%,相对密度为1.11~1.13。工业氢氟酸的标准见表3-3-4。

表3-3-4 工业氢氟酸标准

指标	氟化氢含量	铁含量	硫酸含量	硅氟酸含量
浓度,%(质量分数)	≥40	≤0.02	≤0.01	≤2

(2)适应性:氢氟酸通常都是与盐酸混合使用,主要用于解除泥质、黏土和钻井液等造成的堵塞及进行砂岩油层的酸处理。

(3)土酸的用量,基本上是地区性的经验数据。土酸的用量和氢氟酸的浓度都应有所控制,一则氢氟酸价格昂贵,二则由于大量溶解胶结物,有可能使砂粒脱落,破坏砂岩的结构,引起地层出砂。土酸的用量也可以根据地层伤害半径来估算。首次酸化,酸化半径一般不超过1m,以后逐渐增大。土酸配方选择原则一般为:若堵塞物是以碳酸盐和铁盐为主,则盐酸取上限15%,氢氟酸取下限3%;若堵塞物以泥质为主,则盐酸取下限10%,氢氟酸取上限8%,具体配方各油田应根据油田实际岩石及其堵塞物的特点进行试验确定。

土酸溶液的用量及成分确定后,在配制土酸时,所需商品浓度的氢氟酸和盐酸之数量,可按下列计算公式确定:

$$m_{HF} = \frac{V\rho C'_{HF}}{C_{HF}} \tag{3-3-8}$$

$$m_{HCl} = \frac{V\rho C'_{HCl}}{C_{HCl}} \tag{3-3-9}$$

式中 m_{HF}——土酸中商品氢氟酸用量,t;

m_{HCl}——土酸中商品盐酸的用量,t;

C_{HF}——商品氢氟酸的浓度,%(质量分数);

C_{HCl}——商品盐酸的浓度,%(质量分数);

V——酸液用量,m^3;

ρ——所配制土酸液的密度,t/m^3;

C'_{HF}——土酸中氢氟酸的浓度,%(质量分数);

C'_{HCl}——土酸中盐酸的浓度,%(质量分数)。

(三)甲酸和乙酸

甲酸又名蚁酸(HCOOH),无色透明液体,有刺激性气味,能与水、醇、醚和甘油任意混溶,密度为$1.2178g/cm^3$,我国工业甲酸的浓度为90%以上。

乙酸又名醋酸(CH_3COOH),无色透明液体,极易溶于水,密度为$1.049g/cm^3$,我国工业乙酸的浓度为98%以上。因为乙酸在低温时会凝成像冰一样的固态,故又称为冰醋酸。

甲酸和乙酸都是有机弱酸,它们在水中只有小部分离解为氢离子和酸根离子,即离解常数很低(系统温度为25℃时,甲酸离解常数为1.772×10^{-4},乙酸离解常数为1.754×10^{-5},而盐酸接近于无穷大)。它们的反应速度比同浓度的盐酸要慢几倍到十几倍。所以,只有在高温(120℃以上)深井中,盐酸液的缓速和缓蚀问题无法解决时,才使用它们酸化碳酸盐岩层。甲酸的溶蚀能力比乙酸的溶蚀能力强,成本低,使用时以甲酸为宜。

甲酸或乙酸与碳酸盐作用生成的盐类在水中的溶解度较小。所以,酸处理时采用的浓度不能太高,以防生成甲酸或乙酸钙镁盐沉淀堵塞渗流通道。一般甲酸的浓度不超过10%;乙酸的浓度不超过15%。盐酸与有机酸的溶蚀能力、反应速度的对比见表3-3-5。

表3-3-5 盐酸与有机酸溶蚀能力、反应速度对比表

酸液的种类及浓度	$1m^3$ 酸溶蚀 $CaCO_3$ 的质量,kg	相对反应时间
7.5% HCl	106.5	0.7
15% HCl	220.4	1.0
20% HCl	440.0	6.0
10% HCOOH	109.0	5.0
10% CH_3COOH	85.0	12.0
15% CH_3COOH	127.0	18.0
14% HCl 7.5% HCOOH	290.0	6.0
14% HCl 10% CH_3COOH	28.5	12.0

注:相对反应时间以15% HCl的浓度降到1.5%所消耗的时间为1个单位。

(四)多组分酸

多组分酸就是一种或几种有机酸与盐酸的混合物。酸岩反应速度依据氢离子浓度而定。因此当盐酸中混掺有离解常数小的有机酸(甲酸、乙酸、氯乙酸等)时,溶液中的氢离子数主要由盐酸的氢离子数决定。由于同离子效应,极大地降低了有机酸的离解程度,因此当盐酸活性耗完前,甲酸或乙酸几乎不离解,盐酸活性耗完后,甲酸或乙酸进而离解起溶蚀作用。所以,盐酸在井壁附近起溶蚀作用,甲酸或乙酸在地层较远处起溶蚀作用,混合酸液的反应时间近似等于盐酸和有机酸反应时间之和,因此可以得到较长的有效酸化处理距离。

在碳酸盐岩类油气层和砂岩油气层的酸化施工中,因储层条件、矿物成分及储层流体性质不同,对酸液组成及其物理化学性质不同的要求,从而产生了不同体系的酸液,在酸化工艺中加以叙述。

五、酸化效果评价

酸化施工的油、气、水井要及时进行效果评价,以便总结经验,吸取教训,从而提高酸化工艺技术水平,增加酸化的成功率和酸化效果。

酸化效果的评价办法如下:(1)通过酸化前后油井日产量或采油指数、水井视吸水指数对比进行酸化效果评价;(2)通过酸化前后测得压力恢复曲线求得的表皮系数、堵塞比来进行酸化解堵情况的效果评价;(3)通过酸化前后测得的吸水剖面或采油剖面的对比情况进行酸化效果的评价;(4)通过酸化后生产有效期进行酸化效果评价。

目前最常用的酸化效果评价方法是通过酸化前后注水或产油气状况(吸水指数、吸水剖面、油井日产油量或采油指数、油井生产方式、动液面变化等)对比和有效期的长短、经济效益等来进行评价酸化效果,也用同一口井采用不同酸化措施后得到的不同结果进行效果评价。

从多井酸化后的总的采油指数或吸水指数变化、措施成功率以及经济效益的大小来评价该项酸化工艺技术的实用性和总体酸化效果。

练习题

一、填空题

1. 酸化按工艺分类有酸洗、__________、__________等。

2. 碳酸盐岩地层一般使用__________酸化，砂岩地层一般使用__________酸化。

3. 如果要利用反应生成的副产品来延缓盐酸与地层的反应速度，需要__________盐酸的__________初始浓度。

4. 酸化施工后期管理中，一般当残酸浓度降至__________时，自喷井原油进站生产，非自喷井起出酸化管柱下泵转抽投入生产。

二、判断题

(　)1. 压裂酸化必须加支撑剂。

(　)2. 基质酸化即施工时井底压力大于岩石破裂压力。

(　)3. 砂岩地层不能采用压裂酸化。

(　)4. 酸液中加入各种添加剂，才能使其性能得到完善和提高，以满足施工要求。

(　)5. 盐酸适用于砂岩地层的酸化。

(　)6. 土酸是盐酸和氢氟酸的混合液。

三、简答题

1. 为什么砂岩地层酸化大多要用土酸（盐酸和氢氟酸的混合液）处理，而一般不单独用盐酸或氢氟酸处理？

2. 分析影响碳酸盐岩酸岩反应速度的因素。

3. 在酸压中提高活性酸有效作用距离的措施有哪些？

4. 对酸化工作液的性能有哪些要求？

5. 酸化工作液中，常用的酸液添加剂有哪些？它们分别起什么作用？

6. 酸化施工的工艺过程及施工中的安全注意事项有哪些？

模块四 防 砂 工 艺

油井出砂是砂岩油层开采过程中的常见问题之一。对于疏松砂岩油藏，出砂是提高采油速度的主要障碍。我国疏松砂岩油藏分布范围较广、储量大，产量占有重要的地位，油井出砂是这类油藏开采的主要矛盾。

【知识目标】

(1)理解油井出砂的危害及出砂原因；
(2)掌握防砂的方法及原理。

【所需知识】

一、油井出砂的原因

油井出砂是各种因素综合影响的结果，可归结为两个方面，即地质因素和开采因素。其中地质因素是内因，开采因素是外因。

(一)地质因素

1. 岩石应力状态变化

砂岩油层在钻井前处于应力平衡状态。垂向应力的大小取决于油层埋藏深度和上覆岩石的密度，水平应力的大小除了与油层埋藏深度有关外，还与油层构造形成条件、岩石力学性质及油层孔隙中的压力有关。钻开油层后，井壁附近岩石的原始应力平衡状态遭到破坏，造成井壁附近岩石的应力集中。在其他条件相同的情况下，油层埋藏越深，岩石的垂向应力越大，井壁的水平应力相应增加，所以井壁附近的岩石就越容易变形和破坏，从而引起在采油过程中油层出砂，甚至井壁坍塌。

2. 油层岩石的胶结强度

油井出砂与砂岩油层的胶结强度有关。而岩石的胶结强度取决于胶结物种类、数量和胶结方式。通常砂岩油层的胶结物主要有黏土、碳酸盐、硅质、铁质四种，以硅质和铁质胶结物的胶结强度最大，碳酸盐胶结物的胶结强度次之，黏土胶结物的胶结强度最差。对于同一类型的胶结物，其数量越多，胶结强度越大，反之则越小。

胶结物在岩石孔隙中的分布状态及其与岩石颗粒的接触关系称为胶结方式。随着岩石的胶结方式不同，岩石的胶结强度也不同，岩石的胶结方式主要有基底胶结、接触胶结和孔隙胶结三种，如图 3－4－1 所示。

3. 渗透率的影响

渗透率的高低是油层岩石颗粒组成、孔隙结构和孔隙度等岩石物理属性的综合反应。实验和生产实践证明，当其他条件相同时，砂岩油层的渗透率越高，其胶结强度越低，油层越容易出砂，如表 3－4－1 和图 3－4－2 所示。

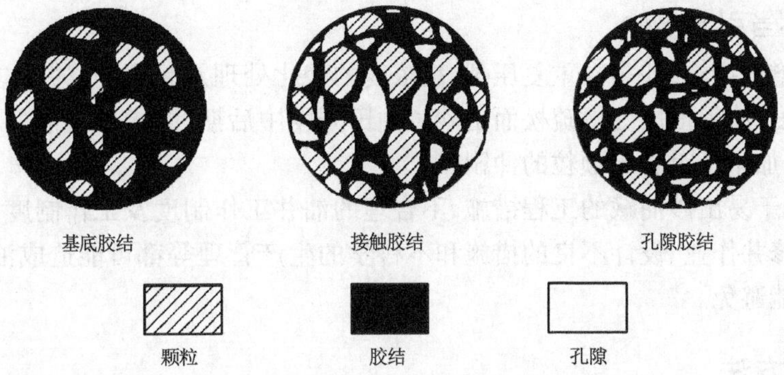

图 3－4－1　油层砂岩胶结方式示意图

表 3－4－1　油井出砂与油层渗透率的关系表

渗透率，$10^{-3}\mu m^2$	<100	100～500	>500
出砂井	0	10	42
占总出砂井的比例，%	0	19.2	80.6

4. 油层流体物性的影响

油层流体物性对出砂有一定的影响，相同的流速条件下，高黏度流体比低黏度流体对岩石颗粒的拖拽力和携砂能力更大，流体黏度较高的油层更容易出砂。同样的地层条件下，稠油油藏更容易出砂。

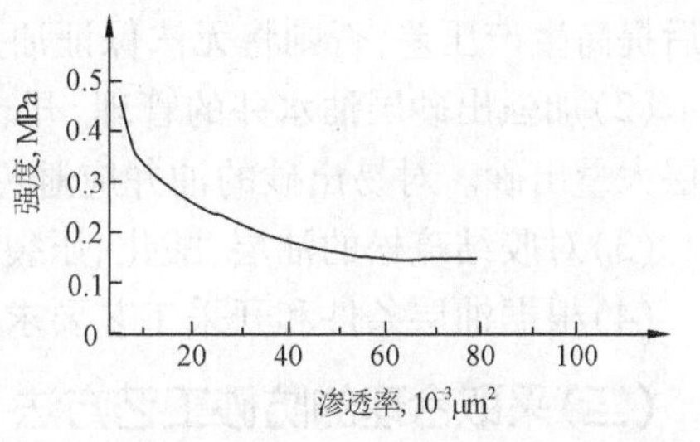

图 3－4－2　岩石强度与渗透率关系曲线

（二）开采因素

1. 固井质量差

由于固井质量差，使得套管外水泥环和井壁岩石没有粘在一起，在生产中形成高低压层的串通，使井壁岩石不断受到冲刷，黏土夹层膨胀，岩石胶结遭到破坏，因而导致油井出砂。

2. 射孔密度太大

射孔完井是目前各油田普遍采用的沟通油流通道的方法，如果射孔密度过大，有可能使套管破裂和砂岩油层结构遭到破坏，引起油井出砂。

3. 油井工作制度不合理

在油井生产过程中，流体渗流而产生的对油层岩石的冲刷力和对颗粒的拖曳力是疏松油层出砂的重要原因。在其他条件相同时，生产压差越大，流体渗流速度越高，则井壁附近流体对岩石的冲刷力就越大。另外，油水井工作制度的突然变化，会导致油层岩石受力状况发生变化，也容易引起油层出砂。

4. 油井含水上升

油层含水后，部分胶结物被溶解，使得岩石胶结强度降低或者油层压力降低，增加了地应力对岩石颗粒的挤压作用，扰乱了颗粒间的胶结，可能引起油井出砂。

5. 措施不当引起出砂

不适当的增产措施，如多次重复压裂、高浓度的酸化处理及频繁的修井作业等，降低了油层岩石胶结强度，使得油层变得疏松而出砂。油田开发中后期，为了保持油井稳产，大幅度提高油井产液量，加剧了对岩石颗粒的冲刷。

总之，不适于易出砂油藏的工程措施、不合理的油井工作制度及工作制度的突然变化、频繁而低质量的修井作业、设计不良的措施和不科学的生产管理等都可能造成油气井出砂。这些都应当尽可能避免。

二、防砂方法

为防止油井出砂，一方面要针对油层及油井的条件，正确选择固井、完井方式，制定合理的开采措施，提高管理水平；另一方面要根据油层、油井及出砂的具体情况采用防砂方法。

（一）制定合理的开采措施

（1）制定合理的油井工作制度，通过生产试验使所确定的生产压差不会造成油井大量出砂。控制生产压差基本上就是控制产液量，限制油层中的渗流速度，从而减小流体对油层砂岩颗粒的冲刷力。对于受生产压差限制而无法满足采油速度的油层，要在采取必要的防砂措施之后提高生产压差，否则将无法保证油井正常生产。

（2）加强出砂层油水井的管理，开、关操作要求平稳，防止因生产压差的突然增大而引起油层大量出砂。对易出砂的油井应避免强烈抽汲的诱流措施。

（3）对胶结疏松的油层，酸化、压裂等措施要以不破坏油层结构为前提。

（4）根据油层条件和开采工艺要求，正确选择完井方法和改善完井工艺。

（二）采取合理的防砂工艺方法

目前防砂方法发展迅速，无论采用哪一种方法，都应该能够有效地阻止油层中砂岩固体颗粒随流体流入井筒。根据防砂原理，目前常用的防砂方法可归纳为以下几类。

1. 机械防砂

机械防砂分为下入防砂管柱挡砂和下入防砂管柱加充填物防砂两类。机械防砂对油层的适应能力强、成功率高、成本低，目前应用十分广泛。

1）下入防砂管柱挡砂

井内下入割缝衬管、绕丝筛管、各类地面预制成型的滤砂器（如双层预充填绕丝筛管、树脂砂滤砂管、金属棉纤维滤砂管、多孔陶瓷滤砂管、粉末冶金滤砂管、多层金属滤砂管等）防砂。

防砂原理：将滤砂管悬挂坐封在油层部位，利用滤砂管自身的高渗透挡砂层，将地层砂有效地挡在滤砂管和套管环形空间及炮眼附近，并形成自充填挡砂层，大大提高了防砂效果。

这种防砂方法工艺简单，施工时间短，成本低，具有一定的防砂效果。缺点是防砂管柱的缝隙或孔隙易被油层细砂所堵塞，产能下降，一般防砂效果差、有效期短，只适用于中、粗砂岩油层。

2）下入防砂管柱加充填物防砂

井内下入防砂管柱加充填物，充填物的种类很多，如砾石、果壳、果核、塑料颗粒、玻璃球或陶粒等。这种防砂方法能有效地将油层砂限制在油层中，并使油层保持稳定的力学结构，防砂效果好，有效期长，成功率高，可用于细、中、粗砂岩地层。缺点是施工复杂，成本较高，增加了油流入井的阻力，防砂后油井产量下降。

2. 化学防砂

化学防砂是向地层中挤入一定数量的化学剂或化学剂与砂浆的混合物，胶结其中的散砂颗粒或者在近井地带形成“人工井壁”，提高地层强度，阻止砂粒流出地层，以达到防砂的目的。

化学防砂大致可分人工胶结砂层防砂、人工井壁防砂和其他化学固砂法三类。

1）人工胶结砂层防砂

人工胶结砂层防砂是指从地面向油层挤入液体胶结剂及增孔剂，然后使胶结剂固化，在油气层层面附近形成具有一定胶结强度及渗透性的胶结砂层，达到防砂的目的。其方法主要有酚醛树脂胶结砂层及酚醛溶液地下合成防砂等。

2）人工井壁防砂

人工井壁防砂方法通常是指从地面将支撑剂和胶结剂按一定比例拌和均匀，用液体携至井下挤入油层出砂部位，在套管外形成具有一定强度和渗透性的壁面，可阻止油层砂粒流入井内而又不影响油井生产的工艺措施。人工井壁包括水泥砂浆人工井壁、水带干灰砂人工井壁、乳化水泥人工井壁、树脂核桃壳人工井壁、树脂砂浆人工井壁、预涂层砾石人工井壁等。

3）其他化学固砂法

其他化学固砂法包括焊接玻璃固砂、氢氧化钙固砂、四氯化硅固砂、水泥—碳酸钙混合液固砂、聚乙烯固砂、氧化有机物固砂等。

化学防砂方法适用于渗透率相对均匀的薄层段，在粉细砂岩油层中的防砂效果优于机械防砂。但其具有对油层渗透率有一定的伤害、产能损失大、有效期短、相对成本较高等缺点。

三、清砂方法

油层出砂后，如果井筒流体上升速度不足以将砂带至地面，则砂粒便在井筒中沉积下来，一方面井内形成砂堵增加了流体流动阻力，另一方面由于砂的存在会对抽油设备造成严重的损害，甚至使得抽油设备工作失效。因此，为了恢复出砂油井的正常生产，必须采取措施来清除井筒中的固体砂粒。通常采用的清砂方法有捞砂和冲砂两种。

（一）捞砂

捞砂是用钢丝绳向井内下入专门的捞砂工具——捞砂筒，将井底积存的砂粒捞到地面上来的方法。捞砂一般适用于砂堵不严重、井浅、油层压力低或有漏失层等无法建立循环的油井。

（二）冲砂

冲砂是通过冲管、油管或油套环空向井底注入高速流体冲散砂堵，由循环上返的液体将砂粒带到地面，以解除油水井砂堵的工艺措施。冲砂是目前广泛应用的清砂方法。

冲砂的目的在于解除砂堵及恢复油井、水井、气井的正常生产。但是往往由于所用液体和冲砂方式选择不当，反而会引起冲砂液大量漏入油层造成油层伤害或冲砂失败而影响生产，因此应当正确地选择冲砂液和冲砂方式。

1. 冲砂液

冲砂液是指用于进行冲砂的液体。通常采用的冲砂液有油、水、乳状液、汽化液等。为了防止冲砂液对油层的伤害,在液体中可加入表面活性剂。一般油井用原油,水井用淡水或盐水,低压井用混气冲砂液进行冲砂。

对冲砂液的基本要求如下:

(1)具有一定的黏度,以保证具有良好的携砂能力。

(2)具有适宜的密度,以便形成适当的液柱压力,防止井喷或防止因液柱压力过大产生漏失而无法建立循环。

(3)配伍性好,不伤害油层。

(4)来源广泛、价廉等。

2. 冲砂方式

冲砂方式按冲砂所用的管柱可分为油管冲砂和冲砂管冲砂。

冲砂方式按液体循环方式可分为正冲砂(冲砂管冲砂)、反冲砂、正反冲砂和联合冲砂等方式。

正冲砂是指冲砂液由冲砂管(或油管)泵入,被冲散的砂粒随冲砂液一起沿油套环空返至地面的冲砂方法。为了增大液流对砂堵的冲击力,可在冲砂管下端装上收缩管或喷嘴。冲砂管下端做成斜尖形,有利于防止因下放过快而引起的憋泵事故。其特点是冲击力大,易冲散砂堵,但携砂能力弱。

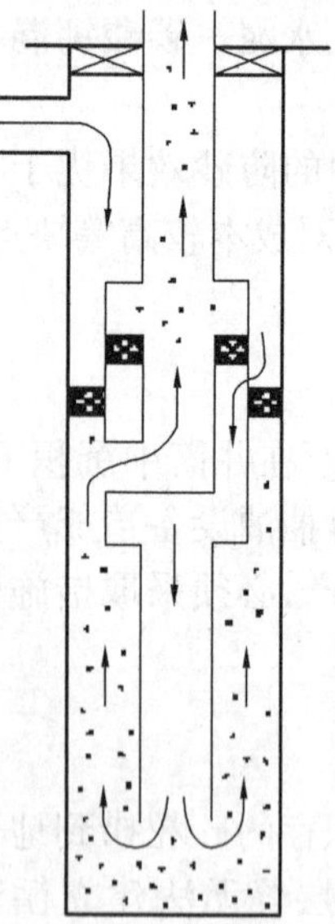

图 3-4-3 联合冲砂示意图

反冲砂是指冲砂液由油套管环形空间泵入,被冲散的砂粒随冲砂液一起从油管返至地面的冲砂方法。其特点是冲击力小,不易冲散砂堵,但携砂能力强。

正反冲砂利用了正冲砂和反冲砂各自的优点,先用正冲砂将砂堵冲散,使砂粒处于悬浮状态,再迅速改为反冲砂,将冲散的砂粒从油管内返出地面。其特点是可迅速解除较紧密的砂堵,且携砂能力强,可提高冲砂效率。

联合冲砂是指在冲砂管柱距底端一定距离处装上分流器,用以改变液流通道,冲砂液从油套环空进入井内,经分流器进入下部冲砂管冲开砂堵,被冲散的砂粒随同液体先从下部冲砂管与套管环空返至分流器后,便进入上部冲砂管内返至地面,其管柱如图 3-4-3 所示。联合冲砂可提高冲砂效率,既具有正冲砂冲击力大的优点,又具有反冲砂携带能力强的优点。

冲砂注意事项:在冲砂过程中应注意中途不可停泵,以免造成冲起的砂粒沉降而卡住或堵死冲砂管;在接单根或改罐等需要停止循环之前,必须进行较充分的循环,操作速度要快,开泵循环正常后,方可再下放管柱;泵压力不得超过管线的安全压力;应保持进出口液流量平衡,防止井喷或冲砂液向油层漏失而伤害油层;应逐渐加大冲砂深度,不能太快或一次加深过多,以免使冲砂管插入砂体内发生砂堵、憋泵等事故。

3. 负压冲砂

负压冲砂是利用某种特殊性能的携砂液,冲砂时从冲砂管中打入,从套管返出,使井底建立低于油层的压力(负压),在负压差作用下,依靠携砂液冲散井内积砂并携带出井,达到冲砂的目的。

泡沫负压冲砂就是用压缩机和水泥车将空气与水同时打入油管内形成均匀泡沫，当泡沫液压至油管鞋处时便从套管环空迅速上返，在井底与地层间建立负压，依靠泡沫向下的冲击力和向上携带作用，清除井底积砂。

练习题

一、填空题

1. 油井出砂的因素可归纳为两个方面，即__________和__________。

2. 岩石的胶结方式主要有__________、__________、__________三种。容易出砂的油层岩石主要以__________方式为主。

3. 岩石中的胶结物含量越__________，岩石的胶结强度越__________，油井就不容易出砂。

4. 通常采用的清砂方法有__________和__________两种。

5. 冲砂的目的在于解除__________及恢复__________的正常生产。

二、简答题

1. 由于开采因素引起地层出砂的原因有哪些？

2. 绕丝筛管砾石充填防砂的原理是什么？

3. 什么是化学防砂？化学防砂的方法主要有哪些？

模块五　堵水工艺

油井出水是油田开发中后期遇到的普遍现象，特别是水驱油田，油井出水是不可避免的现象。油层的非均质性以及开发方案和开采措施不当等原因，会使水的推进不均匀，造成个别井层过早水淹和油田综合含水的迅速上升，而降低产量和采收率。因此在油田开发过程中，必须及时注意油井出水动向，利用各种找水方法，确定出水层位，采取相应的堵水措施。

【知识目标】

（1）了解油井出水原因、出水危害及油井防水；
（2）掌握油井找水方法；
（3）掌握油井堵水方法。

【所需知识】

一、油井防水措施及找水方法

（一）油井防水措施

对于油井出水，应以防为主、防堵结合、综合处理，即应采取以下三个方面的措施：

（1）制订合理的油藏工程方案，合理部署井网和划分注采系统，建立合理的注、采井工作制度和采取合适的工程措施以控制油水边界均匀推进。

（2）提高固井和完井质量，以保证油井的封闭条件，防止油层与水层窜通。

（3）加强油水井日常管理和分析，及时调整分层注采强度，保持均衡开采。

（二）油井找水方法

在油田开发过程中，油井出水是难以完全避免的。发现油井出水后，首先必须通过各种途径确定出水层位，而后才能采取必要的封堵措施。找水就是指油气井出水后，通过各种方法确定出水层位和流量的工作。目前确定出水层位的方法主要有以下几种。

1. 综合对比资料判断出水层位

对出水井的地质情况（如井身结构、开采层位、各层油水井连通情况、各层渗透率、孔隙度大小、断层以及边水、底水、夹层水的情况等）进行仔细研究，对采油动态资料（产量、压力、生产气油比、含水变化、水质分析、与见水井连通的注水井的注水情况等）进行综合分析、对比，判断出水层位。其中水质资料是确定产出水是来自地层水还是注入水的主要依据，而结合小层平面图、油水井连通图和注采井生产情况则可推断可能的出水层位，这是一种结合静、动态资料判断出水层位的间接方法，但还需同其他方法配合才能最后确定出水层位。

2. 水化学分析法

水化学分析法是利用产出水的化验分析结果来判断其为地层水或注入水的方法。该方法主要是依靠地层水和注入水在组成上的明显不同而进行的判断。地层水一般具有高矿化度，或含有硫化氢、二氧化碳等特点。不同深度的地层水，其矿化度和水型也不同。在有些油田，地层越深,地层水矿化度越高,这有助于根据矿化度来判断油井出水是来自上部的地层水还是来自下部的地层水。

3. 根据地球物理资料判断出水层位

1)流体电阻测定法

流体电阻测定法是指根据不同矿化度的水具有不同的导电性,利用电阻计测出油井中流体电阻率变化曲线,从而确定出水层位的方法。图3-5-1所示是当注入井内的水的电阻率大于地层水电阻率时测得的曲线。从曲线上可明显看出电阻率曲线发生突变处即为出水位置。

2)井温测量法

井温测量法是指利用地层水具有较高温度的特点来确定出水层位的方法。测量井温的过程同电阻测定法的相似。先用均质流体冲洗井筒使整个井筒内的液柱温度分布稳定后,测量井内温度分布曲线(控制曲线),然后降低液面使地层水进入井内,一直达到测出温差为止。降低液面后所测井温曲线发生突变的部位便是外来水(地层水)进入井内的位置,如图3-5-2(a)所示。如果套管破裂的地方与出水层不重合,则流体要在套管外流动一段距离,由于套管外液体与井内液体的热交换,所以温度曲线上有一段较平稳的高温显示,如图3-5-2(b)所示。由于水的比热容大于油的比热容,在出水层往往有高温异常显示,因此,也可利用直接测得的井温曲线来判断出水层位,但要求井温仪必须有较高的灵敏度。

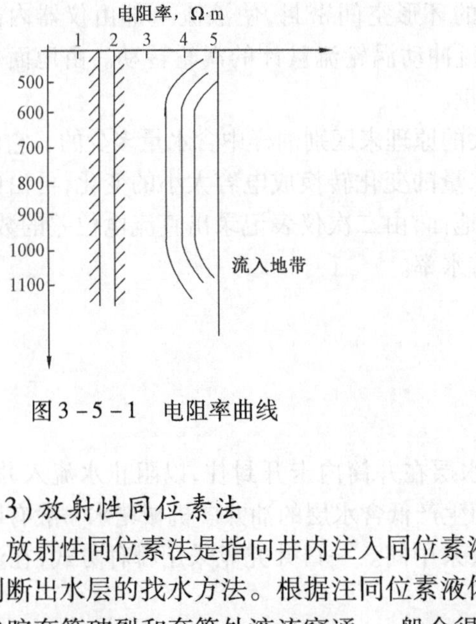

图3-5-1 电阻率曲线

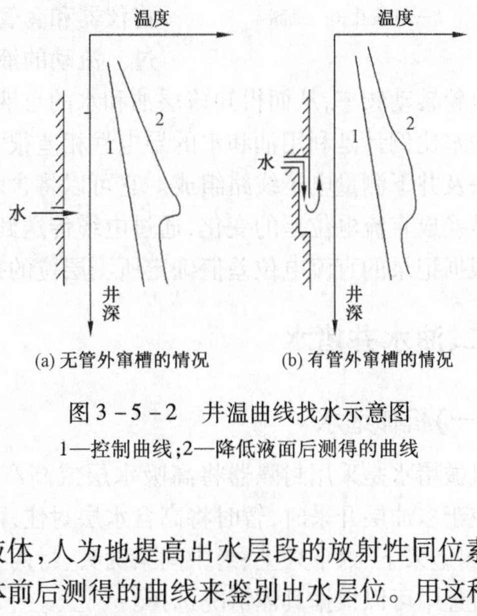

图3-5-2 井温曲线找水示意图

1—控制曲线;2—降低液面后测得的曲线

3)放射性同位素法

放射性同位素法是指向井内注入同位素液体,人为地提高出水层段的放射性同位素强度来判断出水层的找水方法。根据注同位素液体前后测得的曲线来鉴别出水层位。用这种方法来追踪套管破裂和套管外液流窜通,一般会得到很好的效果。但是,在确定夹层水或水淹层位时,则受到限制。为此,往往采用相渗透法及次生活化钠法。

上述各种地球物理测井找水的方法有各自的应用条件和优缺点。在实际找水工作中要根据油井的具体条件来选择所使用的方法,往往需要用两种或两种以上方法相互补充,才能较准确地确定出水层位。

4. 机械法找水

1)压木塞法

对套管有一处损坏引起的出水油井,将木塞放在套管内,然后注入液体挤压木塞下行,最后木塞停留位置正好是套管损坏的位置。

2)封隔器找水

封隔器找水是指利用封隔器将各层分开,然后分层求产,找出出水层位的方法。这种方法工艺比较简单,能准确确定出水层位,但施工时间长,在窜槽井上,必须封窜后才能应用。在油、水层之间的夹层很薄的层中则无法确定油、水层。

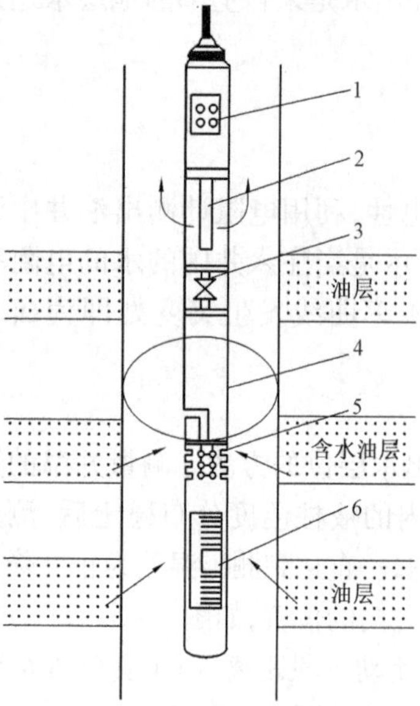

图3-5-3　找水仪找水示意图
1—电子电路;2—电容含水比例计;
3—涡轮流量计;4—皮球集流仪;
5—进液孔;6—泵阀

5. 找水仪找水

找水仪找水是指在油井正常生产的情况下,下入专门仪器(即找水仪),不停产测得各小层的产量,从而确定主要出水层位和流量的找水方法,如图3-5-3所示。

找水仪主要由电磁振动泵、注排换向阀、皮球集流器、涡轮流量计、油水比例计等组成。

为了测准油井的液体产量,必须使液流全部从仪器内部通过,因此,必须有一个集流装置。集流器的收拢和胀开是由仪器内部的电磁振动泵和换向阀来控制的。当仪器下到预定位置后,电磁振动泵开始工作,用井内原油将皮球打胀,将仪器和套管的环形空间密封,使液流全部由仪器内部通过。流动的液流冲动涡轮流量计的涡轮转动。由地面仪器记录涡轮转动频率,从而得知该层油和水的总液量。

油水比例计是利用油和水的导电性相差很大的原理来区别油样中含水量多少的。它由电容探头及井下测量电子线路组成。它可以将含水量的变化转换成电容大小的变化,再由电子线路转换成直流电位差的变化,通过电缆传送到地面,由二次仪表记录出直流电位差的数值,最后根据记录的直流电位差值确定所测层位的持水率。

二、油水井堵水

(一)机械堵水

机械堵水是采用封隔器将高吸水层或高产水层在井筒内卡开封住,以阻止水流入井内。它适应于多油层开采时,暂时将高含水层封住,而生产低含水层的油井。机械堵水一般有四种方式:封上采下、封下采上、封中间采两头、封两头采中间。一口井究竟采用哪种方式,在油田生产过程中可以根据具体情况选择。

机械堵水技术具有不伤害油层、封堵效果好、成功率高等优点。但机械堵水有一定的局限性,要求固井质量合格,且套管无损坏,封隔器在井下工作性能可靠,能顺利下入和起出。

(二)油井化学堵水

油井化学堵水技术是向地下注入化学剂,用化学剂或其反应产物控制油井出水量和封堵出水层的方法。根据化学剂对油层和水层的堵塞作用,化学堵水可分为非选择性堵水和选择性堵水两种。

1. 非选择性堵水

非选择性堵水是指在油井上采用适当的工艺措施分隔油水层，并用堵剂堵塞出水层的化学堵水方法。堵剂对水层和油层均可造成堵塞，而无选择性。非选择性堵剂适用于单一含水层和高含水层，大厚油层的底水锥进，油层被注入水严重水淹，或被油层厚度不太大的高含水油层淹。

非选择性堵剂分为凝胶型堵剂、树脂型堵剂、沉淀型堵剂和冻胶型堵剂。

1）水泥浆堵水

水泥是一种非选择性堵剂，利用它遇水后凝固变硬，形成的不透水性封隔层而实现封堵水的目的。通常用于打水泥塞封堵下层水，挤入窜槽井段水泥浆封堵窜槽水，或挤入水层堵水。

水泥塞封堵水就是用水泥车将地面配好的水泥浆循环至井内预计位置，在预定井段形成一个悬空水泥塞，以堵住欲封层位（下部出水层），如图3－5－4所示。

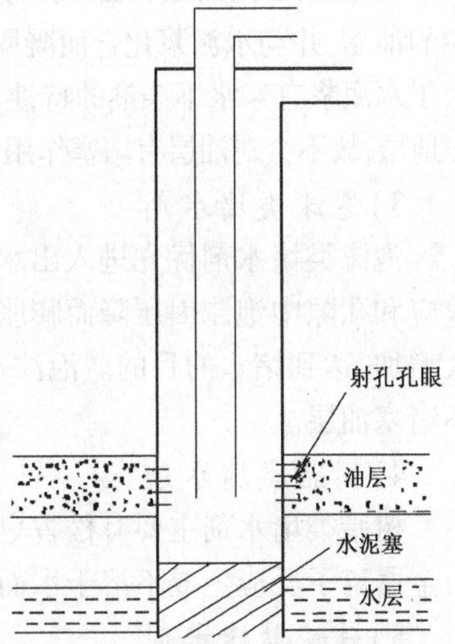

图3－5－4　水泥塞封堵下层示意图

由于水泥颗粒不易挤入地层孔道，因而用挤入水泥的方法堵水时封堵强度不高，成功率低，有效期短。

2）树脂封堵

将液体树脂挤入水层，在固化剂的作用下，成为具有一定强度的固态树脂而堵塞孔隙，以达到封堵目的。

（1）酚醛树脂堵水：将氢氧化钠作触剂的酚醛树脂，按一定比例加入固化剂（草酸），混合均匀加热到预定温度，至草酸完全溶解树脂为止。然后挤入水层，便可形成坚固的不透水屏障，封堵住出水层。该堵剂可用于出水层位清楚的砂岩或碳酸岩油井堵水，也可用于堵底水、封窜。

（2）糠醇树脂堵水：先将酸液打入欲封堵的水层，后泵入糠醇溶液，中间加隔离液（柴油）以防止酸与糠醇在井筒内接触。当酸与糠醇在地层中与水混合后，便产生剧烈的放热反应，生成坚硬的热固性树脂，堵塞岩石孔隙。

用树脂堵水容易挤入地层、封堵强度大、效果好，但存在成本高、施工麻烦等问题。

3）硅酸钙堵水

将水玻璃（Na_2SiO_3）和氯化钙溶液，中间以柴油隔离，依次挤入地层，使水玻璃与氯化钙在地层内相遇生成白色硅酸钙沉淀和膨胀性胶体，堵塞地层孔隙，达到封堵出水层的目的。

这种封堵剂来源广、成本低、施工安全简便、封堵效果较好，但在施工中必须采取有效保护油层的措施，否则会堵塞油层。

2. 选择性堵水

选择性堵水是指通过油井向生产层注入适当的化学剂堵塞水层或改变油、水、岩石之间的界面张力，降低油水同层的水相渗透率，而不堵塞油层或对油相渗透率影响较小的化学堵水方法。

选择性堵剂有聚合物类堵水剂、甲硅烷类堵水剂、泡沫类堵水剂、水泥类堵水剂、树脂类堵水剂、硅酸盐堵水剂等。

1）聚合物类堵水剂

部分水解聚丙烯酰胺是水基堵剂，在油水两相流动的孔道中，对油和水有明显的选择性，只堵水而不堵油。在出水层中，部分水解聚丙烯酰胺中的酰胺基（—$CONH_2$）和羧基（—COOH）可通过氢键吸附在砂岩的表面，而不吸附部分则留在空间向水中伸展，堵塞出水层。进入油层的部分水解聚丙烯酰胺，由于砂岩表面为油所覆盖，所以在油层不发生吸附，分子不能在油中伸展，不堵塞油层。

2）水泥类堵水剂

油基水泥浆是选择性堵水剂，当其被挤入井内进入出水层后，地层中的水置换掉油基水泥浆中的油品，并与水泥浆化合而凝固，将出水层的孔隙堵塞。若油基水泥浆被挤入不含水的油层，由于水泥浆有亲水不亲油的特性，遇油后不发生作用（不凝固），并在以后的生产过程中随油流排出地层，故不会对油层有堵塞作用。应用油基水泥浆堵封出水层，工艺简单、施工方便、成本也低。

3）泡沫类堵水剂

泡沫类堵水剂优先进入出水层，并在出水层稳定存在。泡沫进入含水油层孔隙后，因贾敏效应和孔隙中泡沫因压降而膨胀缩小了孔隙通道，致使水流在岩石孔隙介质中的流动阻力大大增加，达到堵水的目的。泡沫也会进入油层，但泡沫在油层中是不稳定的，引起泡沫的破坏，不堵塞油层。

4）树脂类堵水剂

树脂类堵水剂主要有松香皂和脂肪酸皂。其主要原理是把水溶皂（非油溶）注入地层后，与金属离子反应生成不溶于水而溶于油的皂类，此种皂可以选择性地堵水。

5）硅酸盐堵水剂

硅酸盐堵水剂应用较广，可用于灰岩和砂岩，可用于隔离油水层，封堵漏失带和高渗透地层（如底水或夹层水），还可调整注水剖面。目前常用的硅酸盐堵水剂是硅酸钠。

6）甲硅烷类堵水剂

甲硅烷类堵水剂与地层中的油不起作用但却溶解于油，而在含水部位能与水发生作用，形成胶质凝固状聚合物，具有有效的堵水能力。在地层的条件下，这种堵剂的性能可以控制，且机械强度高。

7）活性稠油

将加入表面活性剂的稠油挤入出水层：一方面可提高井底附近地带的含油饱和度，使油相渗透率提高，水相渗透率降低；另一方面稠油中的活性剂使活性油遇水后形成性能比较稳定的油包水型乳状液，以增大对水流的阻力。因活性油与地层原油为同相，所以不会形成阻止油流的阻碍物。

化学堵水的成败取决于三个因素：堵剂性能、施工工艺和储层条件。施工工艺必须与油藏的储层特征、出水特征相适应。储层条件是客观因素，也是成败的关键。只有当堵剂筛选合适，注入工艺、施工参数和治理措施合理时，才能获得理想的堵水效果。

（三）底水封堵技术

为了防止和减少底水锥进而广泛采用的方法是在靠近油水界面的上部以一定的工艺措施注入封堵剂，在井底附近形成“人工隔板”，即采用人工隔板法堵水。

建立隔板的方法如图3-5-5所示。在需要建立隔板的位置处加密射孔（补孔），向井内下入封隔器，将油管与套管环形空间分开；从油管注入封堵剂，通过补孔的地方进入油层下部，在井底附近建立人工隔板；同时要从油管与套管环形空间注入平衡油，使封堵剂不致上升到油层上部形成堵塞。

由于距井底越近，锥进越厉害，因此可用强度较大的封堵剂（如树脂）；距井越远，锥进越少，因此可用便于向油层深处挤入的弱强度封堵剂（如稠油）；中间可用硅酸溶胶等封堵剂。这就是所谓建立混合隔板堵水技术，如图3－5－6所示。

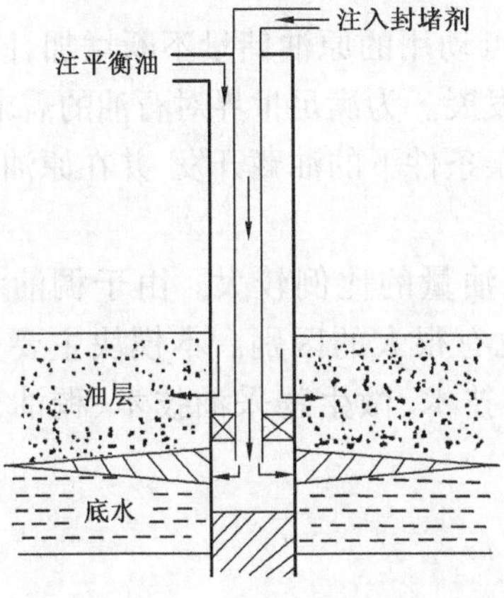

图3－5－5　建立隔板示意图

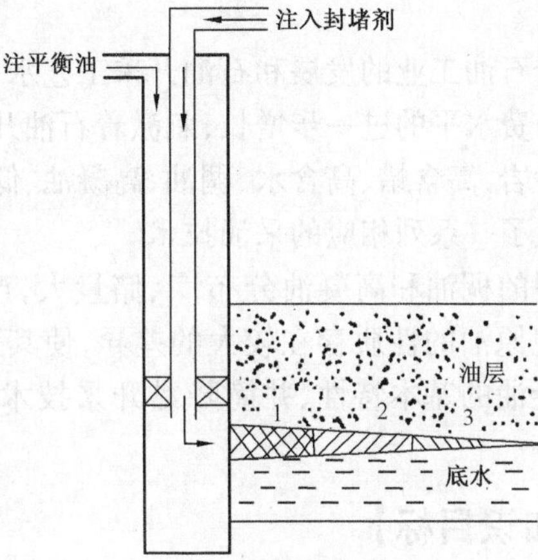

图3－5－6　建立混合隔板示意图

1—树脂；2—硅酸溶液；3—稠油

当用油基水泥作人工隔板时，需要采用选择性压裂的方法在欲建立隔板的位置形成裂缝，将水泥浆挤入裂缝，在井底形成比较大的人工隔板。该方法只适用于压裂形成水平裂缝的底水油藏。

油井出水原因不同，采取的封堵方法也就不同。一般对于外来水，或者水淹后不再准备生产的水淹油层，在搞清出水层位并有可能与油层封隔开时，采用非选择性堵水剂（如水泥、树脂等）堵死出水层位；不具备与油层封隔开的条件时，采用具有一定选择性的堵水剂（如油基水泥等）进行封堵。对于同层水（边水和注入水）一般采用选择性堵水剂进行堵水；为了控制个别水淹层的含水，消除合采时的层间干扰，大多采用封隔器来暂时封住高含水层。对于底水，在有条件的情况下则采用在井底附近油水界面处建立隔板，以阻止底水锥进。

练　习　题

一、判断题

(　)1. 油层出水来源分为同层水（油层水、注入水）和外来水。

(　)2. 堵水方法分为机械堵水和化学堵水。

(　)3. 化学堵水法分为选择性堵水和非选择性堵水。

(　)4. 选择性堵水只堵高渗透的出水量大的层，不堵低渗透层。

(　)5. 油井堵水技术是指用机械或化学方法，对产水油井的高产水井段或层段进行临时性封隔或封堵。

(　)6. 与油同层的水进入油井是可以避免的。

二、简答题

1. 什么是非选择性堵水和选择性堵水？

2. 油井的防水措施有哪些？

模块六　稠油及高凝油开采技术

随着石油工业的发展和石油开采工艺水平的提高,可动用的原油储量不断增加,同时,世界石油消费水平的进一步增长,刺激着石油开采技术的发展。为满足世界对石油的需求,人们进行了砂岩、高含蜡、高含水、稠油、高凝油、低渗透等复杂条件下的油藏开发,并在原油开采过程中产生了一系列相应的采油技术。

我国的稠油和高凝油分布广、储量大,产量占总产油量的比例较大。由于稠油和高凝油与常规原油的性质存在较大的差异,使其采油工艺也有很大的区别。本模块主要介绍稠油和高凝油的基本特性、井筒降黏开采技术、热力采油技术、微生物采油技术、稠油出砂冷采技术等。

【知识目标】

(1)掌握稠油及高凝油的基本特征;

(2)掌握井筒降黏开采技术;

(3)了解热力开采技术。

【所需知识】

一、稠油及高凝油的基本特性

(一)稠油的基本特性

1. 稠油的分类

黏度高、相对密度大的原油,国内称为"稠油",国外称为"重油"。各国对稠油的分类标准不尽相同,联合国培训研究署(UNITAR)推荐的重油分类标准见表3-6-1。我国稠油沥青质含量低,胶质含量高,金属含量低,稠油黏度偏高,相对密度则较低,根据我国稠油的特点,将稠油定义为在油层条件下原油黏度大于50mPa·s,或者在油层温度条件下溶气原油黏度大于100mPa·s,在温度为20℃时相对密度大于0.92的原油。中国稠油分类标准见表3-6-2。在分类标准中,以原油黏度为主要指标,相对密度为辅助指标,当两个指标发生矛盾时则按黏度指标进行分类。

表3-6-1　UNITAR稠油分类标准

分类	第一指标	第二指标	
	黏度①,mPa·s	相对密度[60℉(15.6℃)]	重度[60℉(15.6℃)],°API
重质油	100~10000	0.934~1.000	20~10
沥青	>10000	>1.000	<10

① 指在油藏温度下的脱气原油黏度,用油样测定或计算值。

表 3-6-2　中国稠油分类标准

稠油分类			第一指标	第二指标	开采方式
名称	级别		黏度,mPa·s	相对密度(20℃)	
普通稠油	Ⅰ		50*(或100)~10000	>0.920	可以先注水再热采
	亚类	Ⅰ-1	50*~150*	>0.920	
		Ⅰ-2	150*~10000	>0.920	热采
特稠油	Ⅱ		10000~50000	>0.950	热采
超稠油(天然沥青)	Ⅲ		>50000	>0.980	热采

注:带*指油藏条件下原油的黏度,其他指油藏温度下脱气油的黏度。

2. 稠油的特点

稠油与常规轻质原油相比主要有以下特点:

(1)黏度高、密度大、流动性差。它不仅增加了开采难度和成本,而且使油田的最终采收率降低。稠油开采的关键是提高其在油层、井筒和集输管线中的流动能力。

(2)稠油中轻质组分含量低,而胶质、沥青质含量高。

(3)我国大多数稠油含硫、石蜡及金属元素较低。

(4)稠油的黏度对温度敏感性很强。随着稠油温度的升高,其黏度显著下降,如图3-6-1所示。目前国内外稠油采用热力开采方法正是基于稠油的这一特点。

(5)稠油油藏大多地层疏松,易出砂。

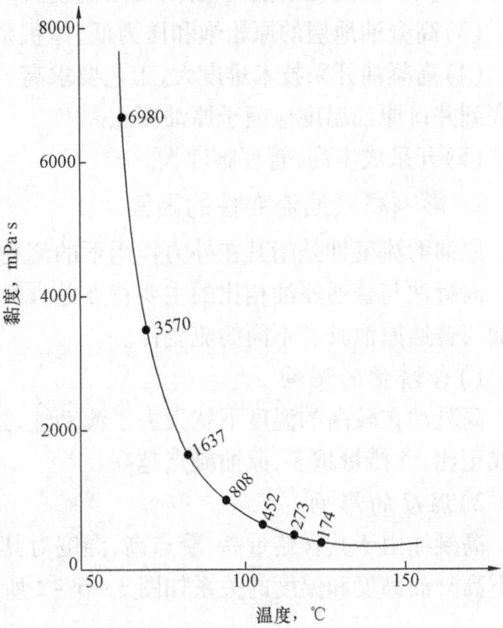

图 3-6-1　原油黏温曲线

3. 影响稠油黏度的因素

1)温度的影响

温度对稠油黏度影响很大,温度升高黏度迅速下降,温度下降,黏度很快回升。

目前国内外采用注蒸汽开采稠油,就是利用原油黏度随温度变化这一特点进行的。

2)原油组分的影响

稠油黏度高、密度大,其根本原因就在于稠油中由于轻质组分含量低,而胶质、沥青质含量高。

3)压力和溶解气量的影响

当油层压力低于饱和压力时,溶解在原油中的天然气开始分离出来,使原油黏度上升,因而,压力越高,原油中溶解气量就越多,则黏度相应地越低。在大多数稠油油藏中,所溶解的气量都比较低,因此其黏度相应较高。

4)原油乳化的影响

稠油被乳化后形成水包油型乳状液或者油包水型乳状液,对于水包油型乳状液,由于油珠表面被水包围,故黏度低;而油包水型乳状液,由于水珠表面被油包围,这种乳状液的黏度高。

(二)高凝油的基本特性

高凝油是指蜡含量高、凝点高的原油。原油的凝点是指在一定条件下原油失去流动性时的最高温度。到目前为止,高凝油尚无统一的划分标准,我国某些油田有自己的地区性划分方法,例如有的油田将凝点大于40℃、含蜡量超过35%的原油定义为高凝油。

高凝油在较高的温度时就失去了流动性,这是因为含蜡量高所致,而且这种蜡主要是碳原子数在16以上、结构复杂的高饱和烃的混合物。高凝油中胶质、沥青质含量较低。

1. 高凝油油藏的基本特征

(1)含蜡量高、凝点高。

(2)大多数高凝油油藏较深,油层温度较高。

(3)高凝油地层的原始饱和压力低,体积系数、溶解系数、原始气油比相对较小。

(4)高凝油开采技术难度大,工艺要求高。高凝油开采工艺必须要适合高凝油的特点,从井底到井口原油温度应高于原油凝点。

(5)开采成本高,管理难度大。

2. 影响高凝油流变性的因素

原油的流变性是指其在外力作用下的流动和变形的特性。

高凝油与普通原油相比的主要特点是含蜡量高,而含蜡量高是导致凝点高的主要因素,高凝油与普通原油具有不同的流变性。

1)含蜡量的影响

高凝油在较高的温度下就失去了流动性,这是因为含蜡量高所致。高凝油的凝点与含蜡量成正比,含蜡量越多,原油凝点越高。

2)温度的影响

高凝油由于其含蜡量高、凝点高,温度对其流变特性的影响不同于一般稠油。不同剪切速率下高凝油黏度和温度的关系如图3-6-2所示(1>2>3>4>5>6)。

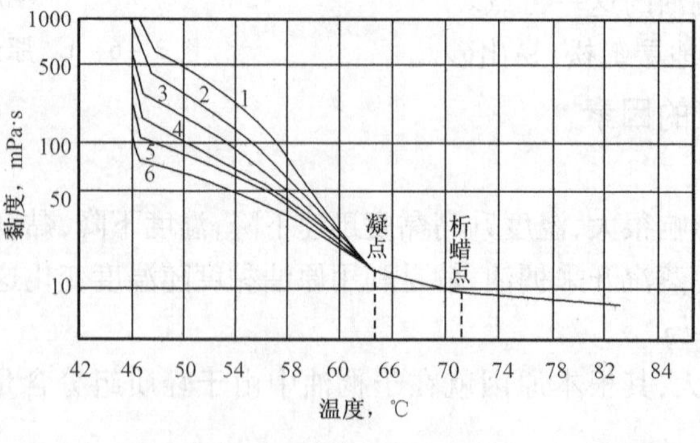

图3-6-2 不同剪切速率下高凝油黏度—温度关系图

(1-γ=8.1s;2-γ=13.5s;3-γ=24.3s;4-γ=40.5s;5-γ=72.9s;6-γ=121.5s)

从图中可以看出,黏温曲线呈多段折线,曲线上的两个折点分别对应于原油凝固温度和析蜡温度。当原油温度高于析蜡温度,具有牛顿流体特性;当原油温度处于析蜡温度与凝固温度区间时,流体仍具有牛顿流体特性;当原油温度低于凝固温度时,此时为非牛顿流体。

3)含水的影响

原油含水有两种情况:一种是游离水,另一种是乳化水。乳化水的凝点随含水率的增大而增大，但也有个峰值，当含水率超过该值时，含水率增加，凝点大幅度下降，如图3-6-3所示。

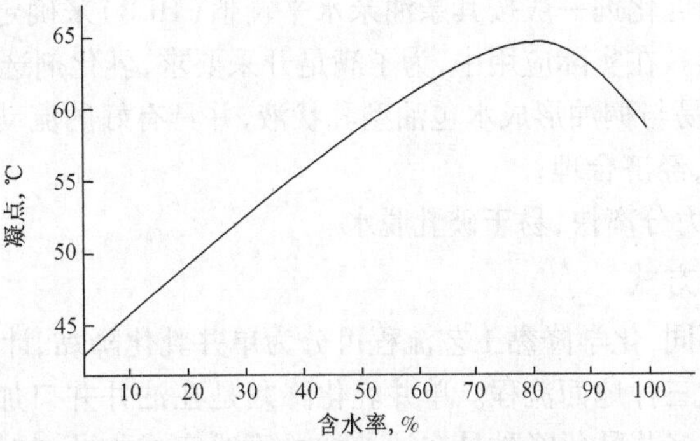

图3-6-3　高凝油凝点—含水率关系曲线

4）压力的影响

压力对高凝油流动性的影响主要体现在压力对原油结蜡的影响。

5）剪切速率的影响

原油开始流动具有启动压力梯度，当驱动压力梯度低于启动压力梯度时原油难以流动。因此，高剪切速率有助于改变蜡分子的网状结构，破坏蜡晶生长，使原油黏度降低而有利于提高开发效果，即采用高压力梯度、大排量、高流速开采有利于改善这类油藏的开发效果。

通过上述分析可知，含蜡量、温度、含水、压力等都对高凝油的流动性有影响，但由于高凝油的特殊性，高凝油对温度极为敏感，因此，温度是影响高凝油流动性的最重要因素。

二、井筒降黏开采技术

井筒降黏技术是指通过稀释、化学、热力等措施使得井筒中的液体保持低黏度，从而达到改善井筒流体的流动条件，缓解抽油设备的不适应性，提高稠油及高凝油的开发效果等目的的采油工艺技术。井筒降黏技术主要应用于原油黏度不很高或油层温度较高，所开采的原油能够流入井底，只须保持井筒流体有较低的黏度和良好的流动性，采用常规开采方式就能进行开采的稠油油藏。

目前常用的井筒降黏技术主要包括井筒化学降黏技术和井筒热力降黏技术。

（一）井筒化学降黏技术

井筒化学降黏技术是指通过向井筒流体中掺入化学药剂（表面活性剂溶液），从而使流体黏度降低的开采稠油及高凝油的技术。

1. 作用机理

（1）乳化降黏：在井筒流体中加入一定量的水溶性表面活性剂溶液，使稠油以微小油珠分散在活性水中形成水包油型乳状液，使稠油分子间的摩擦变为水分子间的摩擦，使其稠油黏度大幅度下降，起到乳化降黏的作用。

（2）润湿降阻：在实际生产中，原油多呈较大颗粒分散在活性水中，形成一种水包油型粗分散体系，可大大降低流动阻力；同时活性剂溶液在油管壁和抽油杆柱表面形成一层活性水膜，从而减小了稠油与管壁和杆柱表面的摩擦阻力，起到润湿降阻的作用。

2. 乳化剂的选择

乳化剂在化学降黏中起着重要的作用,乳状液的形成类型及稳定性等都与乳化剂本身的性质有直接关系。选用乳化剂一般按其亲油亲水平衡值(HLB)来确定,通常形成水包油型乳状液的 HLB 值为 8 ~ 18。在实际应用中,为了满足开采要求,乳化剂选择标准有三条:

(1)乳化剂比较容易与稠油形成水包油型乳状液,并具有好的流动性和稳定性;

(2)乳化剂用量少,经济合理;

(3)油水采出后重力分离快,易于破乳脱水。

3. 化学降黏掺水方式

根据加药剂地点不同,化学降黏工艺流程可分为单井乳化降黏、计量站多井乳化降黏及大面积集中管理乳化降黏三种地面流程。单井乳化降黏是在油井井口加药,然后把活性水掺入油套环形空间。计量站多井乳化降黏是在计量站总管线完成加药、加压、加热及计量,然后再分配到各井,既能达到降黏的目的,也便于集中管理。大面积集中管理乳化降黏则是在接转站进行加药,设备简单,易于集中管理。

4. 掺水降黏参数的确定

化学降黏主要参数包括活性剂溶液的浓度、温度、掺水比。

活性水浓度要适当,浓度过低时不能形成水包油型乳状液;浓度过高时乳状液黏度进一步下降幅度不大,采油成本提高,而且有些化学药剂(如烧碱、水玻璃等),在高浓度时易形成油包水型乳状液,反而会造成原油黏度的升高。

温度对已形成的乳状液黏度影响不大,但在乳化过程中,温度较高时,乳化效果好。

掺水比是指活性水与产出液总量的比值,它直接影响乳状液的类型、黏度和油井产油量,水液比应根据油井实际情况而定。

(二)井筒热力降黏技术

井筒热力降黏技术是利用高凝油、稠油的流动性对温度敏感这一特点,通过提高井筒流体的温度,使井筒流体黏度降低的工艺技术。目前常用的井筒热力降黏技术根据其加热介质可分为热流体循环加热降黏技术和电加热降黏技术两大类。

1. 热流体循环加热降黏技术

热流体循环加热降黏技术是指应用地面泵组,将高于井筒生产流体温度的油或水等热流体,以一定的流量通过井下特殊管柱注入井筒中建立循环通道,以加热井筒生产流体,从而达到提高井筒生产流体的温度、降低黏度、改善其流动性目的的工艺技术。

2. 电加热降黏技术

电加热降黏技术是利用电热杆或伴热电缆,将电能转化为热能,提高井筒生产流体温度,以降低其黏度和改善其流动性。目前常用方法有电热空心抽油杆采油工艺、伴热电缆采油工艺和油管加热采油工艺。

三、热力采油技术

热力采油技术是指利用热能加热油藏,降低原油黏度,将原油从地下采出的一种方法。它的基本原理是通过加热使原油黏度大大降低,改善流度比,提高波及系数;热能还会使原油膨胀,增加原油从油藏排出的动力;此外,热能对原油有蒸发甚至蒸馏的作用,蒸馏出的轻质馏分和前面较冷的地层接触时会凝析下来，在前沿形成一混相带，从而具有某种混相作用。

热力开采是当前应用非常普遍和有效的稠油开采方法，它可以大大提高油井产量，提高油田采收率。就其对油层加热的方式可分为两类：一是把热流体注入油层，如注热水、蒸汽吞吐、蒸汽驱、蒸汽辅助重力泄油（SAGD）等；二是在油层内燃烧产生热量，即火烧油层。

（一）蒸汽吞吐开采技术

蒸汽吞吐就是在一定时间内向油层注入一定数量的高温高压湿饱和蒸汽，关井一段时间，加热油层及原油，然后再开井生产，加热使原油黏度大大降低，从而提高了油井中原油的流动能力，起到增产作用。蒸汽吞吐方法是稠油开采中最常用的方法，蒸汽吞吐又称蒸汽激励或环注蒸汽。

蒸汽吞吐方法的优点是一次投资少、工艺技术简单、增产快、经济效益好，广泛应用于稠油开采。对于稠油油藏及特稠油油藏一般都是先进行蒸汽吞吐，然后再转向蒸汽驱。

蒸汽吞吐的增产效果取决于许多因素，如地质条件（油层压力、渗透率、原油黏度及饱和度、油层厚度及有无边底水等）和施工参数（如注汽压力、焖井时间、蒸汽干度、注汽速度等），因此要提高蒸汽吞吐效果，必须针对油藏条件，优化设计，科学施工，才能取得最好的效果。

1. 蒸汽吞吐开采过程

蒸汽吞吐开采过程可以分为三个阶段，即注蒸汽阶段、焖井阶段和开井回采阶段，如图 3-6-4所示。

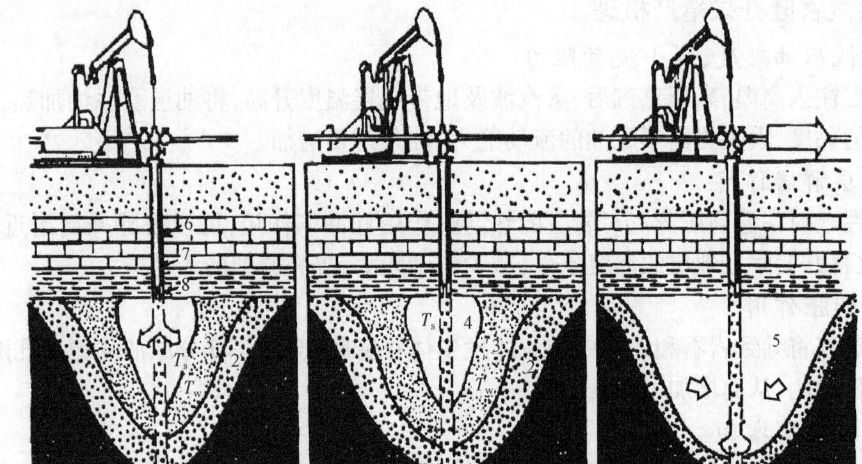

(a)注蒸汽阶段　(b)焖井阶段　(c)开井回采阶段

图 3-6-4　蒸汽吞吐示意图

1—原油；2—加热带；3—蒸汽凝结带；4—蒸汽带；5—流动原油及蒸汽凝结水；6—套管；7—隔热油管；8—隔热封隔器

1）注蒸汽阶段

根据设计要求的施工参数，把高温高压饱和蒸汽注入油层。注入蒸汽优先进入高渗透带，而且由于蒸汽与油藏流体的密度差，蒸汽占据油层的上部。油层内的温度分布并不均匀，靠近井眼处的地层及油层的上部温度相对较高，随着注汽的进行，被蒸汽加热的区域越来越大。当注入蒸汽量达到设计的周期蒸汽注入量时，油层平均温度达到最高。

2）焖井阶段

焖井是指注汽完成后，停注关井，使蒸汽的热量与地层充分进行热交换的过程。油井注汽后，为了使蒸汽的热量与地层充分进行热交换，使热量进一步向地层深处扩散，扩大加热区域，同时也使井筒附近地层的温度比注汽时降低一些，必须进行焖井。焖井时间的长短也是影响蒸汽吞吐效果的重要因素之一，只有焖井时间合适，才能使蒸汽热量充分地传递到油层中去。

3）开井回采阶段

油井注完蒸汽关井达到设计的焖井时间后，开井生产进入回采阶段。在回采阶段，一般包括自喷和抽油两个阶段。由于油层压力较高，一般油井能够自喷生产，自喷阶段主要产出油井周围的冷凝水和大量加热的原油。开井生产最初几天，通常是含水率很高，有的甚至全是热水，但很快出现产油峰值。当油井不能自喷时，转入抽油阶段，该阶段是持续原油产出的主要时期。

随着回采时间延长，由于注入地层的热量损失及产出液带出大量的热量，被加热的油层逐渐降温，流向井筒的原油的黏度逐渐升高，原油产量逐渐下降。当产量降至某一极限产量时，结束该周期的生产，重新进行下一周期的周期吞吐，如此多周期地吞吐作业，最后转入蒸汽驱开采。

在多周期吞吐中，前一周期回采结束时留在油层中的余热对下一周期的吞吐将起着预热作用，有利于下一周期的增产。现场中常出现下一周期的产量峰值较上一周期要高。

开井回采阶段的生产规律：原油峰值产量随着吞吐周期的增加而降低，而且在同一生产周期内原油回采产量随回采时间增加而降低。为了增加下一周期的原油产量，需逐次增加周期注汽量，以扩大加热带，同时及时把地层中的冷凝水回采，降低热损失。

2. 蒸汽吞吐开采增产机理

1）降低原油黏度，减小流动阻力

向油层注入高温、高压蒸汽后，蒸汽波及地带地层温度升高，将油层及原油加热，大幅度降低了原油的黏度，大大提高了原油的流动能力，油井产量增加。

2）油层解堵作用

蒸汽吞吐时高温高压蒸汽对岩石的热溶解作用和冲刷作用，可以解除井筒附近地层的堵塞，大大改善井筒附近地层的渗流条件，减少流动阻力，提高原油的流动能力。

3）热膨胀作用

高温蒸汽将导致岩石和地层中的流体发生体积膨胀，会把一部分原油从地层孔隙中挤出，增加了驱替作用，从而增加了产量。

4）气驱作用增加

当向地层注蒸汽时，温度升高，原来油层中少量的溶解气及游离气逸出、膨胀，形成溶解气驱，使溶解气驱作用增加。

5）重力驱作用增加

对于厚油层，热原油流向井底时，受油层压力和重力双重驱动作用。

6）高温蒸汽作用

注入的湿蒸汽加热油层后，高温使油层的油水相对渗透率发生了变化，在相同水饱和度下，油相渗透率增加，水相渗透率降低。高温蒸汽使砂粒表面的沥青胶质极性油膜破坏，润湿性改变，由原来的亲油或强亲油变为亲水或强亲水，在同样水饱和度条件下，油相渗透率增加，水相渗透率降低，进而增加原油产量。

7）回采过程中的蒸汽驱动作用以及冷凝水的闪蒸作用

分布在蒸汽加热带的蒸汽在回采过程中将大大膨胀，部分高压凝结热水由于突然降压闪蒸为蒸汽。这也具有一定程度的驱动作用。

8) 高温下原油裂解,黏度降低

油层中的原油在高温蒸汽作用下产生蒸馏作用和某种程度的裂解,使原油轻馏组分增多,黏度有所降低。

3. 影响蒸汽吞吐效果的因素

(1)原油黏度:原油黏度越高,蒸汽吞吐采收率和气油比越低。

(2)油层有效厚度:油层有效厚度对蒸汽吞吐效果影响较大,一般油层厚度大,吞吐产量高,周期长,开发效果好。

(3)原始含油饱和度:原始含油饱和度越小,可流动油越少,水相相对渗透率大,产油量减少,蒸汽吞吐开采效果差。

(4)油层渗透率:油层渗透率越高,油层吸汽能力强,产油能力高,因而蒸汽吞吐的开采效果好。稠油油藏一般多为疏松的砂岩油藏,物性好,渗透率较高,有利于蒸汽吞吐开采。

(5)气窜:气窜严重影响吞吐效果,所以发生气窜应及时进行封堵。

(6)蒸汽注入速度:蒸汽注入速度越高,可采出油量就越多,蒸汽吞吐开采效果就越好。

(7)蒸汽干度:蒸汽干度越高,蒸汽吞吐开采效果越好。

(8)注入汽量:周期注汽量越高,产油量越高;当注汽量过小时,产油量则较低,开采效果较差。

(9)焖井时间的长短对蒸汽吞吐也存在一定的影响。

(二)蒸汽驱开采技术

如图 3-6-5 所示,在蒸汽吞吐开采稠油方法中,吞吐只能采出油井井筒附近地层中的原油,而井间仍有大量的稠油未能采出,其采收率仅为 10%~20%。蒸汽吞吐后进行蒸汽驱开采,可以使一部分井间地层中的原油采出地面,进一步提高稠油的采收率至 20%~30%。

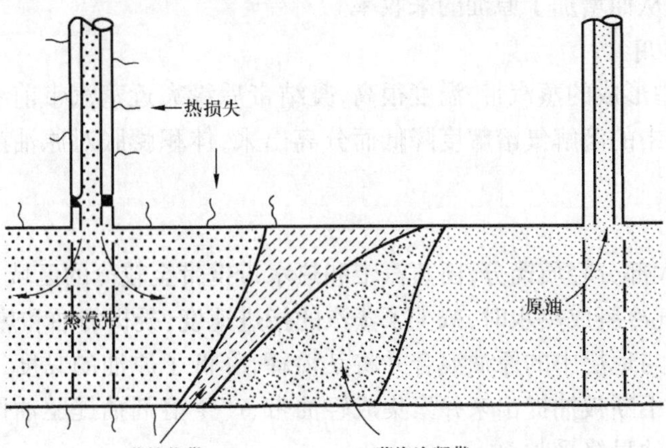

图 3-6-5 蒸汽驱开采原理

因此,蒸汽驱是接替汽吞吐的一种稠油开采方法。与蒸汽吞吐相比,尽管蒸汽驱可以大幅度提高稠油油藏的采收率,但该方法消耗的热能多、投资大。

蒸汽驱是指在一定的注汽方式下,蒸汽从注入井连续进入油层,加热油层及原油,驱替原油流向其周围生产井而采出地面。

1. 蒸汽驱过程

蒸汽驱开采过程中,从注入井注入的热蒸汽加热原油并把它驱向生产井。由注入井到生产井的过程中,形成蒸汽及部分凝结水带、降黏油富集带和原始油带。

(1)蒸汽及部分冷凝水带。蒸汽注入油藏后在注入井周围形成一个饱和蒸汽带,其温度和蒸汽的温度相同,连续注入的蒸汽使蒸汽带向生产井推进,在蒸汽带前缘有部分冷凝水带。

(2)降黏油富集带。在此区域中,降黏油一方面与未被加热的原油进行热交换,扩大降黏油富集区,另一方面推动原油向生产井流动。

(3)原始油带。降黏油富集带向前推进,温度进一步降低,形成原始油层。在整个油层中黏度很高、温度最低。

2. 蒸汽驱采油机理

1)降黏作用

向地层中注入高温蒸汽,油层温度升高,稠油黏度急剧下降,大大地改善了稠油流动能力,这是蒸汽驱开采稠油的主要机理。

2)热膨胀作用

向地层中注入高温蒸汽,使地层中的油、水、岩石温度升高,体积膨胀,驱动流体流向生产井,从而提高了原油的采收率。

3)蒸汽的蒸馏作用

在蒸汽驱过程中,随着蒸汽前缘的推进,凝结带扫过地区内的剩余油被与井底蒸汽温度相同的蒸汽带驱替,并推向蒸汽带前缘。蒸馏出的轻烃组分与水蒸气混合后一起向前推进,在凝结带内遇到温度较低的岩石时,凝结为液态的水和轻质油。轻烃与该处原油互溶混合,一部分黏度进一步降低了的原油被热水驱动。而被热水绕过的那一部分(凝结带扫过后的剩余油)又将受到继之而来的蒸汽带的蒸汽蒸馏。如此反复交替进行,最终获得蒸汽带驱替区内非常低的残余油饱和度,从而增加了原油的采收率。

4)溶解气驱作用

蒸汽注入过程中形成的蒸汽带,温度很高,凝结带后缘靠近蒸汽带前缘的区域,由于温度的大幅度升高,原油中的溶解气溶解度降低而分离出来,体积膨胀对原油产生驱替作用,因此能提高采收率。

5)混相作用

蒸汽蒸馏出的大部分轻质馏分,由蒸汽带和热水带携带至较冷的区域,轻质馏分与水蒸气同时冷凝。当水蒸气冷凝成热水时,减少了蒸汽的指进速度,凝析的油和热水混合物形成热水驱,凝析的轻质馏分与地层中的原油混合并将其稀释,降低了原油的黏度,随着蒸汽前缘向油井推进,轻质馏分会不断被抽提出来并聚集成轻油带,产生溶剂抽提驱油作用,形成了油的混相驱,提高了蒸汽驱的最终采收率。

6)乳化作用

由于水蒸气的作用,在地层形成乳化液,其黏度较大,起到调剖作用,通过降低蒸汽的指进,改善蒸汽波及状况而有利于蒸汽驱生产。

7)高温对相对渗透率的影响

温度升高,油水黏度比大幅度下降,油水流度比得到改善;同时,温度升高使吸附于岩石颗粒表面及油水界面上的沥青、胶质等极性物质解附,使油水界面张力减小,岩石润湿性发生反转，从而导致油的相对渗透率升高、水的相对渗透率降低，促使水驱残余油饱和度降低而提高了原油的采收率。

不同类型的原油，起主导作用的蒸汽驱机理不同。对于稠油油藏，降黏作用和蒸汽蒸馏作用是最主要的采油机理。此外，油藏特性（如油藏厚度）、蒸汽干度、注汽温度等因素在很大程度上影响着蒸汽驱的机理。

3. 蒸汽驱生产过程

在蒸汽驱生产过程中，从注蒸汽到蒸汽突破油井，最后淹没油井，一般经历以下三个过程：

1）注汽初始阶段

油层注入蒸汽后，大量蒸汽的热能被注入井井底附近的油层吸收，逐步提高油层的温度，油层压力稳定地回升。在此阶段，由于初始注汽时，大量蒸汽热能还没有传递到生产井附近，生产井周围油流阻力很大，油井产油量低。

2）注汽见效阶段

随着累积注入量的增加，油层能量和热量得到很好的补充，大量蒸汽热能已传递到生产井周围，使得原油的流动能力得以提高，原油产量上升，此时注汽见效，生产井进入高产阶段。

3）蒸汽突破阶段

随着开采时间的延长，蒸汽驱前缘突破油井，蒸汽和热水进入油井随同原油一起被采出来。在此阶段，产油量下降，含水迅速升高。

（三）水平井蒸汽辅助重力泄油（SAGD）开采技术

1. 蒸汽辅助重力泄油采油机理

水平井蒸汽辅助重力泄油开采技术是开发超稠油油藏的一项有效技术，适合于开采原油黏度非常高的特稠油油藏或天然沥青，具有采收率高和经济效益好的特点。其基本机理是热传导与流体热对流相结合，是以蒸汽作为热源、依靠重力作用开采稠油。它可以通过两种方式来实现，一种方式是水平井注汽，水平井采油的双水平井，即在靠近油藏底部钻一对垂直间距6～10m水平井，上部井向油层中注蒸汽，加热地层原油，使其在重力的作用下流入下部水平井中；另一种方式是直井注汽，水平井采油的直井—水平井组合，即在底部钻一口水平井，在其正上方打一口或多口垂直井，直井注汽，水平井采油，如图3－6－6所示。

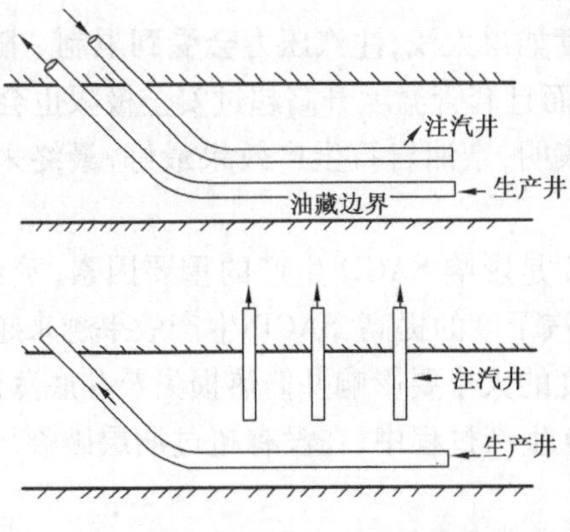

图3－6－6　蒸汽辅助重力泄油布井方式示意图

蒸汽辅助重力泄油的机理如下：

(1)高干度蒸汽从上面的注入井注入油层，形成一个饱和蒸汽室，与冷油区接触，释放汽化潜热加热原油，在界面的蒸汽冷凝。

(2)被加热降黏的原油和蒸汽冷凝水在重力作用下向下流动，从水平生产井采出。

(3)随着原油的采出，蒸汽腔向上及侧面扩展，逐渐扩大，蒸汽腔向上的扩展速度比向侧面扩展的速度快，最后向上的扩展受到了油藏顶部的限制，于是向侧面扩展，直到蒸汽腔扩展到油层顶界和水平井控制边界，如图 3 - 6 - 7 所示。

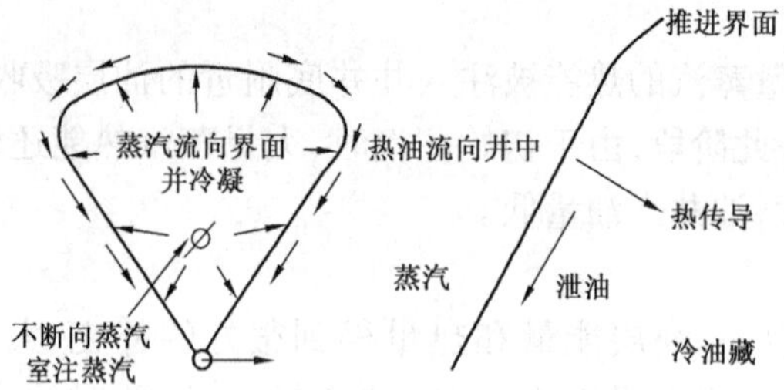

图 3 - 6 - 7　蒸汽辅助重力泄油机理示意图

蒸汽辅助重力泄油过程的特征如下：

(1)利用重力作为驱动原油的主要动力；

(2)利用水平井通过重力作用获得相当高的采油速度；

(3)加热原油不必驱动未接触冷油而直接流入生产井；

(4)累积气油比高；

(5)采收率高。

重力泄油开采超稠油的优势在于利用蒸汽潜热加热原油，不仅油层得到了必要的热量，而且补充了生产过程中所需的驱替能量，弥补了因吞吐造成的油层能量衰竭，削弱了因蒸汽指进所产生的一系列问题，使超稠油开采获得了较高的采收率。

2. 影响蒸汽辅助重力泄油效果的因素

(1)油层厚度。油层厚度越大，重力作用越明显，开采效果越好。

(2)油层渗透率。渗透率能影响蒸汽前缘推进速度和原油日产量。

(3)孔隙度与含油饱和度。

(4)油藏深度。油藏深度如果太浅，注汽压力会受到限制。随着油层深度增加，井筒热损失增大，井底蒸汽干度降低，而且套管温度升高超过安全极限也会受到破坏。

(5)岩石润湿性。研究表明，亲油岩石生产效果最好，最终采收率高；亲水岩石的生产效果最差。

(6)蒸汽干度。蒸汽干度是影响 SAGD 生产的重要因素，蒸汽室能否形成并逐渐扩展主要取决于蒸汽干度。随着蒸汽干度的提高，SAGD 生产效果越来越好。

(7)注汽速度。注汽速度的大小要影响井筒热损失及井底蒸汽干度。

(8)注汽压力。在 SAGD 生产过程中，在没有超过油层破裂压力的情况下，维持较高的操作压力是有利的。

(9)生产井排液能力。生产井排液能力对 SAGD 效果的影响很大，生产井必须有足够的排液能力，才能实现真正的重力泄油生产。

练　习　题

一、填空题

1. 根据黏度和相对密度的不同，稠油又可分________、________和________。

2. 高凝油是指________高、________高的原油。

3. 蒸汽吞吐采油过程可以分为________、________、________三个阶段。

4. 蒸汽驱开采过程中，形成了________　、________和________三个温度不同的区。

二、简答题

1. 什么是稠油？稠油的特点有哪些？

2. 影响稠油黏度的主要因素有哪些？

3. 什么是井筒化学降黏？其降黏机理是什么？

4. 什么是蒸汽吞吐？简述蒸汽吞吐采油机理。

5. 什么是蒸汽驱？简述蒸汽驱采油机理。

6. 什么是火烧油层？有几种类型？

7. SAGD 的机理及特点是什么？

专题四

油气集输

油气开采是油田生产的第一步，而油气集输则是紧随其后的工序。开采过程将原油和天然气从地下储层抽取到地面，而油气集输则负责将这些产品集中起来，并进行必要的处理和初加工。

模块一　油气集输概述

【知识目标】

(1)了解集输任务;

(2)了解集输工艺;

(3)掌握集输工作内容;

(4)掌握集输产品。

【所需知识】

一、油气集输的定义及任务

油气集输是指油气田矿场原油和天然气的收集、处理和运输等过程。其主要任务是通过一定的工艺过程把分散的油气田各井产出的油、气、水等混合物集中起来,经过必要的处理使之成为符合国家或行业质量标准的原油、天然气、轻烃等产品和符合地层回注水质量标准的采出水,并将原油和天然气分别输往炼油厂、长输管道首站、储油储气库等场站,将达标采出水输送至注水站进行回注。

二、油气集输的工艺及工作内容

油气集输的研究对象是油气田井口的产液或产气。油气集输是以油气田井口为起点,矿场原油库或长距离输油、输气管道首站以及油田注水站为终点的所有矿场业务。

(一)油气集输工艺

油气集输过程中,油气井的产出物经单井管线到计量站进行计量后,经混输管线输送到接转站或油气集输联合站(集中处理站)进行分队计量。在联合站内首先进行油、气、水三相分离,分离后得到的含水原油,进一步进行原油脱水。脱水后的原油再进行稳定处理,脱去易挥发的石油气,稳定后的原油输至油库,经长输管道外输。在稳定过程中得到的石油气送至轻烃回收装置进一步处理。从气液分离过程中得到的采出气进行脱水干燥、脱硫净化等处理后,得到的天然气再进行轻烃回收处理,将其分割为含甲烷 90% 以上的干天然气和液化石油气、轻质油等轻烃产品,其中的干气输至天然气输气站外输,液烃产品可直接外销。从油水混合物中脱出的含油采出水及泥砂等,进行除油、脱氧、防腐等处理,外输至注水系统回注地层或外排。油气集输生产流程如图 4 – 1 – 1 所示。

(二)油气集输系统的工作内容

油气田油气集输系统的工作内容主要包括油气计量,集油、集气,油、气、水分离,原油脱水,原油稳定,原油储存外输,天然气净化,轻烃处理,采出水处理及注水等工艺环节。

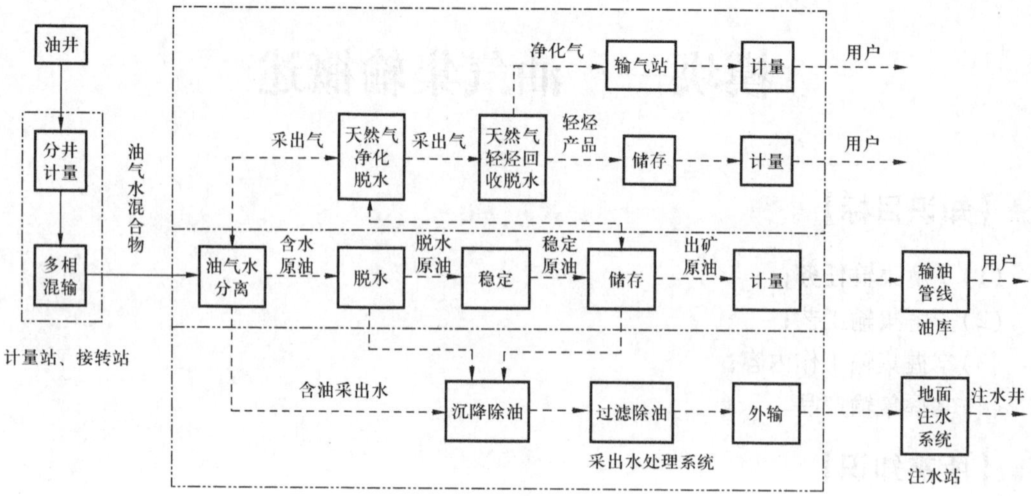

图4－1－1　油气集输生产流程框图

1. 油气计量

在生产过程中根据管理内容不同的需要，油气计量分为三级。三级计量是油井油气产量计量，主要用于油藏动态分析；二级计量是油田管理交接计量，作为接转站至联合站、联合站至油库或外输首站之间在管理上交接的依据；一级计量是外输外运到用户的一种商业贸易计量。

2. 集油、集气

根据油田采油区块的油藏特性、开发方案、油气特性、地形地貌等条件，确定油气集输工艺流程和布站方式，将分散的各油井生产的油气水混合物输送到计量站、接转站、联合站进行计量、分离和处理。

一般情况下，油气水混合物从油井经计量站混输到接转站。若接转站为非密闭接转时，油、气在接转站上进行分离后，油、气分输，分别进入联合站、天然气处理站进行处理；当接转站为密闭接转时，油气混输进入联合站。

3. 油、气、水分离

在联合站集中将油气水混合物分离成液体和气体，并将液体中的游离水分离出来，使原油成为低含水原油，必要时分离出油砂等固体杂质。

4. 原油脱水

经初步油水分离的原油进行进一步脱水，使原油的饱和蒸气压低于当地大气压，成为在常压下不易挥发的稳定原油。

5. 原油稳定

将原油中的甲烷至丁烷等轻组分脱出并回收，使原油的饱和蒸气压低于当地大气压，成为在常压下不易挥发的稳定原油。

6. 原油储存外输

将处理后的原油暂时储存在本站净化油罐内，或者直接输送到油库、外输首站进行储存或外输。

7. 天然气净化

将在联合站或接转站分离出来的油田伴生气、气井产出气输送到天然气处理站进行脱水、脱盐、脱硫、除尘处理，实现天然气净化，保证天然气外输质量和管线输送安全，使之达到商品天然气的标准后外输、销售。

8. 轻烃处理

轻烃处理生产通常称为轻烃回收。将油气集输工艺过程中所得到的天然气进行进一步加工，分割成以戊烷(C_5)以上组分为主的轻质油、以丁烷(C_4)和丙烷(C_3)为主的液化石油气、以甲烷(C_1)和乙烷(C_2)为主的天然气干气，然后分别外输、销售。

9. 输油、输气

将原油、天然气、液化石油气等达到外销标准的产品经计量后外输给用户。

10. 采出水处理及注水

将油气水分离、原油脱水、原油存储及天然气净化过程中脱出的采出水输至采出水处理站进行沉降、过滤除油、脱氧、防腐等一系列处理，使之达到油田地层回注或外排质量标准，根据需要回注地层或外排。

三、油气集输产品

在油气集输工艺过程中，可得到的产品有原油、天然气、液化石油气、稳定轻烃和达标采出水等。

(一)原油

原油是一种复杂的多组分混合物，在常温常压下，是以气、液、固三相共存的胶状悬浮体系。原油主要由碳、氢两种元素构成，还含有氮、氧、硫及其他一些微量金属元素。其中碳、氢的含量高达96%~99%，一般原油中的平均含碳量为83%~87%，氢的含量占11%~14%。氮、氧、硫三种元素的总量为1%~4%。这些元素都以有机化合物的形式存在于原油中，可划分为由碳、氢构成的烃类化合物和含有硫、氮、氧等元素的非烃类化合物两大类。

1. 原油的分类

各地所产的原油，由于地质构造、生油条件和生油年代的差异，其化学组成和物理性质既相似又相异，因此广泛采用化学分类法和工业分类法对原油进行分类。

1)化学分类法

对原油的化学分类是以原油的化学组成为基础，通常采用原油某几个与化学组成有直接关系的物理性质作为分类依据，最常用的有特性因数分类法和关键组分分类法。

2)工业分类法

工业分类法又称为商品分类法，是化学分类法的补充。它主要作为石油计价依据的质量标准。目前，世界各国无统一的分类标准，国际石油市场常用的计价标准是按原油的相对密度指数——°API和按原油的含硫量分类两种方法。

2. 原油的质量技术要求

出矿原油是指经集输工艺处理后，达到外输质量要求的原油。出矿原油的质量技术要求见表4-1-1。

表 4-1-1　出矿原油的质量技术要求

项目		原油类别		
		石蜡基 石蜡—混合基	混合基 混合—石蜡基 混合—环烷基	环烷基 环烷—混合基
含水量(质量分数),%	≤	0.5	1.0	2.0
含盐量,mg/L		实测		
饱和蒸汽压,kPa		在储存温度下低于油田当地大气压		

(二)天然气

石油地质学中所指的天然气是指与石油有相似产状、由烃类和非烃类组成的复杂混合物。天然气一般指储藏在地层中的可燃性烃类气体。

1. 天然气的分类与组成

根据产地和开发方法的不同,天然气一般可分为气田气和油田伴生气两类。气田气是指从气田开采出来的天然气,其甲烷(CH_4)的含量达 90%(体积分数)以上。油田伴生气是指从油田中随原油一起开采出来的可燃气体,其甲烷的含量比气田气的低,一般在 80%~90%之间。

在应用中,常将甲烷含量高于 90%、天然汽油(戊烷以上的组分)含量低于 10mL/m³ 的天然气称为干气或贫气;将甲烷含量低于 90%、天然气汽油含量高于 10mL/m³ 的天然气称为湿气或富气。由此可知,气田气一般为干气,油田伴生气大都为湿气。

天然气中除含有甲烷、乙烷、丙烷等烃类组分外,还常含有 CO、CO_2、H_2S、N_2 以及水蒸气等多种非烃类化合物组分。我国部分油气田所产天然气的组分与组成见表 4-1-2。

表 4-1-2　我国部分油气田所产天然气的组分与组成(体积分数)　单位:%

油气田名称		甲烷	乙烷	丙烷	丁烷	戊烷以上	不饱和烃	CO	CO_2	H_2S	N_2	H_2
油田	大庆	80.75	1.95	7.67	5.62	3.31	—	—	—	—	—	—
	胜利	86.60	4.20	3.50	2.60	1.40	—	—	0.60	—	1.10	—
	大港	76.29	11.0	6.00	4.00	—	—	—	1.36	—	0.71	—
	辽河	81.10	7.90	4.60	4.37	1.00	—	—	1.00	—	1.02	—
气田	自贡	97.78	0.64	0.15	—	—	0.02	0.03	1.64		0	0.09
	隆昌	95.48	1.50	0.41	—	—	0.07	0.02	1.70		0.92	0.10
	威远	97.78	0.61	0.15	—	—	0.02	0.03	1.64		0	0.09
	泸州	96.38	1.57	0.42	—	—	0.02	0.15	0.94		0.23	0.11
	纳溪	96.74	1.42	0.44	—	—	0.15	0.16	0.41		0.38	0.11

2. 天然气的质量技术要求

气田气和油田伴生气经脱水和脱酸性气体等净化处理后得到的天然气,其质量技术要求应符合国家现行标准 GB 17820—2018《天然气》的规定,见表 4-1-3。

表 4-1-3　天然气的质量技术指标

项目		一类	二类	三类
高位发热量，MJ/m^3	≥	36.0	31.4	31.4
总硫（以硫计），mg/m^3	≤	60	200	350
硫化氢，mg/m^3	≤	6	20	350
二氧化碳，%	≤	2.0	3.0	—
水露点		在交接点压力下，水露点应比输送条件下最低环境温度低5℃		

注：(1)本标准中气体体积的标准参比条件是101.325kPa，20℃；

(2)在输送条件下，当管道管顶埋地温度0℃时，水露点应不高于-5℃；

(3)进入输气管道的天然气，水露点的压力应是最高输送压力。

(三)液化石油气

液化石油气是轻烃回收的产品之一，其主要成分是丙烷和丁烷。根据组成的不同，液化石油气可分为商品丙烷、商品丁烷、商品丙烷和丁烷混合物三类，其中商品丙烷和丁烷混合物又可分为通用、冬用、夏用三种。按照国家标准 GB 11174—2011《液化石油气》的规定，液化石油气的质量技术要求见表4-1-4。

表 4-1-4　液化石油气质量技术指标

项目		质量指标			试验方法
		商品丙烷	商品丙烷和丁烷混合物	商品丁烷	
密度（15℃），kg/m^3		报告			SH/T 0221[a]
蒸气压（37.8℃），kPa		1430	1380	485	GB/T 12576
组分[b]					SH/T 0230
烃类组分（体积分数），%	≥	95	—	—	
C_4 及 C_4 以上烃类组分（体积分数），%	≤	2.5	—	—	
(C_3+C_4)烃类组分（体积分数），%	≥	—	95	95	
C_5 及 C_5 以上烃类组分（体积分数），%	≤	—	3.0	2.0	
残留物					
蒸发残留物，mL/100mL	≤	0.05			SY/T 7509
油渍观察		通过[c]			
铜片腐蚀（40℃，1h），级	≤	1			SH/T 0232
总硫含量，mg/m^3	≤	343			SH/T 0222
硫化氢（需满足下列要求之一）：					
乙酸铅法		无			SH/T 0125
层析法，mg/m^3	≤	10			SH/T 0231
游离水		无			目测[d]

注：a. 密度也可用 GB/T 12576 方法计算，有争议时以 SH/T 0221 为仲裁方法。

b. 液化石油气中不允许人为加入除加臭剂以外的非烃类化合物。

c. 按 SY/T 7509 方法所述。每次以0.1的增量将0.3mL溶剂—残留物混合液滴到滤纸上，2min 后在日光下观察，无持久不退的油环为通过。

d. 有争议时，采用 SH/T0221 的仪器及试验条件目测是否存在游离水。

(四)稳定轻烃

从天然气凝析液或原油中提取的，以戊烷和更重的烃类为主要成分的液态石油产品，也称天然汽油。其终馏点不高于190℃，在规定的蒸气压下，允许含少量丁烷。

1. 稳定轻烃的分类

稳定轻烃按蒸气压范围分为两种牌号，其代号分别为 1 号和 2 号。1 号产品主要用作石油化工原料；2 号产品可作石油化工原料，也可作生产车用汽油调和原料。

2. 稳定轻烃的质量技术要求

按国家标准 GB 9053—2013《稳定轻烃》的规定，其质量技术要求见表 4-1-5。

表 4-1-5 稳定轻烃质量技术要求和试验方法

项目		质量指标		试验方法
		1号	2号	
饱和蒸气压，kPa		0.5~2.0	夏[a] <74， 冬[b] <88	GB/T 8017
馏程				GB/T 6536
10%蒸发温度，℃	≥	—	35	
90%蒸发温度，℃	≤	135	150	
终馏点，℃	≤	190	190	
60℃蒸发率（体积分数），%		实测	—	
硫含量[c]，%	≤	0.05	0.10	SH/T 0689
机械杂质及水分		无	无	目测[d]
铜片腐蚀，级	≤	1	1	GB/T 5096
塞波特颜色号	≥	+25	—	GB/T 3555

注：a. 夏季从 5 月 1 日到 10 月 31 日。

b. 冬季从 11 月 1 日到 4 月 30 日。

c. 硫含量允许采用 GB/T 17040 和 SH/T 0253 进行测定，但仲裁试验应采用 SH/T 0689。

d. 将试样注入 100mL 的玻璃量筒中观察，应当透明，没有悬浮与沉降的机械杂质及水分。

（五）达标采出水

油田（或气田）采出水来源于在油气生产过程中所产出的地层伴生水。为获得合格的油气产品，需将伴生水与油气进行分离，这些伴生水称为油田采出水。为了使油田采出水达到油田回注的水质要求，必须针对不同的采出水水质选用合适的方法进行处理。

1. 注水水质基本要求

由于各油田地质条件的差异，回注水的实际控制标准有很大的差别。制定回注水质量标准主要考虑的因素包括：处理合格的采出水回注地层后不对油藏造成伤害；不使原油质量变差；不对人类健康和生活造成持久性危害；具有适当的经济性。注水水质的要求如下：

（1）水质稳定，与油层水相混不产生明显沉淀。

（2）水中不得携带大量悬浮物。

（3）对注水设施腐蚀性小。

2. 推荐水质主要控制指标

根据注水目的层渗透率的高低，我国对油田注入水的水质指标提出了推荐性指标。而各个油田根据本地油藏特点和注水实践经验可对指标进行一些相应的调整。我国石油天然气行业标准 SY/T 5329—2022《碎屑岩油藏注水水质指标及分析方法》中推荐水质指标见表 3-1-1。

四、油气集输在油气田建设中的地位

油气田的工业开采价值被确定后，在油气田地面上需要建设各种生产设施、辅助生产设施和附属设施，以满足油气开采和储运的要求。油气集输设施是油气田建设中的主要生产设施，在油气田生产中起着主导作用，使油气田得以平稳生产，保持原油开采及销售之间的平衡，并使原油、天然气、液化石油和天然汽油等产品质量合格。采用的油气集输工艺流程、确定的工程建设规模及总体布局，将对油气田的可靠生产、建设水平和生产效益起着关键性的作用。

因此，油气集输是继油气藏勘探、开发和生产之后的一个非常重要的阶段，是油气田地面建设的骨架工程之一，是连接油气生产、加工、销售及应用之间的纽带、桥梁，在油气生产工业和国民经济中占有相当重要的地位。

练　习　题

一、选择题

1. 将原油中的甲烷至丁烷等轻组分脱出并回收，使原油的饱和蒸气压（　）当地大气压，成为在常压下不易挥发的稳定原油。

A. 低于　　B. 高于　　C. 等于　　D. 略微大于

2. 石油中除碳、氢元素外，还有氧、（　）、硫等元素，它们总量为1%~4%。

A. 钙　　B. 氮　　C. 铀　　D. 镁

3. 石油中氢元素的含量一般占（　）。

A. 11%~14%　　B. 12%~15%　　C. 13%~16%　　D. 14%~17%

4. 甲烷在天然气中含量超过（　）时称为干气。

A. 90%　　B. 50%　　C. 80%　　D. 60%

5. 在生产过程中根据管理内容不同的需要，计量分为（　）级。

A. 二　　B. 四　　C. 三　　D. 六

二、填空题

1. 在联合站集中对油气水混合物分离成________和________，并将液体中的________分离出来，原油成为低含水原油，必要时分离出油砂等固体杂质。

2. 原油是一种复杂的多组分混合物，在常温常压下，是以________、________、________三相共存的胶状悬浮体系。

3. 根据产地和开发方法的不同，天然气一般可分为________和________两类。

4. 天然气中除含有________、乙烷、________等烃类组分外，还常含有________以及水蒸气等多种非烃类化合物。

5. 液化石油气是轻烃回收的产品之一，其主要成分是________和________。

三、简答题

1. 油气田油气集输的工作内容主要包括哪些？

2. 制定回注水质量标准主要考虑的因素有哪些？注水水质的要求是什么？

模块二　油气集输流程

油气集输流程是指完成油气集输任务的工艺流程，是油气田矿场内部油气流向的总说明，是从生产井口起到外输、外运的矿场站库等，油气井产品经过若干个工艺流程，最后成为合格的油气产品全过程的总说明，是指导安全生产和作业调度的重要依据。

【知识目标】

(1)掌握集输站场的类型；

(2)了解集输流程的分类方式；

(3)掌握计量站监控内容；

(4)了解集输系统处理设备分类、工作原理。

【所需内容】

一、油气集输站场的类型及功能

原油集输系统站场按基本集输流程的生产功能可分为采油井场、分井计量站、接转站、联合站等四种站场。

(一)采油井场

(1)任务：将油气收集起来，输往集中处理站进行理。

(2)功能：控制和调节从油层采出的油和气数量，满足油田开发的需要；提供完成油井井下作业的条件；保证将油井采出油和气收集起来。

(二)分井计量站

(1)任务：进行分井计量，测量管辖油井的油、气、水产量。

(2)功能：油井采出的油、气的集中计量和集中管理；为完成油气集输提供实施各种工艺措施，在采用掺热水(油)的油气集输方式时，可提供掺热水(油)分配阀组，以便向所管辖的油井分配和输送热水(油)。

(三)接转站

(1)任务：以液体增压为主要功能的集输场站。

(2)功能：将从分井计量站来的油(液)、气混合物进行分离、计量或脱除游离水，然后将含水原油泵输至集中处理站，油田气靠自身压力输送至油气田处理厂；承担向计量站供掺水、保温、热洗清蜡用的热水投加防垢剂、破乳剂等任务。

(四)联合站

(1)任务：对原油油田气和采出水进行集中处理，包括油气分离、计量、原油脱水、原油稳定、天然气增压、采出水处理站、注水站等工艺流程及设施。

(2)功能：接收油井、分井计量站或转接站输送来的油和气；对油和气进行分离、净化；

对原油进行稳定，回收油田气体中的凝液等；将符合标准的原油、油田气、轻烃，经计量后分别输送到矿场油库和用户；含水原油中脱出的含油采出水送至采出水处理装置，处理后回注油层。

二、油气集输流程的分类

油气集输流程是指完成油气集输任务的工艺流程，是油气田矿场内部油气流向的总说明，是从生产井口到接转站（增压站），再到外输、外运的矿场站库等，油气井产品经过若干个工艺流程，最后成为合格的油气产品全过程的总说明，是指导安全生产和作业调度的重要依据。

（一）按油气收集方式分类

按油气收集方式不同，油气集输流程可分为混输流程和分输流程。

1. 混输流程

图4－2－1所示为混输流程，是指井中生产出的油气混合物经分离计量后，气体又回到输油管线，用一条管线混输至集输泵站。

2. 分输流程

图4－2－2所示为分输流程，是指从井口采出的油气混合物经分离计量后，油和气分别用两条管线输送。

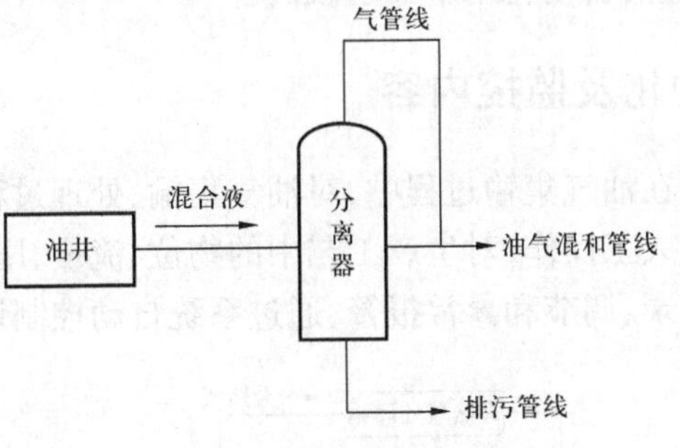

图4－2－1　混输流程

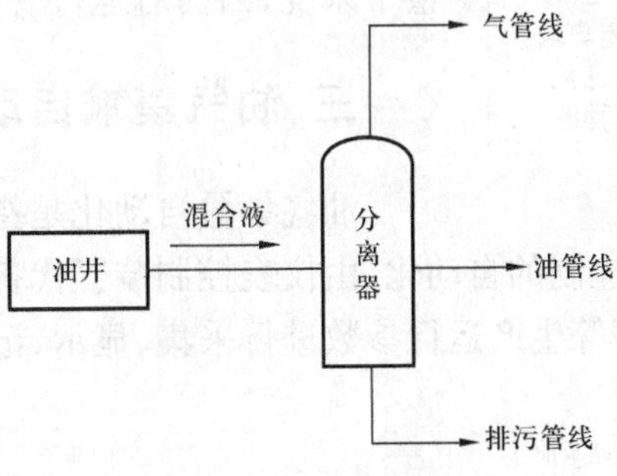

图4－2－2　分输流程

（二）按流程密闭性分类

按流程密闭性不同，油气集输流程可分为沉降密闭集输流程（大罐抽气）和压力密闭集输流程（原油稳定）。

1. 沉降密闭集输流程

沉降密闭集输流程是指油井产物从井口到外输之间的所有工艺环节当中，储油罐采用大罐抽气的方式确保系统保持封闭状态，以减少原油损耗和VOCs❶排放对大气环境的影响，如图4－2－3所示。这种流程通过减少油气在生产和输送过程中的蒸发损耗，提高了环保性和经济效益。

❶ VOCs（Volatile Organic Compounds）即挥发性有机物，是指在标准状态下具有较高饱和蒸气压（大于13.33Pa）、低沸点、小分子量，且在常温下易于挥发的有机化合物。这种物质是大气的主要污染物之一。

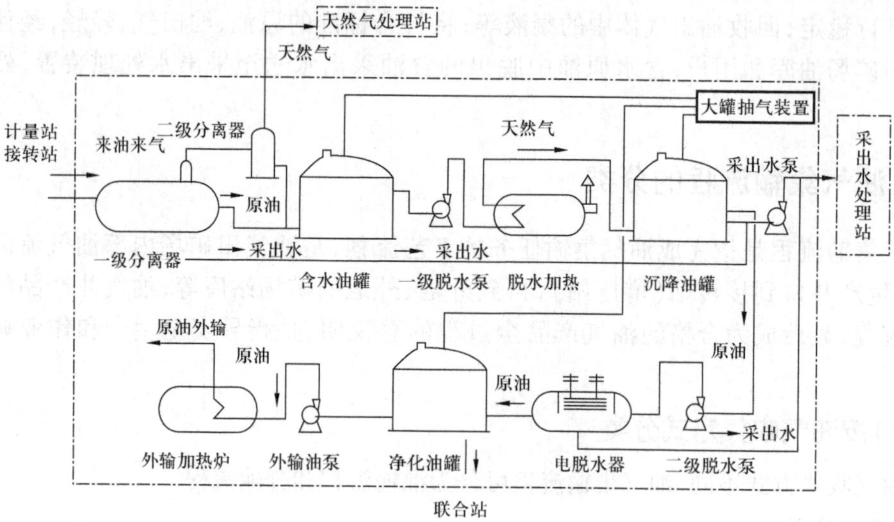

图4-2-3　沉降密闭集输流程

彩图4-2-3 沉降密闭集输流程信息化监控流程图

2. 压力密闭集输流程(原油稳定)

压力密闭集输流程是指油井产物从井口到外输之间的所有工艺环节都是密闭的,不与大气接触,如图4-2-4所示。该流程减少了油气的蒸发损耗,降低了能耗,但由于整个系统是密闭的,若局部出现参数波动,将会影响整个系统,因而对运行管理的自动化水平要求较高。

三、油气集输自动化及监控内容

油气集输自动化是指在油气集输过程中,对油气集输、处理过程实现参数检测、控制的自动化,由仪表控制装置代替人工操作,对生产工艺中的物位、流量、压力、温度和含水率等生产运行参数进行采集、显示、记录、调节和异常报警,通过系统自动控制调节到最

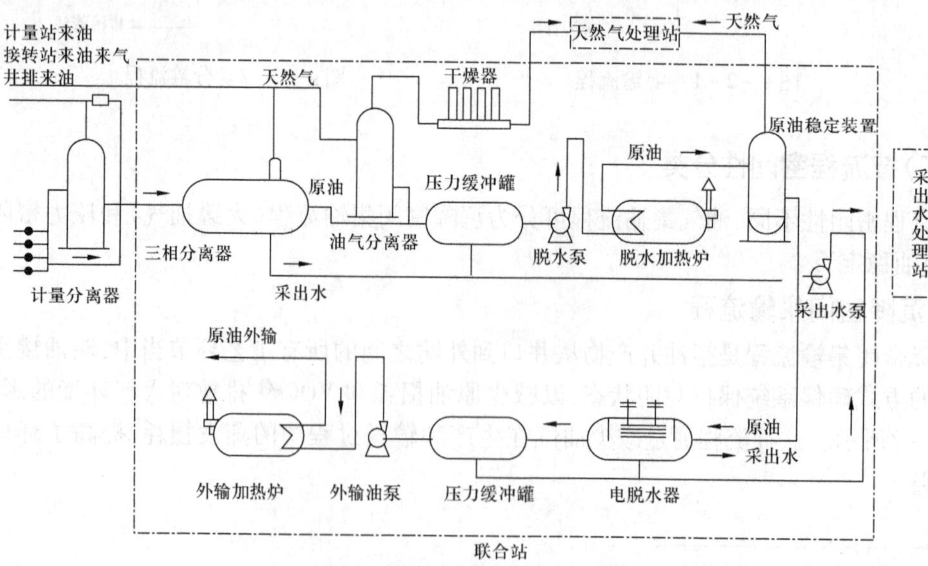

图4-2-4　压力密闭集输流程

佳状态,操作人员通过监测系统及时了解和掌握生产装置的运行现状。

彩图4-2-4
压力密闭集输
流程信息化
监控流程图

(一)计量站监控内容

油气集输过程中,计量站的任务是对所管辖范围内的油气井集油、集气,并对各油气井产出的油、气、水产量进行计量。油气水实时计量数据,对于了解地层油气含量及产能的变化,进行油藏动态分析、优化生产参数、提高采收率具有重要的作用。计量站流程如图4-2-5所示。

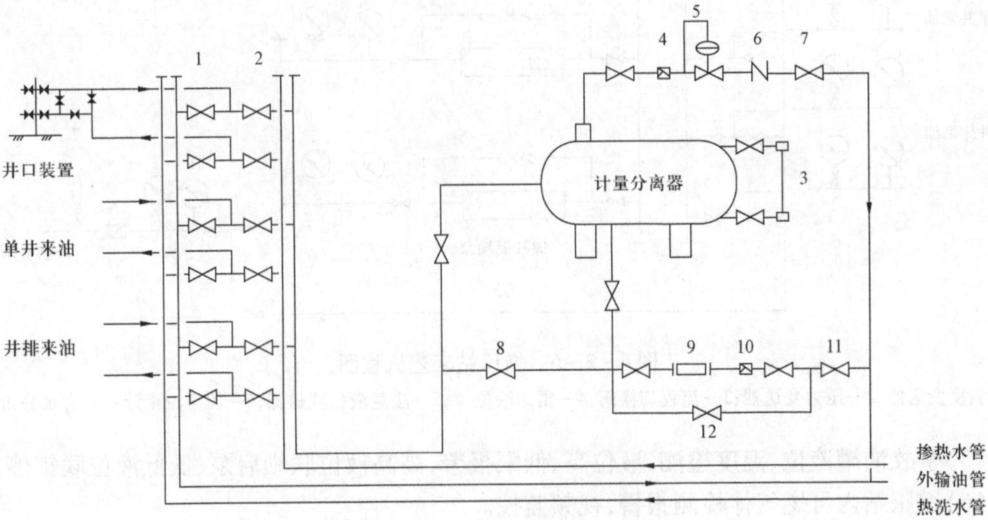

图4-2-5　计量站工艺流程图

1,2,8—流程切换阀;3—玻璃管量油装置;4—天然气计量仪表;5—压力调节器;6—止回阀;7—气平衡阀;9—含水分析仪;10—液量流量计;11—液平衡阀;12—旁通阀组

计量站自动化的主要有以下内容:

(1)油井计量,包括选井装置的自动控制选井,油井的气、液产量计量,含水率测量,油、水产量计算。

(2)油井计量数据的远程数据采集与选井状态的监控。

(3)辅助系统监控,即对辅助设备,如加热流程、伴热流程、掺和流程中加热炉、泵状态及参数的测控。

(二)增压站和接转站监控内容

1. 增压站监控内容

增压站的主要功能是负责部分含气量较低油井的增压输送任务,具有增压、事故储存等功能;由于对井站来油气不进行分离处理,因此均采用螺杆式增压泵,实现油气增压混输。增压站工艺流程如图4-2-6所示。

增压站监控要求如下:

(1)增压泵进口温度、进出口压力检测、转速测量、故障报警。

(2)增压泵出口流量检测、含水率检测分析。

(3)缓冲罐液位与增压泵变频柜联锁,根据液位自动调节泵的转速。

(4)增压泵进、出口阀门的远程控制及自动切换;增压泵远程启停。

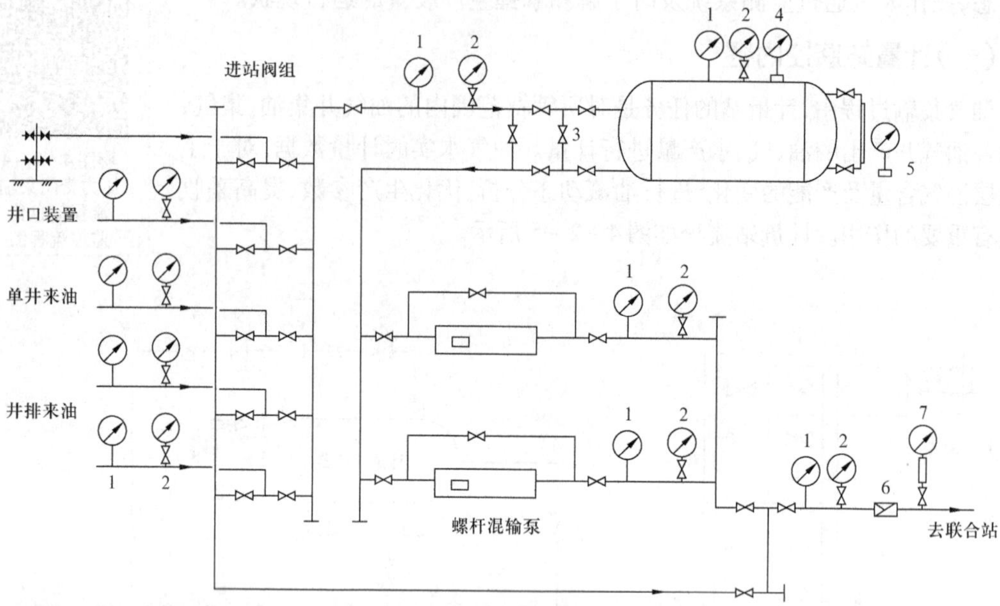

图 4-2-6　增压站工艺流程图

1—温度变送器;2—压力变送器;3—流程切换阀;4—雷达液位计;5—法兰液位变送器;6—质量流量计;7—含水分析仪

(5)事故油罐液位、温度检测,液位高、低限报警,高高液位联锁启泵、低低液位联锁停泵。

(6)增压站内可燃气体检测报警,视频监控。

2. 接转站监控内容

接转站也称转油站,它所承担的任务、规模一般是根据整个采油区块生产能力、生产集输水平、集输经济指标情况综合确定。具有掺热水加热工艺的接转站流程如图 4-2-7 所示。

接转站自动化的主要包括以下内容:

(1)参数监控——各计量站来油进站压力及温度、缓冲罐及事故储油罐液位、外输原油出站温度与压力、泵电动机电压及电流的测量及越限报警。

(2)气液计量——分离器分离出来的天然气、油、水流量计量。为了计算天然气标准状态下的流量,还需要对其温度与压力进行测量,以便做校正计算。

(3)自控系统——主要有分离器液位控制系统、油水界面控制系统、天然气压力控制系统和加热炉自控系统。分离器液位控制系统是保证密闭输送的关键。

(4)辅助设备——视具体情况确定。

(三)联合站监控内容

联合站的生产装置比较集中,监控要求高,适于采用大规模自动化装置,如采用集散控制系统(DCS)或计算机数据采集及监控系统(SCADA)进行控制和管理。集输联合站自动化监控要求主要包括以下内容:

(1)油、气、水分队计量产量。

(2)分离器监测及控制——分离器液位、天然气压力测量控制。

(3)破乳剂加药量控制——根据来油含水率,自动调节加药泵加药量。

(4)沉降罐、缓冲罐监控——沉降罐油水界面检测及控制、缓冲罐液位检测与控制。

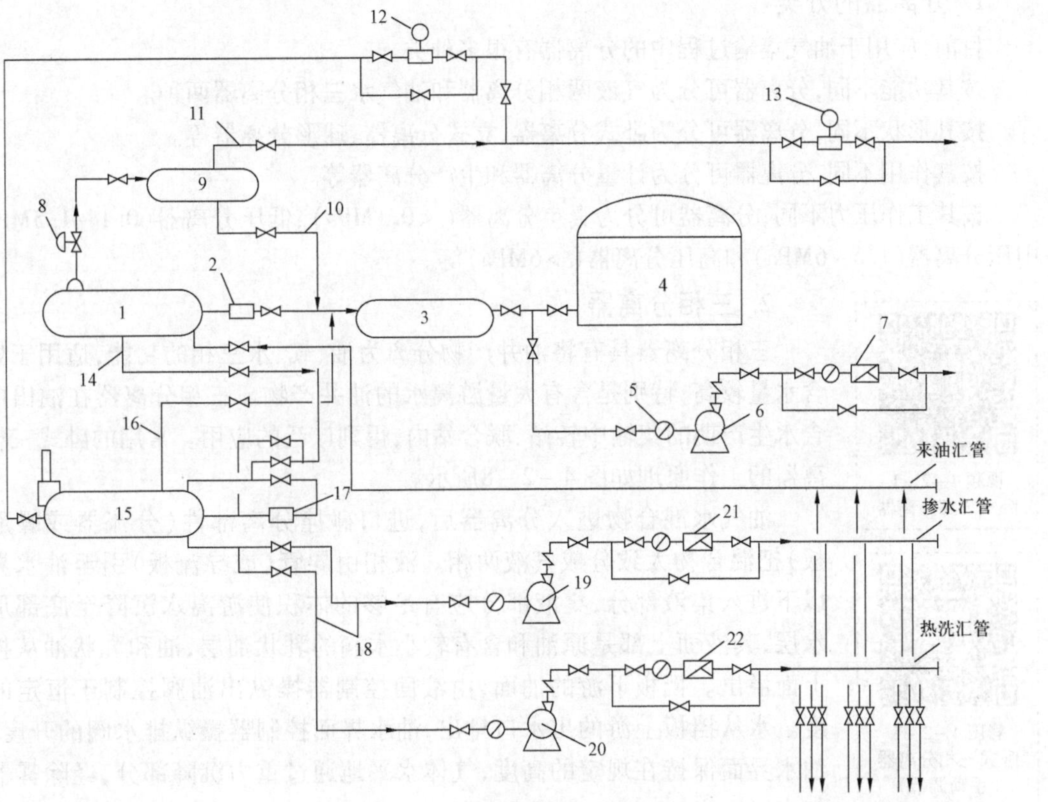

图4－2－7　接转站工艺流程图

1—油气水三相分离器；2—浮子油位调节器；3—缓冲罐；4—事故罐；5—过滤器；6—外输油泵；7—外输油流量计；8—压力调节阀；9—天然气除油器；10—凝析油管线；11—天然气管线；12—自用气流量计；13—外输油流量计；14—放水管线；15—加热炉；16—出油管线；17—油水界面调节器；18—热水管；19—掺水泵；20—热洗泵；21—掺水流量计；22—热洗流量计

（5）加热炉监控——加热炉原油出口温度自动控制、加热炉烟道含氧量与温度监测。

（6）脱水器监控——脱水器压力、油水界面测量与控制。

（7）外输计量——外输流量精密计量、储油罐液位检测、自动盘库计量。

（8）轻烃与天然气处理系统、原油稳定系统、采出水处理系统监控——结合生产现场，依据生产实际，合理设置参数监控。

四、油气集输系统设备

油气集输系统的特点是生产连续，多道工序相互关联、紧密衔接。各种不同的工艺都有相应配套设备和装置，因此系统中设备类型多，工艺流程复杂。

（一）油气水分离设备

在油气集输的过程中，油气混合物的分离总是在一定的设备中进行的。这种根据相平衡原理，利用油气分离机理，借助机械方法，把油井混合物分离为气相和液相的设备称为气液分离器，或称为油气分离器。

1. 分离器的分类

目前,应用于油气集输过程中的分离器有很多种类。

按其功能不同,分离器可分为气液两相分离器和油气水三相分离器两种。

按其形状不同,分离器可分为卧式分离器、立式分离器、球形分离器等。

按其作用不同,分离器可分为计量分离器和生产分离器等。

按其工作压力不同,分离器可分为真空分离器(<0.1MPa)、低压分离器(0.1~1.5MPa)、中压分离器(1.5~6MPa)和高压分离器(>6MPa)等。

视频4-2-1
卧式三相分离器

彩图4-2-8
卧式三相分离器
(手动调节)

2. 三相分离器

三相分离器具有将油井产物分离为油、气、水三相的功能,适用于处理含水量较高,特别是含有大量游离水的油井产物。三相分离器在油田中高含水生产期的集输中转站、联合站内,得到广泛的应用。常用的卧式三相分离器的工作原理如图4-2-8所示。

油气水混合物进入分离器后,进口碰撞分离部件(分流器或蝶形挡板)把混合物大致分成气液两相。液相由导管(或导流板)引至油水界面以下进入集液部分,集液部分应有足够的体积使游离水沉降至底部形成水层,其液面上部是原油和含有较小水滴的乳状油层,油和乳状油从挡板上面溢出。挡板下游的油面,由液面控制器操纵出油阀控制于恒定的高度。水从挡板上游的出水口排出,油水界面控制器操纵排水阀的开度,使油水界面保持在规定的高度,气体水平地通过重力沉降部分,经除雾器由气出口流出。

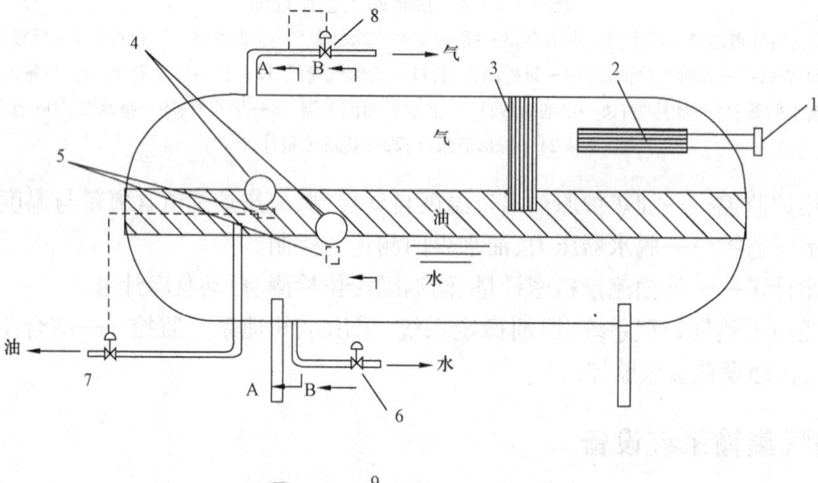

图4-2-8　卧式三相分离器

1—油气混合物入口;2—进口碰撞分离部件;3—除雾器;4—浮子;5—液面控制机构;6—水位控制阀;7—油位控制阀;8—压力调节阀;9—不加重浮子;10—加重浮子

分离器的压力由设在管线上的阀门控制。油气界面的高度依据液气分离的需要可在1/2～2/3分离器直径间变化，一般采用分离器直径的1/2。

(二)原油脱水设备

1. 沉降分离设备

沉降分离设备是原油脱水工艺中最重要的设备之一，电场力脱水法、化学脱水法处理过的原油乳状液都要进行沉降分离。用于沉降分离的设备主要是混凝沉降罐，常用的沉降罐有立式和卧式两种。

图4－2－9所示的立式混凝沉降罐适用于含气量很少、工作压力接近常压的情况。工作时，油水混合物经配液管中心汇管通过辐射状配液管进入罐底部的水层内，其中的游离水、破乳后粒径较大的水滴、盐类和亲水性固体杂质等在水洗的作用下并入水层；原油及其携带的粒径较小的水滴在密度差的作用下，不断向上运动，且水分不断从油中沉降出来；当原油上升到沉降罐上部液面时，其含水率大为减少，经中心集油槽通过排出管排出。沉降罐底部的采出水，经由液力柱塞阀控制高度的上行虹吸管吸至一定高度后，通过下行虹吸管与排水管排出。

视频4－2－2
混凝沉降罐

彩图4－2－9
原油处理罐区

2. 电场力脱水设备

电脱水器种类较多，按外形可分为立式电脱水器和卧式电脱水器；按交流电、直流电可分为交流电脱水器、直流电脱水器、交直流复合电脱水器；按内部结构可分为多层极盘式电脱水器、鼠笼式电脱水器、多室式电脱水器、极盘鼠笼组合式电脱水器、垂直平衡组合式电脱水器。

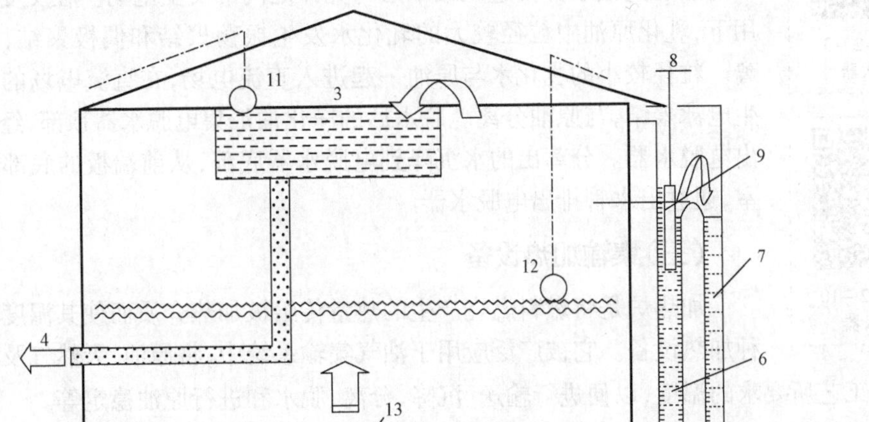

图4－2－9　立式混凝沉降罐示意图

1—油水混合物入口；2—辐射状配液管；3—中心集油槽；4—出油管；5—排水管；6—虹吸上行管；7—虹吸下行管；8—液力阀杆；9—液力阀柱塞；10—排空管；11—浮子；12—油水界面和油面浮子；13—配液管中心汇管

由于交直流复合电脱水器脱水质量高，节能效果好，在油田上应用较为广泛。交直流复合电脱水器主要由进油管、预沉降室、进油槽、布油孔、电极、悬挂绝缘子、出油管、排水室、出水管和油水界面测量仪等组成，如图4－2－10所示。

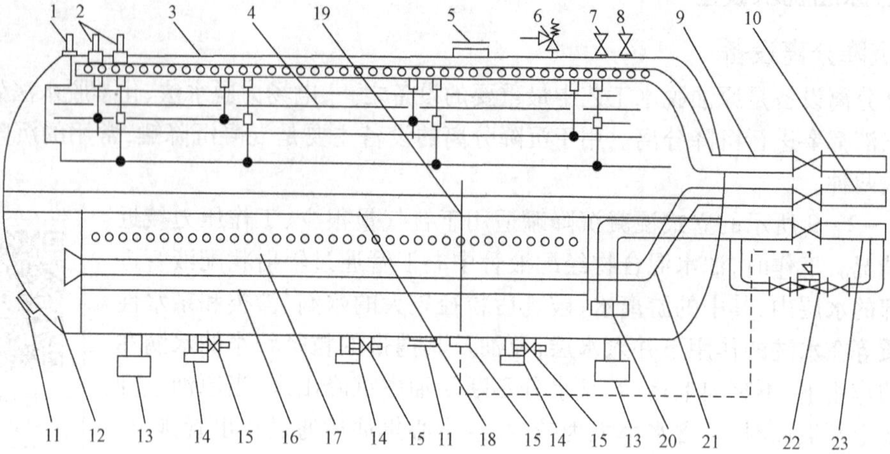

图4－2－10　交直流复合电脱水器结构示意图

1—交流电极接线绝缘棒；2—直流电极接线绝缘棒；3—悬挂绝缘子；4—电极；5—透光孔；6—安全阀；7—小放气阀；8—大放气阀；9—出油管；10—进油管；11—人孔；12—预沉降室；13—鞍式支座；14—排砂口；15—放水口；16—进油槽；17—布油孔；18—油水界面；19—油水界面测量仪；20—破涡板；21—排水室；22—油水界面调节阀；23—出水管

视频4－2－3
电脱水器

彩图4－2－10
电脱水器

原油从进油管进入预沉降室，沉降泥砂和部分游离水后，在预沉降室分两路进入进油槽，从进油槽上的布油孔均匀进入油水界面下部的水相（游离水沉降区）空间，进行水洗，脱除原油中的残余游离水。水洗后的原油自下而上经过油水界面进入最下层与壳体之间的交变电场。在交变电场的作用下，乳化原油中粒径较大的乳化水发生振荡聚结和偶极聚结，与原油分离。粒径较小的乳化水与原油一起进入直流电场，在直流电场的作用下发生电泳聚结，与原油分离。脱水后的净化油汇集电脱水器顶部，经出油管排出电脱水器。分离出的水沉降到电脱水器底部，从前端板的底部进入排水室，通过出水管排出电脱水器。

（三）集输加热设备

加热炉是将燃料燃烧产生的热量传给被加热介质而使其温度升高的一种加热设备。它被广泛应用于油气集输系统中，将原油、天然气及其油井产物加热至工艺所要求的温度，以便进行输送、沉降、分离、脱水和进行原油稳定等。

1. 加热炉分类

按结构形式分，加热炉分为管式加热炉、火筒加热炉和水套加热炉。管式加热炉分为立式圆筒形管式加热炉、卧式圆筒形管式加热炉；火筒加热炉分为火筒式直接加热炉、火筒式间接加热炉。

按使用燃料分，加热炉分为燃油加热炉、燃气加热炉和油气两用加热炉。

按燃烧方式分，加热炉分为负压燃烧加热炉、微正压燃烧加热炉。

按加热炉的作用分，加热炉分为单井计量用加热炉、热化学沉降用加热炉、电脱水用加热炉、原油外输加热炉。

2. 水套式加热炉

水套式加热炉是指中间传热介质为水的火筒式间接加热炉，简称水套炉，是间接加热的油田常用加热设备，它具有效率高、便于操作管理、安全可靠等特点。

水套式加热炉的结构如图 4 - 2 - 11 所示。水套式加热炉在工作前要向水套内加水至水套容积的 1/2 ~ 2/3 处，然后点火。燃料从火嘴喷出，在炉膛内燃烧。在喷嘴压力及烟囱抽风作用下，火焰和烟气沿炉膛及烟道管向烟囱流动。在炉膛内，热通过热辐射传给炉膛。而烟道部分，热是通过对流传给烟管壁。炉壁和烟管壁通过热传导和对流将热传给水套中的水。原油从输油盘管的下部进入，自下而上流经全部原油对流管，再从上部流出。在此过程中，水将热量传给原油，达到加热原油的目的。

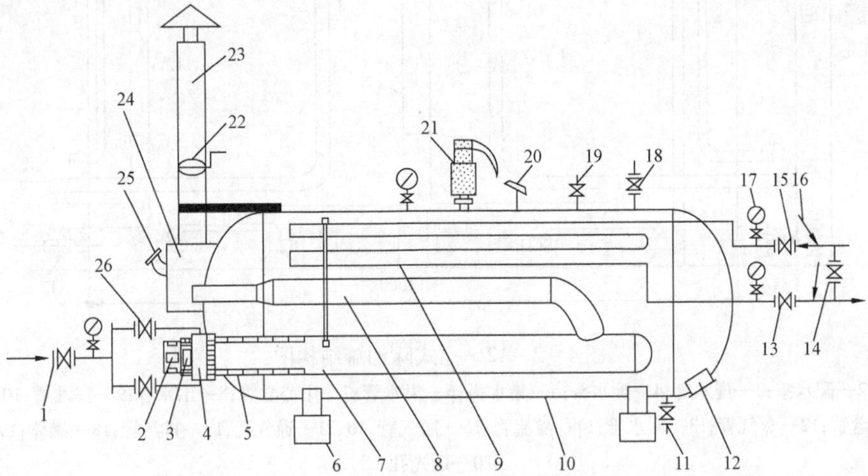

图 4 - 2 - 11 水套式加热炉结构示意图

1—燃料总阀；2—二级合风；3——级合风；4—燃烧器；5—耐火燃烧道；6—鞍式支座；7—火筒；8—火筒烟管；9—加热盘管；10—壳体；11—排污阀；12—人孔；13—出液阀；14—连通阀；15—进液阀；16—温度计；17—压力表；18—加水阀；19—放空阀；20—温度变送器；21—安全阀；22—烟道挡板；23—烟囱；24—烟箱；25—防爆门；26—燃料阀

(四)油田采出水处理设备

油井采出液中含有大量的水，随着油田开采进入中、后期，采出液的含水量会越来越高。这些含水，将在原油脱水和集输过程中被脱出。在脱出的水中，由于含有原油等主要污染物，因此脱出的水通常称为油田采出水。根据油水分离机理的不同，目前常用的采出水除油方法有重力除油、化学除油、旋流除油、聚结除油、气浮除油和过滤除油等多种。

视频 4 - 2 - 4
水套加热炉

1. 重力除油

重力除油是利用油和水的密度差使油从水中上浮，达到油水分离的目的。重力除油需要有较大的油水分离容器，以便提供足够的沉降时间。目前常用的重力除油设备是除油罐。图 4 - 2 - 12 所示为油田常用立式除油罐结构图。

彩图 4 - 2 - 11
水套加热炉

立式除油罐主要靠自然沉降进行油水分离，但分离效率不够高，除油效率比较低，多用于除去水中的浮油和大部分分散油，同时兼有调节和储存功能。工作时，含油

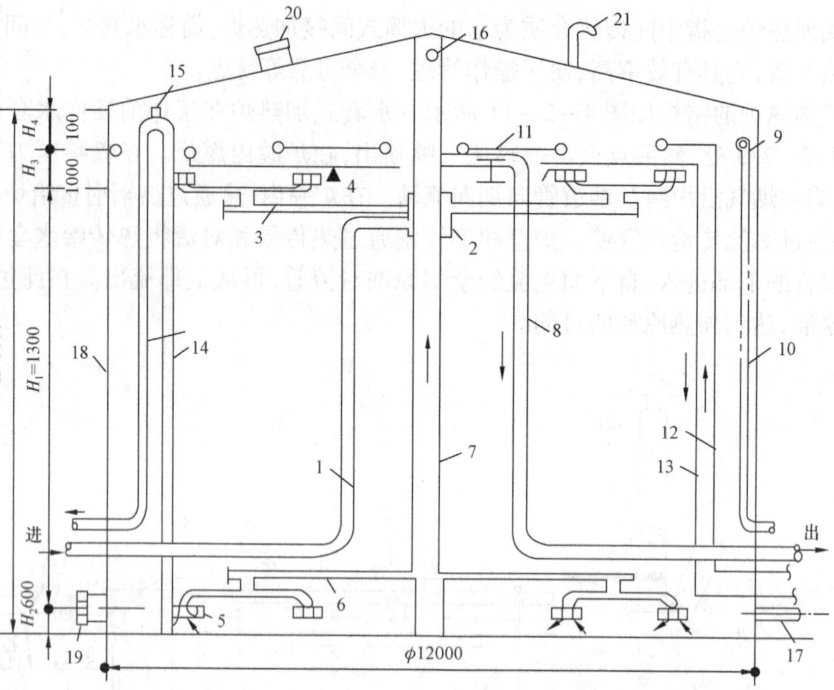

图 4－2－12　立式除油罐结构图

1—进水管；2—配水室；3—配水管；4—配水头；5—集水头；6—集水管；7—中心立管；8—出水管；9—集油槽；10—出油管；11—加热盘管；12—蒸气管；13—回水管；14—溢流管；15—通气管；16、21—通气孔；17—排污管；18—罐体；19—人孔；20—透光孔

视频 4－2－5
重力沉降罐

采出水通过进水管配水室的配水支管和喇叭形配水头从除油罐的上部进入除油罐；采出水在罐内自上而下缓慢流动，靠油水密度差进行分离；分离出来的原油浮至液面，并流入位于罐上部四周的集油槽，经出油管流至回收油罐；除油后的水经位于罐底部的集水头、集水管、中心立管和出水管排出罐外。

2. 过滤除油

彩图 4－2－12
采出水处理罐区

过滤除油是指将采出水通过一定厚度且多孔的粒状物质的过滤床，这些粒状物滤床，通常是由石英砂、无烟煤、核桃壳、磁铁矿砂、金刚砂、铝硅酸盐活性滤料等组成，并由垫层支撑。通过物理、化学作用，使杂质被截留在这些介质的孔隙里和介质上，从而使水得到进一步净化。在采出水处理的诸多环节中，过滤往往作为最后一道把关的环节。选择合适的滤料是实现过滤除油的基础。

滤罐的种类很多，根据作用能量的不同，可分为压力式和重力式两大类；根据其滤料的不同，可分为单滤料、双滤料和多滤料三种；根据过滤速度快慢不同，可分为慢滤、快滤、高速过滤和超速过滤等。

压力式滤罐是密闭式的圆柱形钢制容器，在一定压力下工作，适用于大阻力配水系统的采出水过滤。目前常用的立式压力滤罐的结构如图 4－2－13所示。

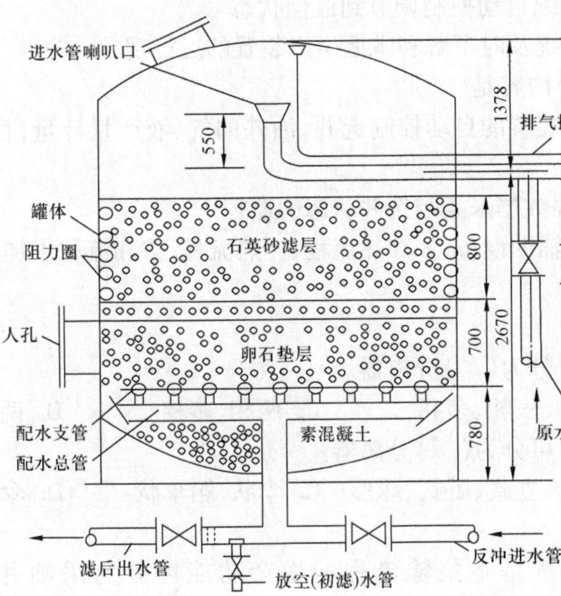

图4-2-13　立式压力滤罐结构图

经初步除油后的采出水从进水喇叭口进入滤罐内，自上而下通过滤料层，乳化油和悬浮物被吸附在滤料的表面或被截留在滤料的孔隙中，从而达到采出水净化的目的。过滤后的净化水通过配水支管和总管流出罐。滤罐工作一定时间后，滤层吸附和截留的悬浮杂质和乳化油逐渐达到饱和，滤料将失去过滤能力，造成过滤后的水质达不到质量要求，滤罐的压力损失增加。为使滤层恢复工作能力，必须定期对滤料进行反冲洗。反冲洗过程与过滤过程相反，将滤后的水从滤罐底部引入，自下而上依次通过配水系统、承托层、滤料层，最后通过反冲排水管送回立式除油罐。为保证反冲洗的效果，要根据不同滤料的最佳膨胀率来确定反冲洗的强度和时间等参数。

视频4-2-6
立式压力滤罐

彩图4-2-13
立式压力滤罐

练　习　题

一、选择题

1. 油井采出的油气的(　)计量和(　)管理;为完成油气集输提供实施各种工艺措施，在采用掺热水(油)的油气集输方式时，可提供掺热水(油)分配阀组，以便向所管辖的油井分配和输送热水(油)。

A. 分散　集中　　B. 集中　集中　　C. 分散　分散　　D. 集中　分散

2. 对油气集输自动化叙述不正确的是(　)。

A. 油气集输自动化是指在油气集输过程中，对油气集输、处理过程实现参数检测、控制的自动化

B. 由机械控制装置代替人工操作

C. 对生产工艺中的物位、流量、压力、温度和含水率等生产运行参数进行采集、显示、记

录、调节和异常报警，通过系统自动控制调节到最佳状态

D 操作人员通过监测系统及时了解和掌握生产装置的运行现状

3. 计量站自动化的主要内容是(　)。

A. 油井计量，包括选井装置的自动控制选井，油井的气、液产量计量，含水率测量，油、水产量计算

B. 油井计量数据的远程数据采集与选井状态的监控

C. 辅助系统监控，即对辅助设备，如加热流程、伴热流程、掺和流程中加热炉、泵状态及参数的测控

D. 以上都是

4. 油气分离器按功能可分为(　)分离器。

A. 单相、两相　　B. 三相、多相　　C. 两相、多相　　D. 两相、三相

5. 油气分离器按其外形可分为(　)分离器。

A. 立式、卧式　　B. 立式、卧式、球形　　C. 伞状、箱伞状　　D. 伞状、箱伞状、球形

二、填空题

1. 原油集输系统站场按基本集输流程的生产功能可分为采油井场、__________、__________、__________等四种站场。

2. 转接站将从分井计量站来的油(液)、气混合物进行__________、__________或脱除游离水，然后将含水原油泵输至__________，油田气靠自身压力输送至__________。承担向计量站供掺水、保温、热洗清蜡用的热水投加防垢剂、破乳剂等任务。

3. 油气集输过程中，计量站的任务是对所管辖范围内的油气井集油、集气，并对各油气井产出的__________、__________、__________进行计量。

4. 增压站主要功能是负责部分含气量较低油井的增压输送任务，具有__________、__________等功能；

5. 根据油水分离机理的不同，目前常用的采出水除油方法有__________、__________、旋流除油、聚结除油、__________和过滤除油等多种。

三、简答题

1. 联合站的任务是什么？有哪些功能？

2. 集输联合站自动化监控要求主要包括哪些内容？

模块三　油气集输过程计量

油气计量是石油储运系统数量管理的一项基础工作，贯穿于油气开采、油气水处理与储存、运输和经销全过程。油气计量的主要参数包括流量、体积、温度、压力、密度、含水率和黏度。

【知识目标】

(1)掌握单井计量的定义、计量方式；

(2)了解原油计量方法；

(3)掌握流量计分类；

(4)了解常用流量计的工作原理、工作特点。

【所需内容】

一、计量节点

油气集输过程涉及单井计量、分队(线)计量、采出水计量、注水计量、分区计量、油田内部原油交接计量、油田原油外销计量、井口天然气计量、联合站湿气计量、油田内部天然气交接计量和油田城市生活用气外销计量。计量项目包括油气水三相计量、原油天然气流量计量、原油取样含水率与密度化验、原油含水率在线计量和油罐原油静态计量(包括液位、油水界面、原油含水率、原油密度等参数的测量)。

(一)单井计量

单井计量是指单井所生产的液量、油量和气量的测定，是原油生产的首次计量，也是最基础的一项工作。单井计量的准确与否，对于掌握油井生产情况及地下结构变化情况，制定后续勘探开发方案及优选钻采工艺都起着十分重要的作用。

目前油田普遍采用分离器加玻璃管/磁翻转液位计计量、功图法在线计量、旋流分离加质量流量计计量和称重式计量四种计量方式。

1. 分离器玻璃管/磁翻转液位计计量

以玻璃管手动量油为例，量油装置是在分离器侧壁装一高压玻璃管与分离器构成连通器，如图4－3－1所示。

分离器玻璃管液位计计量是根据连通器原理，分离器内液柱的压力应与玻璃管内水柱压力相平衡。采用定容积法，当分离器内进油后液面上升一定高度时，玻璃管内水柱也相应上升一定高度。由于油、水密度不同，上升高度不同。在计量时记录水柱上升高度所需时间，即可以计算出产油量。自油田开发初期至今，油气计量主要采用此类方法计量。

产油量的计算公式为：

$$Q_d = \frac{\pi D^2 h_w \rho_w}{4t} T \qquad (4-3-1)$$

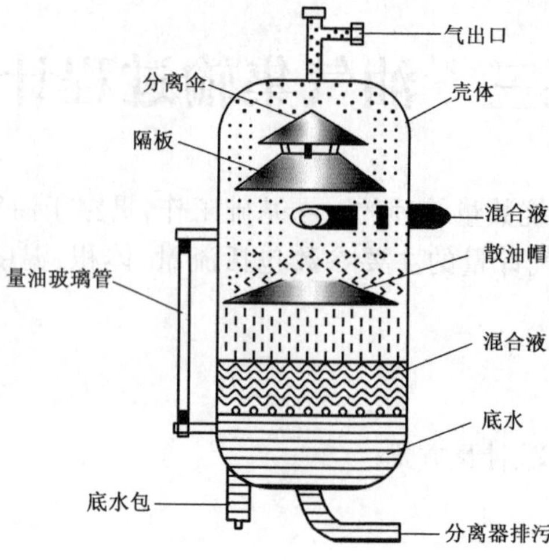

图 4-3-1 立式(切向)计量分离器结构示意图

式中 Q_d——计算出的油井日产油量,t;

h_w——玻璃管内水柱高度,m;

ρ_w——水的密度,t/m^3;

D——分离器的直径,m;

T——每日实际生产时间,s;

t——量油时间,s。

立式分离器玻璃管/磁翻转液位计计量是油田单井计量的主导方法,其优点是操作简便、经济耐用,适用于产量稳定、气油比较高、低黏度原油的油井。对于低产油井、间歇出液油井、低伴生气油井和稠油井,其计量误差很大或者无法计量。图 4-3-2 所示为 CN215 型磁翻转液位计。

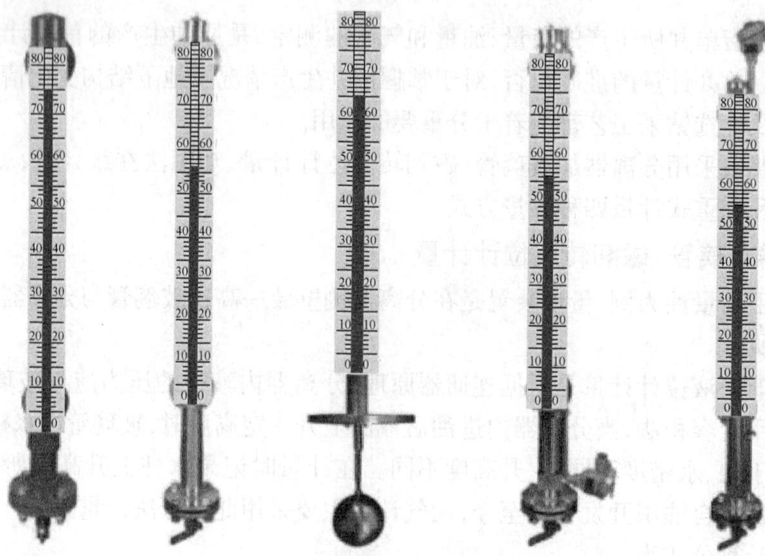

图 4-3-2 CN215 型磁翻转液位计

2. 功图法在线计量

功图法在线计量过程如图4－3－3所示。油井远程在线计量分析系统采用井口计量远传技术，替代了传统的计量站计量模式，简化了流程。它是通过地面示功图来推算地下生产情况，同时考虑泵挂深度、杆柱组合、油气比、出砂情况、油品性质等边界条件得到井下泵功图，然后应用泵功图识别技术来计量油井产液量。

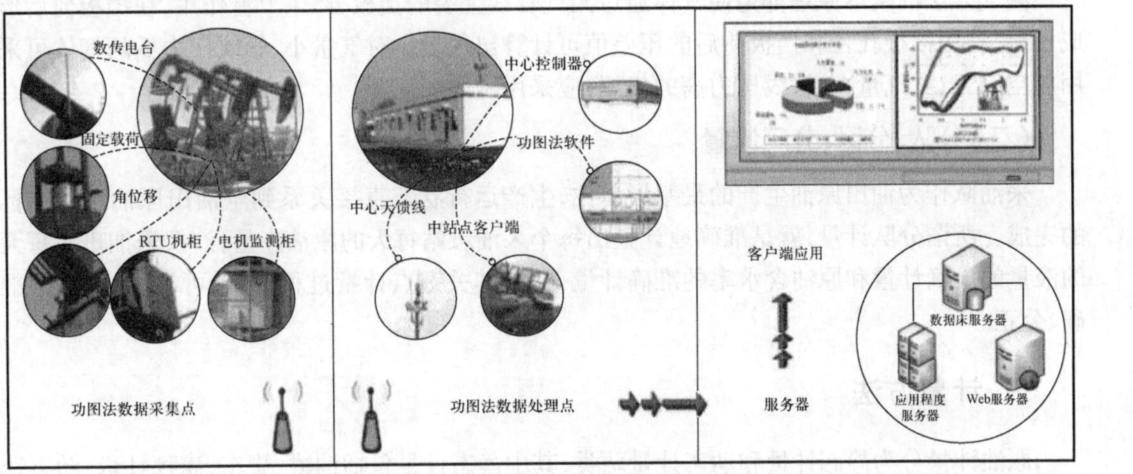

图4－3－3　功图法在线计量过程

首先，由于油井的工况始终不断变化的状态，而且杆管偏磨、泵漏、气体影响、稠油影响等井下工况影响因素众多，在现实生产中的油井产量标定周期不适用油井的不定期变化，因此，应用此技术定量分析油井产量存在较大计量误差。其次，电子式压力传感器等仪器的稳漂、时漂和工作不稳定造成其计量准确度较差。但是，其系统安装方便，投资相对较低，利于数据网络传输，因此在油田生产运行状态监控上具有很好的应用效果。

作为全自动计量技术，功图法在线计量已经得到了较大的发展。功图在线监控是该技术最大的优点，能够让技术人员及时掌握油井生产工况，提高油井管理水平。其计量功能可作为油井工况分析的补充参考。计量标定需要按时利用移动式称重计量装置进行定期标定。

3. 旋流分离加质量流量计计量

油井多相流进入管式旋流式分离单元预分离段，使不同流态的多相流最大范围地形成分层流后进入主分离段。由于旋流作用，在主分离段受离心力、重力、浮力共同作用形成一个旋流场，密度大的液相沿管壁流到分离单元底部，密度小的气相流沿旋流场中央上升至分离单元顶部，实现气液两相分离。分离后的气相和液相分别通过气体计量仪表、液相计量仪表单独计量。液相计量仪表通常选用科氏力质量流量计。

质量流量计计量方式完全适用于联合站的交接计量，但尚不能很好地满足计量站单井管输计量的要求。

4. 称重式计量

稠油具有黏度高、密度大、附着力强的特点，若采用常规计量方式，计量误差大；同时由于稠油物性的条件限制，常规计量方法很难解决稠油计量的问题。采用全自动称重式油井计量技术（称重法）对稠油进行计量，消除了油中含气造成的假体积而带来的测量误差。理论和实践经验表明，该技术同时适用于低气油比稀油的单井计量。该技术的采油计量平台集机、电于一身，具有典型的机电一体化特性，操作简便。

称重式计量与常规计量设站方式相比，具有明显的技术经济优势。

5. 测气方法

目前矿场上大都采用放空测气和密闭测气两种方法。放空测气是气体经测气管、挡板，然后放入大气；密闭测气是气体经测气管线和挡板后仍进入集输管线。

测气方法的基本原理都是使气体通过测气管线上装的挡板，产生节流作用，在挡板前后形成压差，利用挡板孔径和挡板前后的压差值可计算出气量。对气量小、管线压力低的气体可采用放空测气；对气量大、管线压力高的气流，应采用密闭测气。

（二）分队、分区、分厂计量

采油队作为油田原油生产的最基层单位，生产运行状态直接关系到全油田原油产量指标的完成。所谓分队计量，就是准确地计量出每个采油班站每天的原油产量，涉及采油班站每天的液量的准确计量和原油含水率的准确计量，要求其关键点计量过程稳定、可靠，计量数据准确、公正。

二、计量方法

原油计量分为静态计量和动态计量两类，其中静态计量包括油罐、罐车、磅秤计量；动态计量包括容积式、速度式、质量式流量计计量。

（一）静态计量

人工检尺法具体根据罐内油品的种类而分为直接测量（即实高测量）和间接测量（空高测量）。

1. 直接测量

直接测量即实高测量，主要用于轻质油品（如汽油、煤油、柴油和轻质润滑油等）。测量的位置应在计量口下尺槽。

2. 间接测量

间接测量即空高测量，主要应用于对原油、重质燃料油、重质润滑油液位高度测量，即测量液面至上部基准点之间的空间高度（俗称检空高）。空高测量时的下尺操作与直接测量基本相同。不同的是，当尺带进入液面后，停止下尺，用手握住尺带上某一整数的刻度，用 H_1 表示。再慢慢下尺，当该整数的刻度对准计量口上部基准点时，再提尺读数，读得被油浸没部分高度为 H_2。液位高度 h 可用下式计算：

$$h = H - H_1 + H_2 \tag{4-3-2}$$

式中 h——液位高度，m；

H——参照高度（俗称检尺口总高），m；

H_1——尺带对准计量口上部基准点读数（俗称下尺高度），m；

H_2——尺带被油浸没部分读数（俗称沾油高度），m。

（二）动态计量

原油动态计量油量计算执行国家标准 GB/T 9109.5—2017《石油和液体石油产品动态计

量 第5部分:油量计算》,该标准规定了流量计配在线液体密度计和流量计配玻璃浮子密度计等计量方式计量原油的油量计算方法,适用于流量计计量商品原油的油量计算。其他石油产品的油量计算也可参考使用。

三、油气集输系统常用流量计

流量测量可指导生产操作,监控设备运行,以确保安全、优质生产的需要,也是进行产量评定、进行经济核算的需要。目前国际上一般采用动态计量方式。我国油气计量交接方式也是以动态计量为主,因此流量计在油气计量交接中得到了普遍应用。

(一)流量计分类

流量计种类繁多,在流量计分类上可以按不同原则划分,国内最主要的分类方法是按测量方法和结构进行分类的。

(1)容积式流量计:转子型、刮板型、活塞型和其他型式流量计;

(2)速度式流量计:涡轮流量计、涡街流量计、旋进旋涡流量计、电磁流量计、超声流量计;

(3)节流式流量计:标准孔板、标准喷嘴、长径喷嘴、文丘里管和文丘里喷嘴流量计;

(4)其他差压式流量计:均速管流量计、浮子流量计、楔形流量计、弯管流量计、靶式流量计、V锥型流量计;

(5)质量流量计:科里奥利、热式、组合式、补偿式、差压式、叶轮式质量流量计。

(二)腰轮流量计

腰轮流量计又称罗茨流量计,其结构如图4-3-4所示。流量计由测量部和积算部两大部分组成,必要时可附加自动温度补偿器、自动压力补偿器、发信器和高温延伸(散热)件等。

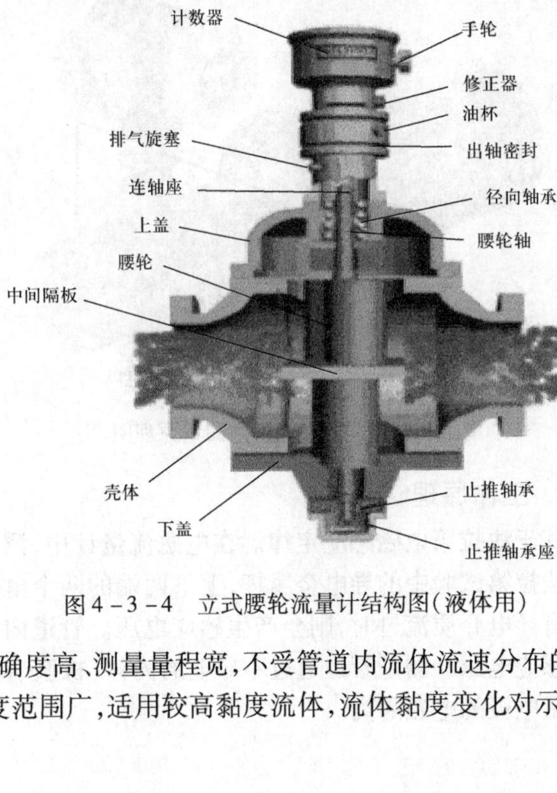

图4-3-4 立式腰轮流量计结构图(液体用)

腰轮流量计的准确度高、测量量程宽,不受管道内流体流速分布的影响,流量计前后不需直管段,适应介质黏度范围广,适用较高黏度流体,流体黏度变化对示值影响较小。直读式仪表无须外部能源就可直接得到流体总量，使用方便。温度、压力自动补偿的一体化智能型腰轮流量计具有自动体积转换、压缩因子修正、标态总量显示输出的功能，使流体标态体积计量更加科学准确。

彩图 4－3－4
立式腰轮流量计

1. 工作原理

当有流体通过流量计时，在流量计进出口流体差压的作用下，两腰轮将按正方向旋转。计量室内液体不断流进流出，只需要知道计量室体积和腰轮转动次数就可以计算出流体流量。

2. 工作特点

腰轮流量计适用于各种清洁液体的流量测量，尤其适用于油品计量，也可制成测量气体的流量计。它的计量准确度高，可达 0.1～0.5 级，压力损失小，量程范围大。

（三）电磁流量计

电磁流量计是一种体积流量测量仪表，是根据法拉第电磁感应原理来测量管内导电介质体积流量的感应式仪表。在测量过程中，电磁流量计不受被测介质的温度、黏度、密度、电导率（在一定范围）的影响。电磁流量计测量原理如图 4－3－5 所示。

电磁流量计集温度、压力、流量传感器和智能流量积算仪于一体，可检测工作介质的温度、压力和流量，并进行自动补偿和压缩因子自动修正，可直接检测气体的标准体积流量或饱和蒸汽的质量流量；无机械可动件，不易腐蚀，可靠度及稳定性好，长期工作无须维护；温度、压力以及流量等参数可显示于 LED 屏上，又可用 4～20mA 标准模拟信号输出与其他自动化系统接口；机内可凭内置电池工作，又可由外接电源供电运行；具有防爆功能，可用于有爆炸型危险的场所。

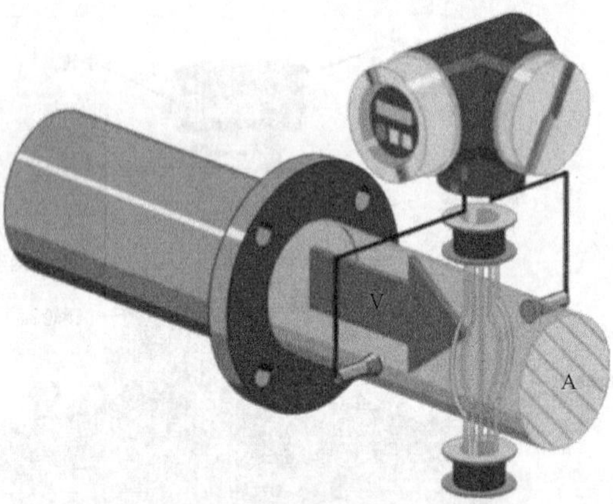

图 4－3－5　电磁流量计测量原理图

彩图 4－3－5
电磁流量计

1. 工作原理

基于法拉第电磁感应定律。在电磁流量计中，测量管内的导电介质相当于法拉第试验中的导电金属杆，上下两端的两个电磁线圈产生的恒定磁场当有导电介质流过时，则会产生感应电压。管道内部的两个电极测量产生的感应电压。测量管道通过不导电的内衬（橡胶、特氟隆等）实现与流体和测量电极的电磁隔离。

2. 工作特点

(1)具有双向测量系统;

(2)传感器所需的直管段较短,长度为 5 倍的管道直径;

(3)压力损失小;

(4)主要应用于采出水处理方面。

(四)旋进漩涡流量计

旋进漩涡流量计是一种速度式流量计,集流量、温度、压力检测功能于一体,可对被测气体的温度、压力和压缩因子自动跟踪修正,直接检测气体的标准体积流量和总量。旋进漩涡流量计的结构如图 4-3-6 所示。

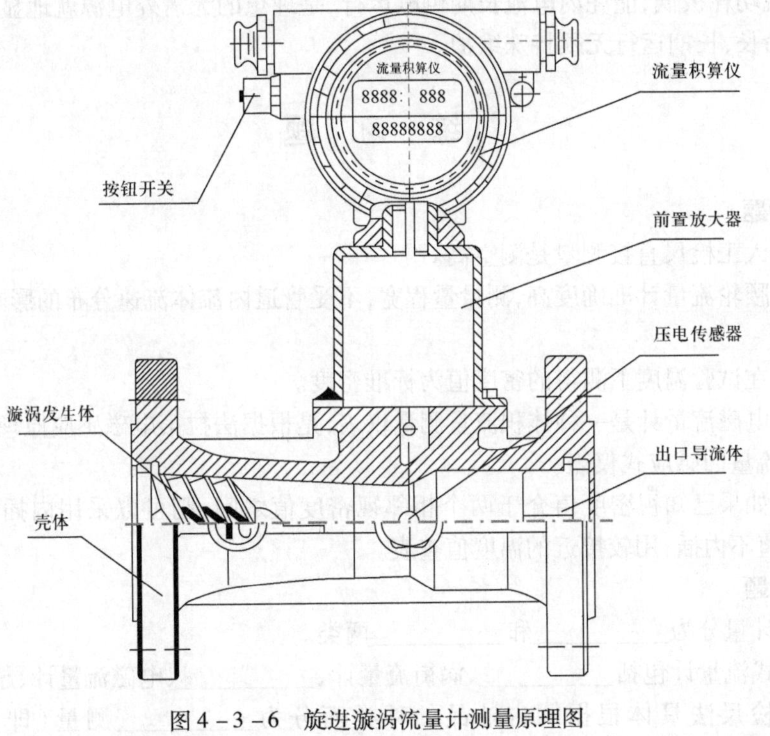

图 4-3-6 旋进漩涡流量计测量原理图

旋进漩涡流量计电路采用表面贴装工艺、结构紧凑、可靠性高。表头可 180°随意旋转,安装方便,无机械可动部件、稳定性好、不易腐蚀、无须机械维修;前后直管段要求低,前大于等于 3DN,后大于等于 1DN;采用高对比度的液晶显示器,可显示累计流量和瞬时流量,读数方便,清晰直观;仪表具有密码设置功能,防止非法设定;仪表具有停电数据保存功能;带有脉冲信号和 4~20mA 标准模拟信号远传输出,便于和二次仪表连接。

1. 工作原理

流量传感器的流通剖面类似文丘里管的型线。在入口侧安放一组螺旋型导流叶片,当流体进入流量传感器时,导流叶片迫使流体产生剧烈的旋涡流。当流体进入扩散段时,旋涡流受到回流的作用,开始作二次旋转,形成陀螺式的涡流进动现象。该进动频率与流量大小成正比,不受流体物理性质和密度的影响,检测元件测得流体二次旋转进动频率就能在较宽的流量

彩图 4-3-6
旋进漩涡流量计

范围内获得良好的线性度。信号经前置放大器放大、滤波、整形转换为与流速成正比的脉冲信号，然后再与温度、压力等检测信号一起被送往微处理器进行积算处理，最后在液晶显示屏上显示出测量结果（瞬时流量、累积流量及温度、压力数据）。

2. 工作特点

（1）内置式压力、温度、流量传感器，安全性能高，外形美观；

（2）就地显示温度、压力、瞬时流量和累积流量；

（3）采用新型信号处理放大器和独特的滤波技术，有效地剔除了压力波动和管道振动所产生的干扰信号，大大提高了流量计的抗干扰能力，使小流量具有出色的稳定性；

（4）特有时间显示及实时数据存储之功能，无论什么情况，都能保证内部数据不会丢失，可永久性保存；

（5）整机功耗极低，能凭内电池长期供电运行，是理想的无需外电源就地显示仪表；

（6）寿命长，长期运行无须特殊维护。

练　习　题

一、判断题

（　）1. 人工检尺直接测量是测空高。

（　）2. 腰轮流量计准确度高，测量量程宽，不受管道内流体流速分布的影响，流量计前后不需直管段。

（　）3. 在试验温度下测得的密度值为标准密度。

（　）4. 电磁流量计是一种体积流量测量仪表，是根据法拉第电磁感应原理来测量管内导电介质体积流量的感应式仪表。

（　）5. 如果已知视密度值介于两个相邻视密度值之间，则可以采用内插法确定标准密度。但温度值不内插，用较接近的温度值查表。

二、填空题

1. 原油计量分为＿＿＿＿＿和＿＿＿＿＿两类。

2. 速度式流量计包括＿＿＿＿＿、涡街流量计、＿＿＿＿＿、电磁流量计、超声流量计。

3. 人工检尺法具体根据罐内油品的种类而分为＿＿＿＿＿测量（即实高测量）和＿＿＿＿＿测量（空高测量）。

4. 容积式流量计包括＿＿＿＿＿、＿＿＿＿＿、＿＿＿＿＿和其他型式流量计。

5. 节流式流量计包括＿＿＿＿＿、标准喷嘴、长径喷嘴、＿＿＿＿＿和文丘里喷嘴流量计。

三、简答题

1. 简述单井计量的定义及作用。

2. 油气计量的主要参数有哪些？

参考文献

[1]《集输站库数据采集与工况监控》编写组．集输站库数据采集与工况监控[M]．北京:石油工业出版社,2017.

[2] 陈立．压驱注水技术在复杂断块油藏中的应用[J]．内江科技,2022(12):14－16.

[3] 窦启龙,等．微生物采油技术的研究进展及展望[J]．天然气地球科学,2004(5):559－563.

[4] 冯文光．自组单分子纳米膜提高驱油效率及微观机理研究[J]．成都理工大学学报,2004(6):726－729.

[5] 宫军．纳米液驱油技术研究现状[J]．天然气工业,2006(5):105－107.

[6] 胡书勇．双碳愿景下 CCUS 提高油气采收率技术[J]．世界石油工业,2024(1):81－91.

[7] 黄冠．高新技术在采油工程中的应用现状及展望[J]．中国石油和化工标准与质量,2023(19):160－162.

[8] 金潮苏,等．采油工(信息化)培训教材[M]．北京:中国石化出版社,2020.

[9] 李文华．采油工程[M]．北京:中国石化出版社,2004.

[10] 李颖川．采油工程[M].2 版．北京:石油工业出版社,2009.

[11] 刘宝和．中国石油勘探开发百科全书:工程卷[M]．北京:石油工业出版社,2008.

[12] 刘宝和．中国石油勘探开发百科全书:开发卷[M]．北京:石油工业出版社,2008.

[13] 刘喜林．难动用储量开发稠油开采技术[M]．北京:石油工业出版社,2005.

[14] 刘玉章,等．采油工程技术进展[M]．北京:石油工业出版社,2006.

[15] 彭裕生．微生物采油基础及进展[M]．北京:石油工业出版社,2005.

[16] 孙树强．井下作业[M]．北京:石油工业出版社,2006.

[17] 万仁溥．采油工程手册[M]．北京:石油工业出版社,2000.

[18] 汪卫东．微生物采油技术研究进展与发展趋势[J]．油气地质与采收率,2021(2):1－9.

[19] 王岚,等．天然气开采技术[M]．北京:石油工业出版社,2013.

[20] 王涛．纳米分散液驱油机理研究及应用实践[J]．石油化工应用,2022(6):16－20.

[21] 辛艳萍,等．油气集输:富媒体[M].2 版．北京:石油工业出版社,2018.

[22] 于忠臣,等．油田污水处理和杀菌新技术[M]．哈尔滨:哈尔滨地图出版社,2010.

[23] 张琪．采油工程原理与设计[M]．东营:石油大学出版社,2000.

[24] 张啸啸．采油工程技术与采油智能化发展探究[J]．石化技术,2024(1):47－49.

[25] 张义堂,等．热力采油提高采收率技术[M]．北京:石油工业出版社,2006.

[26] 中国石油天然气集团公司人事服务中心．采油工(上、下册)[M]．北京:石油工业出版社,2004.

[27] 中国石油天然气集团有限公司人事部．集输工(上册)．北京:石油工业出版社,2018.

[28] 邹艳霞．采油工艺技术[M]．北京:石油工业出版社,2006.